"十四五"职业教育国家规划教材

"十二五"职业教育国家规划教材
经全国职业教育教材审定委员会审定
修订版

北京市高等教育精品教材立项项目

建筑装饰工程施工

第3版

主　编　张亚英

副主编　杨　静　蒋　琦　孟　鑫

参　编　秦伶俐　王晓飞　赵春荣　张　波

机械工业出版社

本书基于“十二五”职业教育国家规划教材进行修订。本书根据教育部高等职业教育改革精神，结合现行国家标准、工程质量验收规范及相关职业资格证书考试内容，按照项目教学法的理念编写。全书主要内容有隔墙工程施工、墙面装饰施工、顶棚装饰施工、楼地面装饰施工、门窗工程施工、楼梯及扶栏装饰施工，共六个项目，每一部分内容都围绕装饰施工任务展开，任务明确，施工过程指导性强。

本书可作为职业院校土建类相关专业的教材，也可供建筑装饰行业的施工技术人员与管理人员参考。

为方便教学，本书配有电子课件和视频动画。凡选用本书作为教材的教师均可登录机械工业出版社教育服务网 www.cmpedu.com 注册下载，也可咨询 010-88379375。

图书在版编目（CIP）数据

建筑装饰工程施工/张亚英主编. —3版（修订本）. —北京：机械工业出版社，2021.3（2024.8重印）

“十二五”职业教育国家规划教材

ISBN 978-7-111-67597-6

Ⅰ.①建…　Ⅱ.①张…　Ⅲ.①建筑装饰-工程施工-高等职业教育-教材

Ⅳ.①TU767

中国版本图书馆 CIP 数据核字（2021）第 031956 号

机械工业出版社（北京市百万庄大街 22 号　邮政编码 100037）

策划编辑：常金锋　责任编辑：常金锋　陈紫青

责任校对：刘雅娜　封面设计：马精明

责任印制：李　昂

河北宝昌佳彩印刷有限公司印刷

2024 年 8 月第 3 版第 9 次印刷

184mm×260mm · 16 印张 · 396 千字

标准书号：ISBN 978-7-111-67597-6

定价：49.80 元

电话服务

客服电话：010-88361066

010-88379833

010-68326294

网络服务

机　工　官　网：www.cmpbook.com

机　工　官　博：weibo.com/cmp1952

金　　书　　网：www.golden-book.com

机工教育服务网：www.cmpedu.com

关于“十四五”职业教育
国家规划教材的出版说明

为贯彻落实《中共中央关于认真学习宣传贯彻党的二十大精神的决定》《习近平新时代中国特色社会主义思想进课程教材指南》《职业院校教材管理办法》等文件精神，机械工业出版社与教材编写团队一道，认真执行思政内容进教材、进课堂、进头脑要求，尊重教育规律，遵循学科特点，对教材内容进行了更新，着力落实以下要求：

1. 提升教材铸魂育人功能，培育、践行社会主义核心价值观，教育引导学生树立共产主义远大理想和中国特色社会主义共同理想，坚定“四个自信”，厚植爱国主义情怀，把爱国情、强国志、报国行自觉融入建设社会主义现代化强国、实现中华民族伟大复兴的奋斗之中。同时，弘扬中华优秀传统文化，深入开展宪法法治教育。

2. 注重科学思维方法训练和科学伦理教育，培养学生探索未知、追求真理、勇攀科学高峰的责任感和使命感；强化学生工程伦理教育，培养学生精益求精的大国工匠精神，激发学生科技报国的家国情怀和使命担当。加快构建中国特色哲学社会科学学科体系、学术体系、话语体系。帮助学生了解相关专业和行业领域的国家战略、法律法规和相关政策，引导学生深入社会实践、关注现实问题，培育学生经世济民、诚信服务、德法兼修的职业素养。

3. 教育引导学生深刻理解并自觉实践各行业的职业精神、职业规范，增强职业责任感，培养遵纪守法、爱岗敬业、无私奉献、诚实守信、公道办事、开拓创新的职业品格和行为习惯。

在此基础上，及时更新教材知识内容，体现产业发展的新技术、新工艺、新规范、新标准。加强教材数字化建设，丰富配套资源，形成可听、可视、可练、可互动的融媒体教材。

教材建设需要各方的共同努力，也欢迎相关教材使用院校的师生及时反馈意见和建议，我们将认真组织力量进行研究，在后续重印及再版时吸纳改进，不断推动高质量教材出版。

机械工业出版社

第3版前言

“建筑装饰工程施工”是建筑工程技术专业和建筑装饰工程技术专业的一门重要课程，通过本课程的学习，学生可掌握建筑装饰工程施工的一般规律和主要技术要求，具备装饰工程施工技术和施工管理的初步能力，为发展各专业化方向的职业能力奠定基础，达到装饰工程施工技术指导与施工管理岗位职业标准的相关要求，养成认真、负责、善于沟通和协作的思想品质，树立服务意识，对学生职业能力培养和职业素养养成起着重要的支撑作用。

本课程主要采用任务驱动、项目导向的教学模式，以学生为主体，教师做“导演”，将课堂搬进实训基地，在学习过程中注重实践操作，在充分运用多媒体等现代教学手段的同时，使学生身临其境地处于学习的实践氛围中，通过完成任务和项目，提高动手操作和解决问题的能力，培养学生的职业能力和职业素养。

本教材对接建筑装饰工程技术专业教学标准，结合“建筑装饰技术应用”技能大赛和1+X职业技能等级证书的要求，全面落实“立德树人、德技并修”原则，注重培养工匠精神，精心设计每个任务情境，从准备工作、任务实施到质量检查验收，全过程训练学生的综合职业技能。在每个项目总论及项目后的案例中介绍建筑装饰领域的传统工艺、技术发展、突出成就、前沿新材料等内容，融入民族自信、文化自信及绿色节能环保意识，契合党的二十大报告中培养造就大批德才兼备的高素质人才的要求。

本教材主要有以下突出特色：

1. 按照项目教学法的理念，每一节内容都围绕装饰施工任务展开，既有必要的知识导入，又体现了工作过程系统化的课程开发思路，从准备工作、施工操作到质量检查评定，遵循真实的施工程序。以隔墙工程施工、墙面装饰施工、顶棚装饰施工、楼地面装饰施工、门窗工程施工和楼梯及扶栏装饰施工为主线，把有关的材料、构造和质量控制等内容融合在任务施工实践环节中讲述，打破了旧的学科体系和旧的理论体系。

2. 情境设计方式新颖，内容丰富，融入了施工员、质检员岗位角色训练的内容，体现了“双证融合”的教学思想；精心设计每个学习情境的工程任务，对其施工过程进行分解，从准备工作、任务实施到质量检查验收，全过程训练学生的综合职业素质：施工质量意识、安全意识、施工进度控制以及沟通协作能力。

每个项目后的实训任务，模拟施工班组，进行操作技能、指挥能力、协同工作能力的综合能力训练。每个项目后的课外作业，让学生利用网络资源、建材城、施工现场搜集资源。作业选题有的是从知识的广泛性、全面性训练学生；有的结合某个点进行深度挖掘和研究，培养学生持续学习的能力。课外作业列入考核范围，以学生上台展示、小组评比等多种形式考核。

3. 校企“双元”合作开发。与施工企业工程技术人员和技师合作进行课程开发，就教材内容多次开会研讨，使教学内容更适合职业岗位的任职要求，体现了“知识必需、够用”的原则，并将职业资格标准融入教材内容中。

4. 每个项目都设置了颗粒素养小案例；部分施工过程配有二维码视频和动画；大部分任务配备了现场施工图片，读者可扫码观看。

本书由北京工业职业技术学院张亚英担任主编，北京工业职业技术学院杨静、蒋琦，北京京能建设集团有限公司孟鑫担任副主编；此外，参加编写的还有北京财贸职业学院秦伶俐，洛阳职业技术学院王晓飞，北京工业职业技术学院赵春荣和张波。全书由张亚英统稿，本书参考了书后所列参考文献，在此向审稿者和参考文献的作者一并表示衷心的感谢。此外，还感谢编者所在学院领导和同事们的支持、帮助！

由于作者水平有限，书中难免存在不足之处，望广大读者批评指正。

编　者

视频资源列表

页码	名称	二维码	页码	名称	二维码
10	轻钢龙骨隔墙施工		103	饰面工程——间接干挂	
33	抹灰施工		120	轻钢龙骨石膏板吊顶	
38	墙面抹灰		145	豆石混凝土楼地面施工	
55	墙体釉面砖铺贴		147	水磨石地面施工	
85	饰面工程——湿挂法		159	架空实木地板施工	
103	饰面工程——直接干挂		196	塑钢窗安装	

目　录

绪　论

建筑装饰装修工程是建筑工程中重要的分部工程，通过采用装饰装修材料或饰物，对建筑物的内外表面和空间进行各种处理，以保护建筑物主体结构免受自然界的风雨、潮气等有害介质的侵蚀，延长建筑物的使用寿命；改善建筑物的隔热、隔声、防潮、防火等性能；增强建筑物的美观度，美化环境，使建筑环境得到最大限度的优化。其内容包括抹灰工程、门窗工程、吊顶工程、轻质隔墙工程、饰面板（砖）工程、幕墙工程、涂饰工程、裱糊与软包工程、细部工程、地面工程共十个子分部工程。

一、装饰工程施工特点

1. 项目多、工程量大

装饰工程项目繁多，包括抹灰、饰面、裱糊、油漆、刷浆、玻璃、罩面板和花饰安装等内容。一般民用建筑中，平均每平方米的建筑面积就有 3 ~ 5m^2 的内墙抹灰、0. 15 ~ 1. 3m^2 的外墙抹灰，高档次建筑的装饰，如内外墙镶贴、楼（地）面的铺设、房屋立面花饰的安装、门窗与橱柜木制品以及金属制品的油漆等工程量也相当大。

2. 施工工期长

装饰工程要占地面以上工程施工工期的 30% ~40%，高级装饰占总工期的 50% ~60%。主体结构完工较快，装饰工程完工较慢的状况仍较普遍。由于对装饰工程质量重视不够，普遍存在着质量不稳定的情况，以致各地出现众多的“胡子”工程，大都因装饰工程拖后腿所造成。

3. 耗用劳动量多

装饰工程所耗用的劳动量占建筑施工总劳动量的 15% ~30%。当前的建筑设计、施工和科研，还不能适应技术发展的需要。湿法作业多，干法作业少，手工操作多，机械化程度低。虽然近年来出现了一些较先进的施工操作法和机具，但所占比重仅有 10% 左右，因而工人的劳动强度仍然较大，生产效率不高。

4. 占建筑物造价比例高

装饰工程的造价一般占建筑物总造价的 30% 左右（其中抹灰的造价就占建筑物总造价的 10% ~15%），一些装饰要求高的建筑则占到 50% 以上，甚至有的装饰工程的造价比土建造价高出 2 ~3 倍，这与上述的工程量大、工期长、用工多是密切相关的。

二、建筑装饰等级

一般根据建筑物的类型、性质、使用功能和建筑物的耐久性等因素确定其装饰标准，相应定出其装饰等级。建筑装饰等级大体上可划分为特级、高级、中级、一般四个等级。

1. 特级建筑装饰

特级装饰的建筑物主要有：

1）国家大会堂、重要历史纪念建筑、国宾馆。

2）国家级图书馆、博物馆、美术馆、剧院、音乐厅、四星级以上（含）的宾馆。

3）国际会议中心、体育中心、贸易中心。

4）国际大型航空港、综合俱乐部等。

2. 高级建筑装饰

高级装饰的建筑物主要有：

1）省级展览馆、博物馆、图书馆、档案馆。

2）科学试验研究楼、高等院校教学楼。

3）高级会堂、高级俱乐部、大型疗养院。

4）大中型体育馆、室内游泳馆、室内滑冰馆。

5）大城市火车站、航运站、候机楼。

6）邮电通信及综合商业大楼。

7）电影院、摄影棚、礼堂、高级餐厅。

8）部、省级机关办公楼、医疗技术大楼、门诊楼。

9）地市级图书馆、文化馆、少年宫、报告厅、排演厅、风雨操场。

10）大中城市汽车客运站、火车站、邮电局、多层综合商场以及三星级宾馆和别墅等。

3. 中级建筑装饰

中级装饰的建筑物主要有：

1）重点中学教学楼、中等专科学校教学楼、试验楼、电教楼。

2）旅馆、招待所、邮电所、门诊楼、百货楼、托儿所、幼儿园、综合服务楼、一二层商场、多层食堂、小型车站等。

4. 一般建筑装饰

一般装饰的建筑物主要有：

1）一般办公楼、中、小学教学楼。

2）单层食堂、汽车库、消防车库、消防站。

3）蔬菜门市部、杂货店、粮站、理发室、公共厕所及阅览室等。

三、建筑装饰施工技术的发展

建筑装饰是一个边缘性专业，它涉及建材、化工、轻工生产以及建筑设计与施工等诸方面。随着我国国民经济建设的发展和人民生活水平的提高，建筑饰面施工技术及其材料生产日益得到重视。随着化学工业的发展，逐步推广应用了各种化学建材，如建筑涂料、合成石、各种壁纸、塑料地板、化纤地毯以及各种胶粘剂等，并正在逐渐完善上述材料应用的施工工艺和保证施工质量的措施和方法。到21世纪初，建筑装饰专业已经出现了国内领先、接近或达到国际先进水平的工艺技术。

目前我国装饰行业的施工技术大部分还停留在流动的手工作坊阶段，传统的人工操作与手工组装方式仍主导着整个装饰施工过程。由于作业手段原始、分工方法混乱而又缺乏专业性，造成我国装饰行业包括整个建筑业几乎没有市场准入门槛。从业人员素质普遍偏低，行业科技含量明显不足。

装饰施工工业性技术滞后的现象与时代发展严重脱节，缺陷是明显的，表现为劳动生产率低下，施工工期长；产品质量难以控制，精度不足；污染环境且严重扰民，限制了整个行业的发展。而随着科技的进步和物质文化生活水平的提高，人们对生活和工作环境的要求已经从生存型、功能型向舒适型转变，这就要求装饰行业的生产方式从劳动密集型向资金集约型转变，讲品牌、讲环境、讲质量、讲效率。传统的施工方式已不能满足社会的要求，工厂化装饰的生产方式也就随着社会的发展应运而生。工厂化装饰的含义是将装饰工程所需的各种构配件的加工制作与安装，按照体系加以分离，构配件完全在工厂里加工和整合，形成一个或若干部件单元，施工现场只是对这些部件单元进行选择集成、组合安装。

近几年，在木装饰、石材饰面、幕墙、整体厨卫、金属饰面、玻璃饰面乃至面砖饰面等方面推行工厂化装饰，在技术上已取得一些突破性进展，许多新材料新技术都可以直接或间接应用于工厂化装饰之中。加上各种高性能的弹性黏结剂的问世，彻底改变了传统的钉销连接方式。只要增加现场精度控制、加强施工深化设计，全面推行工厂化装饰就不再是可望而不可即的事情。

在全面推行工厂化装饰过程中，由于现场技术管理内容、方式与传统管理方式完全不同，对技术人员包括设计师基本技能的要求也有很大转变，除了要熟悉和掌握现有的设计、施工方法、工艺以及以前的预制装配式方法之外，更要熟悉和了解相关机电专业的配套设备，对工厂化产品的性能、规格、安装方法、质量控制、施工配合协调知识等也应有比较深刻的认识，还要能针对现场的不同情况创造新的工厂化装饰模块和装配方法。

项目 1　隔墙工程施工

隔墙是用来分隔建筑物内部空间的，要求自身质量轻、厚度薄、拆移方便，具有一定的表面刚度稳定性及防火、防潮、隔声等性能。隔断也是采用一定的材料，来分割房间和建筑物内部大空间，但通常不做到顶。其作用是使空间大小更加适用，并保持通风、采光的效果。隔断工程的种类较多，依其构造方式，可分为砌块式、立筋式和板材式；按其外部形式，可分为空透式、移动式、屏风式、帷幕式和家具式。

隔墙种类按照主材材质主要有木龙骨隔墙、轻钢龙骨隔墙、石膏空心条板隔墙、钢丝网架夹心板隔墙和玻璃砖隔墙五种。以上五种隔墙基本涵盖了不同工艺特征的隔墙，轻钢龙骨隔墙、石膏空心条板隔墙是应用较广且市场占用量较大的两种隔墙。木龙骨隔墙主要应用于高级装修的饭店等特殊场所，其工艺较复杂，对原材料要求高；轻钢龙骨隔墙主要应用于宾馆房间分割，其工序复杂；石膏空心条板隔墙及钢丝网架夹心板隔墙主要应用于学校、医院、办公楼等房间分割，石膏空心条板隔墙工序较少，接缝处理是关键，玻璃砖隔墙主要应用于保持室内通透感觉的厨房、客厅、餐厅、浴室、卫生间、办公场所等，墙面平整度与垂直度控制是重点。本项目将对按材质划分的上述五种隔墙的施工分别进行介绍。

教学设计

本项目共分 5 个教学任务，每个任务均可参照以下步骤进行教学设计，以任务 1 木龙骨隔墙施工为例。

木龙骨隔墙施工教学活动的整体设计

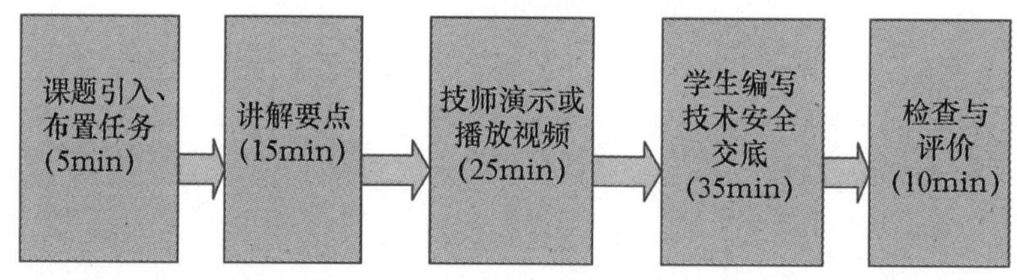

1）教师布置任务，简述任务要求，将学生分组进行角色分配，各角色相应的工作内容见表 1-1。

表 1-1　各角色相应的工作内容

角色	主要工作内容	备注
教师	布置任务、讲解重点内容	全过程指导
施工员	提出材料、机具使用计划及施工准备计划	施工员和工人共同检查作业条件
技术员	编写木龙骨隔墙技术交底	
技师	简述操作要点并进行木龙骨隔墙安装演示	不具备技师操作条件，可用相关操作视频代替
质检员	确定质量检查标准及方法、检查点及检查数量，制定评价表	
安全员	编写隔墙施工过程中用电、脚手架、高空作业的安全交底	

2）教师讲解重点内容，并发给学生任务单和相关参考资料。

3）先由技师简述操作要点并进行木龙骨隔墙施工演示，或者观看视频。

4）各组学生按照分配的岗位角色，分别完成各自工作内容。

5）教师针对技术交底、安全交底及小组成员合作协同做总结评定（表1-2）。

表1-2　小组评价表

组别____________________成员____________________

评价内容	分值	实际得分	评分人
技术交底的科学性	50		
安全交底的针对性	30		
成员团结协作	20		
总分	100		

评价日期____________________

任务1　木龙骨隔墙施工

【任务描述】

某教学楼进行房间改造，要将原来的几间大教室用木龙骨架隔墙改为小间的办公室，并考虑到安全、隔声及防火等要求。

木龙骨隔墙施工（图片）

【能力要求】

要求学生能够针对工作任务制定完整的工作计划，包括材料的选取、施工机具与环境的准备及施工流程计划，能够写出较为详细的技术交底，并能够正确进行质量检查验收。

【知识导入】

骨架式隔墙指以轻钢龙骨、木龙骨为墙体骨架，以纸面石膏板、纤维板、胶合板等作罩面板组成的室内非承重墙体。

木龙骨架隔墙是指用木龙骨架和罩面板材组合而成的立筋式隔墙。

1. 木龙骨架结构

木龙骨架有大木方结构（图1-1）、小木方双层结构(图1-2）和小木方单层结构。大木方结构用于高宽尺度较大的木龙骨隔断墙，小木方单层结构常用于高度3m以下或普通半高矮隔断，小木方双层结构适用于厚度为15cm的隔断墙。大方木结构，框体的规格为500mm×500mm左右的方框架或500mm×800mm左右的长方框架。小木方结构通常用25mm×30mm带凹槽木方龙骨，这种木龙骨架可在地面进行拼装，拼装框体的规格通常是@300或@400方框（@300=300mm×300mm，@400=400mm×400mm，该尺寸是木框架两木方中心线之间的距离）。

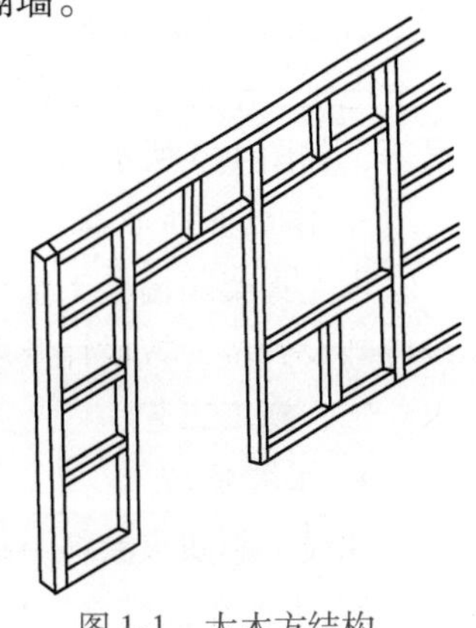

图1-1　大木方结构

2. 常用的罩面板材

常用的罩面板材有胶合板、纤维板、刨花板和细木工板。

胶合板是用量最多、用途最广的一种人造板材，胶合板分阔叶树胶合板和针叶树胶合板两种。常用的胶合板规格是 1830mm × 915mm × 3mm、2135mm × 915mm ×5mm、2444mm × 1220mm × 5mm 等。选板时要求纹理顺直、颜色均匀、花纹近似，不得有节疤、扭曲、裂缝、变色等疵病。

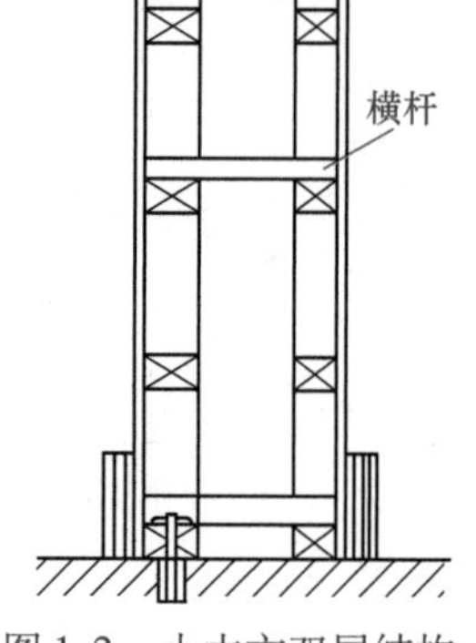

图 1-2 小木方双层结构

纤维板是由碎木加工成纤维状，除去有害杂质，经纤维分离、喷胶（常用酚醛树脂胶）、成型、干燥后，在高温下用压力机压缩制成的。这种板材可节省木材，加工后是整张，无缝无节，材质均匀，纵横方向强度相同。纤维板可分硬质和软质两种。硬质纤维板是木龙骨架隔断常用的一种板材，具有堆密度小、强度高、防水性能好、在高温条件下变形小，并具有耐磨、耐酸、耐碱、易加工等特点，其钻孔后可作优良的吸声板。常用的硬质纤维板的规格是 1830mm × 1220mm ×3（或4.5）mm 和 2135mm ×915mm ×4（或5）mm；软质纤维板（以刨花和碎木屑为主要原料，也称刨花板）的规格为：长宽尺寸有 2000mm × 1000mm、1830mm ×915mm，厚度有 5mm、8mm、10mm、12mm、14mm、15mm 和 16mm 等多种。

【任务实施】

一、施工准备

1. 材料准备

木龙骨的断面尺寸及纵向、横向间距应符合要求。面板安装前应对龙骨进行防火、防蛀、防腐处理。

（1）骨架　一般可选用松木或杉木，含水率不超过 8%。大木方规格通常为 50mm × 80mm 或 50mm × 100mm，有时也用 45mm × 45mm、40mm × 60mm 或 45mm × 90mm。小木方规格通常为 25mm ×30mm。木方不得有腐朽、节疤、扭曲等疵病，并预先经防腐处理。

（2）面材　胶合板、纤维板、刨花板、细木工板和企口板。

（3）紧固材料　圆钉、木螺钉、射钉和膨胀螺栓。

（4）其他材料　防潮纸或油毡、乳胶和沥青膏。

2. 主要机具准备

电锯、电刨、木工斧、铁锤、打钉枪、手电钻、螺钉旋具、线坠、水平尺、三角尺和直尺等，如图 1-3 所示。

3. 作业条件准备

木龙骨架隔墙施工前，吊顶面的龙骨架应安装完毕，需要通入墙面的电器线路及其他管线应敷设到位，按设计要求定位弹线，并标出门的位置。

二、施工工艺

1. 工艺流程

弹线→刷防火涂料→拼装木龙骨架→固定木龙骨架→固定门窗框→安装面板。

2. 施工要点

（1）弹线　在需要固定木隔墙的地面和建筑墙面上弹出隔墙的边缘线和中心线，并用

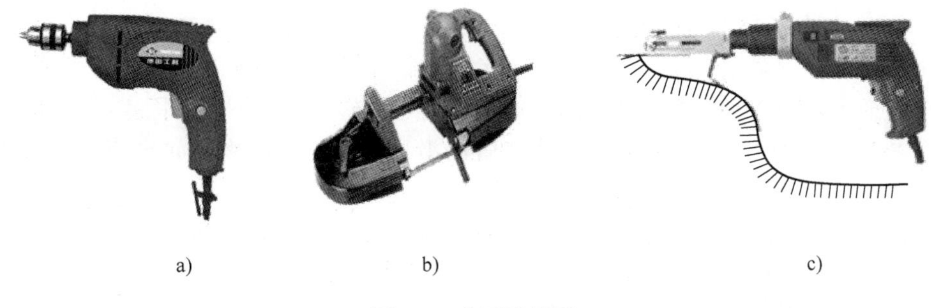

a)　　b)　　c)

图 1-3 主要机具图
a) 手电钻 b) 电锯 c) 打钉枪

线坠将边线引到两端墙上，引到楼板或过梁的底部，按设计要求画出固定点位置，固定点间距一般为 300 ~ 400mm。

(2) 刷防火涂料 室内装饰中的木结构墙身均需做防火处理，应在制作墙身木龙骨上与木夹板的背面涂刷三遍防火涂料。

(3) 拼装木龙骨架 对于面积不大的墙身，可一次拼成木骨架后，再安装固定在墙面上。对于大面积的墙身，可将拼成的木龙骨架分片安装固定。

(4) 固定木龙骨架 木龙骨架的固定通常是在沿墙、沿地和沿顶面处。对隔断来说，主要是靠地面和端头的建筑墙面固定。如端头无法固定，常用铁件来加固端头，加固部位主要是在地面与竖木方之间。

1) 木骨架与墙面的连接。用垂线法和水平线来检查墙身的垂直度和平整度，并在墙面上标出最高点和最低点。对墙面平整误差在 10mm 以内的墙体，可进行重新抹灰浆修正，如误差大于 10mm，通常不再修正墙体，而是在建筑墙体与木骨架间加木垫来调整，以保证木骨架的平整度和垂直度。

木楔圆钉固定法：用 16 ~ 20mm 的冲击钻头在建筑面层上钻孔，钻孔的位置应在弹线的交叉点位置上，钻孔的孔距为 600mm 左右，钻孔深度不小于 60mm。在钻出的孔中打入木楔，如在潮湿的地区或墙面易受潮的部位，木楔可刷上桐油，待干燥后再打入墙孔内。固定木骨架时，应将骨架立起后靠在建筑墙面上，用垂线法检查木骨架垂直度，用水平直线法检查木骨架的平整度。对校正好的木骨架进行固定。

固定前，先看骨架木龙骨与建筑墙面是否有缝隙，如有缝隙，应先用木片或木块将缝隙垫实，再用圆钉将木龙骨与木楔钉牢固。对于大木方制作的框架也可以采用 M6 或 M8 的膨胀螺栓固定，钻头按 300 ~ 400mm 的间距打孔，直径略大于膨胀螺栓的直径。

2) 木骨架与地（楼）面的连接。常采用的做法是用 ϕ7.8mm 或 ϕ10.8mm 的钻头按 300 ~ 400mm的间距于地（楼）面打孔，孔深为 45mm 左右，利用 M6 或 M8 的胀锚螺栓将沿地面的龙骨固定。对于面积不大的隔墙木骨架，也可采用木楔圆钉固定法，在楼地面打 ϕ20mm 左右的孔，孔深 50mm 左右，孔距 300 ~ 400mm，孔内打入木楔，将隔墙木骨架的沿地龙骨用圆钉固定于木楔。对于较简易的隔墙木骨架，还有的采用高强水泥钉，将木框架的沿地面龙骨钉牢于混凝土楼地面。

3) 木骨架与吊顶的连接。在一般情况下，隔墙木骨架的顶部与建筑楼板底的连接可有多种选择，采用射钉固定连结件，采用胀锚螺栓，或是采用木楔圆钉等做法均可。如若隔墙上部的顶端不是建筑结构，而是与装饰吊顶相接触时，其处理方法需根据吊顶结构而选定。

对于不设开启门扇的隔墙，当其与铝合金或轻钢龙骨吊顶接触时，要求与吊顶表面间的缝隙要小而平直，隔墙木骨架可独自通入吊顶内与建筑楼板以木楔圆钉固定。当其与吊顶的木龙骨接触时，应将吊顶木龙骨与隔墙木龙骨的沿顶龙骨钉接起来，如果两者之间有接缝，还应垫实接缝后再钉钉子。

对于设有开启门扇的木隔墙，考虑到门的启闭振动及人的往来碰撞，其顶端应采取较牢靠的固定措施，一般做法是将其竖向龙骨穿过吊顶面与建筑楼板底面固定，需采用斜角支撑。斜角支撑的材料可以是方木，也可以用角钢，斜角支撑杆件与楼板底面的夹角以60°为宜。斜角支撑与基体的固定方法，可用木楔铁钉或胀锚螺栓，如图1-4所示。

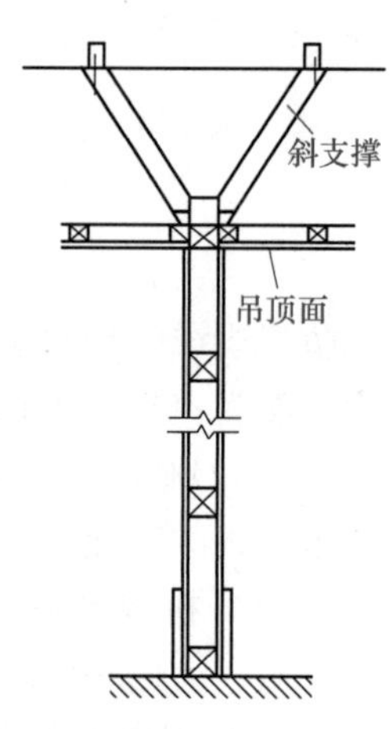

图1-4 有门木隔墙与建筑顶面的固定

（5）固定门窗框 对于木隔墙的门框竖向木方，均应用铁件加固，否则会使木隔墙颤动、门框松动以及木隔墙松动。木隔墙中的门框是以门洞两侧的竖向木方为基体，配以挡位框、饰边板或饰边线条组合而成；大木方骨架隔墙门洞竖向木方较大，其挡位框可直接固定在竖向木方上；小木方双层构架的隔墙，因其木方小，应先在门洞内侧钉上厚夹板或实木板之后，再固定挡位框。

木隔墙中的窗框是在制作时预留的，然后用木夹板和木线条进行压边定位。隔断墙的窗也分固定窗和活动窗，固定窗是用木压条把玻璃板固定在窗框中，活动窗与普通活动窗一样。

（6）安装面板 钉板安装前，先将隔墙内线路布好，电器底座装嵌牢固，其表面与板面齐平。

1）胶合板板面的固定。通常3mm厚胶合板用15mm打钉枪固定，5mm厚以下木夹板用25mm铁钉固定，9mm左右厚木夹板用30～50mm铁钉固定。要求布钉均匀，钉距100mm左右。

胶合板接缝有明缝、拼缝、金属压缝和木压条压缝四种。

① 明缝固定：在两板之间留一条有一定宽度的缝，施工图无规定时，缝宽以8～10mm为宜。如明缝不用垫板，则应将木龙骨面刨光，明缝上、下宽度应一致，锯割胶合板时，应用靠尺来保证锯口的平直度与尺寸的准确性，并用9号木砂纸修边。

② 拼缝固定：拼缝固定时要对胶合板四边进行倒角处理，以便在以后的基层处理时可将木胶合板之间的缝隙填平，其板边倒角为45°±3°。

③ 金属压缝：胶合板对缝时宽度与金属压缝条等宽，胶合板固定粉刷后，采用成品金属压缝条，用乳胶粘结固定。

④ 木压条压缝：用木压条固定胶合板时，钉距不应大于200mm，钉帽亦应打扁钉入木压条面0.5～1.0mm，但选用的木压条应干燥无裂纹，打扁的钉帽应顺木纹打入，以防开裂。

2）纤维板安装。纤维板安装常用两种做法：一是在龙骨平面或双面钉木质纤维板平面，用木压条压缝；二是把木质纤维板镶到木龙骨中间（龙骨称为木筋，需四面刨光），四周用木压条夹牢，板材宜从下向上逐块装钉，纤维板用钉子固定，钉距为80～120mm，钉长20～30mm，钉帽宜进入板面0.5mm，钉眼用油性腻子抹平。拼缝应位于立筋或横撑中间。

纤维板板材拼缝有明缝、拼缝、金属压缝和木压条压缝四种，如图1-5所示。

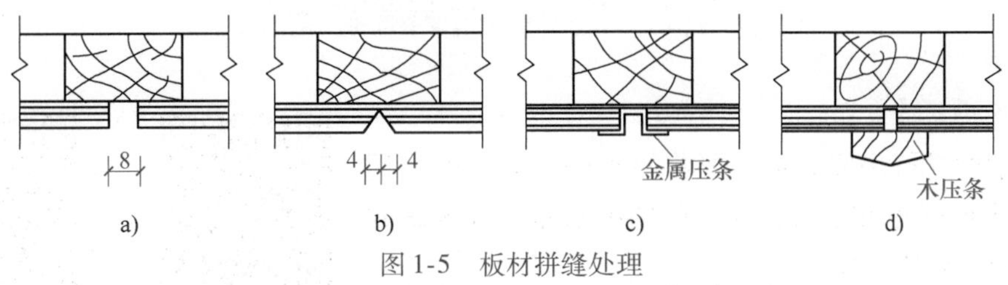

图1-5 板材拼缝处理

a）明缝 b）拼缝 c）金属压缝 d）木压条压缝

三、质量要求与检查评定

1）木材的材质、等级、树种、含水率和防腐、防虫、防火处理必须符合设计要求和木结构施工规范规定。

2）竖向、横向、沿地、沿顶等龙骨骨架安装必须正确，连接牢固，无松动。

3）罩面板材料品种、质量必须符合设计要求和现行标准规定。安装必须牢固，无脱皮、翘曲、折裂、缺棱掉角等缺陷。

4）罩面板表面平整、洁净、无锤印，钉固间距、钉位应符合设计要求。

5）罩面板接缝形式应符合设计要求，接缝和压条宽窄一致，平缝应表面平整。

6）木隔断骨架安装允许偏差及检验方法见表1-3。

表1-3 木隔断骨架安装允许偏差及检验方法

项次	项 目		允许偏差/mm	检 验 方 法
1	立筋、横撑截面尺寸	方木	-3	尺量检查
		原木（梢径）	-5	
2	竖向、横向龙骨截面尺寸		-2	尺量检查
3	上、下水平线		±5	拉线、尺量或水准仪检查
4	两边沿竖直线		±5	吊线、尺量检查
5	立面垂直线		3	用2m托线板检查
6	表面平整		2	用2m靠尺和楔形塞尺检查

7）罩面板安装允许偏差及检验方法见表1-4。

表1-4 罩面板安装允许偏差及检验方法

项次	项目	允 许 偏 差/mm				检 验 方 法
		胶合板	纤维板	刨花板	木板	
1	表面平整	2	3	4	3	用2m直尺和楔形塞尺检查
2	立面垂直	3	4	4	4	用2m托线板检查
3	压条平直	3	3	3	—	拉5m线检查，不足5m者拉通线检查
4	接缝平直	3	3	3	3	
5	接缝高低	0.5	1	—	1	用直尺和楔形塞尺检查
6	压条间距	2	2	3	—	用直尺检查

任务2 轻钢龙骨隔墙施工

【任务描述】

某教学楼进行房间改造，要将原来的几间大教室用轻钢龙骨纸面石膏板隔墙改为小间的办公室，并考虑到安全、隔声及防火等要求。

轻钢龙骨隔墙施工（视频）

轻钢龙骨隔墙施工（图片）

【能力要求】

要求学生能够针对工作任务制定完整的工作计划，包括材料的选取，施工机具与环境的准备及施工流程计划，能够写出较为详细的技术交底，并能够正确进行质量检查验收。

【知识导入】

轻钢龙骨隔墙以轻钢龙骨为骨架，以纸面石膏板、水泥刨花板、稻草板、CRC 板、FT 板或埃特板等为罩面板的立筋式隔断墙体，其基本构造见图 1-6。轻钢龙骨隔墙是机械化施工程度较高的一种干作业墙体，这种新型的隔墙墙体结构具有自重轻、强度高、刚度大、防火、隔热、隔声、防震、施工速度快、成本低、劳动强度小、隔墙设置灵活、装拆卸方便以及装饰美观等特点，因此它也是当前国内应用最为广泛的室内隔墙形式之一。

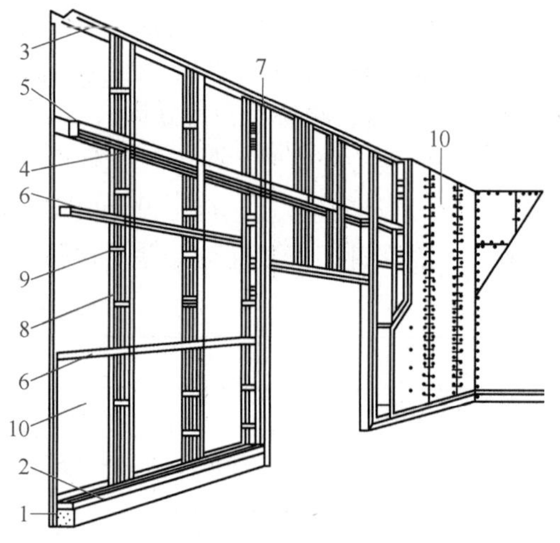

图 1-6 轻钢龙骨隔墙构造

1—混凝土踢脚座 2—沿地龙骨 3—沿顶龙骨 4—竖向龙骨 5—横撑龙骨 6—通贯横撑龙骨 7—加强龙骨 8—贯通龙骨 9—支撑卡 10—石膏板

轻钢龙骨按龙骨高度分有 50、75、100、150 四种系列；按功能分有沿地龙骨、沿顶龙骨、横竖龙骨、贯通龙骨和加强龙骨。

罩面板按性能分有普通石膏板、防水石膏板和防火石膏板；按边缘形状分有楔形、直角形、45°倒角形和 45°斜边形。罩面板板厚有 9.5mm、12mm、15mm、18mm 和 25mm。

【任务实施】

一、施工准备

1. 材料准备

（1）轻钢龙骨主件 沿顶龙骨、沿地龙骨、加强龙骨、竖向龙骨、横向龙骨应符合设计要求。

（2）轻钢骨架配件 支撑卡、卡托、角托、连接件、固定件、附墙龙骨、压条等附件应符合设计要求。

（3）紧固材料 射钉、膨胀螺栓、镀锌自攻螺钉、木螺钉和粘结嵌缝材料应符合设计要求。

（4）填充隔声材料 按设计要求选用。

（5）罩面板材 纸面石膏板规格、厚度由设计人员或按图样要求选定。

2. 常用机具准备

电焊机、电动无齿锯、手电钻、多用刀、电锤、电动螺钉旋具、射钉枪、板锯、平刨、边角刨、曲线锯、圆孔锯、嵌缝枪、线坠、橡胶锤以及水平靠尺等。

3. 作业条件准备

施工前应先完成基本的验收工作，石膏罩面板安装应在屋面、顶棚和墙抹灰完成后进行。设计要求隔墙有地枕带时，应待地枕带施工完毕，并达到设计程度后，方可进行轻钢骨架安装。根据设计施工图和材料计划，查实隔墙的全部材料，使其配套齐备。所有的材料必须有材料检测报告、合格证。

二、施工工艺

1. 工艺流程

弹线定位→安装沿顶、沿地龙骨→固定边框龙骨→安装竖龙骨→安装附加龙骨、支撑龙骨→安装纸面石膏板→填充隔声材料→接缝、护角处理。

2. 施工要点

（1）弹线定位　墙体骨架安装前，按设计图检查现场，进行实测实量，并对基层表面予以清理。在上、下两侧基层上按龙骨的宽度弹线，并按罩面板长宽分档，以确定竖向龙骨、横撑及附加龙骨的位置。弹线应清晰，位置应准确。

若设计有墙垫时，按设计要求先浇筑细石混凝土墙垫，必要时可以预埋防腐木砖、地脚螺栓或其他铁件。

（2）安装沿顶、沿地龙骨　根据设计要求沿弹线位置用射钉或膨胀螺栓固定沿顶、沿地龙骨，龙骨对接应平直，一般固定点间距不大于600mm，当面材装修层较重时，固定点间距以不大于420mm为宜。在龙骨与基层之间，应铺橡胶条或沥青泡沫塑料条，使其结合良好，有的需要在龙骨的背面粘贴两根氯丁橡胶条作为防水、隔声的一道密封，再按规定间距，用射钉（或用电钻打眼塞膨胀螺栓）将沿地、沿顶龙骨固定在地面和顶面。一般的混凝土构件可采用M5×35的射钉，射钉入射基层深度为22～32mm，如图1-7所示。

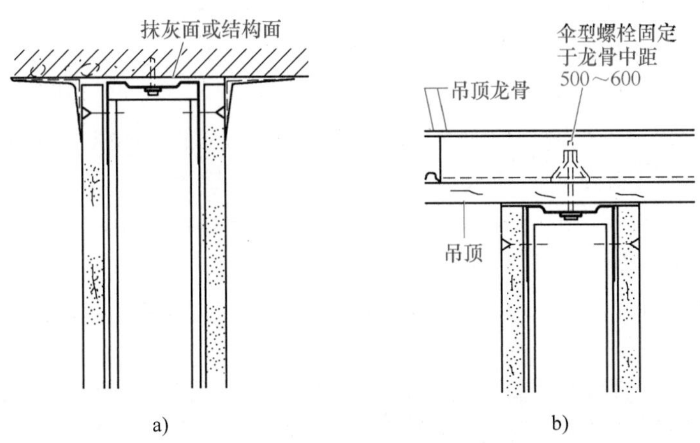

图1-7　龙骨与顶面连接

a）龙骨与结构顶面连接　b）墙顶龙骨与吊顶龙骨连接

（3）固定边框龙骨　按弹线固定边框竖龙骨，龙骨边线应与弹线重合。龙骨与墙用射钉或膨胀螺栓固定，射钉或膨胀螺栓入墙深度：砖墙为30~50mm，混凝土墙为22~32mm。固定点间距不大于1000mm，如图1-8所示。

（4）安装竖龙骨 竖龙骨的长度应比沿地、沿顶龙骨内侧的距离尺寸短15mm。竖龙骨就位应垂直，间距满足规定尺寸要求。竖龙骨准确就位后，即用抽芯铆钉将其两端分别与沿地、沿顶龙骨固定。还应注意，若设计为柔性结构的防火墙体时，竖龙骨与沿地、沿顶龙骨不能直接固定，应另设附加龙骨；对于双排龙骨墙体、穿过管道的墙体、曲面墙体或斜面墙体等特殊结构的墙体，以及门窗框或其他特殊节点使用附加龙骨（或加强龙骨）安装，均应按照设计要求进行施工。

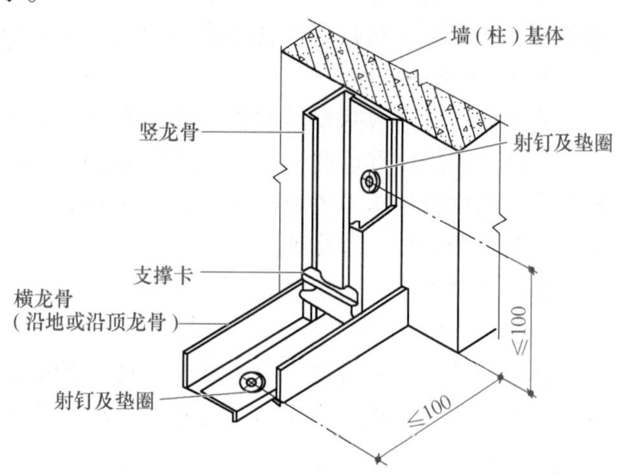

图1-8 龙骨与墙面连接

（5）安装附加龙骨、支撑龙骨 隔墙高度大于3m时应加横向卡档龙骨，采用抽芯铆钉或螺栓固定。木门框一般通过加强龙骨与竖向龙骨连接，也可采用木门框向上延长插入沿顶龙骨，然后固定在沿顶龙骨与竖向龙骨上。如门的尺寸大且较重时，应在门洞口处上方加斜撑，罩面板横向接缝处如不在沿顶、沿地龙骨上，应加横撑龙骨固定板缝。对于特殊节点，使用附加龙骨安装应符合设计要求。

（6）安装纸面石膏板 如不能将石膏板固定到沿顶、沿地龙骨上，一般无防火要求的石膏板墙，石膏板既可纵向铺设，也可横向铺设。

1）安装第一层纸面石膏板的上、下端与楼板应留6~8mm的间隙，使用高强自攻螺钉钻用$\phi3.5\times25$的自攻螺钉把石膏板与龙骨紧密连接。螺钉的间距为：板边部分为200mm，中间部分为300mm。螺钉距石膏边缘的距离为10~16mm，自攻螺钉紧固时，纸面石膏板必须与龙骨紧靠。罩面板长边（即包封边）接缝应落在竖龙骨上，唯有曲面墙罩面板宜横向铺设。龙骨两侧的罩面板及两层罩面板应错缝排列，接缝不落在同一根龙骨上。

2）安装石膏板时，应从板的中部向板的四边固定，钉头略埋入板内，但不得损坏纸面。钉眼应用嵌缝腻子抹平。石膏板宜使用整板。如需对接时，应紧靠，但不得强压就位。

隔墙端部的石膏板与周围的墙或柱应留有3mm的槽口。施工时，先在槽口处加注嵌缝膏，然后铺板，挤压嵌缝膏使其和邻近表层紧密接触。

3）安装防火墙石膏板时，石膏板不得固定在沿顶、沿地龙骨上，应另设横撑龙骨加以固定。

4）隔墙板的下端如用木踢脚板覆盖，罩面板应离地面20~30mm；用大理石、水磨石踢脚板时，罩面板下端应与踢脚板上口齐平，接缝严密。

5）半径小于1000mm的曲面墙，装板前应将石膏板纸面洒水湿透，数小时后再安装。在曲面的一端加以固定，然后轻轻地逐渐向板的另一端，向骨架方向推动，直到完成曲面为止（石膏板宜横铺）。当曲面半径为35cm左右时，在装板前应将石膏板的面纸和背纸提前洒水湿透，应注意均匀洒水然后放置数小时方可安装，石膏板完全干燥时可恢复并保护原有的硬度。如若有特殊需要增大隔墙的曲率而缩小半径，如呈圆柱构造，应注意每隔25mm的距离划开石膏板背面纸，使之柔软易弯，但要先将石膏板按拱圈宽度及长度割好，如图1-9所示。

6）安装墙体另一侧纸面石膏板与安装第一侧纸面石膏板方法相同，但不能与第一侧板的接缝落在同一根龙骨上。

安装双层纸面石膏板时第二层纸面石膏板与安装第一层纸面石膏板方法相同，但第二层板与第一层板的接缝不能落在同一根龙骨上。同时要采用M3.5×35的高强自攻螺钉。

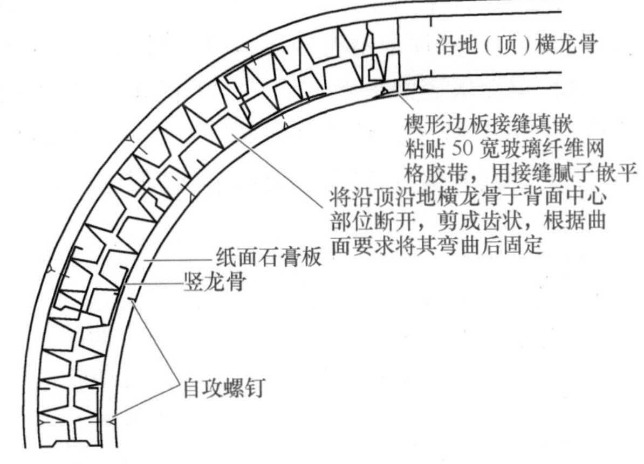

图1-9 圆曲形隔墙的龙骨及其石膏板罩面安装

（7）填充隔声材料 铺放墙体内的玻璃棉、矿棉板、岩棉板等填充材料，与安装另一侧纸面石膏板同时进行，填充材料应铺满铺平。

（8）接缝、护角处理

1）板与墙、顶结构缝隙：用建筑嵌缝膏填缝作为第二道密封，将管装的建筑嵌缝膏装入嵌缝枪内，把建筑嵌缝膏挤入预留的纸面石膏板墙与顶板及结构墙间隙内即可。

2）板间接缝：有平缝、凹缝和压条缝三种形式。一般做平缝较多，可按以下程序处理：将嵌缝腻子均匀饱满地嵌入板缝，并在接缝处刮上宽约60mm、厚约1mm的嵌缝腻子，随即贴上穿孔纸带，用宽为60mm的刮刀，顺着穿孔纸带方向将纸带内的腻子挤出穿孔纸带。用宽度为150mm的刮刀，在穿孔带上面刮涂一薄层嵌缝腻子。用300mm宽的刮刀再补刮一道腻子，其厚度不超过石膏板面2mm，用抹刀将边缘拉薄。待腻子完全干燥后，用砂纸打磨。嵌完的接缝处必须平滑，中部略微凸起向两边倾斜。

3）阴角处理：先将阴角缝填嵌满嵌缝腻子，粘贴两层玻纤布条，角两边均拐过100mm，把穿孔纸带用折纸夹折成直角后即贴于角缝处，再用滚抹子压实，而后用阴角抹子再加一薄层嵌缝腻子，待其干燥后，用2号砂纸磨平磨光。

4）阳角处理：将金属护角按墙角的高度切断，安装在阳角处，用12mm长的圆钉或用阳角护角器临时将其固定于石膏板上，然后用嵌缝腻子把金属护角埋起来，待完全干燥之后，用装有2号砂布的磨光器磨光，保证墙面的平整光洁。

5）控制缝：一般是在墙体通长超过20m时而设置的（或大面积吊顶）缝隙，为了避免墙体受室内温度的变化影响而发生变形现象。其操作方法是：将墙体的龙骨分开，在墙体的接缝处留10mm的间隙。接头是一种塑料软质材料，伸缩部位有一根橡胶条。将控制接头用打钉机（钉子呈U形）钉入两侧的石膏板上，然后用嵌缝腻子嵌缝，经过板面处理平整之后，撕去橡胶条即可。

三、质量要求与检查评定

1）轻钢骨架、纸面石膏板必须有产品合格证，其品种、型号、规格应符合设计要求。轻钢骨架使用的紧固材料应满足设计要求及构造功能，轻钢骨架应保证刚度，不得弯曲变形；纸面石膏板不得受潮，翘曲变形，缺棱掉角，脱层和折、裂，厚度应一致。

2）墙体构造及纸面石膏板的纵横向敷设应符合设计要求；安装必须牢固。

3）轻钢骨架沿顶、沿地龙骨应位置正确，相对垂直；竖向龙骨应分档准确，安装垂直，无变形，按规定留有伸缩量（一般竖龙骨长度比净空短30mm），钉固间距应符合要求。

4）罩面板表面平整、洁净、无锤印，钉固间距、钉位应符合设计要求。罩面板接缝形式应符合设计要求，接缝和压条宽窄一致，平缝应表面平整。

5）轻钢骨架石膏罩面板隔墙允许偏差项目见表1-5。

表1-5 轻钢骨架石膏罩面板隔墙允许偏差项目

项次	项目		允许偏差/mm	检验方法
1	轻钢龙骨	龙骨垂直	3	2m托线板检查
2		龙骨间距	3	尺量检查
3		龙骨平直	2	2m靠尺检查
4	罩面板	表面平整	3	2m靠尺检查
5		立面垂直	4	2m托线板检查
6		接缝平直	3	拉5m线检查
7		接缝高低	1	用塞尺检查
8	压　条	压条平直	3	拉5m线检查
9		压条间距	2	尺量检查

任务3　石膏空心条板隔墙施工

【任务描述】

某教学楼进行房间改造，要将原来的几间大教室用石膏空心条板隔墙改为小间的办公室，并考虑到安全、隔声及防火等要求。

石膏空心条板隔墙施工（图片）

【能力要求】

要求学生能够针对工作任务制定完整的工作计划，包括材料的选取，施工机具与环境的准备及施工流程计划，能够写出较为详细的技术交底，并能够正确进行质量检查验收。

【知识导入】

石膏空心条板是以天然石膏或化学石膏为主要原料，加入少量增强纤维，也可掺入适量粉煤灰和水泥，经料浆拌和、浇注成型、抽心、干燥等工艺制成的轻质板材(图1-10)。石膏空心条板隔断是一种常用的板材式隔断，一般用单层板作分室墙和隔墙，也可用双层空心条板，中间设空气层或矿棉组成分户墙。石膏空心板条隔断具有自重轻、强度高、刚度大、隔声、防火、加工

图1-10　石膏空心条板

性能好、安装方便等优点，适用于一般民用建筑及住宅装修工程，但不适合在厨房、卫生间等湿度大的房间使用。限制高度3.0m，在特殊条件下可为3.3m。

【任务实施】

一、施工准备

1. 材料准备

（1）石膏空心条板：标准板、门框板、窗框板、门上板、窗上板、窗下板和异形板。

（2）胶粘剂：SG791 建筑胶粘剂和 SG792 建筑胶粘剂。

（3）其他：建筑石膏粉、玻纤布条和嵌缝腻子。

2. 常用机具准备

电动式台锯、笤帚、木工板锯、电动慢速锯、钢丝刷、小灰槽、2m 靠尺、开刀、托板、线坠、专用撬棍、钢尺、橡皮锤、木楔、山尖钻、扁铲、射钉枪等。

二、施工方法

1. 工艺流程

放线、分档→立墙板→墙底缝隙填塞混凝土→铺设电线管，稳接线盒→安装水暖、煤气管道卡→安装门窗框→板缝处理→板面装修。

2. 施工要点

石膏空心条板墙隔墙墙板与梁（板）的连结，在地震区一般采用柔性连接的钢板卡法安装固定，在非地震区一般采用刚性连接的下楔法安装固定，即下部与木楔楔紧后，灌填干硬性混凝土。上部抹粘接砂浆直接顶在楼板或梁下，条板之间、墙板与顶板之间、墙板侧边与柱、外墙等之间，均用粘接砂浆粘结。

（1）放线、分档　在地面、墙面及顶面根据设计位置，弹好隔墙边线及门窗洞边线，并按板宽分档。标准板宽600mm。当门窗上部高600mm时，加钢过梁或木过梁。

（2）立墙板　板的长度为楼面结构层净高尺寸减20～30mm。隔墙板安装顺序：如果隔墙上无门框，应从与墙的结合处一侧或门洞边开始，如果隔墙上有门框，则首先固定门框，然后从门洞口两侧开始依次顺序安装。有抗震要求时在两块条板顶端拼缝之间用射钉将U形钢板卡固定在梁或板上（图1-11），下部用射钉将L形钢板卡固定在楼面结构层上（图1-12），随安装板随固定钢板卡。

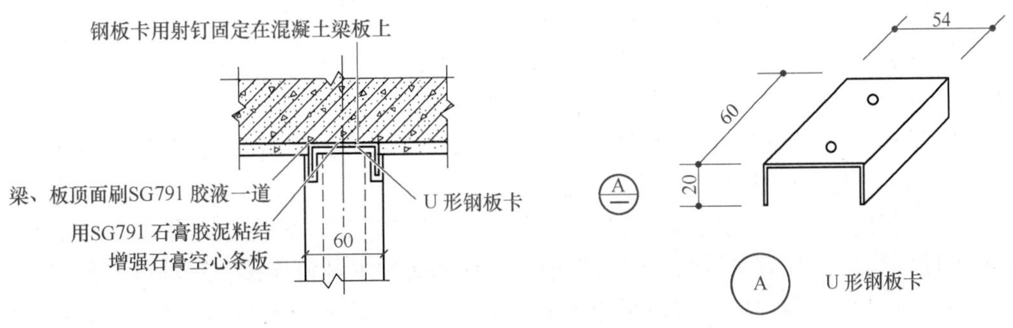

图1-11　U形钢板卡连接

在墙面、顶面、板的顶面及侧面（相拼合面）先刷 SG791 胶液一道，再满刮 SG791 胶

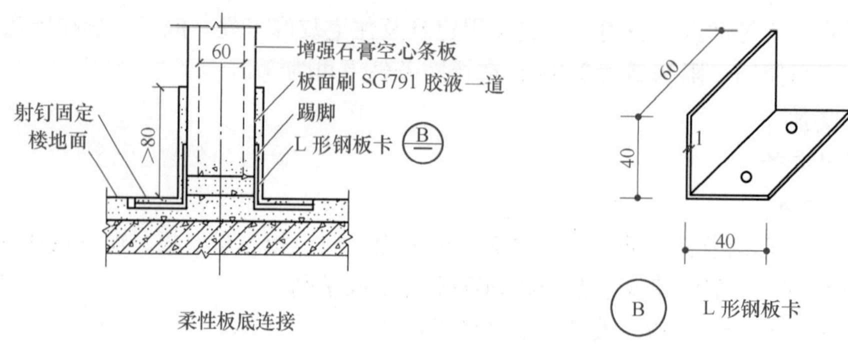

图 1-12 柔性板底 L 形钢板卡连接

泥［质量比，石膏粉: SG791 =1:（0.6 ~0.7）］，配制的胶粘剂 20min 内用完。对准预先在顶板和楼面上弹好的定位线安装就位，先推紧侧面，使之板缝冒浆，然后一个人用特制的脚踏板在板底部向上顶，另一人在板下两侧各 1/3 处打木楔（楔背高 20 ~30mm），使隔墙板挤紧顶实，然后用开刀（腻子刀）将挤出的胶粘剂刮平。在安装过程中随时用 2m 靠尺及塞尺测量墙面的平整度，用 2m 托线板检查板的垂直度。

（3）墙底缝隙填塞混凝土 粘结完毕的墙体，应在 24h 以后用 C20 干硬性细石混凝土将板下口堵严，当混凝土强度达到 10MPa 以上，撤去板下木楔，并用同等强度的干硬性砂浆灌实。

（4）铺设电线管，稳接线盒 按电气安装图找准位置划出定位线，铺设电线管，电线管必须顺石膏板孔铺设，严禁横铺或斜铺。稳接线盒时，先在板面钻孔（防止猛击），再用扁铲扩孔，孔要大小适度，要方正。孔内清理干净，先刷 SG791 胶液一道，再用 SG792 胶泥稳住接线盒，如图 1-13 所示。

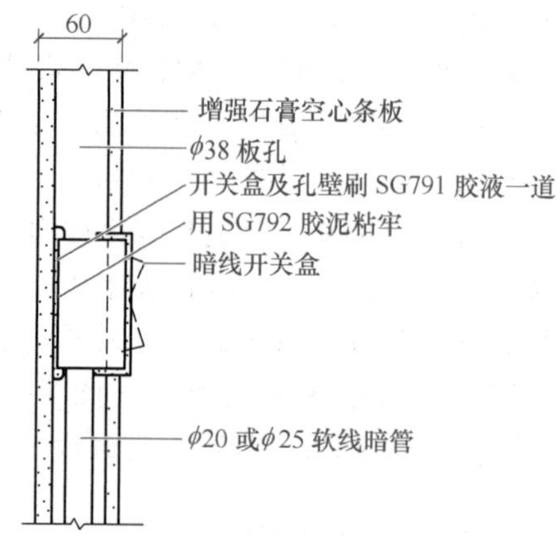

图 1-13 接线盒安装示意图

（5）安装水暖、煤气管道卡 按水暖、煤气管道安装图找准标高和竖向位置，划出管卡定位线，在隔墙板上钻孔扩孔（禁止剔凿），将孔内清理干净，先刷 SG791 胶液一道，再用 SG792 胶泥固定管卡。

安装吊挂埋件：隔墙板上可安装碗柜、设备和装饰物，每一块板可设两个吊点，每个吊点吊重不大于 80kg。两点间距应大于 300mm。先在隔墙板上钻孔扩孔（防止猛击），孔内应清理干净，先刷 SG791 胶液一道，再用 SG792 胶泥固定埋件，如图 1-14 所示，待干后再吊挂设备。

（6）安装门窗框 一般采用先留门窗洞口，后安装门窗框的方法。单扇钢门框与门口板中的预埋件焊接，单扇木门框与门口板中的预埋木砖用木螺钉连接，预埋件及预埋木砖间距小于 300mm。双扇钢门框与门口板边缘通天钢柱（2 ∟50 ×50 ×4）连接，双扇木门框与门口板边缘通天方木（50 ×门框厚）连接。门窗框与门窗口板之间缝隙不宜超过 3mm，超过 3mm 时，应加木垫片过渡。将缝隙浮灰清理干净，先刷 SG791 胶液一道，再用 SG792 胶泥嵌缝。嵌缝要严密，以防止门扇开关时碰撞门框造成裂缝。

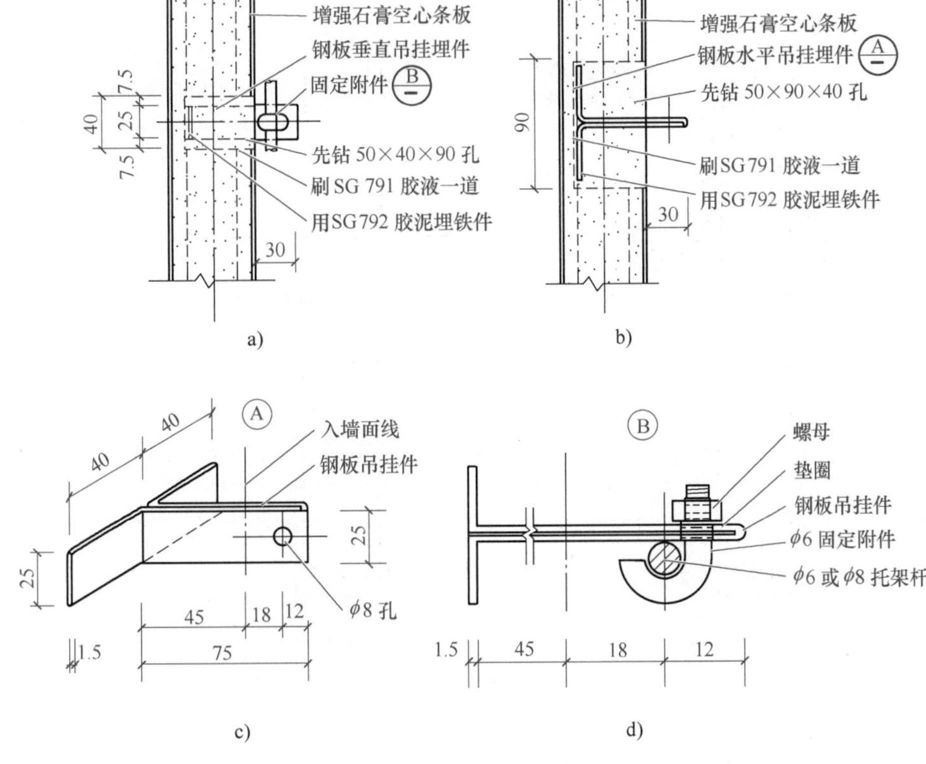

图 1-14 吊挂件预埋件图

a）钢板垂直吊挂埋件安装图 b）钢板水平吊挂埋件安装图
c）钢板垂直吊挂埋件详图 d）钢板水平吊挂埋件详图

（7）板缝处理 板缝通常采取不留明缝的做法，如图 1-15 所示。即在涂刷防潮涂料前，先刷水湿润两遍，而后抹石膏膨胀珍珠岩腻子，勾缝，刮平。对踢脚线处理，宜用稀释 108 胶水先刷一层，而后用 108 胶水泥浆，刷至踢脚线部位，待初凝后，用水泥砂浆抹实压光。

隔墙板安装 10d 后，检查所有缝隙是否粘结良好，有无裂缝，如出现裂缝，应查明原因后进行修补。已粘结良好的所有板缝、阴角缝，先清理浮灰。再刷 SG791 胶液粘贴 50mm 宽玻纤网格带，转角隔墙在阳角处粘贴 200mm 宽（每边各 100mm 宽）玻璃纤维布一层。干后刮 SG792 胶泥，略低于板面。

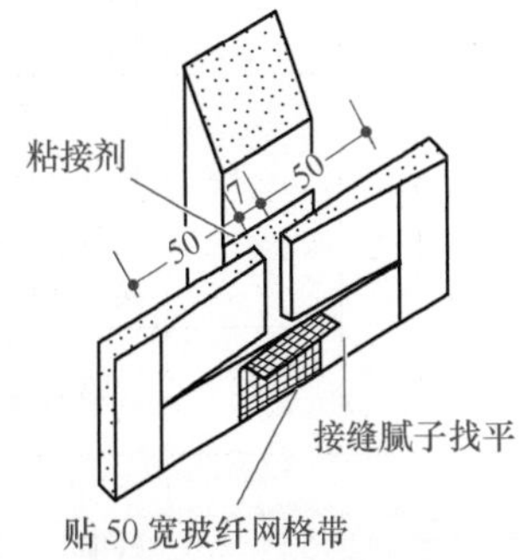

图 1-15 板缝处理

（8）板面装修 一般居室涂料墙面，直接用嵌缝腻子刮平，打磨后刮第二遍腻子（要根据饰面要求选择不同强度腻子），再打磨平整，最后做饰面层。

隔墙踢脚板，做水泥、水磨石踢脚，应先在根部刷一道胶液；如做塑料、木踢脚，可不刷胶液，先钻孔打入木楔，再用钉钉在隔墙板上木楔中（图 1-16）。

贴瓷砖墙面，贴瓷砖前须将板面打磨平整，为加强粘结，先刷 SG791 胶水（SG791 胶:水 =1:1）一道，再用 SG8407 胶调水泥（或类似的瓷砖胶）粘贴瓷砖。

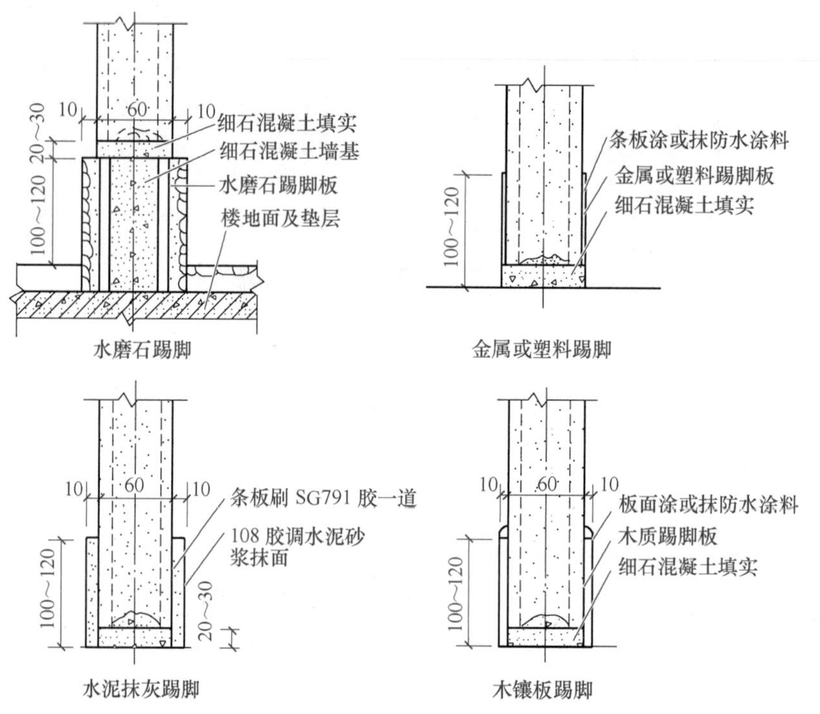

图 1-16　隔墙踢脚做法

三、质量要求与检查评定

板材隔墙工程质量检查数量：每个检验批应至少抽查 10%，并不得少于 3 间；不足 3 间时应全数检查。检查项目、质量要求及检验方法应符合表 1-6 的规定。

表 1-6　板材隔墙工程质量验收标准

项目	项次	质量要求	检验方法
主控项目	1	隔墙板材的品种、规格、性能、颜色应符合设计要求。有隔声、隔热、阻燃、防潮等特殊要求的工程，板材应有相应性能等级的检测报告	观察；检查产品合格证书、进场验收记录和性能检测报告
	2	安装隔墙板材所需预埋件、连接件的位置、数量及连接方法应符合设计要求	观察；尺量检查；检查隐蔽工程验收记录
	3	隔墙板材安装必须牢固。现制钢丝网水泥隔墙与周边墙体的连接方法应符合设计要求，并应连接牢固	观察；手扳检查
	4	隔墙板材所用接缝材料的品种及接缝方法应符合设计要求	观察；检查产品合格证书和施工记录
一般项目	5	隔墙板材安装应垂直、平整、位置正确，板材不应有裂缝或缺损	观察；尺量检查
	6	板材隔墙表面应平整光滑、色泽一致、洁净，接缝应均匀、顺直	观察；手摸检查
	7	隔墙上的孔洞、槽、盒应位置正确，套割方正、边缘整齐	观察

板材隔墙安装的允许偏差和检验方法应符合表 1-7 的规定。

表 1-7 板材隔墙安装工程质量验收标准

项次	项 目	允许偏差/mm				检验方法
		复合轻质墙板		石膏空心板	钢丝网水泥板	
		金属夹芯板	其他复合板			
1	立面垂直度	2	3	3	3	用2m垂直检测尺检查
2	表面平整度	2	3	3	3	用2m靠尺和塞尺检查
3	阴阳角方正	1	3	3	4	用直角检测尺检查
4	接缝高低差	1	2	2	3	用钢直尺和塞尺检查

任务4 钢丝网架夹心板隔墙施工

【任务描述】

某办公楼进行房间改造，要将原来的大会议室用三道钢丝网架夹心板隔墙改为小间的办公室，房间高度3.5m，进深6m，并考虑到安全、隔声及防火等要求。

钢丝网架夹心板隔墙施工（图片）

【能力要求】

要求学生能够针对工作任务制定完整的工作计划，包括材料的选取，施工机具与环境的准备及施工流程计划，能够写出较为详细的技术交底，并能够正确进行质量检查验收。

【知识导入】

概念：钢丝网架夹芯墙板是以三维构架式低碳冷拔钢丝网为骨架，以膨胀珍珠岩、阻燃型聚苯乙烯泡沫塑料、矿棉、玻璃棉等轻质材料为芯材，由工厂制成面密度为4～20kg/m^{2}的钢丝网架夹芯板，然后在其两面喷抹20mm厚水泥砂浆面层的新型轻质墙板，如图1-17所示。这种板材具有强度高、自重轻、保温、隔声、隔热、防震、防火等一系列优点，其表面可以喷涂各种涂料、粘贴瓷砖、各种石材等多种装饰材料，适用于各种工业建筑和民用建筑，是目前代替黏土砖、提高建筑性能的首选材料。这种板材具有良好的保温性能，采用不同厚度的钢丝网架夹芯板可满足不同地区建筑节能50%的要求，并可增加使用面积，有良好的防潮防水性，且安装方便，可缩短施工周期，降低工程造价。由于该板塑性好，可满足各种建筑外形装修要求，用于建筑的围护外墙及轻质内隔声墙。

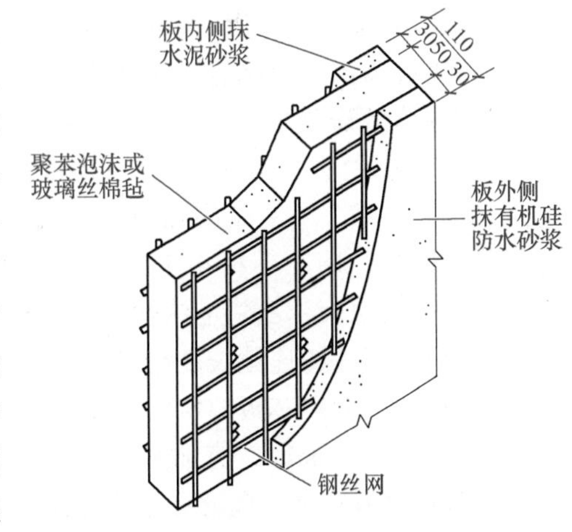

图1-17 钢丝网架夹芯板墙体构造

1. 钢丝网架夹芯墙板的主要特性

1）保温隔热。钢丝网架夹芯板（芯材为50mm厚时）的热阻为0.84（m^2·K)/W，保温优于620mm厚的砖墙。

2）隔声性能。由于芯材采用了阻燃型的聚苯乙烯或岩棉板，其平均隔声量大于50dB。

3）防火性能。由于芯材采用了阻燃型的聚苯乙烯或岩棉板两侧抹25mm砂浆，其耐火极限在1.3h以上。

4）自重轻。钢丝网架夹芯板自重仅3.7kg/m^2，两侧抹30mm砂浆后重量为110kg/m^2，比120mm厚的砖墙轻60%。

5）其他使用优点。运输方便无损耗，安装轻便快捷，不怕碰撞摔跌，不忌明火，不怕水浸，施工中绝无接触过敏或看不见的刺痒。穿埋管道，转弯悬挂，局部更改均较方便，易于保证质量，缩短工期。

2. 主要规格型号

钢丝网架夹心板有单面钢丝叉板和双面钢丝叉板，钢丝网架芯板厚度及整板尺寸大小可根据用户需要，按图样生产不同规格的板材。

普通板：2400mm×1200mm×75mm

标准板：2700mm×1200mm×75mm

加长板：3000mm×1200mm×75mm

有厚度为55mm、75mm、80mm、100mm、150mm等不同规格的产品，且可以定做不同规格的异形尺寸。

3. 钢丝网架夹芯墙板的基本构造

（1）一般规定　钢丝网架夹芯（外设砂浆层）板墙体，应支承在建筑主体结构上，墙体与结构梁、板、墙、柱的连接应牢固、密实，并应有抗震、防裂、防渗漏等措施。

1）建筑物底层的钢丝网架夹芯板墙体，应设防潮、防虫构造层；厨房、卫生间及有防潮、防水要求的墙体，必须进行防水、防潮处理，其高度不宜低于1.8m。

2）钢丝网架夹芯墙体上的孔洞应在设计时考虑预留，不得在施工时随意开槽。

3）隔墙体内埋设暗管、暗线等应在设计时作出规定。

4）墙体上需要吊挂重物和设备时，应由设计确定并采取加固措施。

（2）构造做法　钢丝网架夹芯墙板安装组成的墙体，应能满足隔声、防火、防渗漏及建筑装饰等要求。对有较高隔声（空气声计权隔声量大于40dB）、防火（耐火极限大于2h）等要求的墙体，墙厚不得小于110mm，单面的砂浆抹灰层厚度不得小于30mm。对于防火墙，不得采用以聚苯乙烯泡沫塑料为芯材的墙板。

1）当隔墙体的连续长度超过6m时，宜设置钢筋混凝土构造柱。

2）钢丝网架夹芯板墙体的高度不宜大于3m。安装板材时，钢筋码的间距宜为600mm；当墙体高度大于3m时，宜加密至400mm；当墙体高度为4～6m时，每隔两块钢丝网架夹芯板（宽度约2500mm）宜设置型钢加强柱，并用横向钢支撑与型钢柱焊接牢固，用钢板座和地脚螺栓锚固于建筑结构上。对于高度大于6m的超高墙体，应采用钢筋混凝土或型钢构造框架进行加强。构造框架横向支撑的间距，应与钢丝网架夹芯板的标准长度（2200～3000mm）相适应。

3）为使墙板与建筑结构连接牢固，在结构施工时预埋2根直径为6mm，长度不小于300mm，间距为400mm的锚筋，用以连接固定每块板材；或采用直径不小于8mm，设置间距不大于500mm的膨胀螺栓和压板，将墙板固定于建筑结构上。墙体的门窗洞口或专业孔洞周边，应预设连接紧固件，如预埋防腐木砖、锚筋及螺栓等。

4）钢丝网架夹芯板的拼缝应采用200mm宽的钢网片加强。其他平缝、阴阳角接缝均应采用相应的网片配套件进行连接加强。门窗洞口及专业孔洞周边的墙体，应采取加强措施，可采用槽形钢网加固，洞口四角按45°角放置加强钢网片。槽形钢网与墙板应牢固连接。门窗洞两旁的槽形加强钢网底部，应与楼面连接牢固。有特殊要求时，可在洞边设置通天柱或加筋增强。

5）有防水要求的墙体，墙面须做防水处理。墙体下端应设C20细石混凝土墙垫，墙垫高于楼地面不小于100mm，并做好防水层和泛水。厨房、卫生间等墙面防水处理高度不宜低于1.8m。

6）在钢丝网架夹芯板墙体内设置暗管、暗线等，必须要在喷抹水泥砂浆前埋设。墙体上需吊挂重物或设备时，应加设支柱、横撑等增强支承措施，保证墙体的稳定性并防止开裂。

【任务实施】

一、施工准备

1. 材料要求

1）生产钢丝网架夹芯墙板的钢材、钢丝、芯材、水泥、集料、外加剂及水泥砂浆等均应符合现行国家标准的有关规定。

2）钢丝网架夹芯墙板产品的品种、规格、技术性能应满足设计要求及现行建材行业标准的有关规定。

3）钢丝网架夹芯墙板外设砂浆层所采用的水泥砂浆，其强度等级不应低于M10。

2. 常用机具准备

冲击钻、射钉枪、气动钳、蛇头剪（或称大剪刀）、砂轮锯、小功率焊机、手电钻、活动扳手、砂浆搅拌机、木抹子、铁抹子、钢抹子、刷子、喷壶、线坠、墨斗、靠尺、木杠等。

二、施工方法

1. 工艺流程

清理→弹线→安装墙板→加固墙板→敷设管线→粉刷墙面。

2. 施工要点

（1）弹线　在楼地面、墙体及顶棚面上弹出墙板双面边线，边线间距为80mm（板厚），用线坠吊垂直，以保证对应的上下线在一个垂直平面内。

（2）安装墙板　钢丝网架夹芯板墙体施工时，按排列图将板块就位，一般是按由下至上，从一端向另一端顺序安装。

1）将结构施工时预埋的2根直径为6mm，间距为400mm的锚筋与钢丝网架焊接或用钢丝绑扎牢固，也可通过直径为8mm的胀锚螺栓加U形码（或压片），或打孔植筋，把板材固定在结构梁、板、墙、柱上（图1-18、图1-19）。

2）板块就位前，可先在墙板底部安装位置满铺1∶2.5水泥砂浆垫层，砂浆垫层厚度不小于35mm，使板材底部填满砂浆。有防渗漏要求的房间，应做高度不低于100mm的细石混凝土墙垫，待其达到一定强度后，再进行钢丝网架夹芯板的安装。

3）墙板拼缝、墙体阴阳角、门窗洞口等部位，均应按设计构造要求采用配套的钢网片覆盖或槽形网加强，用箍码固定或用钢丝绑牢。钢丝网架边缘与钢网片相交点用钢丝绑扎紧固，其余部分相交点可相隔交错扎牢，不得有变形、脱焊现象（图1-20）。

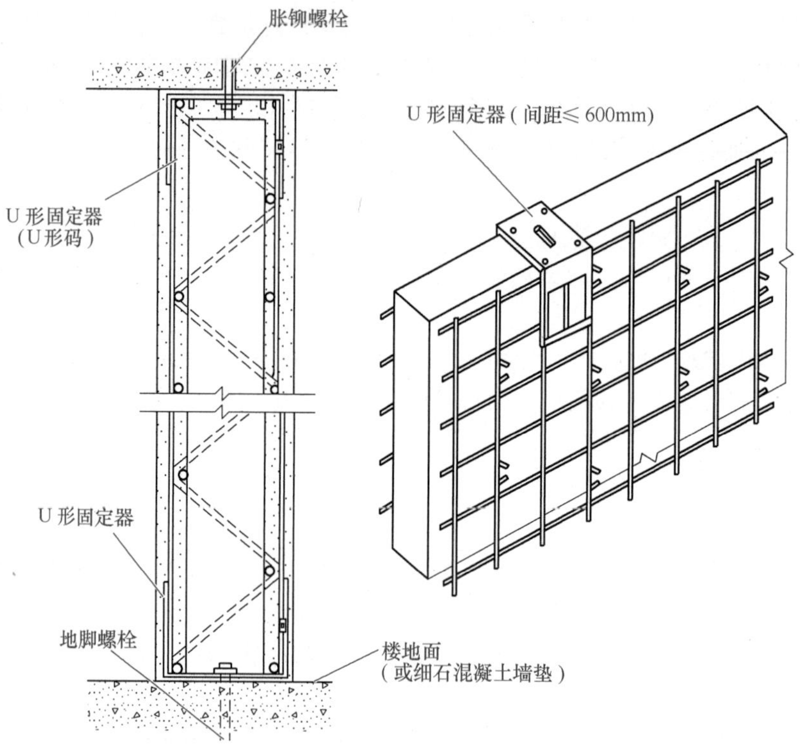

图1-18　钢丝网墙板的上下固定

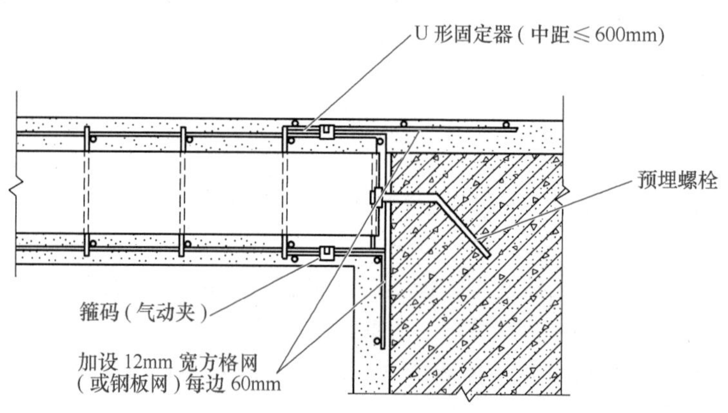

图1-19　钢丝网墙板与结构体的固定

4）板材拼接时，接头处芯材若有空隙，应用同类芯材补充、填实、找平。门窗洞口应按设计要求进行加强，一般洞口周边设置的槽形网（300mm）和洞口四角设置的45°角加强钢网片（可用长度不小于500mm的之字条）应与钢网架用金属丝捆扎牢固。

如设置洞边加筋，应与钢丝网架用金属丝绑扎定位；如设置通天柱，应与结构梁、板的预留锚筋或预埋件焊接固定。门窗框安装应与洞口处的预埋件连接固定。

5）墙板安装完成后，检查板块间以及墙板与建筑结构之间的连接，确定是否符合设计规定的构造要求及墙体稳定性的要求，并检查暗设管线、设备等隐蔽部分施工质量以及墙板

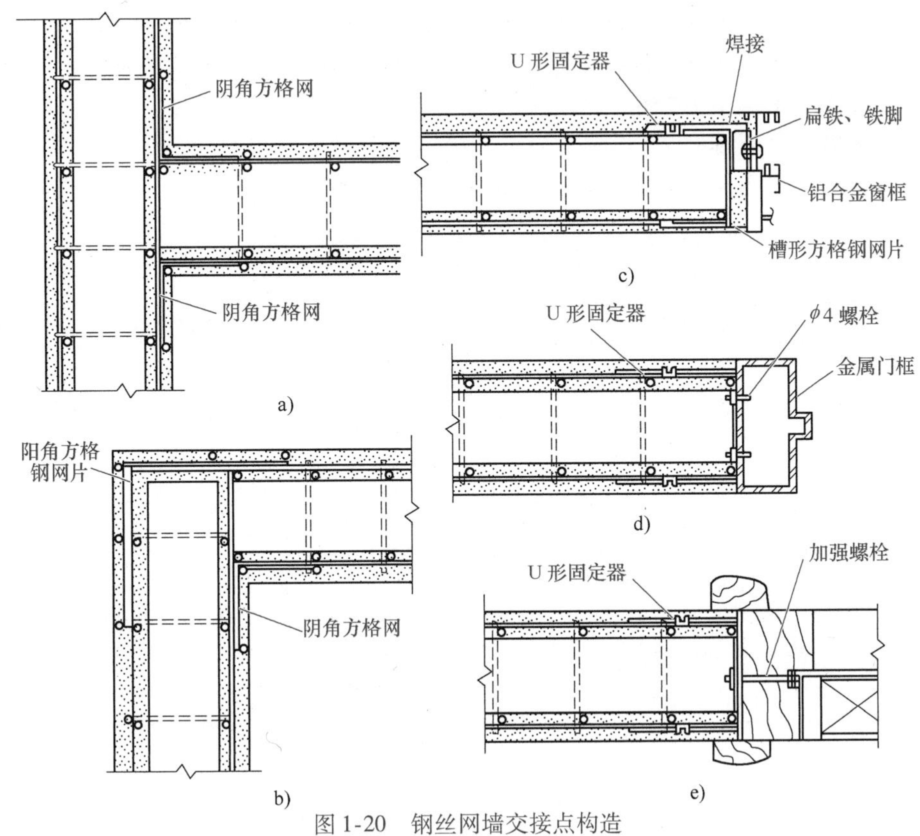

图 1-20　钢丝网墙交接点构造

a）丁字连接部位节点　b）转角部位连接节点　c）与金属窗框的连接
d）与金属门框连接节点　e）与木门框连接节点

表面平整度是否符合要求；同时对墙板安装质量进行全面检查。

（3）安装暗管、暗线和暗盒等　安装暗管暗线和暗盒等应与墙板安装相配合，在抹灰前进行。按设计位置将板材的钢丝剪开，剔除管线通过位置的芯材，把管线或设备等埋入墙体内，上、下用钢筋码与钢丝网架固定，周边填实。埋设处表面另加钢网片覆盖补强，钢网片与钢丝网架用点焊连接或用金属丝绑扎牢固。

（4）水泥砂浆面层施工　钢丝网架夹芯板墙体安装完毕并通过质量检查，即可进行墙面抹灰。

1）将钢丝网架夹芯板墙体四周与建筑结构连接处（25～30mm 宽缝）的缝隙用 1∶3 水泥砂浆填实。清理好钢丝网架与芯材结构的整体稳定效果，墙面做灰饼、设标筋；重要的阳角部位应按国家标准规定及设计要求做护角。

2）水泥砂浆抹灰层施工可分三遍完成，底层厚 12～15mm，中层厚 8～10mm，罩面层厚 2～5mm。水泥砂浆抹灰层的平均总厚度不小于 25mm。

3）可采用机械喷涂抹灰。若人工抹灰时，以自下而上为宜。底层抹灰后，应用木抹子反复揉搓，使砂浆密实并与墙体的钢丝网及芯材紧密粘结，且使抹灰表面保持粗糙。待底层砂浆终凝后，适当洒水润湿，即抹中层砂浆，表面用刮板找平、挫毛。两层抹灰均应采用同一配合比的砂浆。水泥砂浆抹灰层的罩面层，应按设计要求的装饰材料抹面。当罩面层需掺入其他防裂材料时，应经试验合格后方可使用。在钢丝网架夹芯墙板的一面喷灰时，注意防止芯材位置偏移。还应注意，每一水泥砂浆抹灰层的砂浆终凝后，均应洒水养护；墙体两面抹灰的时间间隔，不得小于24h。

三、质量要求与检查评定

钢丝网架夹芯板墙体的安装质量应符合设计要求和表1-8的规定。

表1-8 钢丝网架夹芯板墙体安装允许偏差及检验方法

项次	项目			允许偏差/mm	检验方法
1	轴线位移			8	用经纬仪或拉线及尺量检查
2	垂直度	层间高度	$h \leq 3.2\text{m}$	5	用经纬仪或吊线及尺量检查
			$3.2\text{m} < h < 5\text{m}$	8	
			$h \geq 5\text{m}$	15	
3	表面平整度			5	用2米靠尺和楔形塞尺检查
4	门窗洞口	宽度		+5，-3	用钢尺检查
		门口高度		+10，-5	
5	预埋件中心位置			10	
6	U形码、钢筋码间距			±50	
7	芯材接缝间距			<3	

任务5 玻璃砖隔断施工

【任务描述】

某酒店大堂进行房间改造，要将原来的大堂一角采用玻璃砖隔成小咖啡厅，房间高度3.5m，隔墙长6m。

玻璃砖隔断施工（图片）

【能力要求】

要求学生能够针对工作任务制定完整的工作计划，包括材料的选取，施工机具与环境的准备及施工流程计划，能够写出较为详细的技术交底，并能够正确进行质量检查验收。

【知识导入】

玻璃砖隔断是用胶结剂把玻璃砖组砌而成的砌块式隔断，常被用于透光墙壁、建筑物的非承重内、外隔墙、卫浴隔断（图1-21）、门厅通道等，尤其适用于高级建筑、宾馆、饭店、别墅、体育馆的门厅。

图1-21 玻璃砖隔断打造的卫浴隔断

玻璃砖由机械压制成型的玻璃对接而成，被称为“透光墙壁”，具有强度高、透明度好、隔声良好、绝热、耐水、防火等特点。玻璃砖按内部构造分为实心砖与空心砖两大类，按外形分有正方形、矩形及各种异形产品。实心砖规格多为100mm×100mm×100mm和300mm×300mm×100mm。空心砖规格多为方形115mm×115mm×95mm，140mm×140mm×95mm，145mm×

145mm×95mm，190mm×190mm×95mm，240mm×240mm×95mm；矩形 115mm×240mm×95mm，140mm×250mm×95mm，145mm×300mm×95mm。

玻璃砖隔断基本构造如图 1-22 所示。

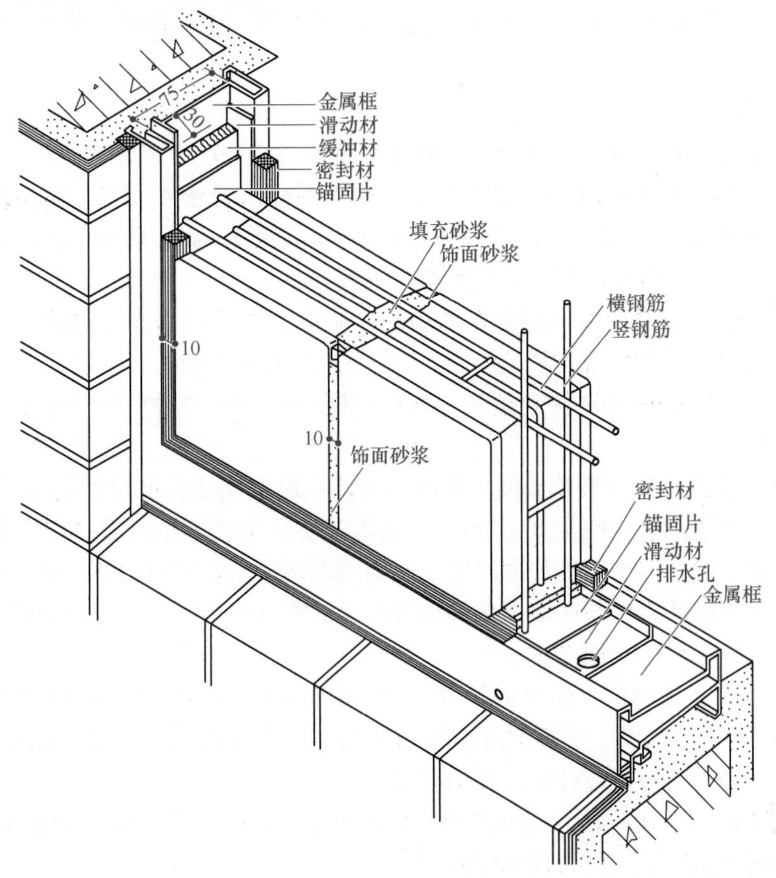

图 1-22 玻璃砖隔断基本构造

【任务实施】

一、施工准备

1. 材料准备

（1）玻璃砖 按照任务书设计要求选择其品种、规格。

（2）胶结材料 32.5R 或 42.5R 白色硅酸盐水泥，环氧树脂胶，玻璃胶粘剂。

（3）细骨料 选择筛余的白色砾砂或石英砂，粒径为 0.1～1.0mm，不得含泥及其他杂质。

（4）掺合料 石灰膏或石膏粉及少量胶粘剂。

（5）其他材料 槽型钢、圆钢、金属槽条、方木密封胶、墙体水平钢筋和玻璃丝毡或聚苯乙烯等。

2. 常用机具准备

电焊机、冲击钻、手电钻、扳手、小线、水平尺、线坠、2m 靠尺、钢卷尺、铁铣、水桶、抹子、透明塑料胶带和橡皮锤等。

二、施工工艺

玻璃砖的安装方法有砌筑法和胶粘法安装两种，以下仅介绍砌筑施工方法。

1. 工艺流程

弹线定位→基层处理→立框→选砖→排砖→调制砂浆→砌玻璃砖→划缝、勾缝，擦洗砖表面→饰边。

2. 施工要点

（1）弹线定位　按图在玻璃砖墙四周弹好垂直线，在地坪上弹好玻璃砖墙位置线。

（2）基层处理　在要砌玻璃砖的地坪上，用素混凝土或垫木找平，并控制好标高，根据玻璃砖的排列做出基础底脚。底脚厚度通常为40mm或70mm，即略小于玻璃砖厚度。玻璃砖隔断墙相接的建筑墙面的侧边整修平整、垂直。

（3）立框　若设计是把玻璃砖砌在框中的，应把预先按图制作经过验收的框架固定在地坪与墙面上（可采用膨胀螺丝固定），固定点间距不大于500mm。

（4）选砖　玻璃砖应挑选棱角整齐、规格相同的砖。砖的对角线尺寸基本一致，表面无裂痕、无磕碰。

（5）排砖　根据弹好的玻璃砖墙位置线，认真核对玻璃墙长度尺寸是否符合排砖模数。水平灰缝和竖向灰缝厚度一般为8～10mm。如果砖墙长度尺寸不符合排砖模数，可调整砖墙两端的槽钢或木框的厚度及砖缝的厚度。砖墙两端调整的宽度要保持一致，同时砖墙两端调整后的槽钢或木框的宽度与砖墙上部槽钢调整后的宽度尽量保持一致，所以在排砖时，要根据玻璃砖墙的实际尺寸全面考虑。

（6）调制砂浆　按白色水泥∶细砂∶水玻璃＝1∶1∶0.06的重量比调制水玻璃砂浆，搅拌时先将水泥和砂子拌和均匀，然后加水和水玻璃搅拌。白水泥浆或砂浆要求具有一定稠度，以不流淌为好。施工时每次搅拌量宜在1h内用完。

（7）砌玻璃砖　玻璃砖体采用整跨度分皮砌十字缝立砖砌法。横竖灰缝厚度一般为8～10mm，按此原则划皮数杆，皮数杆的间距以15～20m为宜，按皮数杆双面挂线。

在砌筑墙两端的第一块玻璃砖时，将玻璃纤维毡或聚苯乙烯放入两端的边框内。玻璃纤维毡或聚苯乙烯随砌筑高度的增加而放置，一直到顶。

玻璃砖墙皮与皮之间应放置Φ6双排钢筋梯网，钢筋搭接位置选在玻璃砖墙中央。竖向承力钢筋水平间隔小于650mm，水平钢筋梯网和竖向承力钢筋都要连接在框或结构体上。

为了保证空心砖玻璃砖墙的平整性和砌筑的方便，每层玻璃砖在砌筑之前，都要在玻璃砖上放置木夹板制作的木垫块，如图1-23所示，木垫块的宽度为20mm左右，而长度有两种：玻璃厚

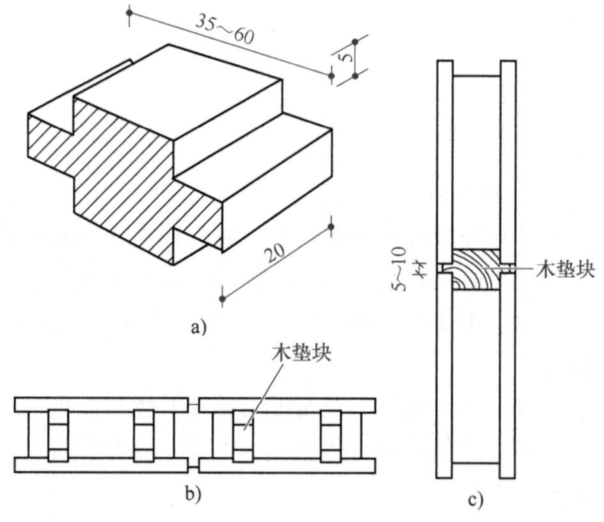

图1-23　玻璃砌筑砖的木垫块
a）木垫块形状　b）木垫块水平位置
c）木垫块竖向位置

50mm时，木垫块长35mm左右；玻璃砖厚80mm时，木垫块长60mm左右。在木垫块的底面涂少许环氧树脂胶（万能胶），将其粘贴在玻璃砖的凹槽内，每块玻璃砖上放2～3块。用白水泥砂浆砌筑玻璃砖，将上层玻璃砖下压在下层玻璃砖上，同时使玻璃砖的中间槽卡在木垫块上，两层玻璃砖的净距为5～10mm。

水平砂浆要铺得稍厚一些，慢慢挤揉。在每砌筑完一皮后，用透明塑料胶带将玻璃砖墙立缝贴封，然后向立缝内灌入砂浆并捣实。砌筑砂浆应根据砌筑量，随时拌和，且其存放时间不得超过2h。砌筑随时保持玻璃砖表面的清洁，遇脏即处理。

最上一皮玻璃砖砌筑在墙中间收头，在顶部槽钢内填塞玻璃纤维毡或聚苯乙烯。

（8）划缝、勾缝，擦洗砖表面　划缝紧接立缝灌好砂浆后进行。划缝深度为8～10mm，须深浅一致，清扫干净。玻璃砖墙砌筑完后，即进行表面勾缝，划缝2～3h后，即可勾缝，勾缝砂浆内掺入水泥质量2%的石膏粉。先勾水平缝，再勾竖缝，缝深度为3～5mm，缝内要平滑，缝深度一致。如果要求砖缝与玻璃砖表面相平，即可将其表面抹平。勾缝或抹缝完成后，用布或棉丝把砖表面擦洗干净。

（9）饰边　玻璃砖隔断墙饰边通常有木饰边和不锈钢饰边。木饰边常用的有厚木板饰边、阶梯饰边和半圆饰边等，如图1-24所示。不锈钢饰边常用的有单柱饰边、双柱饰边、多柱饰边和不锈钢槽板饰边等，如图1-25所示。

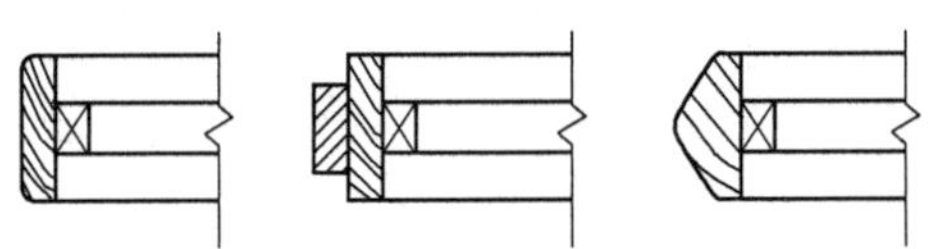

图1-24　玻璃砖隔断墙木饰边

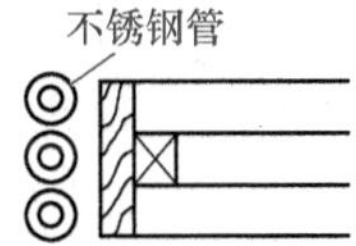

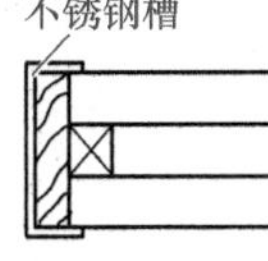

图1-25　玻璃砖隔断墙不锈钢饰边

三、质量要求与检查评定

1）砌筑砂浆必须密实饱满，水平和竖向灰缝的饱满度应为100%。

2）施工前应做好砂浆的试配工作，应保证其具有良好的和易性及粘结强度。

3）玻璃砖排列位置正确、均匀整齐、嵌缝密实、接缝均匀、平直。

4）隔断墙平面应平整垂直，清洁整齐，水平缝与竖向灰缝宽度要基本一致。

5）玻璃砖隔断墙体砌筑的允许偏差见表1-9。

表1-9　玻璃砖隔断墙体砌筑的允许偏差

项次	项　目	允许偏差/mm	检验方法
1	轴线位移	10	用钢尺或经纬仪检查
2	立面垂直度	3	用2m托线板检查
3	墙面平整度	3	用2m靠尺和楔形塞尺检查
4	水平缝、立缝平直（一面墙）	7	用拉线和尺量检查
5	水平缝、立缝平直（两砖之间）	2	用尺量检查

实训任务1　轻钢龙骨纸面石膏板隔墙施工

【实训教学设计】

教学目的：学完本项目后，为了检验教学效果，设计一次以学生为主体的综合实训任务。学生模拟施工班组，进行计划、指挥调度、操作技能、协同合作多方面的综合能力培养。

角色任务：教师、技师和学生的角色任务见表1-10。建议小组长按照不同层次学生进行任务分工：动手能力强的进行操作施工；学习能力强的编写技术交底；工作细致的同学进行质量验收工作；其他同学准备材料机具和安全交底。

表1-10 角色任务分配

角色	任务内容	备注
教师和技师	教师和技师起辅助作用，模仿项目管理层施工员、质检员、安全员角色，负责前期总体准备工作、过程中重点部分的录像或拍摄和最终总结	前期总体准备工作： 1）保证本次轻钢龙骨纸面石膏板隔墙施工所需材料、机具数量充足 2）工作场景准备，在实训基地按照分组情况划分工作片区 3）水电准备，保证水电畅通
学生	模仿施工班组，独立进行角色任务分配，在指定工作片区，完成轻钢龙骨纸面石膏板隔墙施工	各组施工员、质检员和安全员做好本职工作，注意文明施工

工作内容与要求：分组编写切实可行的轻钢龙骨纸面石膏板隔墙施工方案，并进行施工，对所做工作进行验收和评定。查找对应的工艺标准、质量验收标准、安全规程，并找出具体对应内容、页码或者编号。

工作地点：实训基地装饰施工实训室。

时间安排：8学时

工作情景设置：

针对某轻钢龙骨纸面石膏板隔墙施工图，在校内建筑实训基地装饰施工实训室进行隔墙的施工，并侧重解决以下问题：

1）施工准备工作（材料、施工机具与作业条件）。

2）分小组完成一高为1800mm的轻钢龙骨纸面石膏板隔墙的施工工作计划，写出技术交底。

3）进行隔墙的施工。

4）进行质量检查与验收。

5）进行自评与互评。

工作步骤：

1）明确工作，收集资料，学习轻钢龙骨纸面石膏板隔墙施工及验收的基本知识，确定施工过程及其关键步骤。

2）确定小组工作进度计划，填写工作进度计划表（表1-11）。

表1-11 工作进度计划表

序号	工作内容	时间安排	备注
1	编制材料及工具准备计划，进行施工现场及各种机具准备		
2	编制施工工作计划		
3	编制施工方案		
4	进行隔墙施工		
5	质量检查与评定		

3）确定隔墙施工准备的步骤，填写材料机具使用计划表（表1-12）。

4）确定施工方法并进行轻钢龙骨纸面石膏板隔墙施工。

5）各小组按照有关质量验收标准进行验收、评定。

6）最后由指导教师进行评价，教师团队各角色可以分别总结，可就典型问题进行录像回放、点评，并填写综合评价表（表1-13）。

表1-12 材料机具使用计划表

序号	材料、机具名称	规格	数量	备注
1				
2				
3				
4				
5				
6				
7				
8				
9				

表1-13 轻钢龙骨纸面石膏板隔墙施工实训综合评价表

工作任务				
组别		成员姓名		
评价项目内容		分值分配	实际得分	评价人
技术交底针对性、科学性		10		教师、技师
进度计划合理性		10		施工员、教师
材料工具准备计划完整性		10		施工员
人员组织安排合理性		5		施工员
施工工序正确性		10		技师、施工员
施工操作正确性、准确性		20		技师、质检员
施工进度执行情况		10		施工员
施工安全		10		安全员
文明施工		5		安全员
小组成员协同性		10		教师
综合得分		100		
教师评语				
教师签名		评价日期		

成果描述：

通过实训，检查学生材料机具准备计划是否完备；人员组织、进度安排是否合理；操作的规范性；技术交底、安全交底的全面性、针对性、科学性。

颗粒素养小案例

大家外出旅游都有住酒店的经历，入住反馈意见里有不少酒店存在房间隔音效果差的问题，原因是酒店的房间大多是轻钢龙骨纸面石膏板隔墙，在轻钢龙骨纸面石膏板隔墙施工工艺里有一个程序是“填充隔声材料”，也就是铺放玻璃棉、矿棉板、岩棉板等，要求与安装另一侧纸面石膏板同时进行，填充材料应铺满铺平，由于填充材料施工时存在偷工减料现象——填充材料厚度不够、没有铺满整个墙体甚至漏铺等原因，造成房间隔声效果差。所以说装饰装修行业的从业者要具备良好的职业道德和严谨的工作作风，在材料选择和施工的每一个具体环节都要严把质量关，对业主和用户真正承担起我们的专业责任。

课外作业　两种新型隔墙板施工

搜集并整理两种新型隔墙板施工技术资料，内容包括：主要材料性能、系统组成构造、应用范围、安装工具及条件、安装工艺流程、各步骤的方法、质量评定、安全要求。

项目 2　墙面装饰施工

墙体是建筑物重要的承重和围护构件，墙面是室内外空间重要的侧界面。墙面装饰按所使用的装饰材料、构造方法和装饰效果的不同，分为以下几类：抹灰类墙面，包括一般抹灰和装饰抹灰；涂刷类墙面，包括内外墙面涂刷薄质涂料、厚质涂料和复合涂层的装饰涂料；板块类墙面，包括在墙面上铺贴和安装各种饰面砖、天然和人造石材以及玻璃等板块类装饰材料；镶板类墙面，包括在墙面上粘贴、安装木质板材、金属板材；卷材类墙面，包括裱糊墙面和软包墙面。

室内外抹灰是传统施工工艺，在以砌体建筑为主的时代，得到普遍应用，也是砌体墙面装饰的基本内容。随着科技的进步，机器人抹灰代替人工抹灰有了一些成功尝试。水刷石、干粘石技术在20世纪80年代末至90年代初在民用工程外墙装修中得到广泛应用。21世纪以后这两种技术逐渐被淘汰，但作为教学仍不失为一项需要学习的内容。随着城市高端公建的规模化发展，墙面软包、立柱不锈钢饰面、玻璃幕墙、石材幕墙、铝板幕墙得到大规模应用。

教学设计

本项目共分16个教学任务，每个任务均可参照以下步骤进行教学设计，以任务1室内墙面抹灰施工为例。

室内墙面抹灰施工教学活动的整体设计

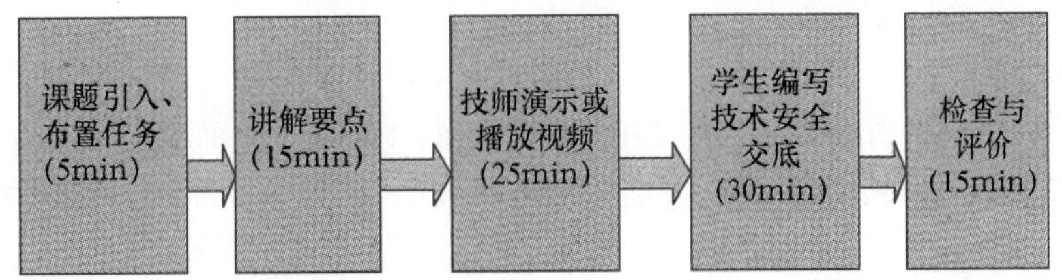

1）教师布置任务，简述任务要求，将学生分组进行角色分配，各角色相应的工作内容见表2-1。

表2-1　各角色相应的工作内容

角色	主要工作内容	备注
教师	布置任务、讲解重点内容	全过程指导
施工员	提出材料、机具使用计划及施工准备计划	施工员和工人共同检查作业条件
技术员	编写室内墙面抹灰技术交底	
技师 实训指导老师	技师：简述操作要点并进行室内墙面抹灰演示； 实训指导老师：操作抹灰机器人进行抹灰	不具备操作条件，可用相关操作视频代替
质检员	确定质量检查标准及方法、检查点及检查数量，制定评价表	
安全员	编写抹灰过程中用电、脚手架、高空作业的安全交底	

2）教师讲解重点内容，并发给学生任务单和相关参考资料。

3）先由技师、实训指导老师简述操作要点并进行抹灰施工演示。

4）各组学生按照分配的岗位角色，分别完成各自工作内容。

5）教师针对技术交底、安全交底及小组成员合作协同做总结评定（表2-2）。

表2-2 小组评价表

组别__________成员__________

评价内容	分值	实际得分	评分人
技术交底的科学性	50		
安全交底的针对性	30		
成员团结协作	20		
总分	100		

评价日期__________

任务1 室内墙面抹灰

【任务描述】

某砖混教学楼首层教室进行室内抹灰装修，基层为多孔砖砌体，首层净空高度为3.6m，中级抹灰标准。

室内墙面抹灰（图片）

【能力要求】

要求学生能够针对工作任务制定完整的工作计划，包括材料的选取、施工机具与环境的准备及施工流程计划，能够写出较为详细的技术交底，并能够正确进行质量检查验收。

【知识导入】

抹灰是墙面装修的常用方法，它广泛用于多种饰面装修的基层，而且其本身也具有良好的装饰效果。抹灰工程按其所使用的材料、工艺和装饰效果的不同，可分为一般抹灰和装饰抹灰。

1. 一般抹灰

一般抹灰为采用石灰砂浆、混合砂浆、水泥砂浆、聚合物砂浆、膨胀珍珠岩水泥砂浆、麻刀石灰、纸筋石灰和石灰膏等材料进行抹灰的装饰工程。按建筑物标准和质量要求，一般抹灰分为三级：高级抹灰、中级抹灰、普通抹灰。高级抹灰适用于大型公共建筑物、纪念性建筑物及有特殊功能要求的高级建筑；中级抹灰适用于一般住宅、公共建筑和工业建筑以及高级建筑物中的附属建筑；普通抹灰适用于简易住宅、大型临时设施和非居住性房屋以及建筑物中的地下室、储藏室等。

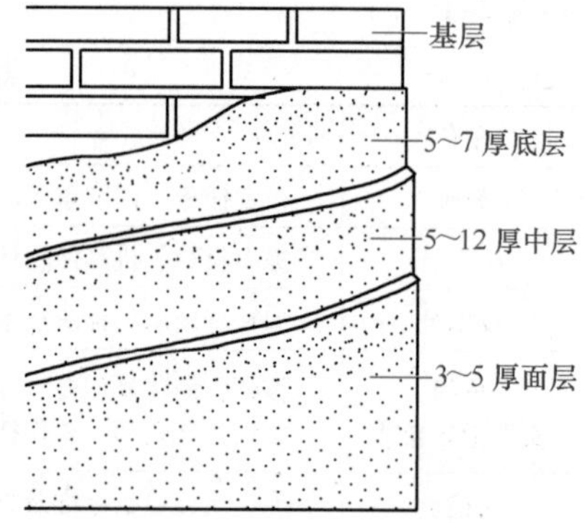

图2-1 墙面抹灰分层构造示意

不同级别一般抹灰的构造层次和做法不同，墙面抹灰的分层构造示意如图2-1所示。

高级抹灰是由一层底灰、数层中层、一层面层组成，总厚度一般为25mm。

中级抹灰是由一层底灰、一层中层、一层面层组成，总厚度一般为20mm。

普通抹灰是由一层底灰、一层面层组成，也可不分层，总厚度一般为18mm。

底层：主要起与基层粘结及初步找平的作用，底层的厚度一般为5～7mm。中层：主要起找平作用，厚度一般为5～12mm。面层：主要起装饰作用，厚度一般为3～5mm。

2. 装饰抹灰

装饰抹灰为采用水刷石、水磨石、斩假石、干粘石、假面砖、拉条灰、拉毛灰、洒毛灰、喷砂、喷涂、滚涂、弹涂、仿石和彩色抹灰等为面层的抹灰工程。

【任务实施】

一、施工准备

1. 材料准备

抹灰施工
（视频）

（1）水泥　宜采用普通水泥或硅酸盐水泥，也可采用矿渣水泥、火山灰水泥、粉煤灰水泥及复合水泥。水泥强度等级宜采用32.5级以上，颜色一致、同一批号、同一品种、同一强度等级、同一厂家生产的产品。水泥进场需对产品名称、代号、净含量、强度等级、生产许可证编号、生产地址、出厂编号、执行标准、日期等进行外观检查，同时验收合格证。

（2）砂　宜采用平均粒径0.35～0.5mm的中砂，在使用前应根据使用要求过筛，筛好后保持洁净。

（3）磨细石灰粉　其细度过0.125mm的方孔筛，累计筛余量不大于13%，使用前用水浸泡使其充分熟化，熟化时间最少不小于3d。

浸泡方法：提前备好大容器，均匀地往容器中撒一层生石灰粉，浇一层水，然后再撒一层，再浇一层水，依次进行，当达到容器的2/3时，将容器内放满水，使之熟化。

（4）石灰膏　石灰膏与水调和后具有凝固时间快，并在空气中硬化，硬化时体积不收缩的特性。用块状生石灰淋制时，用筛网过滤，贮存在沉淀池中，使其充分熟化。熟化时间常温一般不少于15d，用于罩面灰时不少于30d，使用时石灰膏内不得含有未熟化的颗粒和其他杂质。在沉淀池中的石灰膏要加以保护，防止其干燥、冻结和污染。

（5）纸筋　采用白纸筋或草纸筋施工时，使用前要用水浸透（时间不少于三周），并将其捣烂成糊状，并要求洁净、细腻。用于罩面时宜用机械碾磨细腻，也可制成纸浆。要求稻草、麦秆应坚韧、干燥、不含杂质，其长度不得大于30mm，稻草、麦秆应经石灰浆浸泡处理。

（6）麻刀　必须柔韧干燥，不含杂质，行缝长度一般为10～30mm，用前4～5d敲打松散并用石灰膏调好，也可采用合成纤维。

2. 主要机具准备

砂浆搅拌机、纸筋灰拌合机、窄手推车、铁锹、筛子、水桶（大、小）、灰槽、灰勺、刮杠（大2.5m，中1.5m）、靠尺板（2m）、线坠、钢卷尺、方尺、托灰板、铁抹子、木抹子、塑料抹子、八字靠尺、方口尺、阴阳角抹子、长舌铁抹子、金属水平尺、捋角器、软水管、长毛刷、鸡腿刷、钢丝刷、茅草帚、喷壶、小线、钻子（尖、扁）、粉线袋、铁锤、钳子、钉子、托线板等。抹灰需要的主要机具见图2-2。

3. 作业条件准备

1）主体结构必须经过相关单位（建设单位、施工单位、监理单位、设计单位）检验合格。

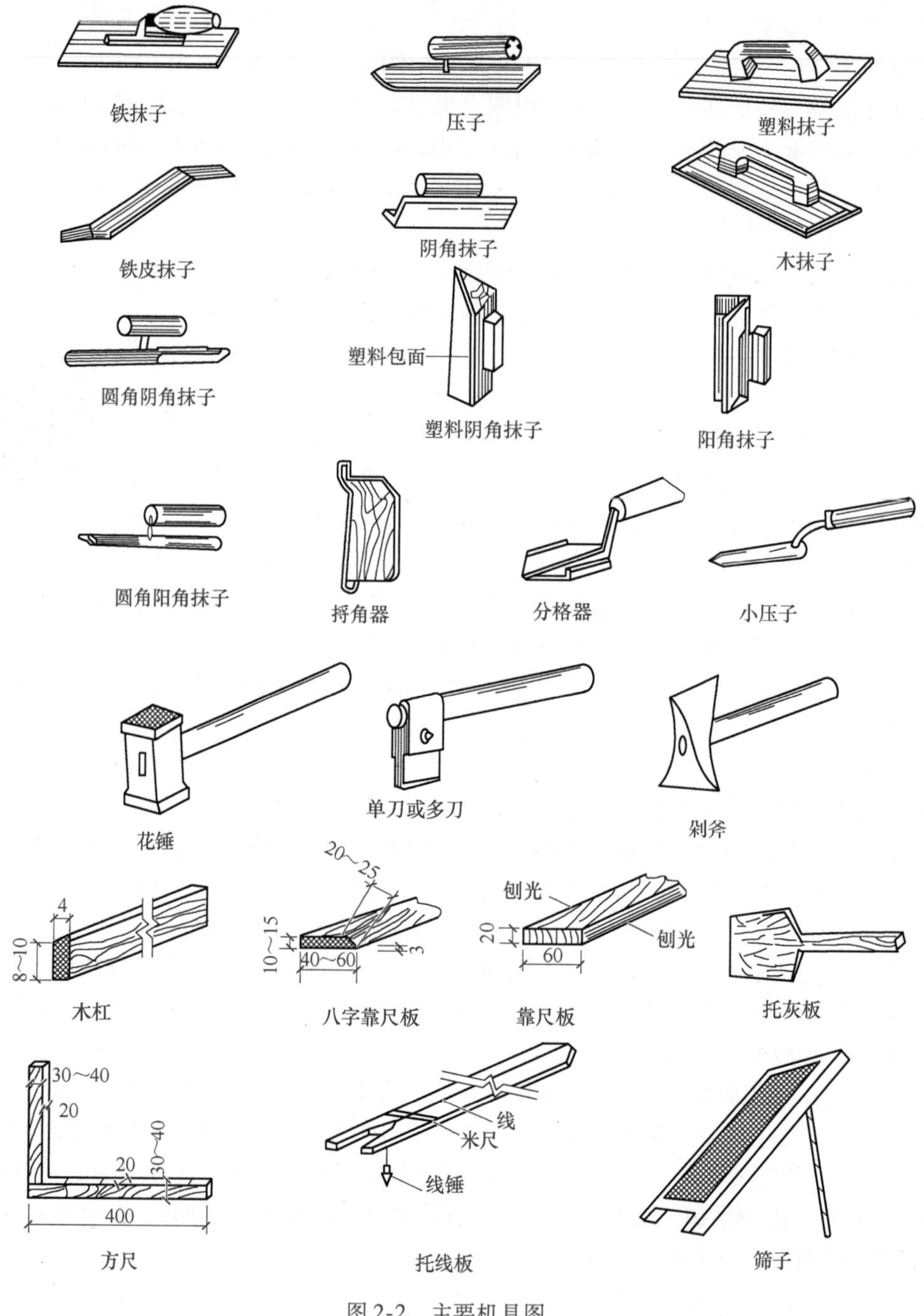

图 2-2　主要机具图

2）抹灰前应检查门窗框安装位置是否正确，需埋设的接线盒、配电箱、管线、管道套管是否固定牢固。连接处缝隙应用 1:3 水泥砂浆或 1:1:6 水泥混合砂浆分层嵌塞密实，若缝隙较大时，应在砂浆中掺少量麻刀嵌塞，将其填塞密实，并用塑料贴膜或铁皮将门窗框加以保护。

3）将混凝土过梁、梁垫、圈梁、混凝土柱、梁等表面凸出部分剔平，将蜂窝、麻面、露筋、疏松部分剔到实处，并刷胶粘性素水泥浆或界面剂，然后用 1:3 的水泥砂浆分层抹平。脚手眼和废弃的孔洞应堵严，外露钢筋头、铅丝头及木头等要剔除，窗台砖补齐，墙与楼板、梁底等交接处应用斜砖砌严补齐。

4）配电箱（柜）、消火栓（柜）以及卧在墙内的箱（柜）等背面露明部分应加钉钢丝网固定好，涂刷一层胶粘性素水泥浆或界面剂，钢丝网与最小边搭接尺寸不应小于10cm。窗帘盒、通风箅子、吊柜、吊扇等埋件、螺栓位置，标高应准确牢固，且防腐、防锈工作完毕。

5）对抹灰基层表面的油渍、灰尘、污垢等应清除干净，对抹灰墙面结构应提前浇水均匀湿透。

6）抹灰前屋面防水及上一层地面最好已完成，如没完成防水及上一层地面需进行抹灰时，必须有防水措施。

7）抹灰前应熟悉图样、设计说明及其他设计文件，制定方案，做好样板间，经检验达到要求标准后方可正式施工。

8）抹灰前应先搭好脚手架或准备好高马凳，架子应离开墙面20～25cm，便于操作。

二、施工工艺

1. 工艺流程

基层清理→浇水湿润→吊垂直、套方、找规矩、做灰饼→墙面冲筋→做护角→抹水泥踢脚→抹底灰→修抹预留孔洞、配电箱、槽、盒→抹罩面灰。

2. 施工要点

（1）基层清理

1）砖砌体：应清除表面杂物，如残留灰浆、舌头灰、尘土等。

2）混凝土基体：表面凿毛或在表面洒水润湿后涂刷1:1水泥砂浆（加适量胶粘剂或界面剂）。

3）加气混凝土基体：应在湿润后边涂刷界面剂，边抹强度不大于M5的水泥混合砂浆。

4）不同材料的墙体交接处，铺钉金属网（图2-3），每侧搭墙不小于100mm。

（2）浇水湿润 一般在抹灰前一天，用软管、胶皮管或喷壶顺墙自上而下浇水湿润，每天宜浇两次。

（3）吊垂直、套方、找规矩、做灰饼 根据设计图纸要求的抹灰质量，根据基层表面平整垂直情况，选一面墙做基准，用托线板吊垂直（图2-4）、套方、找规矩，确定抹灰厚度，抹灰厚度不应小于7mm。当墙面凹度较大时应分层补平，每层厚度不大于7～9mm。操作时应先抹上灰饼，再抹下灰饼。抹灰饼时应根据室内抹灰要求，确定灰饼的正确位置，再用靠尺板找好垂直与平整（图2-5）。灰饼宜用1:3水泥砂浆抹成5cm见方形状。

房间面积较大时应先在地上弹出十字中心线，然后按基层面平整度弹出墙角线，随后在距墙阴角100mm处吊垂线并弹出铅垂线，再按地上弹出的墙角线往墙上翻引弹出阴角两面墙上的墙面抹灰层厚度控制线，以此做灰饼，然后根据灰饼冲筋（图2-6）。

（4）墙面冲筋 当灰饼砂浆达到七八成干时，即可用与抹灰层相同砂浆冲筋，冲筋根数应根据房间的宽度和高度确定，一般标筋宽度为5cm。两筋间距不大于1.5m。当墙面高度小于3.5m时宜做立筋。大于3.5m时宜做横筋，做横向冲筋时做灰饼的间距不宜大于2m。

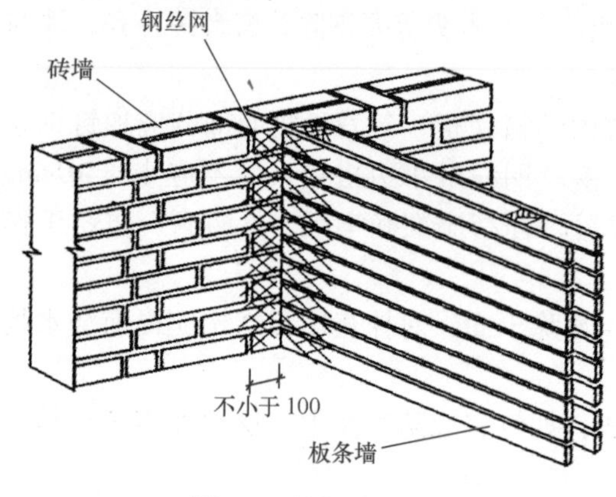

图2-3 铺钉金属网

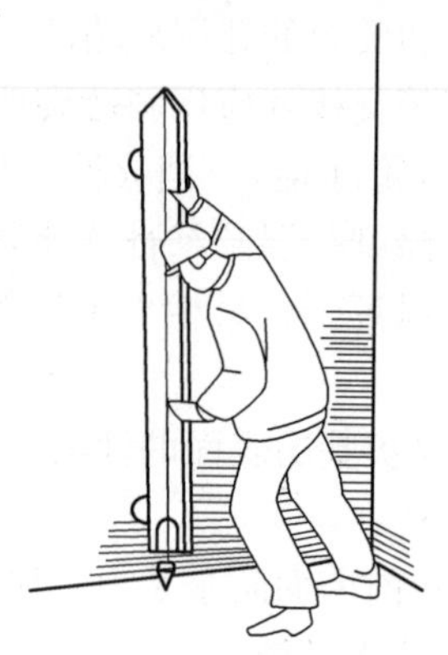

图2-4 托线板吊垂直

图2-5 确定灰饼厚度

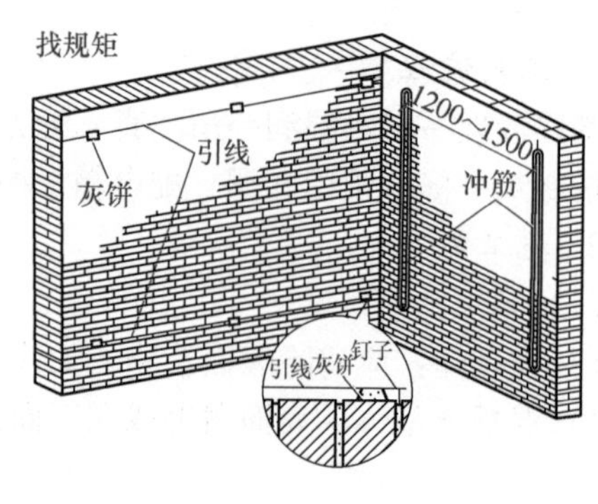

图2-6 贴灰饼冲筋

(5) 做护角 墙、柱间的阳角应在墙、柱面抹灰前用1∶2水泥砂浆做护角，其高度自地面以上2m。其做法详见图2-7，然后将墙、柱的阳角处浇水湿润。第一步在阳角正面立上A字靠尺，靠尺突出阳角侧面，突出厚度与成活抹灰面平。然后在阳角侧面，依靠尺边抹水泥砂浆，并用铁抹子将其抹平，按护角宽度（不小于5cm）将多余的水泥砂浆铲除。第二步待水泥砂浆稍干后，将八字靠尺移至抹好的护角面外（A字坡向外）。在阳角的正面，依靠尺边抹水泥砂浆，并用铁抹子将其抹平，按护角宽度将多余的水泥砂浆铲除。抹完后去掉八字靠尺，用素水泥浆涂刷护角尖角处，并用捋角器自上而下捋一遍，使之形成钝角。

(6) 抹水泥踢脚 根据已抹好的灰饼冲筋（此筋可以冲的宽一些，8~10cm为宜，因此筋既为抹踢脚的依据，同时也作为墙面抹灰的依据），底层抹1∶3水泥砂浆，抹好后用大杠刮平，木抹搓毛，常温第二天用1∶2.5水泥砂浆抹面层并压光，抹踢脚厚度应符合设计要求，无设计要求时凸出墙面5~7mm为宜。凡凸出抹灰墙面的踢脚上口必须保证光洁顺直，踢脚和墙面抹好，将靠尺贴在大面与上口平，然后用小抹子将上口抹平压光，凸出墙面的棱角要做成钝角，不得出现毛茬和飞棱。

(7) 抹底灰 一般情况下冲筋完成2h左右可开始抹底灰为宜，抹前应先抹一层薄灰，

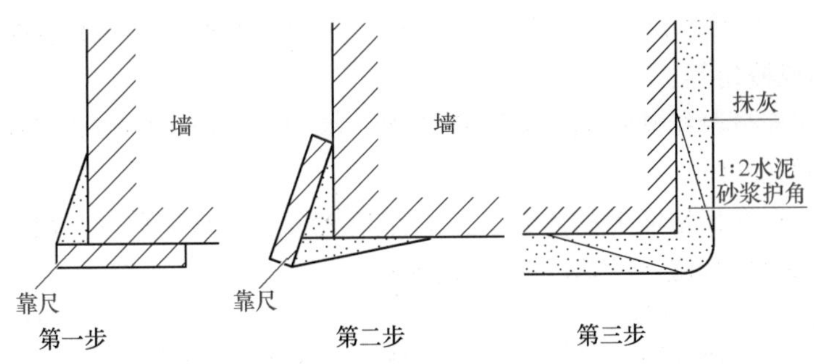

图 2-7 水泥砂浆护角操作图

要求将基体抹严，抹时用力压实使砂浆挤入细小缝隙内，接着分层装档、抹与冲筋平，用木杠刮找平整，用木抹子搓毛，见图 2-8。然后全面检查底子灰是否平整，阴阳角是否方直、整洁，管道后与阴角交接处、墙顶板交接处是否光滑平整、顺直，并用托线板检查墙面垂直与平整情况。散热器后边的墙面抹灰，应在散热器安装前进行，抹灰面接槎应平顺，地面踢脚板或墙裙、管道背后应及时清理干净，做到活完底清。

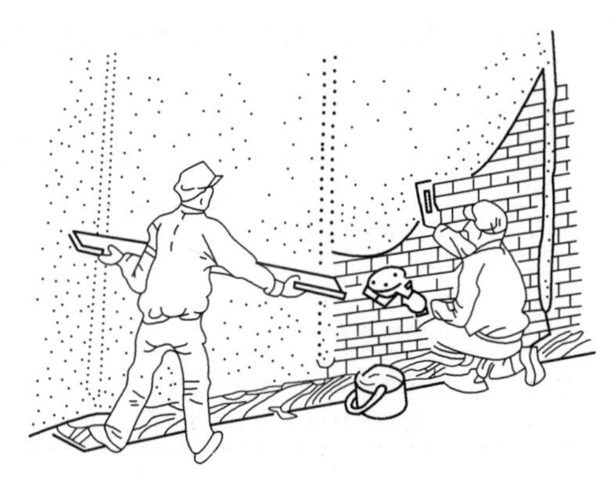

图 2-8 抹底灰图

(8) 修抹预留孔洞、配电箱、槽、盒 当底灰抹平后，要随即由专人把预留孔洞、配电箱、槽、盒周边 5cm 宽的石灰砂浆刮掉，并清除干净，用大毛刷沾水沿周边刷水湿润，然后用 1:1:4 水泥混合砂浆，把洞口、箱、槽、盒周边压抹平整、光滑。

(9) 抹罩面灰 应在底灰六七成干时开始抹罩面灰（抹时如底灰过干应浇水湿润），罩面灰采用 1:2.5 水泥砂浆或 1:0.3:2.5 水泥混合砂浆，厚度为 5mm。罩面灰两遍成活，厚度约 2mm，操作时最好两人同时配合进行，一人先刮一遍薄灰，另一人随即抹平。依先上后下的顺序进行，横竖均顺平，然后赶实压光，压时要掌握火候，压好后随即用毛刷蘸水将罩面灰污染处清理干净。施工时整面墙不宜甩破活，如遇有预留施工洞时，可甩下整面墙待抹为宜。

三、成品保护

1）抹灰前必须将门、窗口与墙间的缝隙按工艺要求将其嵌塞密实，对木制门、窗口应采用铁皮、木板或木架进行保护，对塑钢或金属门、窗口应采用贴膜保护。

2）抹灰完成后应对墙面及门、窗口加以清洁保护，门、窗口原有保护层如有损坏的应及时修补确保完整，直至竣工交验。

3）在施工过程中，搬运材料、机具以及使用小手推车时，要特别小心，防止碰撞、磕划墙面、门、窗口等。后期施工操作人员严禁蹬踩门、窗口、窗台，以防损坏棱角。

4）抹灰时墙上的预埋件、线槽、盒、通风箅子、预留孔洞应采取保护措施，防止施工时灰浆漏入或堵塞。

5）拆除脚手架、跳板、高马凳时要加倍小心，轻拿轻放，集中堆放整齐，以免撞坏门、窗口、墙面或棱角等。

6）抹灰层未充分凝结硬化前，应防止快干、水冲、撞击、振动和挤压，以保证灰层不受损伤和有足够的强度。

7）施工时不得在楼地面上和休息平台上拌和灰浆，对休息平台、地面和楼梯踏步要采取保护措施，以免搬运材料或运输过程中造成损坏。

四、质量要求与检查评定

1）普通抹灰表面应光滑、洁净，接槎平整，分格缝应清晰。

2）高级抹灰表面应光滑、洁净，颜色均匀、无抹纹，分格缝和灰线应清晰美观。

3）护角、孔洞、槽、盒周围的抹灰应整齐、光滑，管道后面抹灰表面平整。

4）抹灰总厚度应符合设计要求，水泥砂浆不得抹在石灰砂浆上，罩面石膏灰不得抹在水泥砂浆层上。

5）一般抹灰工程质量的允许偏差和检验方法应符合表2-3的规定。

表2-3　一般抹灰工程质量的允许偏差和检验方法

项次	项目	允许偏差/mm		检验方法
		普通	高级	
1	立面垂直度	3	2	用2m垂直检测尺检查
2	表面平整度	3	2	用2m靠尺和塞尺检查
3	阴阳角方正	3	2	用直角检测尺检测
4	分隔条（缝）直线度	3	2	拉5m线，不足5m拉通线，用钢直尺检查
5	墙裙、勒脚上口平直度	3	2	拉5m线，不足5m拉通线，用钢直尺检查

任务2　室外墙面抹灰

【任务描述】

某砖混结构教学楼外墙面进行室外抹灰装修，基层有多孔砖砌体和加气块，高级抹灰标准。

【能力要求】

要求学生能够针对工作任务制定完整的工作计划，包括材料的选取、施工机具与环境的准备及施工流程计划，能够写出较为详细的技术交底，并能够正确进行质量检查验收。

【知识导入】

外墙水泥砂浆抹灰作为一般外墙简单装修常被使用，根据墙体基面采用不同材料进行底层抹灰。

【任务实施】

一、施工准备

1. 材料准备

墙面抹灰（视频）

（1）水泥　宜采用普通水泥或硅酸盐水泥，彩色抹灰宜采用白色硅酸盐水泥。水泥强度等级宜采用32.5级以上颜色一致、同一批号、同一品种、同一强度等级、同一生产厂家的产品。水泥进厂需对产品名称、代号、净含量、强度等级、生产许可证编号、生产地址、出厂编号、执行标准、日期等进行外观检查，同时验收合格证。

（2）砂　宜采用平均粒径0.35～0.5mm的中砂，在使用前应根据使用要求过筛，筛好后保持洁净。

（3）磨细石灰粉　其细度过0.125mmn的方孔筛，累计筛余量不大于13%，使用前用水浸泡使其充分熟化，熟化时间最少不小于3d。

浸泡方法：提前备好大容器，均匀地往容器中撒一层生石灰粉，浇一层水，然后再撒一层，再浇一层水，依次进行，当达到容器的2/3时，将容器内放满水，使之熟化。

（4）石灰膏　用块状生石灰淋制时，用筛网过滤，贮存在沉淀池中，使其充分熟化。使用时石灰膏内不得含有未熟化的颗粒和其他杂质。在沉淀池中的石灰膏要加以保护，防止其干燥、冻结和污染。

（5）掺加材料　当使用胶粘剂或外加剂时，必须符合设计及国家规范要求。

2. 主要机具准备

砂浆搅拌机、手推车、铁锹、筛子、水桶（大、小）、灰槽、灰勺、刮杠（大2.5m，中1.5m）、靠尺板、线坠、钢卷尺、方尺、托灰板、铁抹子、木抹子、塑料抹子、八字靠尺、方口尺、阴阳角抹子、长舌铁抹子、金属水平尺、捋角器、软水管、长毛刷、鸡腿刷、钢丝刷、笤帚、喷壶、小线、钻子（尖、扁）、粉线袋、铁锤、钳子、钉子、托线板等。

3. 作业条件准备

1）主体结构必须经过相关单位（建设单位、施工单位、监理单位、设计单位）检验合格并已验收。

2）抹灰前应检查门窗框安装位置是否正确，需埋设的接线盒、配电箱、管线、管道套管是否固定牢固。连接处缝隙应用1:3水泥砂浆或1:1:6水泥混合砂浆分层嵌塞密实，若缝隙较大时，应在砂浆中掺少量麻刀嵌塞，将其填塞密实。

3）将混凝土过梁、梁垫、圈梁、混凝土柱、梁等表面凸出部分剔平，将蜂窝、麻面、露筋、疏松部分剔到实处，用胶粘性素水泥浆或界面剂涂刷表面。然后用1:3的水泥砂浆分层抹平。脚手眼和废弃的孔洞应堵严，窗台砖补齐，墙与楼板、梁底等交接处应用斜砖砌严补齐。

4）配电箱、消火栓等背后裸露部分应加钉钢丝网固定好，可涂刷一层界面剂，钢丝网与最小边搭接尺寸不应小于10cm。

5）对抹灰基层表面的油渍、灰尘、污垢等清除干净。

6）抹灰前屋面防水最好是提前完成，如没完成防水及上一层地面需进行抹灰时，必须有防水措施。

7）抹灰前应熟悉图样、设计说明及其他文件，制定方案，做好样板间，经检验达到要求标准后方可正式施工。

8）外墙抹灰施工要提前按安全操作规范搭好外架子。架子离墙20～25cm以利于操作。为保证减少抹灰接槎，使抹灰面平整，外架宜铺设三步板，以满足施工要求。为保证抹灰不出现接缝和色差，严禁使用单排架子，同时不得在墙面上预留临时孔洞等。

9）抹灰开始前应对建筑整体进行表面垂直、平整度检查，在建筑物的大角两面、阳台、窗台、贴脸等两侧吊垂直弹出抹灰层控制线，以作为抹灰的依据。

二、施工工艺

1. 工艺流程

墙面基层清理、浇水湿润→堵门窗口缝及脚手眼、孔洞→吊垂直、套方、找规矩、做灰饼、冲筋→抹底层灰、中层灰→弹线分格、嵌分格条→抹面层灰、起分格条→抹滴水线→养护。

2. 施工要点

(1) 墙面基层清理、浇水湿润

1) 砖墙基层处理。将墙面上残存的砂浆、舌头灰剔除干净，污垢、灰尘等清理干净并用清水冲洗墙面，将砖缝中的浮砂、尘土冲掉，并将墙面均匀湿润。

2) 混凝土墙基层处理。因混凝土墙面在结构施工时大都使用脱膜隔离剂，表面比较光滑，故应将其表面进行处理，其方法为：采用脱污剂将墙面的油污脱除干净，晾干后采用机械喷涂或笤帚涂刷一层薄的胶粘性水泥浆或涂刷一层混凝土界面剂，使其凝固在光滑的基层上，以增加抹灰层与基层的附着力，不出现空鼓开裂；再一种方法可采用将其表面用尖钻子均匀剔成麻面，使其表面粗糙不平，然后浇水湿润。

3) 加气混凝土墙基层处理。加气混凝土砌体其本身强度较低，孔隙率较大，在抹灰前应对松动及灰浆不饱满的拼缝或梁、板下的顶头缝，用砂浆填塞密实。将墙面凸出部分或舌头灰剔凿平整，并将缺棱掉角、坑凹不平和设备管线槽、洞等同时用砂浆整修密实、平顺。用托线板检查墙面垂直偏差及平整度，根据要求将墙面抹灰基层处理到位，然后喷水湿润。

(2) 堵门窗口缝及脚手眼、孔洞　堵缝工作要作为一道工序安排专人负责，门窗框安装位置准确牢固，用1:3水泥砂浆将缝隙塞严。堵脚手眼和废弃的孔洞时，应将洞内杂物、灰尘等清理干净，浇水湿润，然后用砖将其补齐砌严。

(3) 吊垂直、套方、找规矩、做灰饼、冲筋　根据建筑高度确定放线方法，高层建筑可利用墙大角、门窗口两边，用经纬仪打直线找垂直。多层建筑时，可从顶层用大线坠吊垂直，绷铁丝找规矩，横向水平线可依据楼层标高或施工 +50cm 线为水平基准线进行交圈控制，然后按抹灰操作层抹灰饼，做灰饼时应注意横竖交圈，以便操作。每层抹灰时则以灰饼做基准冲筋，使其保证横平竖直。

(4) 抹底层灰、中层灰　根据不同的基体，抹底层灰前可刷一道掺建筑胶的素水泥浆(加气混凝土墙采用3mm厚外加剂专用砂浆刮糙)，然后抹1:3水泥砂浆(加气混凝土墙应抹1:1:6水泥石灰膏砂浆)，每层厚度控制在5~7mm为宜。分层抹灰抹至厚度与冲筋平时用木杠刮平找直，然后用木抹子搓毛，每层抹灰间隔不宜太短，以防收缩影响质量。

(5) 弹线分格、嵌分格条　根据图样要求弹线分格、粘分格条。分格条宜采用红松制作，粘前应用水充分浸透。粘时在条两侧用素水泥浆抹成45°八字坡形。粘分格条时注意竖条应粘在所弹立线的同一侧，防止左右乱粘，出现分格不均匀。

(6) 抹面层灰、起分格条　待底灰七八成干时开始抹面层灰，将底灰墙面浇水均匀湿润，先刮一层薄薄的素水泥浆，随即抹罩面灰与分格条平，并用木杠横竖刮平，木抹子搓毛，铁抹子溜光、压实。待其表面无明水时，用软毛刷蘸水垂直于地面向同一方向轻刷一遍，以保证面层灰颜色一致，避免出现收缩裂缝，随后将分格条起出，待灰层干后，用素水泥膏将缝勾好。难起的分格条不要硬起，防止棱角损坏，待灰层干透后补起，并补勾缝。

（7）抹滴水线　在抹槽口、窗台、窗眉、阳台、雨篷、压顶和突出墙面的腰线以及装饰凸线时，应将其上面作成向外的流水坡度，严禁出现倒坡。下面做滴水线（槽）。窗台上面的抹灰层应深入窗框下坎裁口内，堵塞密实，流水坡度及滴水线（槽）距外表面不小于4cm，滴水线深度和宽度一般不小于10mm，并应保证其流水坡度方向正确，做法见图2-9。抹滴水线（槽）应先抹立面，后抹顶面，再抹底面。分格条在底面灰层抹好后即可拆除。采用“隔夜”拆条法时，需待抹灰砂浆达到适当强度后方可拆除。

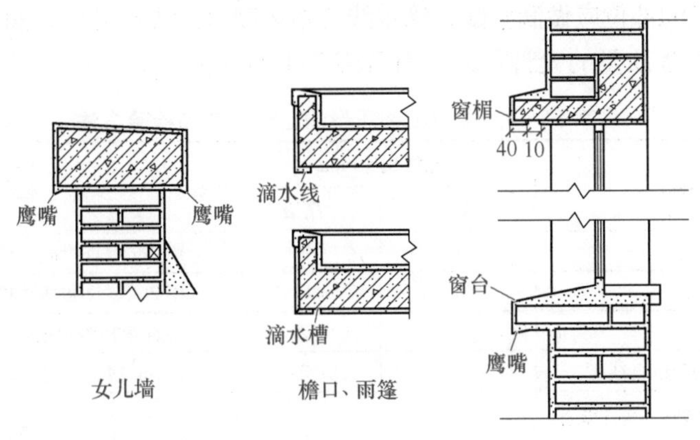

图2-9　滴水线（槽）做法示意图

（8）养护　水泥砂浆抹灰常温24h后应喷水养护。冬期施工要有保温措施。

三、成品保护

1）对已完成的抹灰工程应采取隔离、封闭或看护等措施加以保护。

2）抹灰前应将木制门、窗口用铁皮、木板或木架进行保护，塑钢或金属门、窗口用贴膜或胶带贴严加以保护。抹完灰后要对已完工的墙面及门窗口加以清洁保护，如门窗口原保护层面有损坏的要及时修补确保完整，直至竣工交验。

3）在施工过程中，搬运材料、机具以及使用手推车时，要特别小心，防止碰、撞、磕划墙面、门、窗口等。后期施工操作人员严禁蹬踩门、窗口、窗台，以防损坏棱角。

4）抹灰时对预埋件、线槽、盒、通风箅子、预留孔洞应采取保护措施，防止施工时灰浆漏入堵塞。

5）拆除脚手架、跳板、高马凳时要加倍小心，轻拿轻放，集中堆放整齐，以免撞坏门、窗口、墙面或棱角等。

6）在抹灰层未充分凝结硬化前，防止快干、水冲、撞击、振动和挤压，以保证灰层不受损伤和有足够的强度。

7）施工时不得在楼地面上和休息平台上拌合灰浆，对休息平台、地面和楼梯踏步要采取保护措施，以免搬运材料或运输过程中造成损坏。

8）根据温度情况，加强养护。

四、质量要求与检查评定

1）抹灰前基层表面的尘土、污垢、油渍等应清除干净，并应洒水润湿。

2）一般抹灰材料的品种和性能应符合设计要求。水泥凝结时间和安定性应合格。砂浆的配合比应符合设计要求。

3）抹灰层与基层之间的各抹灰层之间必须粘结牢固，抹灰层无脱层、空鼓，面层应无爆灰和裂缝。

4）普通抹灰表面应光滑、洁净，接搓平整，分格缝应清晰；高级抹灰表面应光滑、洁净，颜色均匀、无抹纹，分格缝和灰线应清晰美观。

5）抹灰分格缝的设置应符合设计要求，宽度和深度应均匀，表面光滑，棱角应整齐。

6）有排水要求的部位应做滴水线，滴水线应整齐顺直、内高外低，滴水不应小于10mm。

7）一般抹灰工程质量的允许偏差应符合表2-4的规定。

表2-4 一般抹灰工程质量的允许偏差和检验方法

项次	项目	允许偏差/mm		检验方法
		普通	高级	
1	立面垂直度	3	2	用2m垂直检测尺检查
2	表面平整度	3	2	用2m靠尺和塞尺检查
3	阴阳角方正	3	2	用直角检测尺检测
4	分隔条（缝）直线度	3	2	拉5m线，不足5m拉通线，用钢直尺检查
5	墙裙、勒脚上口直线平直度	3	2	拉5m线，不足5m拉通线，用钢直尺检查

任务3 水刷石抹灰

【任务描述】

某砖混结构教学楼首层外墙面进行水刷石抹灰装修，基层有多孔砖砌体和加气块砌体。

水刷石抹灰
（图片）

【能力要求】

要求学生能够针对工作任务制定完整的工作计划，包括材料的选取，施工机具与环境的准备及施工流程计划，能够写出较为详细的技术交底，并能够正确进行质量检查验收。

【知识导入】

水刷石抹灰是一种传统装饰抹灰，大墙面采用水刷石，往往以分格、分色来取得艺术效果，也可用于檐口、腰线、窗楣、门窗套、柱面等部位。水刷石虽然有较广泛的应用，但操作技术难度较高。

【任务实施】

一、施工准备

1. 材料准备

（1）水泥 宜采用普通硅酸盐水泥或硅酸盐水泥，也可采用普通矿渣水泥、火山灰水泥、粉煤灰水泥及复合水泥，彩色抹灰宜采用白色硅酸盐水泥。水泥强度等级宜采用32.5级颜色一致、同一批号、同一品种、同一强度等级、同一厂家生产的产品。

水泥进场需对产品名称、代号、净含量、强度等级、生产许可证编号、生产地址、出厂编号、执行标准、日期等进行外观检查，同时验收合格证。

(2) 砂子 宜采用粒径0.35~0.5mm的中砂。要求颗粒坚硬、洁净。含泥量小于3%，使用前应过筛，除去杂质和泥块等。

(3) 石渣 要求颗粒坚实、整齐、均匀、颜色一致，不含黏土及有机、有害物质。所使用的石渣规格、级配应符合规范和设计要求。一般中八厘为6mm，小八厘为4mm，使用前应用清水洗净，按不同规格、颜色分堆晾干后，用苫布苫盖或装袋堆放。施工采用彩色石渣时，要求采用同一品种、同一产地的产品，宜一次进货备足。

(4) 小豆石 用小豆石做水刷石墙面材料时，其粒径5~8mm为宜。其含泥量不大于1%，要求坚硬、均匀。使用前宜过筛，筛去粉末，清除僵块，用清水洗净，晾干备用。

(5) 石灰膏 宜采用熟化后的石灰膏。

(6) 颜料 应采用耐碱性和耐光性较好的矿物质颜料，使用时应采用同一配比与水泥干拌均匀，装袋备用。

(7) 胶粘剂 应符合国家规范标准要求，掺加量应通过试验确定。

2. 主要机具准备

砂浆搅拌机、手推车、水压泵（可根据施工情况确定数量）、喷雾器、喷雾器软胶管（根据喷嘴大小确定口径）、铁锹、筛子、木杠（大、小）、钢卷尺、线坠、画线笔、方口尺、水平尺、水桶（大、小）、小压子、铁溜子、钢丝刷、托线板、粉线袋、钳子、钻子、（尖、扁）、笤帚、木抹子、软（硬）毛刷、灰勺、铁板、铁抹子、托灰板、灰槽、小线、钉子、胶鞋等。

3. 作业条件准备

1）抹灰工程的施工图、设计说明及其他设计文件已完成。

2）主体结构应经过相关单位（建设单位、施工单位、监理单位、设计单位）检验合格。

3）抹灰前按施工要求搭好双排外架子或桥式架子，如果采用吊篮架子时必须满足安装要求，架子距墙面20~25cm，以保证操作，墙面不应留有临时孔洞，架子必须经安全部门验收合格后方可开始抹灰。

4）抹灰前应检查门窗框安装位置是否正确固定牢固，并用1:3水泥砂浆将门窗口缝堵塞严密，对抹灰墙面预留孔洞、预埋穿管等已处理完毕。

5）将混凝土过梁、梁垫、圈梁、混凝土柱、梁等表面凸出部分剔平，将蜂窝、麻面、露筋、疏松部分剔到实处，然后用1:3的水泥砂浆分层抹平。

6）抹灰基层表面的油渍、灰尘、污垢等应清除干净，墙面提前浇水均匀湿透。

7）抹灰前应先熟悉图样、设计说明及其他文件，制定方案，做好技术交底，确定配比和施工工艺，责成专人统一配料，并把好配合比关。按要求做好施工样板，经相关部门检验合格后，方可大面积施工。

二、施工工艺

1. 工艺流程

堵门窗口缝→基层处理→浇水湿润墙面→吊垂直、套方、找规矩、做灰饼、冲筋→分层抹底层砂浆→分格弹线、粘分格条→抹面层石渣浆→修整、赶实压光、喷刷→起分格条、勾缝→养护。

2. 施工要点

（1）堵门窗口缝　抹灰前检查门窗口位置是否符合设计要求，安装牢固，四周缝按设计及规范要求已填塞完成，然后用1∶3水泥砂浆塞实抹严。

（2）基层处理

1）混凝土墙基层处理

① 凿毛处理：用钢钻子将混凝土墙面均匀凿出麻面，并将板面酥松部分剔除干净，用钢丝刷将粉尘刷掉，用清水冲洗干净，然后浇水湿润。

② 清洗处理：用10%的火碱水将混凝土表面油污及污垢清刷除净，然后用清水冲洗晾干，采用涂刷素水泥浆或混凝土界面剂等处理方法均可。如采用混凝土界面剂施工时，应按所使用产品要求使用。

2）砖墙基层处理：抹灰前需将基层上的尘土、污垢、灰尘、残留砂浆、舌头灰等清除干净。

（3）浇水湿润墙面　基层处理完后，要认真浇水湿润，浇水时应将墙面清扫干净，浇透浇均匀。

（4）吊垂直、套方、找规矩、做灰饼、冲筋　根据建筑高度确定放线方法，高层建筑可利用墙大角、门窗口两边，用经纬仪打直线找垂直。多层建筑时，可从顶层用大线坠吊垂直，绷铁丝找规矩，横向水平线可依据楼层标高或施工+50cm线为水平基准线交圈控制，然后按抹灰操作层抹灰饼，做灰饼时应注意横竖交圈，以便操作。每层抹灰时则以灰饼做基准冲筋，使其保证横平竖直。

（5）分层抹底层砂浆

1）混凝土墙：先刷一道胶粘性素水泥浆，然后用1∶3水泥砂浆分层装档抹至与筋平，然后用木杠刮平，木抹子搓毛或搓成花纹。

2）砖墙：抹1∶3水泥砂浆，在常温时可用1∶0.5∶4混合砂浆打底，抹灰时以冲筋为准，控制抹灰层厚度，分层分遍装档与冲筋抹平，用木杠刮平，然后用木抹子搓毛或搓出花纹。底层灰完成24h后应浇水养护。抹头遍灰时，应用力将砂浆挤入砖缝内使其粘结牢固。

（6）分格弹线、粘分格条　根据图样要求弹线分格、粘分格条，分格条宜采用红松制作，粘前应用水充分浸透，粘时在条两侧用素水泥浆，当日分格条抹成45°八字坡形，隔夜分格条抹成60°八字坡形，见图2-10。粘分格条时注意竖条应粘在所弹立线的同一侧，防止左右乱粘，出现分格不均匀，条粘好后待底层灰七八成干后可抹面层灰。

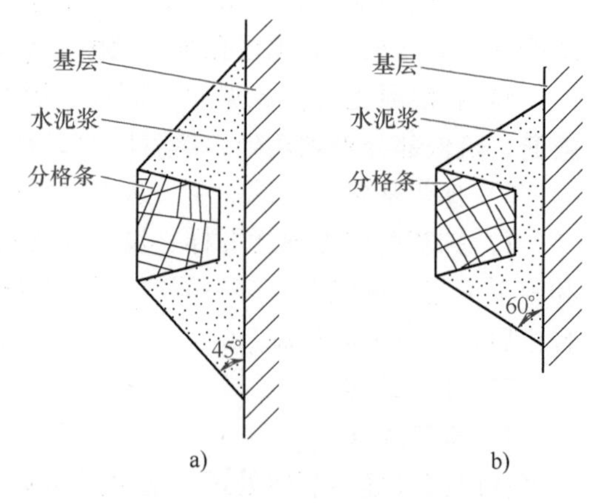

图2-10　分格条图
a）当日分格条　b）隔夜分格条

（7）做滴水线　在抹搪口、窗台、窗眉、阳台、雨篷、压顶和突出墙面的腰线以及装饰凸线等时，应将其上面作成向外的流水坡度，严禁出现倒坡，下面做滴水线（槽）。窗台上面的抹灰层应深入窗框下坎裁口内，堵密实。流水坡度及滴水线（槽）距外表面不小于4cm，滴水线深度和宽度一般不小于10mm，应保证其坡度方向正确。抹滴水线（槽）应先抹立面，后抹顶面，再抹底面。分格条在其面层灰抹好后即可拆除。采用“隔夜”拆条法时须待面层砂浆达到适当强度后方可拆除。

滴水线做法同水泥砂浆抹灰做法。

（8）抹面层石渣浆　待底层灰六七成干时首先将墙面润湿涂刷一层胶粘性素水泥浆，然后开始用钢抹子抹面层石渣浆。自下往上分两遍与分格条抹平，并及时用靠尺或小杠检查平整度（抹石渣层高于分格条1mm为宜），有坑凹处要及时填补，边抹边拍打揉平。

（9）修整、赶实压光、喷刷　将抹好在分格条块内的石渣浆面层拍平压实，并将内部的水泥浆挤压出来，压实后尽量保证石渣大面朝上，再用铁抹子溜光压实，反复3～4遍。拍压时特别要注意阴阳角部位石渣饱满，以免出现黑边。待面层初凝（指擦无痕），用水刷子刷不掉石粒为宜，开始刷洗面层水泥浆。喷刷分两遍进行，第一遍先用毛刷蘸水刷掉面层水泥浆，露出石粒，第二遍紧随其后用喷雾器将四周相邻部位喷湿，然后自上而下顺序喷水冲洗，喷头一般距墙面10～20cm，喷刷要均匀，使石子露出表面1～2mm为宜。最后用水壶从上往下将石渣表面冲洗干净，冲洗时不宜过快，同时注意避开大风天，以避免造成墙面污染发花。若使用白水泥砂浆做水刷石墙面时，在最后喷刷时，可用草酸稀释液冲洗一遍，再用清水洗一遍，墙面更显洁净、美观。

（10）起分格条、勾缝　喷刷完成后，待墙面水分控干后，小心将分格条取出，然后根据要求用线抹子将分格缝溜平抹顺直。

（11）养护　待面层达到一定强度后，可喷水养护，防止脱水、收缩造成空鼓、开裂。

（12）阳台、雨罩、门窗贴脸部位做法　门窗贴脸、窗台、阳台、雨罩等部位水刷石施工时，应先做小面，后做大面，刷石喷水应由外往里喷刷，最后用水壶冲洗，以保证大面的清洁美观。搪口、窗台、贴脸、阳台、雨罩等底面应做滴水线（槽），做成上宽7mm、下宽10mm、深10mm的木条，便于抹灰时木条取出，保持棱角不受损坏。滴水线距外皮不应小于4cm，且应顺直。当大面积墙面做水刷石一天不能完成时，在继续施工冲刷新活前，应将前面做的水刷石用水淋湿，以便于喷刷时粘上水泥浆后清洗，防止对原墙面造成污染。施工槎子应留在分格缝上。

三、成品保护

1）对已完成的成品可采用封闭、隔离或看护等措施进行保护。

2）对建筑物的出入口处做好的水刷石，应及时采取保护措施，避免损坏棱角。

3）对施工时粘在门、窗框及其他部位或墙面上的砂浆要及时清理干净，对铝合金门窗膜造成损坏的要及时补粘好护膜，以防损伤、污染。抹灰前必须对门、窗口采取保护措施。

4）对已交活的墙面喷刷新活时要将其覆盖好，特别是大风天施工更要细心保护，以防造成污染。抹完灰后要对已完工墙面及门、窗口加以清洁保护，如门、窗口原保护层有损坏的要及时修补确保完整，直至竣工交验。

5）在拆除架子、运输架杆时要制订相应措施，并做好操作人员的交底工作，明确责任，避免造成碰撞、损坏墙面或门窗玻璃等。在施工过程中，当搬运材料、机具以及使用小手推车时，要特别小心，不得碰、撞、磕划墙面、门、窗口等。严禁任何人员蹬踩门、窗柜、窗台，以防损坏棱角。

6）在抹灰时对预埋件、线槽、盒、通风箅子、预留孔洞应采取保护措施，防止施工时掉入灰浆造成堵塞。

7）在拆除脚手架、跳板、高马凳时要加倍小心，轻拿轻放，集中堆放整齐，以免撞坏门、窗口或碰坏墙面及棱角等。

8）在抹灰层未充分凝结硬化前，防止快干、水冲、撞击、振动和挤压，以保证灰层不受损伤并有足够的强度，不出现空鼓开裂现象。

9）施工时不得在楼地面和休息平台上拌和灰浆，施工时应对休息平台、地面和楼梯踏步等采取保护措施，以免搬运材料过程中造成损坏。

四、质量要求与检查评定

1）抹灰前基层表面的尘土、污垢、油渍等应清除干净，并均匀浇水润湿。

2）装饰抹灰工程所用材料的品种和性能应符合设计要求。水泥的凝结时间和安定性复验应合格。砂浆的配合比应符合设计要求。

3）抹灰工程应分层进行。当抹灰总厚度大于或等于35mm时，应采取加强措施。不同材料基体交接处表面的抹灰，应采取防止开裂的加强措施，当采用加强网时，加强网与各基体的搭接宽度不应小于100mm。

4）各抹灰层之间及抹灰层与基体之间必须粘接牢固，抹灰层应无脱层、空鼓和裂缝。

5）水刷石表面应石粒清晰，分布均匀，紧密严整，色泽一致，应无掉粒和接槎痕迹。

6）分格条（缝）的设置应符合设计要求，宽度和深度应均匀，表面应平整光滑，棱角应整齐。

7）有排水要求部位应做滴水线（槽），滴水线（槽）应整齐顺直，滴水应内高外低，滴水线（槽）的宽度和深度应不小于10mm。

8）水刷石工程质量的允许偏差和检验方法应符合表2-5的规定。

表2-5 水刷石工程质量的允许偏差和检验方法

项次	项目	允许偏差/mm	检验方法
		5	
1	立面垂直度	3	用2m垂直检测尺检查
2	表面平整度	3	用2m靠尺和塞尺检查
3	阴阳角方正	3	用直角检测尺检测
4	分隔条（缝）直线度	3	拉5m线，不足5m拉通线，用钢直尺检查
5	墙裙、勒脚上口直线度	3	拉5m线，不足5m拉通线，用钢直尺检查

任务4 干粘石抹灰

【任务描述】

某砖混教学楼2~4层外墙面进行干粘石抹灰装修，基层有多孔砖砌体和加气块砌体，气温为15~25℃。

干粘石抹灰（图片）

【能力要求】

要求学生能够针对工作任务制定完整的工作计划，包括材料的选取、施工机具与环境的准备及施工流程计划，能够写出较为详细的技术交底，并能够正确进行质量检查验收。

【知识导入】

干粘石抹灰是装饰抹灰中的一种，它适用于不易碰撞的墙面。这种装饰抹灰具有操作简单、饰面效果好、造价不高等优点，是20世纪80年代一种应用广泛的外墙装饰抹灰。

【任务实施】

一、施工准备

1. 材料准备

（1）水泥　宜采用32.5级、42.5级普通水泥、硅酸盐水泥或白水泥，要求使用同一批号、同一品种、同一生产厂家、同一颜色的产品。

水泥进场需对产品名称、代号、净含量、强度等级、生产许可证编号、生产地址、出厂编号、执行标准、日期等进行外观检查，同时验收合格证。

（2）砂子　宜采用中砂，要求颗粒坚硬、洁净，含泥量小于3%，使用前应过筛。

（3）石渣　所选用的石渣品种、规格、颜色应符合设计规定。要求颗粒坚硬、不含泥土、软片、碱质及其他有害有机物等。使用前应用清水洗净晾干，按颜色、品种分类堆放，并加以保护。

（4）石灰膏　石灰膏不得含有未熟化的颗粒和杂质。要求使用前进行熟化，时间不少于30d，质地应洁白细腻。

（5）颜料　颜料应采用耐碱性和耐光性较好的矿物质颜料，进场后要经过检验，其品种、货源、数量要一次进够。

（6）胶粘剂　所使用胶粘剂必须符合国家环保质量要求。

2. 主要机具准备

砂浆搅拌机、手推车、磅秤、筛子、水桶（大、小）、铁板、喷壶、铁锹、灰槽、灰勺、托灰板、水勺、木抹子、铁抹子、钢丝刷、钢卷尺、水平尺、方口尺、靠尺、笤帚、米厘条、木杠、施工小线、粉线包、线坠、钢筋卡子、钉子、塑料滚子、小压子、木拍板、石渣托盘（图2-11）。

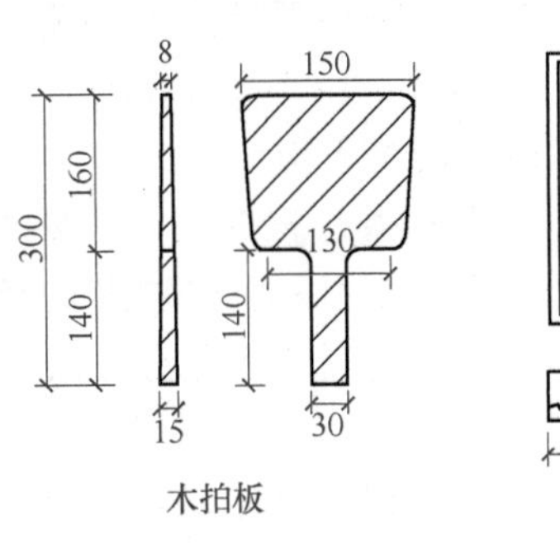

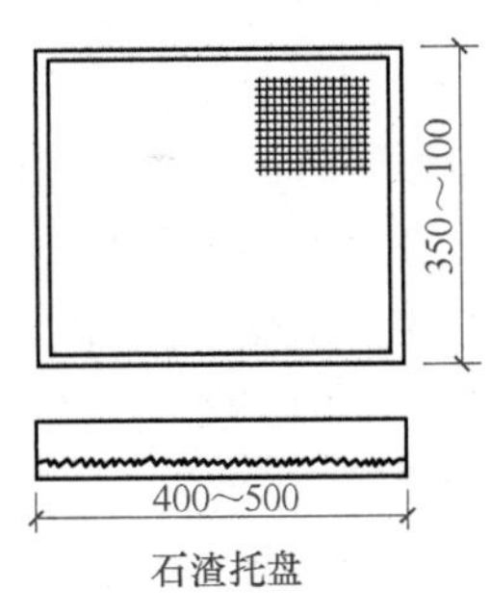

图2-11　木拍板、石渣托盘示意图

3. 作业条件准备

1）主体结构必须经过相关单位（建设单位、施工单位、监理单位、设计单位）检验合格，并已验收。

2）抹灰工程的施工图、设计说明及其他设计文件已完成。施工作业指导书（技术交底）已完成。

3）施工所使用的架子已搭好，并已经过安全部门验收合格。架子距墙面应保持20～25cm，操作面脚手板宜满铺，距墙空档处应放接落石子的小筛子。

4）门窗口位置正确，安装牢固并已采取保护。预留孔洞、预埋件等位置尺寸符合设计要求。

5）墙面基层以及混凝土过梁、梁垫、圈梁、混凝土柱、梁等表面凸出部分剔平，表面已处理完成，坑凹部分已按要求补平。

6）施工前根据要求应做好施工样板，并经过相关部门检验合格。

二、施工工艺

1. 工艺流程

基层处理→吊垂直、套方、找规矩→做灰饼、冲筋→抹底层、中层砂浆→分格弹线、粘分格条→抹粘结层砂浆→撒石粒→拍平、修整→起条、勾缝→喷水养护。

2. 施工要点

（1）基层处理

1）砖墙基层处理：抹灰前需将基层上的尘土、污垢、灰尘等清除干净，并浇水均匀湿润。

2）混凝土墙基层处理：

① 凿毛处理：用钢钻子将混凝土墙面均匀凿出麻面，并将板面酥松部分剔除干净，用钢丝刷将粉尘刷掉，用清水冲洗干净，然后均匀浇水湿润。

② 清洗处理：用10%的火碱水将混凝土表面油污及污垢清刷除净，然后用清水冲洗晾干，刷一道胶粘性素水泥浆，或涂刷混凝土界面剂。如采用混凝土界面剂施工时应按产品要求使用。

（2）吊垂直、套方、找规矩　当建筑物为高层时，可用经纬仪利用墙大角、门窗两边打直线找垂直。建筑物为多层时，应从顶层开始用特制大线坠吊垂直，绷铁丝找规矩，横向水平线可按楼层标高或施工+50cm线为水平基准交圈控制。

（3）做灰饼、冲筋　根据垂直线在墙面的阴阳角、窗台两侧、柱、垛等部位做灰饼，并在窗口上下弹水平线，灰饼要横竖垂直交圈，然后根据灰饼冲筋。

（4）抹底层、中层砂浆　用1∶3水泥砂浆抹底灰，分层抹与冲筋平，用木杠刮平木抹子压实、搓毛。待终凝后浇水养护。

（5）分格弹线、粘分格条　根据设计图要求弹出分格线，然后粘分格条。分格条使用前要用水浸透，粘时在条两侧用素水泥浆抹成45°八字坡形，粘分格条应注意粘在所弹立线的同一侧，防止左右乱粘，出现分格不均匀。弹线、分格应设专人负责，以保证分格符合设计要求。

（6）抹粘结层砂浆　为保证粘结层粘石质量，抹灰前应用水湿润墙面，粘结层厚度以所使用石子粒径确定，抹灰时如果底面湿润有干的过快的部位应再补水湿润，然后抹粘结层。抹粘结层宜采用两遍抹成，第一道用同强度等级水泥素浆薄刮一遍，保证结合层粘牢，第二遍抹聚合物水泥砂浆。然后用靠尺测试，严格按照高刮低添的原则操作，以防面层出现大小波浪造成表面不平整影响美观。在抹粘结层时宜使上下灰层厚度不同，并不宜高于分格条，最好是在下部约1/3高度范围内比上面薄些。整个分格块面层比分格条低1mm左右，石子撒上压实后，不但可保证平整度，且条边整齐，而且可避免下部出现鼓包皱皮现象。

（7）撒石粒（甩石子）　当抹完粘结层后，紧跟其后一手拿装石子的托盘，一手用木拍板向粘结层甩粘石子。要求甩严、甩均匀，并用托盘接住掉下来的石粒，甩完后随即用钢抹子将石子均匀地拍入粘结层，石子嵌入砂浆的深度应不小于粒径的1/2为宜，并应拍实、拍严。操作时要先甩两边，后甩中间，从上至下快速均匀地进行，甩出的动作应快，用力均匀，不使石子下溜，并应保证左右搭接紧密，石粒均匀。甩石粒时要使拍板与墙面垂直平行，让石子垂直嵌入粘结层内，如果甩时偏上偏下、偏左偏右则效果不佳，石粒浪费也大，甩出用力过大会使石粒陷入太深，形成凹陷，用力过小则石粒粘结不牢，出现空白不宜添补，动作慢则会造成部分不合格，修整后易出现接槎痕迹和“花脸”。阳角甩石粒，可将薄靠尺粘在阳角一边，选做邻面干粘石，然后取下薄靠尺抹上水泥腻子，一手持短靠尺在已做好的邻面上一手甩石子并用钢抹子轻轻拍平、拍直，使棱角挺直。门窗破脸、阳台、雨罩等部位应留置滴水槽，其宽度深度应满足设计要求。粘石时应先做好小面，后做大面。

（8）拍平、修整、处理黑边　拍平、修整要在水泥初凝前进行，先拍压边缘，而后中间，拍压要轻、重结合，均匀一致。拍压完成后，应对已粘石面层进行检查，发现阴阳角不顺直、表面不平整、黑边等问题，及时处理。

（9）起条、勾缝　前工序全部完成，检查无误后，随即将分格条、滴水线条取出，取分格条时要认真小心，防止将边棱碰损，分格条起出后用抹子轻轻地按一下粘石面层，以防拉起面层造成空鼓现象。然后待水泥达到初凝强度后，用素水泥膏勾缝。格缝要保持平顺挺直、颜色一致。

（10）喷水养护　粘石面层完成常温 24h 后喷水养护，养护期不少于 2～3d。夏日阳光强烈，气温较高时，应适当遮阳，避免阳光直射，并适当增加喷水次数，以保证工程质量。

三、成品保护

1）根据现场和施工情况，应制定成品保护措施，成品保护可采取看护、隔离、封闭等措施。

2）施工过程中翻脚手板及施工完成后拆除架子时要对操作人员进行交底，要轻拆轻放，严禁乱拆和抛扔架杆、架板等，避免碰撞干粘石墙面，粘石做好后的棱角处应采取隔离保护，以防碰撞。

3）抹灰前对门、窗口应采取保护措施，铝门、窗口应贴膜保护，抹灰完成后应将门、窗口及架子上的灰浆及时清理干净，散落在架子上的石渣及时回收。

4）其他工种作业时严禁蹬踩已完成的干粘石墙面，油漆工作业时严防碰倒油桶或滴甩油漆，以防污染墙面。

5）不同的抹灰面交叉施工时，应将先做好的抹灰面层采取保护措施后方可施工。

四、质量要求与检查评定

1）抹灰前基层表面的尘土、污垢、油渍等应清除干净，并洒水润湿。

2）装饰抹灰工程所用材料的品种和性能应符合设计要求。水泥的凝结时间和安定性复验应合格。砂浆的配合比应符合设计要求。

3）抹灰工程应分层进行。当抹灰总厚度大于或等于 35mm 时，应采取加强措施。不同材料基体交接处表面的抹灰，应采取防止开裂的加强措施，当采用加强网时，加强网与各基体的搭接宽度不应小于 100mm。

4）各抹灰层之间及抹灰层与基体之间必须粘接牢固，抹灰层应无脱层、空鼓和裂缝。

5）干粘石表面应色泽一致，不露浆、不漏粘，石粒应粘结牢固、分布均匀，阳角处无明显黑边。

6）装饰抹灰分格条（缝）的设置应符合设计要求，宽度和深度应均匀，表面应平整光滑，棱角应整齐。

7）有排水要求部位应做滴水线（槽），滴水线（槽）应整齐顺直，滴水应内高外低，滴水线（槽）的宽度和深度应不小于10mm。

8）干粘石抹灰工程质量的允许偏差和检验方法应符合表2-6的规定。

表2-6 干粘石抹灰的允许偏差和检验方法

项次	项目	允许偏差/mm	检验方法
1	立面垂直度	4	用2m垂直检测尺检查
2	表面平整度	4	用2m靠尺和塞尺检查
3	阴阳角方正	3	用直角检测尺检测
4	分隔条（缝）直线度	2	拉5m线，不足5m拉通线，用钢直尺检查

任务5 斩假石施工

【任务描述】

某砖混教学楼入口两侧外墙面进行斩假石抹灰装修，基层为加气块砌体，气温为15～25℃。

斩假石施工（图片）

【能力要求】

要求学生能够针对工作任务制定完整的工作计划，包括材料的选取、施工机具与环境的准备及施工流程计划，能够写出较为详细的技术交底，并能够正确进行质量检查验收。

【知识导入】

斩假石又称“剁斧石”，是在石屑砂浆抹灰面层上用斩斧（剁斧）、单刃或多刃斧、凿子等工具剁成像天然石那样有规律的石纹的一种装饰抹灰。按表面形状可分为平面斩假石、线条斩假石、花饰斩假石三种，它常使用于公共建筑的外墙、园林建筑等，是一种装饰效果颇佳的装饰抹灰。

【任务实施】

一、施工准备

1. 材料准备

（1）水泥　宜采用32.5级以上普通硅酸盐水泥或矿渣水泥，要求颜色一致，同一强度等级、同一品种、同一厂家生产、同一批进场的水泥。

水泥进场需对产品名称、代号、净含量、强度等级、生产许可证编号、生产地址、出厂编号、执行标准、日期等进行外观检查，同时验收合格证。

（2）砂子　宜采用粒径为0.35～0.5mm的中砂，要求颗粒坚硬、洁净。使用前应过筛，除去杂质和泥块等，筛好备用。

（3）石渣　宜采用小八厘，要求石质坚硬、耐光无杂质，使用前应用清水洗净晾干。

（4）磨细石灰粉　使用前应充分熟化、闷透，不得含有未熟化的颗粒和杂质，熟化时间不少于3d。

（5）胶粘剂、混凝土界面剂　应符合国家质量规范标准要求，严禁使用非环保型产品。

（6）颜料 应采用耐碱性和耐光性较好的矿物质颜料，使用前与水泥干拌均匀，配合比计算准确，然后过筛装袋备用，保存时避免受潮。

2. 主要机具准备

砂浆搅拌机、手推车、筛子、磅秤、水桶（大、小）、铁板、喷壶、铁锹、灰槽、灰勺、托灰板、水勺、木抹子、铁抹子、阴阳角抹子、砂磨石（磨斧石）、钢丝刷、钢卷尺、水平尺、方口尺、靠尺、笤帚、米厘条、杠（大、中、小）、施工小线、粉线包、线坠、钢筋卡子、钉子、单刃或多刃剁斧、棱点锤（花锤）、剁斧（斩斧）（图2-12）、开口凿（扁平、凿平、梳口、尖锤）等。

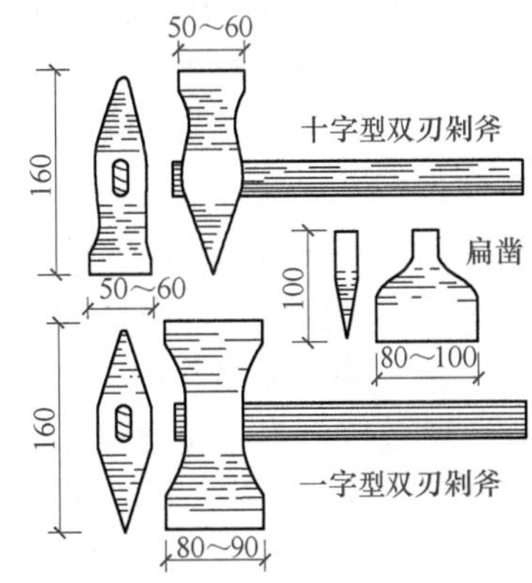

图2-12 剁斧

3. 作业条件准备

1）主体结构必须经过相关单位（建设单位、施工单位、监理单位、设计单位）检验合格，并已验收。

2）做台阶、门窗套时，门窗框应安装牢固，并按设计或规范要求将四周门窗口缝塞严嵌实，门窗框应做好保护，然后用1:3水泥砂浆塞严抹平。

3）抹灰工程的施工图、设计说明及其他设计文件已完成，施工作业方案已完成。

4）抹灰架子已搭设完成并已验收合格。抹灰架子宜搭双排架，或采用吊篮或桥式架子，架子应距墙面20～25cm，以便于操作。

5）墙面基层已按要求清理干净，脚手眼、临时孔洞已堵好，窗台、窗套等已补修整齐。

6）所用石渣已过筛，除去杂质、杂物，洗净备足。

7）抹灰前根据施工方案已完成作业指导书（即施工技术交底）工作。

8）根据方案确定的最佳配合比及施工方案做好样板，并经相关单位检验认可。

二、施工工艺

1. 工艺流程

基层处理→吊垂直、套方、找规矩、做灰饼、冲筋→抹底层砂浆→弹线分格、粘分格条→抹面层石渣灰→浇水养护→弹线分条状→面层斩剁（剁石）。

2. 施工要点

（1）基层处理

1）砖墙基层处理：将墙面上残存的砂浆、舌头灰剔除干净，污垢、灰尘等清理干净，用清水清洗墙面，将砖缝中的浮砂、尘土冲掉，并使墙面均匀湿润。

2）混凝土墙基层处理：因混凝土墙面在结构施工时大都使用脱膜隔离剂，表面比较光滑，故应将其表面进行处理，其方法为：采用脱污剂将面层的油污脱除干净，晾干后涂刷一层胶粘性水泥砂浆或涂刷混凝土界面剂，使其凝固在光滑的基层上，以增加抹灰层与基层的附着力；再一种方法可用尖钻子将其面层均匀剔麻，使其表面粗糙不平形成毛面，然后均匀浇水湿润。

（2）吊垂直、套方、找规矩、做灰饼、冲筋 根据设计要求，在需要做斩假石的墙面、柱面中心线或建筑物的大角、门窗口等部位用线坠从上到下吊通线作为垂直控制线，水平方向可利用楼层水平线或施工+50cm标高线为基线作水平交圈控制的依据。为便于操作，做整体灰饼时要注意横竖交圈。然后每层打底时以此灰饼为基准，进行层间套方、找规矩、做灰饼、冲筋，以便控制各层间抹灰与整体平直。施工时要特别注意保证搪口、腰线、窗口、雨篷等部位的流水坡度。

（3）抹底层砂浆　抹灰前基层要均匀浇水湿润，先刷一道水溶性胶粘剂水泥素浆（配合比根据要求或试验确定），然后依据冲筋分层分遍抹 1∶3 水泥砂浆，分两遍抹与冲筋平，然后用抹子压实，木杠刮平，再用木抹子搓毛或划纹。打底时要注意阴阳角的方正垂直，待抹灰层终凝后设专人浇水养护。

（4）弹线分格、粘分格条　根据图样要求弹线分格、粘分格条，分格条宜采用红松制作，粘前应用水充分浸透，粘时在条两侧用素水泥浆抹成45°八字坡形，粘分格条时注意应粘在所弹立线的同一侧，防止左右乱粘，出现分格不均匀。分格条粘好后待底层七八成干后方可抹面层灰。

（5）抹面层石渣灰　首先将底层均匀浇水湿润，满刮一道水溶性胶粘性素水泥膏（配合比根据要求或试验确定），随即抹面层石渣灰。抹与分格条平，用木杠刮平，待收水后用木抹子用力赶压密实，然后用铁抹子反复赶平压实，并上下顺势溜平，随即用软毛刷蘸水把表面水泥浆刷掉，使石渣均匀露出。

（6）浇水养护　斩剁石抹灰完成后，养护非常重要，如果养护不好，会直接影响工程质量，施工时要特别重视这一环节，应设专人负责此项工作，并做好施工记录。斩剁石抹灰面层养护，夏日防止暴晒，冬日防止冰冻，最好冬日不要施工。

（7）面层斩剁

1）掌握斩剁时间，在常温下经 3d 左右或面层达到设计强度 60% ~70% 时即可进行，大面积施工应先试剁，以石子不脱落为宜。

2）斩剁前应先弹顺线，并离开剁线适当距离按线操作，以避免剁纹跑斜。

3）斩剁应自上而下进行，首先将四周边缘和棱角部位仔细剁好，再剁中间大面。若有分格，每剁一行应随时将上面和竖向分格条取出，并及时将分块内的缝隙、小孔用水泥浆修补平整。

4）斩剁时宜先轻剁一遍，再盖着前一遍的剁纹剁出深痕，操作时用力应均匀，移动速度应一致，不得出现漏剁。

5）柱子、墙角边棱斩剁时，应先横剁出边缘横斩纹或留出窄小边条（边宽 3 ~4cm）不剁。剁边缘时应使用锐利的小剁斧轻剁，以防止掉边掉角，影响质量。

6）用细斧斩剁墙面饰花时，斧纹应随剁花走势而变化，严禁出现横平竖直的剁斧纹，花饰周围的平面上应剁成垂直纹，边缘应剁成横平竖直的围边。

7）用细斧剁一般墙面时，各格块体中间部分应剁成垂直纹，纹路相应平行，上下各行之间均匀一致。

8）斩剁完成后面层要用硬毛刷顺剁纹刷净灰尘，分格缝按设计要求做规矩。

9）斩剁深度一般以石渣剁掉 1/3 比较适宜，这样可使剁出的假石成品美观大方。

三、成品保护

1）对已完成的成品可采用封闭、隔离或看护等措施进行保护。

2）抹灰前必须首先检查门、窗口的位置、方向安装是否正确，然后采取保护措施后方可进行施工。

3）对施工时粘在门、窗框及其他部位或墙面上的砂浆要及时清理干净，对铝合金门窗膜有损坏的要及时补粘好，以防损伤、污染。

4）在拆除架子、运输架杆时要制订限制措施，并做好操作人员的交底，明确责任，避免造成碰撞、损坏。

5）在施工过程中搬运材料、机具以及使用小手推车时应特别小心，不得碰、撞、磕、划面层、门、窗口等。严禁任何人员蹬踩门、窗框、窗台，以防损坏棱角。

6）在抹灰时对墙上的预埋件、线槽、盒、通风箅子、预留孔洞应采取保护措施，防止施工时堵塞。

7）在拆除脚手架、跳板、高马凳时要加倍小心，轻拿轻放并集中堆放整齐，以免撞坏门、窗口、墙面或棱角等。

8）在抹灰层未充分凝结硬化前，应防止快干、水冲、撞击、振动和挤压，以保证灰层不受损伤并有足够的强度。

9）施工时不得在楼地面上和休息平台上拌和灰浆，对休息平台、地面和楼梯踏步要采取保护措施，以免搬运材料或运输过程中造成损坏。

四、质量要求与检查评定

1）抹灰前基层表面的尘土、污垢、油渍等应清除干净，并洒水润湿。

2）装饰抹灰工程所用材料的品种和性能应符合设计要求。水泥的凝结时间和安定性复验应合格。砂浆的配合比应符合设计要求。

3）抹灰工程应分层进行。当抹灰总厚度大于或等于35mm时，应采取加强措施。不同材料基体交接处表面的抹灰，应采取防止开裂的加强措施。当采用加强网时，加强网与各基体的搭接宽度不应小于100mm。

4）各抹灰层之间及抹灰层与基体之间必须粘接牢固，抹灰层应无脱层、空鼓和裂缝。

5）斩假石表面剁纹应均匀顺直，深浅一致，应无漏剁处，阳角处应横剁并留出宽窄一致的不剁边条，棱角应无损坏。

6）装饰抹灰分格条（缝）的设置应符合设计要求，宽度应均匀，表面应平整光滑，棱角应整齐。

7）有排水要求的部位应做滴水线（槽）。滴水线（槽）应整齐顺直，滴水线应内高外低，滴槽的宽度和深度应均匀，且不应小于10mm。

8）斩假石装饰抹灰工程质量的允许偏差和检验方法应符合表2-7的规定。

表2-7 斩假石装饰抹灰工程质量的允许偏差和检验方法

项次	项目	允许偏差/mm	检验方法
1	立面垂直度	4	用2m托线板检查
2	表面平整度	3	用2m靠尺和塞尺检查
3	阴阳角垂直	3	用2m托线板检查
4	阴阳角方正	3	用直角检测尺检测
5	分格条直线度	3	拉5m线，不足5m拉通线，用钢直尺检查
6	墙裙、勒脚上口直线度	3	拉5m线，不足5m拉通线，用钢直尺检查

任务6　外墙面砖施工

【任务描述】

某办公楼首层外墙面砖装饰，基层有混凝土基面、加气混凝土砌块基面、砖墙基面，需进行现场材料验收，按规范操作并验收施工质量。

外墙面砖施工（图片）

【能力要求】

要求学生能够针对工作任务制定完整的工作计划，包括成品进场验收、辅助材料的选取、施工机具与环境的准备及施工流程计划，能够写出较为详细的技术交底，正确操作，并能够正确进行质量检查验收。

【知识导入】

建筑陶瓷系指用于建筑工程方面的专用陶瓷制品，主要有陶瓷面砖、陶瓷铺地砖、釉面砖、陶瓷锦砖、卫生陶瓷、园林陶瓷、古建陶瓷、耐酸陶瓷及艺术陶瓷等九大类，其中陶瓷面砖简称面砖，又称外墙贴面砖，主要用于建筑物的外墙面、柱面、门窗套及建筑物的其他室外部分。釉面砖主要用于建筑物的内墙或其他室内部位的贴面，不能用于外墙或室外。

【任务实施】

一、施工准备

1. 材料准备

（1）面砖　外墙贴面砖、釉面砖品种、规格、花色按设计规定选用。

（2）水泥　42.5R矿渣水泥和普通硅酸盐水泥或白水泥。

（3）砂　粗砂或中砂，用前过筛，含泥量不大于3%。

（4）石灰膏、矿物颜料、建筑胶。

2. 主要机具准备

开刀、木锤、橡皮锤、铁铲、合金錾子、钢錾、硬木拍板、扁錾、磨石、合金钢钻头、铁水平尺、方尺、托线板、线坠、墨斗、冲击钻、手电钻和电动切割机。

3. 作业条件准备

1）主体结构已验收。镶贴前，基体必须经验收，无空鼓。

2）脚手架安装完毕并通过验收。

3）门窗口等已安装完毕，通过验收并有相应成品保护措施。

4）外墙雨水管卡预埋完毕。

5）根据设计图要求，按照建筑构造各部位的具体做法和工程量，预先挑选出颜色一致、同规格的面砖，分别堆放并保管好。饰面砖施工图（排砖图）应根据基体的几何表面状况确定。

6）施工环境温度5℃以上，风力超过5级或中雨以上天气不得施工。

二、施工工艺

1. 工艺流程

基层处理→吊垂直、套方、找规矩→打底→弹线、排砖→选砖、浸砖→镶贴→勾缝、擦洗。

墙体釉面砖铺贴（视频）

2. 施工要点

（1）基层处理

1）混凝土表面处理：须用钢尖或扁錾凿坑，受凿面积应不小于70%（即每1m^2 面积打点200个）；凿点后，必须用钢丝刷清刷一遍，并用清水冲洗干净。基体表面如有凹入部位，需用1:2或1:3水泥砂浆补平。如为不同材料的结合部位，例如填充墙与混凝土面结合处，还应用钢板网压盖接缝，射钉钉牢。为防止混凝土表面与抹灰层结合不牢，发生空鼓，尚可采用30%108胶加70%水拌和的水泥素浆，用笤帚将水泥浆甩到墙上，要求喷、甩均匀，终凝后浇水养护（常温下3~5d），直至水泥砂浆疙瘩全部固化到混凝土光板上，用手掰不动为止。

2）加气混凝土表面处理：用笤帚将表面粉尘、加气细末扫净，浇水湿透，接着用1:1:6的混合砂浆对缺棱掉角的部位分层补平，每层厚度7~9mm。砌块内墙应在基体清净后，先刷108胶水溶液一道，为保证块料镶贴牢固，最好再满钉机制镀锌铁丝网一道，镀锌铁丝网径0.7mm、网格尺寸32mm×32mm。用ϕ6“U”形钉钉机制镀锌铁丝网，钉子间距不大于600mm，梅花形布置。

3）砖墙表面处理：当基体为砖砌体时，应用钢錾子剔除砖墙面多余灰浆，然后用钢丝刷清除浮土，并用清水将墙体充分湿水，使润湿深度约2~3mm。

（2）吊垂直、套方、找规矩　竖线用大线坠吊垂直，绷铁丝找规矩，横线则以楼层标高为水平基准交圈控制，在窗口的上下弹水平线，并在墙面的阴、阳角及窗台两侧、柱、垛等部位根据垂直线做灰饼，横、竖灰饼要求垂直交圈。每个外柱边角必须挂双线，做双灰饼，然后再根据垂直线拉横向通线，沿通线每隔1200~1500mm做一个灰饼；同时应在门窗或阳台等处拉横向通线，找出垂直方正后，贴好灰饼。应特别注意各层楼的阳台和窗口的水平向、竖向和进出方向必须“三向”成线。每层打底时，则以此灰饼做基准冲筋，使其打底灰做到横平竖直。

（3）打底（抹底层砂浆）

1）混凝土墙基层：按以上所抹的灰饼标高冲筋，先刷一道水灰比为0.37~0.40水泥浆（内掺水重3%~5%的108胶），随即紧跟着抹1:0.5:3水泥石灰膏砂浆，厚度6mm。

2）砖墙基层：首先分层抹1:3水泥混合砂浆底层，厚度12mm；抹头遍灰时用力抹，将砂浆挤入灰缝中使其粘结牢固，用大杠横竖刮平，并用木抹子搓毛表面，终凝后浇水养护。

3）加气混凝土砌块墙基层：先涂刷TG胶浆（TG胶:水:水泥=1:4:1.5）一遍，然后抹TG砂浆（水泥:砂:TG胶:水=1:6:0.25:适量）底层，厚度6mm。及时将底灰用大杠横竖刮平，并用木抹子搓毛或划出纹道，终凝后浇水养护。

（4）弹线、排砖　外墙面砖镶贴前，应根据施工大样图统一弹线分格、排砖。方法可采取在外墙阳角用钢丝或尼龙线拉垂线，根据阳角拉线，在墙面上每隔1.5~2m做出标高块。按大样图先弹出排砖的水平线，然后弹出排砖的垂直线。外墙砖密缝排列缝宽1~3mm，疏缝排列缝宽大于4mm，但一般小于20mm；外墙面镶贴矩形外墙面砖有4种排列方式，如图2-13所示。

突出墙面的部分，如窗台、腰线阳角及滴水线的排砖方法，需要注意的是压盖砖要盖正面砖，正面砖要往下突出3mm左右盖底面砖，底面砖应贴成滴水鹰嘴，如图2-14所示。上

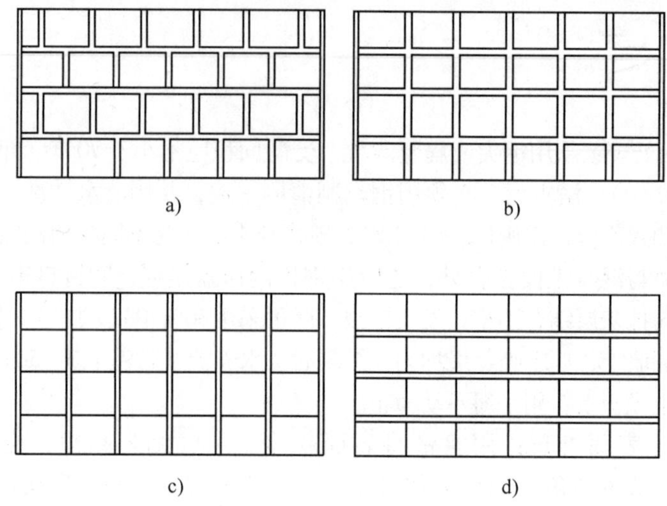

图 2-13 外墙面砖的 4 种排列方式
a）错缝 b）通缝 c）竖通缝 d）横通缝

表面做出 3% 的坡度，外墙面砖的横缝应与门窗贴脸和窗台相平。

（5）选砖、浸砖 选砖是保证饰面砖镶贴质量的关键工序。根据颜色深浅和几何尺寸的不同进行挑选归类。挑选饰面砖几何尺寸的大小，可采用自制分选套模。套模根据饰面砖几何尺寸及公差大小做成几种“U”形木框钉在木板上，将砖逐块放入木框，即能分选出大、中、小，以此分类堆放备用。在分选饰面砖的同时，还必须挑选配件砖，如阴角条、阳角条、压顶等。

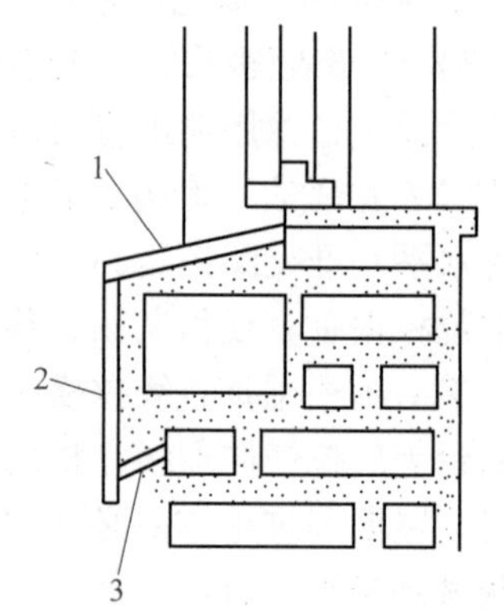

图 2-14 窗台及腰线排砖示意图
1—压盖砖 2—正面砖 3—底面砖

分级归类的饰面砖，在铺贴前应充分浸水，防止干砖铺贴上墙后，吸收灰浆中的水分，致使砂浆结晶硬化不全，造成粘贴不牢或面砖浮滑。一般浸水时间不少于 2h，取出晾干到表面无水膜，通常为 6h 左右，以手摸无水感为宜。

（6）镶贴 在贴釉面砖的找平层上，用废面砖按铺贴厚度，在墙面上下左右作灰饼，并以废砖楞角作为基准线，上下用靠尺吊直，横向用靠尺或小线拉平。灰饼间距一般为 1500mm。阳角处除正面做灰饼外，侧面亦相应有灰饼，即所谓的双面挂直。

粘贴饰面砖有四种材料：①水泥砂浆：以配比为 1∶3 ~ 1∶2（体积比）水泥砂浆为宜。②水泥石灰砂浆：在 1∶2 或 1∶3 水泥砂浆中加入 15% 水泥重量的石灰膏，以增加粘贴砂浆的保水性与和易性。这两种粘结砂浆厚度为 5 ~ 8mm，此法称“软贴法”。③在贴面水泥砂浆中加入 108 胶，其质量比为：水泥∶砂∶水∶108 胶 = 1∶2.5∶0.44∶0.03。一般厚度只需 2 ~ 3mm，此法称为“硬贴法”。④专用瓷砖胶粉粘贴。

大面积铺贴的顺序是：由下往上，从阳角开始水平方向逐一铺贴，以弹好的地面水平线为基准，嵌上直靠尺或八字形靠尺条，第一排饰面砖下口应紧靠直靠尺条上沿，保证基准行平直。如地面有踢脚板，靠尺条上口应为踢脚板上沿位置，以保证面砖与踢脚板接缝美观。

镶贴时，用铲刀在砖背面刮满界面粘结砂浆，再准确镶嵌贴面位置，然后用铲刀木柄轻轻敲击饰面砖表面，使其落实镶贴牢固，并将挤出的砂浆刮净。

在镶贴过程中，应随贴随敲击随用靠尺检查表面平整度和垂直度。检查发现高出标准砖面时，应立即压砖挤浆；如已形成凹陷，必须揭下重新抹灰再贴，严禁从砖边塞砂浆造成空鼓。如遇饰面砖几何尺寸差异较大，应在铺贴中注意调整。最佳的调整方法是将相近尺寸的饰面砖贴在一排上，但铺最上面一排时，应保证砖上口平直，以便最后贴压条砖。无压条砖时，最好在上口贴圆角面砖。

门窗贴脸、窗台及腰线镶贴面砖时，要先将基体分层刮平，表面随手划纹，待七至八成干时，再洒水抹2～3mm厚的水泥浆（最好采用掺水泥质量的10%～15%107胶的聚合物水泥浆），随即镶贴面砖。为了使面砖镶贴牢固，应采用T形托板作临时支撑，隔夜后拆除。窗台及腰线上盖面砖镶贴时，要先在上面用稠度小的砂浆满刮一遍，抹平后，撒一层干水泥灰面（不要太厚），略停一会儿见灰面已湿润时，随即铺贴，并按线找直揉平（不撒干水泥灰面，面砖铺后砂浆吸收水，面砖与粘结层离缝必造成空鼓）。垛角部位，在贴完面砖后，要用方尺找方。

（7）勾缝、擦洗　在完成一个层段的墙面并检查合格后，即可进行勾缝。勾缝用1∶1水泥砂浆，砂子要过窗纱筛，水泥浆分两次进行嵌实，第一次用一般水泥砂浆，第二次按设计要求用彩色水泥浆或普通水泥浆勾缝。勾缝可做成凹缝（尤其是离缝分格），深度3mm左右。面砖密缝处用和面砖相同颜色的水泥擦缝。完工后应将面砖表面清洗干净，清洗工作应在勾缝材料硬化后进行，如有污染，可用浓度为10%的盐酸刷洗，再用水冲净。夏季施工应防止阳光暴晒，要注意遮挡养护。

三、质量检查与验收

1）饰面砖的品种、规格、颜色、图案必须符合设计要求和现行标准规定。

2）饰面砖镶贴必须牢固，严禁空鼓，无歪斜、缺棱、掉角和裂缝等缺陷，表面平整、洁净、色泽协调一致。

3）接缝填嵌密实、平直、宽窄一致、颜色一致，阴阳角处的砖压向正确。非整砖的使用部位适宜。

4）套割：用整砖套割吻合、边缘整齐；墙裙、贴脸等突出墙面的厚度一致。

5）流水坡向正确，滴水线顺直。

6）饰面砖镶贴允许偏差见表2-8。

表2-8　内、外墙饰面砖允许偏差

项目		允许偏差/mm		检验方法
		外墙面砖	内墙面砖	
1	立面垂直度	3	3	用2m垂直检测尺检查
2	表面平整度	2	2	用2m靠尺和楔形塞尺检查
3	阴阳角方正	2	2	用直角检测尺检查
4	接缝直线度	3	2	拉5m小线，不足5m拉通线，尺量检查
5	接缝高低差	1	0.5	用钢直尺和楔形塞尺检查
6	接缝宽度	1	1	用钢直尺检查

任务7 内墙抹灰表面涂料施工

【任务描述】

某砖混办公楼工程，内墙混合砂浆抹灰基面，有80m^{2}做薄涂料刷涂。室内气温20℃左右，基层已干燥达到刷涂条件。

内墙抹灰表面涂料施工（图片）

【能力要求】

要求学生能够针对工作任务制定完整的工作计划，包括材料的选取、施工机具与环境的准备及施工流程计划，能够写出较为详细的技术交底，并能够正确进行质量检查验收。

【知识导入】

建筑涂料是涂敷于建筑构件的表面，并能与建筑构件材料很好地粘结，形成完整而坚韧的保护膜的材料，简称“涂料”。涂料在建筑构件表面干结成薄膜，称为“涂膜”，又称“涂层”。建筑涂料具有保护、装饰建筑物的功能，以及为改善建筑物的某些特殊要求而需要的特殊功能，涂料饰面具有色彩丰富、质感逼真、附着力强、施工方便、省工省料、工期短、工效高、造价低、经济合理、维修改新方便等优点，因而在建筑装饰中的应用十分广泛。建筑涂料由主要成膜物质、次要成膜物质和辅助成膜物质三部分组成。

内墙涂料的优点是施工简单，有多种色调，宜在其上点缀各种装饰品，装饰效果简洁大方，是应用最广泛的内墙装饰材料。居室内墙常用涂料可分为以下四大类：

第一类是低档水溶性涂料。它是聚乙烯醇溶解在水中，再在其中加入颜料等其他助剂而成。为改进其性能和降低成本采取了多种途径，牌号很多，主要产品有106、803内墙涂料。这种涂料的缺点是不耐水、不耐碱，涂层受潮后容易剥落，属低档内墙涂料，适用于一般内墙装修。该类涂料具有价格便宜、无毒、无臭、施工方便等优点。干擦不掉粉，由于其成膜物是水溶性的，所以用湿布擦洗后总要留下些痕迹，耐久性也不好，易泛黄变色，但其价格便宜，施工也十分方便，目前消耗量仍最大，约占市场50%，多为中低档居室或临时居室室内墙装饰选用。

第二类是乳胶漆。它是一种以水为介质，以丙烯酸酯类、苯乙烯-丙烯酸酯共聚物、醋酸乙烯酯类聚合物的水溶液为成膜物质，加入多种辅助成分制成，其成膜物是不溶于水的，涂膜的耐水性和耐候性比第一类大大提高，湿擦洗后不留痕迹，并有平光、高光等不同装饰类型。由于目前其色彩较少，装饰效果与106类相似。其实这两类涂料完全不是一个档次，乳胶漆属中高档涂料，虽然价格较贵，但因其优良的性能和装饰效果，所占据的市场份额越来越大。好的乳胶涂料层具有良好的耐水、耐碱、耐洗刷性，涂层受潮后不会剥落。一般而言（在相同的颜料、体积、浓度条件下），苯丙乳胶漆比乙丙乳胶漆耐水、耐碱、耐擦洗性好，乙丙乳胶漆比聚醋酸乙烯乳胶漆（通称乳胶漆）好。

第三类是目前十分风行的多彩涂料，该涂料的成膜物质是硝基纤维素，以水包油形式分散在水相中，一次喷涂可以形成多种颜色花纹。

第四类是近年来出现的一种仿瓷涂料，其装饰效果细腻、光洁、淡雅，价格不高，只是施工工艺繁杂，耐湿擦性差。

【任务实施】

一、施工准备

1. 材料准备

(1) 涂料　各类内墙、顶棚涂料，应为绿色环保产品，产品有合格证及使用说明。

(2) 腻子　耐水腻子等。

(3) 稀释剂　水、汽油、煤油、松香水、酒精、醇酸稀料等与涂料相应配套的稀料。

2. 主要机具准备

托盘、腻子槽、开刀、橡皮刮板、钢皮刮板、砂纸、棉丝、擦布、涂料桶、小油桶、铜丝箩、刷子及排笔（图2-15）、涂料辊（图2-16）、手提电动搅拌器（轴心HPM350、轴心HPM500）等。常用滚涂工具尺寸及用途见表2-9。

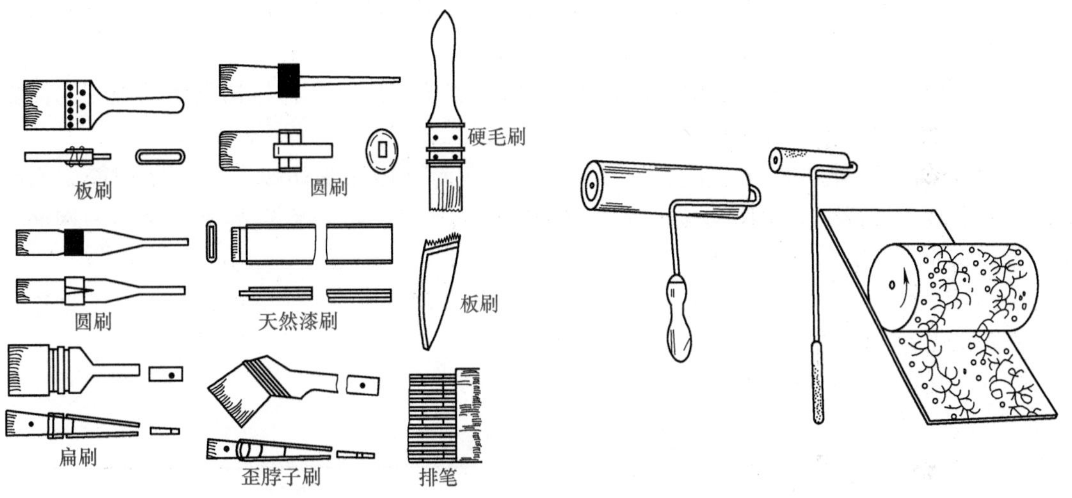

图2-15　各种涂料刷

图2-16　涂料辊

表2-9　常用滚涂工具尺寸及用途

序号	工具名称	尺寸/mm	用途说明
1	墙用滚刷器（海绵）	17.8，22.9	用于室内、外墙壁涂漆
2	图样滚刷器（橡胶）	17.8	用于室内、外墙壁涂漆
3	按压式滚刷器（塑料）	25.4	用于压平图样涂料尖端

3. 作业条件准备

1）基层面应基本干燥，基层含水率不得大于10%。

2）抹灰作业已全部完成，过墙管道、洞口、阴阳角等提前处理完毕。

3）门窗玻璃应提前安装完毕。

4）大面积施工前应做好样板，经验收合格后方可进行大面积施工。

二、施工工艺

1. 工艺流程

基层修补与找平→修补腻子→满刮腻子→弹分色线→面层涂料施工。

2. 施工要点

(1) 基层修补与找平

1) 小裂缝修补。用水泥聚合物腻子嵌平，然后用砂纸将其打磨平整。对于混凝土板材出现的较深小裂缝，应用低黏度的环氧树脂或水泥浆进行压力灌浆，使裂缝被浆体充满。

2) 大裂缝处理。先用手持砂轮或錾子将裂缝打磨成或凿成"V"形口子，并清洗干净，沿嵌填密封耐水材料的缝隙涂刷一层底层涂料，这种底层涂料应为与密封材料配套使用的材料，然后用嵌缝枪或其他工具将密封耐水材料嵌填于缝隙内，并用竹板等工具将其压平，在密封材料的外表用合成树脂或水泥聚合物腻子抹平，最后打磨平整。

3) 孔洞修补。一般情况下，ϕ3mm 以下的孔洞可用水泥聚合物腻子填平，ϕ3mm 以上的孔洞应用聚合物砂浆填充。待固结硬化后，用砂轮机打磨平整。

4) 表面凹凸不平的处理。凸出部分可用錾子凿平或用砂轮机打磨平，凹入部分用聚合物砂浆填平。待硬化后，整体打磨一次，使之平整。

5) 接缝错位处的处理。先用砂轮磨光机打磨或用錾子凿平，再根据具体情况用水泥聚合物腻子或聚合物砂浆进行修补填平。

6) 露筋处理。外露钢筋与基层齐平时，可将钢筋直接涂刷防锈漆。外露钢筋高出基层，可将混凝土进行少量剔凿形成凹坑，将钢筋砸入凹坑，也可将混凝土内露出的钢筋剔除，表面麻面及缝隙用腻子填补齐平。

7) 基层的碱度 pH 值应在 10 以下，溶剂型涂料基层含水率应在 8% 以下，水溶型涂料基层含水率应在 10% 以下。

常见的基层粘附物及清理方法见表 2-10。

表 2-10 常见的基层粘附物及清理方法

项次	常见的粘附物	清理方法
1	灰尘及其他粉末状粘附物	可用扫帚、毛刷进行清扫或用吸尘器进行除尘处理
2	砂浆喷溅物、水泥砂浆流痕、杂物	用铲刀、錾子剔凿或用砂轮磨光机打磨，也可用刮刀、钢丝刷等工具进行清除
3	油脂、脱模剂、密封材料等粘附物	可先用 5% ~10% 浓度的火碱水清洗，然后用清水洗净
4	表面泛"白霜"	可先用 3% 的草酸液清洗，然后再用清水洗
5	酥松、起皮、起砂等硬化不良或分离脱壳部分	应用錾子、铲刀将脱离部分全部铲除，并用钢丝刷刷去浮灰，再用水清洗干净
6	霉斑	用化学去霉剂清洗，然后用清水清洗
7	油漆、彩画及字痕	可用 10% 浓度的碱水清洗；或用钢丝刷蘸汽油或去油剂刷净；也可用脱漆剂清除或用刮刀刮去

(2) 修补腻子　一般室内温度不宜低于 +10℃，相对湿度为 60%，用耐水腻子将墙面、门窗口角等磕碰破损处、麻面、风裂、接槎缝隙等分别找补好，干燥后用水砂纸将凸出处磨平。

(3) 满刮腻子　一般干燥环境内墙、顶棚的混凝土及抹灰表面刮耐水腻子，潮湿环境如厨房、厕所、浴室等墙面、顶棚应采用水泥腻子（质量配合比为 108 胶: 水泥: 水 =1:5:1)。第一遍满刮腻子一般用胶板刮，中粗水砂纸磨平，第二遍、第三遍满刮腻子一般用钢片刮板刮，细水砂纸磨平、磨光。第一遍刮腻子要横刮竖起，第二遍、第三遍与前遍腻子刮抹方向垂直。满刮大面要刮平、刮光，不留野腻子，阳角挺拔，阴角顺直。待腻子干透后，用砂纸先磨线角，后磨平面，将腻子残渣、斑迹等磨平、磨光，然后用湿布将磨下的粉末擦净。

（4）弹分色线　如墙面有分色线，把铅笔削尖划出分色线，先涂刷浅色涂料，后涂刷深色油漆。

（5）面层涂料施工

1）溶剂型薄涂料：基层的碱度应在 pH 值 10 以下，基层含水率应在 8% 以下，环境温度不低于 10℃。一般采用刷涂、滚涂。后一遍涂料必须在前一遍涂料干燥后进行。

施涂第一道溶剂型薄涂料，可施涂铅油。施涂第二道溶剂型薄涂料，如墙面为中级涂料此道可施涂铅油；如墙面为高级涂料，此道可施涂调和漆。施涂第三道溶剂型薄涂料，用调和漆施涂，如墙面为中级涂料，此道工序可作罩面涂料。施涂第四道溶剂型薄涂料，用醇酸漆施涂，如墙面为高级涂料，此道工序可作罩面涂料。如最后一道涂料改用无光调和漆时，可将第二道铅油改为有光调和漆。

铅油的稠度以盖底、不流淌、不显刷痕为宜。溶剂型薄涂料黏度较大，施涂时应多刷多理。

2）水溶性薄涂料：基层的碱度应在 pH 值 10 以下，水溶型涂料基层含水率应在 10% 以下，环境温度不低于 5℃，一般采用刷涂，后一遍涂料必须在前一遍涂料表面干燥后进行。

施工温度宜在 5℃以上。涂料较易沉淀，使用时必须充分搅拌均匀。涂料的黏度会随温度的变化而变化，施工过程中如发现涂料变稠，切勿加水稀释，而应采用水浴加热或加入涂料的基料稀释，以免造成颜色不一和脱粉的弊病。涂料结膜后，不能用湿布重擦。

3）乳液型薄涂料：基层的碱度应在 pH 值 10 以下，基层含水率应在 10% 以下，环境温度不低于 5℃，采用刷涂、滚涂、喷涂均可，后一遍涂料必须在前一遍涂料表面干燥后进行。

使用前用手提电动搅拌枪将涂料搅拌均匀，如稠度较大，可加清水稀释，但稠度应控制，不得稀稠不匀。第一遍涂乳胶结束 4h 表面干燥后，用细砂纸磨光，若天气潮湿，4h 后未干，应延长间隔时间，待干透后再磨。

4）施涂复层涂料：复层涂料一般是以封底涂料、主层涂料和罩面涂料组成。基层的碱度 pH 值应在 10 以下，基层含水率应在 10% 以下，环境温度不低于 5℃。

① 封底涂料：采用喷涂或刷涂，一遍即可，涂层需均匀。待其干燥后再施涂两遍罩面涂料。

② 主层涂料：采用滚涂，待封底涂料干燥后再喷涂主层涂料。第一遍涂刷时，使用前用手提电动搅拌枪将涂料搅拌均匀，如稠度较大，可加清水稀释，但稠度应控制，不得稀稠不匀。第一遍涂乳胶结束 4h 后，用细砂纸磨光，若天气潮湿，4h 后未干，应延长间隔时间，待干透后再磨。打磨时用力要轻而匀，并不得磨穿涂层，磨后将表面清扫干净。主层涂料第二遍涂刷与第一遍涂刷方法相同，但不再磨光。其点状大小和疏密程度应均匀一致，不得连成片状。

③ 罩面涂料：采用喷涂，主层涂料喷涂后，应先干燥 12h，然后洒水养护 24h，再干燥 12h 后，才能施涂罩面涂料。多彩涂料在使用前要充分摇动容器，使其充分混合均匀，然后打开容器，用木棍充分搅拌。注意不可使用电动搅拌枪，以免破坏多彩颗粒。温度较低时，可在搅拌情况下，用温水加热涂料容器外部。但任何情况下都不可用水或有机溶剂稀释多彩

涂料。施涂罩面涂料时，不得有漏涂和流坠现象，待第一遍罩面涂料干燥后，才能施涂第二遍罩面涂料。

飞溅到其他部位的涂料应用棉纱随时清理，用水冲洗不掉的涂料，可用棉纱蘸丙酮清洗。现场遮挡物可在喷涂完成后立即清除，注意不要破坏未干的涂层。

适合涂料施工的气候和时间间隔见表2-11。

表2-11 适合涂料施工的气候和时间间隔

温度	相对湿度（%）	间隔时间/h
大于20℃	小于85	2～3
大于10℃	小于80	3～4
大于5℃	小于60	4～6（5℃以下避免施工）

三、基本施涂方法

1）刷涂。刷涂是用毛刷、排笔等工具在物体表面涂饰涂料的一种操作方法。

刷涂的顺序是先顶棚后墙面，先上后下、先边后面。刷时一般可两人或多人配合，用排笔或鬃刷涂刷，反复运笔两三次开始涂刷，首先在被涂面上直刷几道，每道间距为5～6cm，把一定面积需要涂刷的涂料在表面上摊成几条，然后将开好的涂料横向、斜向涂刷均匀，待大面积刷匀刷齐后，用毛刷的毛尖轻轻地在涂料面上顺出纹理，并且刷均匀物面边缘和棱角上的流料。刷时要注意接槎严密，一面墙应一气呵成，以免色泽不一致。第一遍要稠一些，待第一遍干后用砂纸打磨，并将腻子粉沫扫净，再涂刷第二遍。

按普通级要求可横、竖刷两遍成活，按中级要求需刷三遍以上成活。涂刷后，必须将料桶、漆刷、排笔用清水洗干净，切忌接触油类。

2）滚涂。滚涂是利用长毛绒辊、泡沫塑料辊、橡胶滚等辊子蘸匀适量涂料，在待涂物体表面施加轻微压力上下垂直来回滚动，使涂料均匀展开，最后用辊筒按一定方向满滚一遍，完成涂料罩面的施工方法。

滚涂的顺序是先顶棚后墙面，先上后下、先边后面。

将涂料倒入托盘，用滚子蘸涂料进行滚涂，滚子先作横向滚涂，再作纵向滚压，将涂料赶开，涂平、涂匀。为防止涂料局部过多而发生流坠，对阴阳角及上下口要用毛刷、排刷补刷。要随时剔除墙上的滚子毛。一面墙要一气呵成，避免出现接槎处刷迹重叠，沾污到其他部位的涂料要及时清洗干净。

3）喷涂。喷涂是借助喷涂机具将涂料成雾状（或粒状）喷出，分散沉积在物体表面上。喷涂施工应根据所用涂料的品种、黏度、稠度、最大粒径等确定喷涂机具的种类、喷嘴口径、喷涂压力和与物体表面之间的距离等。喷嘴口径一般为4～5mm，喷涂溶剂型薄涂料空气压力为0.3～0.5MPa，喷嘴距离物体表面400～600mm为宜；喷涂复合涂料空气压力0.2～0.3MPa，喷嘴距离物体表面300～500mm为宜；喷涂轻厚涂料空气压力0.4～0.8MPa，喷嘴距离物体表面40～60cm为宜。

喷涂顺序应为：墙面部位→柱面部位→顶面部位→门窗部位，喷嘴应始终保持与装饰表面垂直（图2-17），尤其在阴角处，喷枪移动应保持与被涂面平行（图2-18），喷枪移动要平稳，涂布量要基本一致，不得时停时移，跳跃前进。

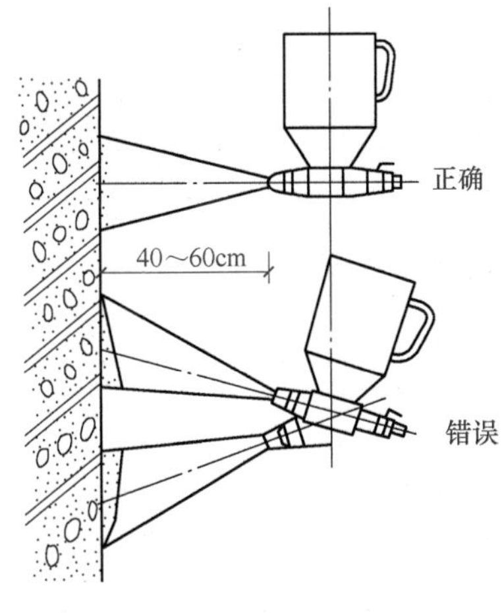

图2-17　喷涂角度图

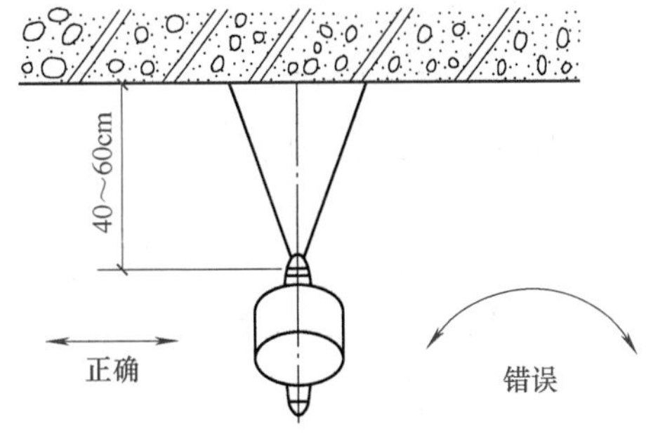

图2-18　喷枪移动路线图

喷枪呈Z字形流向，横纵交叉进行（图2-19）。一般直线向前推进喷涂70～80cm后，拐弯180°反向喷涂下一行。两行重叠宽控制在喷涂宽的1/3～1/2。

4）弹涂。先在基层刷涂1～2道底涂层，待其干燥后进行弹涂。弹涂时，弹涂器的出口应垂直正对墙面，距离保持300～500mm，按一定速度自上而下，由左至右弹涂。

5）抹涂。先在底层上刷涂或滚涂1～2道底层涂料，待其干燥后，用不锈钢抹子将涂料抹到已涂刷的底层涂料上，一般抹一遍成活。内墙抹涂厚为1.5～2mm，抹完间隔1h后再用不锈钢抹子压平。

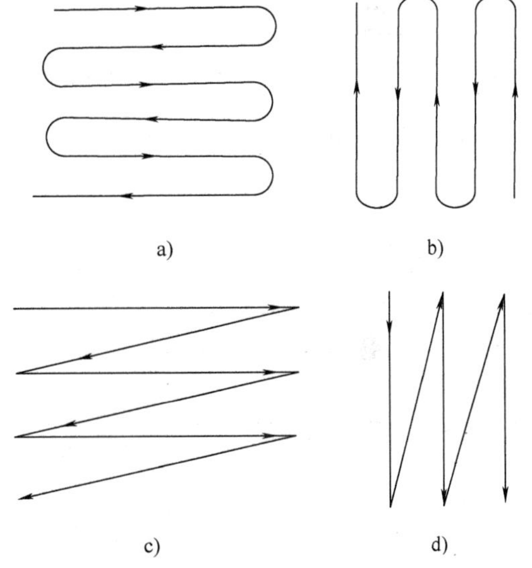

图2-19　喷枪喷涂路线图

a）横向喷涂正确路线　b）竖向喷涂正确路线

c）横向喷涂错误路线　d）竖向喷涂错误路线

四、质量标准及检查验收

1）油漆涂料工程等级和材料品种、颜色应符合设计要求和有关标准的规定。

2）油漆涂料工程严禁脱皮、漏刷和透底。

3）混凝土及抹灰内墙、顶棚表面薄涂料的观感质量要求见表2-12。

表2-12　混凝土及抹灰内墙、顶棚表面薄涂料的观感质量要求

项次	项　　目	普通级薄涂料	中级薄涂料	高级薄涂料
1	掉粉、起皮	不允许	不允许	不允许
2	漏刷、透底	不允许	不允许	不允许
3	反碱、咬色	允许少量	允许轻微少量	不允许
4	流坠、疙瘩	允许少量	允许轻微少量	不允许
5	颜色、刷纹	颜色一致	颜色一致，允许有轻微少量砂眼，刷纹通顺	颜色一致，无砂眼，无刷纹

（续）

项次	项　目	普通级薄涂料	中级薄涂料	高级薄涂料
6	装饰线，分色线平直	偏差不大于3mm	偏差不大于2mm	偏差不大于1mm
7	门窗、灯具等	洁净	洁净	洁净

4）混凝土及抹灰内墙、顶棚表面厚涂料的观感质量要求见表2-13。

表2-13　混凝土及抹灰内墙、顶棚表面厚涂料的观感质量要求

项次	项　目	普通级薄涂料	中级薄涂料	高级薄涂料
1	漏涂、透底、起皮	不允许	不允许	不允许
2	反碱、咬色	允许少量	允许轻微少量	不允许
3	颜色、点状分布	颜色一致	颜色一致，疏密均匀	颜色一致，疏密均匀
4	门窗、灯具等	洁净	洁净	洁净

5）混凝土及抹灰内墙、顶棚表面复层涂料的观感质量要求见表2-14。

6）混凝土及抹灰内墙、顶棚表面溶剂型混色涂料的观感质量要求见表2-15。

表2-14　混凝土及抹灰内墙、顶棚表面复层涂料的观感质量要求

项次	项　目	水泥系覆层涂料	合成树脂乳液覆层涂料	硅溶胶类覆层涂料	反应固化型覆层涂料
1	漏涂、透底	不允许	不允许		
2	掉粉、起皮	不允许	不允许		
3	反碱、咬色	允许轻微	不允许		
4	喷点疏密程度	疏密均匀	疏密均匀，不允许有连片现象		
5	颜色	颜色一致	颜色一致		
6	门窗、玻璃、灯具	洁净	洁净		

表2-15　混凝土及抹灰内墙、顶棚表面溶剂型混色涂料的观感质量要求

项次	项　目	普通级薄涂料	中级薄涂料	高级薄涂料
1	脱皮、漏刷、泛锈	不允许	不允许	不允许
2	透底、流坠、皱皮	大面不允许	大面和小面明显处不允许	不允许
3	光亮和光滑	光亮，均匀一致	光亮，光滑，均匀一致	光亮足，光滑无挡手感
4	分色，裹棱	大面不允许，小面允许偏差3mm	大面不允许，小面允许偏差2mm	不允许
5	装饰线，分色线平直	偏差不大于3mm	偏差不大于2mm	偏差不大于1mm
6	颜色、刷纹	颜色一致	颜色一致，刷纹通顺	颜色一致，无刷纹
7	五金、玻璃等	洁净	洁净	洁净

任务8　外墙面涂料施工

【任务描述】

某砖混办公楼工程，外墙水泥砂浆抹灰基面，有100m^{2}做弹性丙烯酸涂料刷涂。室外气

温（20±8）℃左右，基层已干燥达到刷涂条件。

外墙面涂料施工（图片）

【能力要求】

要求学生能够针对工作任务制定完整的工作计划，包括材料的选取。施工机具与环境的准备及施工流程计划，能够写出较为详细的技术交底，并能够正确进行质量检查验收。

【知识导入】

外墙涂料用于涂刷建筑外立面，所以最重要的一项指标就是抗紫外线照射，要求达到长时间照射不变色。外墙涂料还要求有抗水性能，要求有自涤性。漆膜要硬而平整，脏污一冲就掉。

外墙涂料的种类很多，可以分为强力抗酸碱外墙涂料、有机硅自洁抗水外墙涂料、丙烯酸弹性外墙涂料、有机硅自洁弹性外墙涂料、氟碳涂料等。

丙烯酸酯涂料渗透性好、耐污性、耐磨性好、耐洗刷性好，有一定的光洁度和自洁性，具有长期装饰效果。溶剂型丙烯酸酯外墙涂料是溶剂挥发型涂料，溶剂型外墙涂料在0℃以下也能结成涂料，施工温度影响小。

外墙涂料施工层分为三层，即底漆、第一遍面漆、第二遍面漆。底漆封闭墙面碱性，提高面漆附着力，对面涂性能及表面效果有较大影响。如不使用底漆，漆膜附着力会有所削弱，墙面碱性对面漆性能的影响更大，尤其使用腻子的底面，可能造成漆膜粉化、泛黄、渗碱等问题，破坏面漆性能，影响漆膜的使用寿命。第一遍面漆主要作用是提高附着力和遮盖力，增加丰满度，并相应减少面漆用量。第二遍面漆是体系中最后涂层，具有装饰功能，抗拒环境侵害。

【任务实施】

一、施工准备

1. 材料准备

（1）涂料　丙烯酸弹性外墙涂料，应为绿色环保产品，产品有合格证及使用说明。

（2）弹性腻子　成品弹性腻子。

（3）玻纤网格布

2. 主要机具准备

托盘、腻子槽、开刀、钢皮刮板、砂纸、棉丝、擦布、涂料桶、小油桶、刷子、排笔、滚涂器。

3. 作业条件准备

1）底材要求：基层抹灰已完成并保养了20d左右，基层的碱度pH值在9以下，同时基层已干燥（至少已干燥15d），湿度低于8%；基层表面平整，阴阳角及角线密实，轮廓分明；墙面无渗水、无裂缝、空鼓、起泡、孔洞等结构问题，没有粉化松脱物，没有油、脂和其他黏附物。

2）外墙预留的缝已进行防水密闭处理。

3）所用涂料有出厂合证明，同时经检验达到国家相关规范标准要求。

4）所用涂料经业主同意，同时样板墙经业主、监理及设计单位同意。

5）装饰脚手架已搭设完毕。

6）基层外露铁件已做好相应的防锈处理（镀锌或刷防锈漆）。

7）施工条件：施工保养要求温度高于5℃，环境相对湿度低于85%，以保证成膜良好。低温将引起涂料的漆膜粉化、开裂等问题，环境湿度大使漆膜长时间不干，并最终导致成膜不良。外墙施工必须考虑天气因素，在涂刷涂料前，12h 未下雨，以保证基层干燥，涂刷后，24h 不能下雨，避免漆膜被雨水冲坏。

二、施工方法

1. 工艺流程

修补→清扫→填补腻子、局部刮腻子→磨平→贴玻纤布→刮腻子，再磨平→涂料的涂刷。

2. 施工要点

（1）修补　施涂前对基体的缺棱掉角处、孔洞等缺陷采用 1:3 水泥砂浆（或聚合物水泥砂浆）修补，下面为具体做法：

空鼓——如为大面积（大于 $10cm^2$）空鼓，将空鼓部位全部铲除，清理干净，重新做基层；若为局部空鼓（小于 $10cm^2$），则注射低黏度的环氧树脂进行修补。

缝隙——细小裂缝采用腻子进行修补（修补时要求薄批而不宜厚刷），干后用砂纸打平；对于大的裂缝，可将裂缝部位凿成“V”字形缝隙，清扫干净后做一层防水层，再嵌填 1:2.5 水泥砂浆，干后用水泥砂纸打磨平整。

孔洞——基层表面 3mm 以下的孔洞，采用聚合物水泥腻子进行找平，大于 3mm 的孔洞采用水泥砂浆进行修补，待干后磨平。

此外对于新的水泥砂浆表面，如急需进行涂刷时，可采用 15% ~20% 浓度的硫酸锌或氧化锌溶液涂刷于水泥砂浆基层表面数次，待干燥后除去表面析出的粉末和浮砂即可进行涂刷。

（2）清扫　对于尘土、粉末，可使用扫帚、毛刷、高压水冲洗；对于油脂，可用中性洗涤剂清洗；对于灰浆，可用铲、刮刀等除去；对于霉菌，可用室外高压水冲洗，用清水漂洗晾干。

（3）填补腻子，局部刮腻子　用油灰刀填补腻子要填满、填实，基层有洞和裂缝时，食指压紧刀片，用力将腻子压进缺陷内，将四周的腻子收刮干净，使腻子的痕迹尽量减少。

（4）磨平

1）不能湿磨，打磨必须在基层或腻子干燥后进行，以免粘附砂纸影响操作。

2）砂纸的粗细要根据被磨表面的硬度来定，砂纸粗了会产生砂痕，影响涂层的最终装饰效果。

3）手工打磨应将砂纸（布）包在打磨垫块上，往复用力推动垫块，不能只用一两个手指压着砂纸打磨，以免影响打磨的平整度。机械打磨采用电动打磨机，将砂纸夹于打磨机上，轻轻在基层上面推动，严禁用力按压以免电动机过载受损。

4）打磨时先用粗砂布或打磨机打磨，再用细砂布打磨；注意表面的平整性，即使表面的平整性符合要求，还要注意基层表面粗糙度、打磨后的纹理质感，要是出现这两种情况会因为光影作用而使面层颜色光泽造成深浅明暗不一的错觉而影响效果，这就要求局部再磨平，必要时采用腻子进行再修平，从而达到粗糙程度一致。

5）对于表面不平的基层，可将凸出部分铲平，再用腻子进行填补，等干燥后再用砂纸进行打磨。要求打磨后基层的平整度达到在侧面光照下无明显批刮痕迹、无粗糙感、表面光滑。

6）打磨后，立即清除表面灰尘，以利于下一道工序的施工。

（5）贴玻纤布　采用网眼密度均匀，不要用太密的玻纤维布进行铺贴；铺贴时自上而下用浓度高的108胶水边贴边用刮子赶平，同时均匀地刮透；出现玻纤维的接槎时，应错缝搭接2～3cm，待铺平后用刀进行划切，划切时必须划齐，并让玻纤维布并拢，以增强附着力。

（6）刮腻子，再磨平

1）掌握好刮涂时工具的倾斜度，用力均匀，以保证腻子饱满。

2）为避免腻子收缩过大，出现开裂和脱落，一次刮涂不要过厚，根据不同腻子的特点，厚度以0.5mm为宜。不要过多地往返刮涂，以免出现卷皮脱落或将腻子中的胶料挤出封住表面不易干燥。

采用聚合物腻子刮平整，主要目的是为了修平贴玻纤布引起的不平整现象，防止表面的毛细裂缝。

用0号砂布或打磨机磨平做到表面平整、粗糙程度一致、纹理质感均匀。

此工序要求重复检查、打磨，直到表面观感一致为止。

（7）涂料的涂刷　涂料涂刷时要求基层表面含水率不得大于8%，如遇有大风、雨、雾等天气时不得进行面层涂料的施涂；施工时要求根据设计要求做样板墙，验收合格后方可大面积施工。

1）施工涂料的调配。本工程中所有采用的涂料均为专业生产厂家按色卡选定的颜色进行配色后的成品。在施涂过程中，如发现涂料有沉淀，必须将其搅拌均匀，涂料的拌和采用电动搅拌机进行，搅拌时间控制在8～10min为宜。

2）施涂方法。施工时以墙的阴阳角处及水落管为分界线，同一面墙应采用同一批号的涂料，每层涂料不宜施涂过厚，涂层应均匀，颜色一致。

涂料施工时，施工保养条件要求较高。施工保养温度高于5℃，环境湿度低于85%，以保证成膜良好。低温将引起涂料的漆膜粉化、开裂等问题，环境湿度大使漆膜长时间不干，并最终导致成膜不良。外墙施工必须考虑天气因素，在涂刷涂料前，12h内不能下雨，保证底材干燥；涂刷后，采取相应措施防止由于24h内下雨而造成漆膜被雨水冲坏。

进行涂料施涂时主要采用刷涂和滚涂，其中刷涂采用人工特制的刷子进行，主要用于对边角、水管后等不易滚涂到的部位的施工。刷涂施工时要求前一度涂层表干后方可进行后一度的涂刷，前后两层的涂刷时间间隔不得小于2h。

① 刷涂方法：为便于用后的清洗，先将刷毛用水或稀释剂浸湿、甩干，然后再蘸取涂料。刷毛蘸入涂料不要过深，蘸料后在匀料板或容器边口刮去多余的涂料，然后在基层上依顺序刷开。布料时刷子与被涂面的角度约为50°～70°，修饰时角度则减少到30°～45°。涂刷时动作要迅速，每个涂刷片段不要过宽，以保证相互衔接时边尚未干燥，不会显出接头的痕迹；涂到门窗、墙角等部位时，为避免污染，应先用小刷子将不易涂刷的部位涂刷一下，然后再进行大面积的涂刷。这种技法通常称为“卡边”。卡边的宽度一般是5～8cm。

滚涂采用手工滚涂，采用工具为羊毛制成的辊子，主要用于大面积墙面的施涂。施工时在辊子上蘸少许涂料后再在墙上轻缓平稳地来回滚动，直上直下，不得歪扭蛇形，以保证涂层厚度一致、色泽一致、质感一致。

② 滚涂方法：滚涂施工前先用水或稀释剂将滚筒刷湿润，在废纸上滚去多余的液体再蘸取涂料，蘸料时只需将滚筒的一半浸入料中，然后在匀料板上来加滚动使之含料均匀。滚涂时先自上而下再自下而上，按“W”形方式将涂料滚在基层上，然后再横向滚匀，当滚筒较干时再将刚滚涂的表面清理一下，每一次滚涂的宽度不得大于滚筒宽度的4倍，同时要求在滚涂的过程中重叠滚筒宽度的三分之一，避免在交合处形成漆痕。滚涂过程中要求用力均匀，开始时稍轻，然后逐步加重。在涂刷的过程中要求滚筒的速度不宜过快，以免涂料飞溅。

3）涂装技巧。要想达到良好的涂装效果，熟练的操作水平是必要的。首先，底材的要求应清洁干燥和牢固，按使用说明书操作，涂装条件适合，稀释比例准确，过量稀释会使涂料不遮底，粉化，有光泽涂料会失光，色彩不一。其次，好的施工用具也是必需的。

外墙涂装上漆顺序要先上后下，从屋檐、柱顶、横梁、门窗洞口向下依次涂刷。其中每一部分也须自上而下依次涂刷。在涂刷每一部位时，中途不能停顿，如果不得不停下来，也要选择建筑结构上原有的连接部位，如墙面与窗框衔接处。这样就能避免难看的接缝。在涂刷檐板线条时要分下述两步，先刷檐板的底部，后刷向阳部位。同时刷几块檐板时，顺着墙依次进行，涂刷过程中动作要快，并不时地在已干和未干的接合部位来回刷几下，以避免留下层叠或接缝。

4）涂刷后处理。施工完毕后，工具需即刻清洗，同时立即清理不小心被污染的门窗，否则涂料干结后，会损坏工具、难于清除掉门窗上的污迹；剩余涂料保持清洁，密闭封存。

一般情况下外墙涂料分三层涂刷，第一道可刷底漆，干燥后个别缺陷要复补腻子，砂纸打磨清扫干净；第二道用中层涂料涂料，干燥后用较细砂纸打磨光滑，清扫干净后用潮湿擦布将墙面擦抹一遍；第三道用面层涂料，涂料要保证漆膜饱满，薄厚均匀一致，不留下坠。三层涂刷方法相同。

三、质量标准及检查验收

1）油漆涂料工程等级和材料品种、颜色应符合设计要求和有关标准的规定。

2）油漆涂料工程严禁脱皮、漏刷和透底。

3）混凝土及抹灰外墙薄涂料表面质量要求见表2-16。

表2-16 外墙薄涂料表面质量要求

项次	项　目	普通级薄涂料	中级薄涂料	高级薄涂料
1	掉粉、起皮	不允许	不允许	不允许
2	漏刷、透底	不允许	不允许	不允许
3	反碱、咬色	允许少量	允许轻微少量	不允许
4	流坠、疙瘩	允许少量	允许轻微少量	不允许
5	颜色、刷纹	颜色一致	颜色一致，允许有轻微少量砂眼，刷纹通顺	颜色一致，无砂眼，无刷纹
6	装饰线，分色线平直	偏差不大于3mm	偏差不大于2mm	偏差不大于1mm
7	门窗、灯具等	洁净	洁净	洁净

任务9 裱糊施工

【任务描述】

某宾馆 10 个房间需要进行装修，每间宽 3m、长 6m、高 2.6m，其中墙面采用壁纸裱糊，需进行现场成品验收、按规范操作并验收裱糊质量。

裱糊施工（图片）

【能力要求】

要求学生能够针对工作任务制定完整的工作计划，包括成品进场验收、辅助材料的选取、施工机具与环境的准备及施工流程计划，能够写出较为详细的技术交底，正确操作，并能够正确进行质量检查验收。

【知识导入】

裱糊工程就是在墙面、顶棚表面用粘接材料把塑料壁纸、复合壁纸、墙布和绸缎等薄型柔性材料粘到上面，形成装饰效果的工艺。从表面装饰效果看，有仿锦缎、静电植绒、印花、压花、仿木、仿石等。

壁纸常见规格：大卷幅宽 920～1200mm，长 50m，每卷 40～90m^2；中卷幅宽 760～900mm，长 25～50m，每卷 20～45m^2；小卷幅宽 530～600mm，长 10～12m，每卷 5～6m^2。其他规格尺寸由供需双方协商或以标准尺寸的倍数供应。

【任务实施】

一、施工准备

1. 材料准备

（1）108 胶、修补用腻子、玻璃网格布、胶粘剂　应满足建筑物防火要求，避免在高温下失去粘结力使壁纸脱落引起火灾。表 2-17 为室内用水性胶粘剂中总挥发性有机化合物（TVOC）和游离甲醛限量。

表 2-17　室内用水性胶粘剂中总挥发性有机化合物（TVOC）和游离甲醛限量

测定项目	限量
TVOC/(g/L)	≤50
游离甲醛/(g/kg)	≤1

（2）各种壁纸、壁布的质量应符合设计要求和相应的国家标准　表 2-18 为聚氯乙烯塑料壁纸的外观质量要求，表 2-19 为壁纸在粘贴后的使用期内可洗性要求，表 2-20 为壁纸中的有害物质限量值。

表 2-18　聚氯乙烯塑料壁纸的外观质量要求

名称	优等品	一等品	合格品
色差	不允许	不允许有明显差异	允许有差异，但不影响使用
伤痕和皱褶	不允许	不允许	允许基纸有明显折印，但壁纸表面不允许有死折
气泡	不允许	不允许	不允许有影响外观的气泡
套印精度	偏差不大于 0.7mm	偏差不大于 1mm	偏差不大于 2mm

（续）

名称	优等品	一等品	合格品
露底	不允许	不允许	允许有2mm的露底，但不允许密集
漏印	不允许	不允许	不允许有影响外观的漏印
污染点	不允许	不允许有目视明显的污染点	允许有目视明显的污染点，但不允许密集

注：宽度和长度用最小刻度为1mm的钢卷尺测量。

表2-19 壁纸可洗性要求

使用等级	指　　标	使用等级	指　　标
可洗	30次无外观上的损伤和变化	可刷洗	40次无外观上的损伤和变化
特别可洗	100次无外观上的损伤和变化		

2. 主要机具准备

裁纸工作台、滚轮、壁纸刀、油工刮板、毛刷、钢板尺。

3. 作业条件准备

1）新建筑物的混凝土或抹灰基层墙面在刮腻子前应涂刷抗碱封闭底漆。

2）旧墙面在裱糊前应清除疏松的旧装修层，并刷涂界面剂。

表2-20 壁纸中的有害物质限量值　（单位：mg/kg）

有害物质名称		限量值
重金属（或其他元素）	钡	≤1000
	镉	≤25
	铬	≤60
	铅	≤90
	砷	≤8
	汞	≤20
	硒	≤165
	锑	≤20
氯乙烯单体		≤1.0
甲　　醛		≤120

3）基层按设计要求木砖或木筋已埋设，水泥砂浆找平层已抹完，经干燥后含水率不大于8%，木材基层含水率不大于12%。

4）水电及设备预留预埋件已完，门窗油漆已完。

5）房间地面工程已完，经检查符合设计要求。

6）房间的木护墙和细木装修底板已完，经检查符合设计要求。

7）大面积装修前，应做样板间，经监理单位鉴定合格后，可组织施工。

二、施工工艺

1. 工艺流程

基层处理→吊直、套方、找规矩、弹线→计算用料、裁纸→刷胶→裱贴→修整。

2. 施工要点

(1) 基层处理

1) 混凝土及抹灰基层处理。裱糊壁纸的基层是混凝土面、抹灰面（如水泥砂浆、水泥混合砂浆、石灰砂浆等），要满刮腻子一遍打磨砂纸。但有的混凝土面、抹灰面有气孔、麻点、凹凸不平时，为了保证质量，应增加满刮腻子和磨砂纸遍数。刮腻子时，将混凝土或抹灰面清扫干净，使用胶皮刮板满刮一遍。刮时要有规律，要一板排一板，两板中间顺一板。既要刮严，又不得有明显接槎和凸痕。做到凸处薄刮，凹处厚刮，大面积找平。待腻子干固后，打磨砂纸并扫净。需要增加满刮腻子遍数的基层表面，应先将表面裂缝及凹面部分刮平，然后打磨砂纸、扫净，再满刮一遍后打磨砂纸，处理好的底层应该平整光滑，阴阳角线通畅、顺直，无裂痕、崩角，无砂眼麻点。

2) 木质基层处理。木基层要求接缝不显接槎，接缝、钉眼应用腻子补平并满刮油性腻子一遍（第一遍），用砂纸磨平。木夹板的不平整主要是钉接造成的，在钉接处木夹板往往下凹，非钉接处向外凸。所以第一遍满刮腻子主要是找平大面。第二遍可用石膏腻子找平，腻子的厚度应减薄，可在该腻子五六成干时，用塑料刮板有规律地压光，最后用干净的抹布轻轻将表面灰粒擦净。

对要贴金属壁纸的木质基面处理，第二遍腻子时应采用石膏粉调配猪血料的腻子，其配比为10∶3（质量比）。金属壁纸对基面的平整度要求很高，稍有不平处或粉尘，都会在金属壁纸裱贴后明显地看出。所以金属壁纸的木基面处理，应与木家具打底方法基本相同，批抹腻子的遍数要求在三遍以上。批抹最后一遍腻子并打平后，用软布擦净。

3) 石膏板基层处理。纸面石膏板比较平整，批抹腻子主要是在对缝处和螺钉孔位处。对缝批抹腻子后，还需用棉纸带贴缝，以防止对缝处的开裂。在纸面石膏板上，应用腻子满刮一遍，找平大面，再刮第二遍腻子进行修整。

4) 不同基层对接处的处理。不同基层材料的相接处，如石膏板与木夹板、水泥或抹灰基面与木夹板、水泥基面与石膏板之间的对缝，应用棉纸带或穿孔纸带粘贴封口，以防止裱糊后的壁纸面层被拉裂撕开。

5) 涂刷防潮底漆和底胶。为了防止壁纸受潮脱胶，一般对要裱糊塑料壁纸、壁布、纸基塑料壁纸、金属壁纸的墙面，涂刷防潮底漆。防潮底漆用酚醛清漆与汽油或松节油来调配，其配比为清漆∶汽油（或松节油）=1∶3。该底漆可涂刷，也可喷刷，漆液不宜厚，且要均匀一致。涂刷底胶是为了增加粘结力，防止处理好的基层受潮弄污。底胶一般用108胶配少许甲醛纤维素加水调成，其配比为108胶∶水∶甲醛纤维素=10∶10∶0.2。底胶可涂刷，也可喷刷。在涂刷防潮底漆和底胶时，室内应无灰尘，且防止灰尘和杂物混入该底漆或底胶中。底胶一般是一遍成活，但不能漏刷、漏喷。刷胶后采用对叠法放好，如图2-20所示。

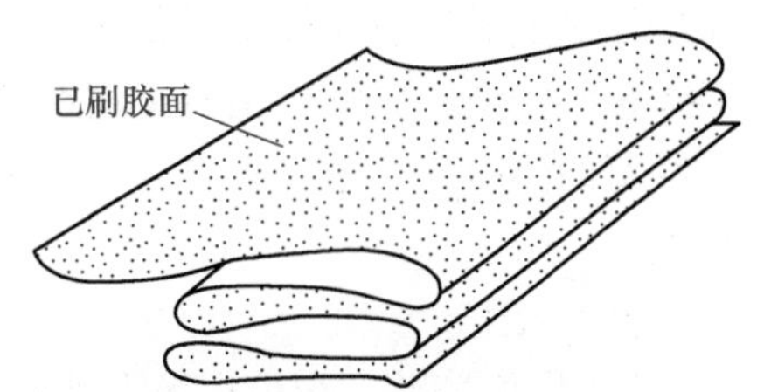

图2-20 壁纸刷胶后的对叠法

若面层贴波音软片，基层处理最后要做到硬、干、光。要在做完通常基层处理后，还需增加打磨和刷二遍清漆。

6) 基层处理中的底灰腻子有乳胶腻子与油性腻子之分，其配合比（质量比）如下：

乳胶腻子配合比为白乳胶（聚醋酸乙烯乳液）∶滑石粉∶甲醛纤维素=1∶10∶2.5

白乳胶: 石膏粉: 甲醛纤维素 =1:6:0.6

油性腻子配合比为石膏粉: 熟桐油: 清漆（酚醛）=10:1:2

复粉: 熟桐油: 松节油 =10:2:1

（2）吊直、套方、找规矩、弹线

1）顶棚：首先应将顶棚的对称中心线通过吊直、套方、找规矩的办法弹出中心线，以便从中间向两边对称控制。墙顶交接处的处理原则是：凡有挂镜线的按挂镜线弹线，没有挂镜线则按设计要求弹线。

2）墙面：首先应将房间四角的阴阳角通过吊垂直、套方、找规矩，并确定从哪个阴角开始按照壁纸的尺寸进行分块弹线控制（习惯做法是进门左阴角处开始铺贴第一张），有挂镜线的按挂镜线弹线，没有挂镜线的按设计要求弹线控制。

具体操作方法如下：按壁纸的标准宽度找规矩，每个墙面的第一条纸都要弹线找垂直，第一条线距墙阴角约15cm处，作为裱糊时的准线。在第一条壁纸位置的墙顶处敲进一枚墙钉，将有粉锤线系上，铅锤下吊到踢脚上缘处，锤线静止不动后，一手紧握锤头，按锤线的位置用铅笔在墙面划一短线，再松开铅锤头查看垂线是否与铅笔短线重合。如果重合，就用一只手将垂线按在铅笔短线上，另一只手把垂线往外拉，放手后使其弹回，便可得到墙面的基准垂线。弹出的基准垂线越细越好。每个墙面的第一条垂线，应该定在距墙角约15cm处。墙面上有门窗口的应增加门窗两边的垂直线。

（3）计算用料、裁纸　按基层实际尺寸进行测量计算所需用量，并在每边增加2~3cm作为裁纸量。

裁剪在工作台上进行。对有图案的材料，无论顶棚还是墙面均应从粘贴的第一张开始对花，墙面从上部开始。边裁边编顺序号，以便按顺序粘贴。

对于对花墙纸，为减少浪费，应事先计算，如一间房需要5卷纸，则用5卷纸同时展开裁剪，可大大减少壁纸的浪费。

（4）刷胶　由于现在的壁纸一般质量较好，所以不必进行润水，在进行施工前将2~3块壁纸进行刷胶，使壁纸起到湿润、软化的作用，塑料纸基背面和墙面都应涂刷胶粘剂，刷胶应厚薄均匀，从刷胶到最后上墙的时间一般控制在5~7min。

刷胶时，基层表面刷胶的宽度要比壁纸宽约3cm。刷胶要全面、均匀、不裹边、不起堆，以防溢出，弄脏壁纸。但也不能刷得过少，甚至刷不到位，以免壁纸粘结不牢。一般抹灰墙面用胶量为0.15kg/m^{2}左右，纸面为0.12kg/m^{2}左右。壁纸背面刷胶后，应是胶面与胶面反复对叠，以避免胶干得太快，也便于上墙，并使裱糊的墙面整洁平整。

金属壁纸的胶液应是专用的壁纸粉胶。刷胶时，准备一卷未开封的发泡壁纸或长度大于壁纸宽的圆筒，一边在裁剪好的金属壁纸背面刷胶，一边将刷过胶的部分向上卷在发泡壁纸卷上。

（5）裱贴

1）吊顶裱贴。在吊顶面上裱贴壁纸，第一段通常要贴近主窗，与墙壁平行。长度过短时（小于2m），则可跟窗户成直角贴。

在裱贴第一段前，须先弹出一条直线。其方法为在距吊顶面两端的主窗墙角10mm处用铅笔做两个记号，在其中的一个记号处敲一枚钉子，按照前述方法在吊顶上弹出一道与主窗墙面平行的粉线。按上述方法裁纸、浸水、刷胶后，将整条壁纸反复折叠。然后用一卷未开封的壁纸卷或长刷撑起折叠好的一段壁纸，并将边缘靠齐弹线，用排笔敷平一段，再展开下摺的端头部分，并将边缘靠齐弹线，用排笔敷平一段，再展开弹线敷平，直到整截贴好为止，如图2-21所示。剪齐两端多余的部分，如有必要，应沿着墙顶线和墙角修剪整齐。

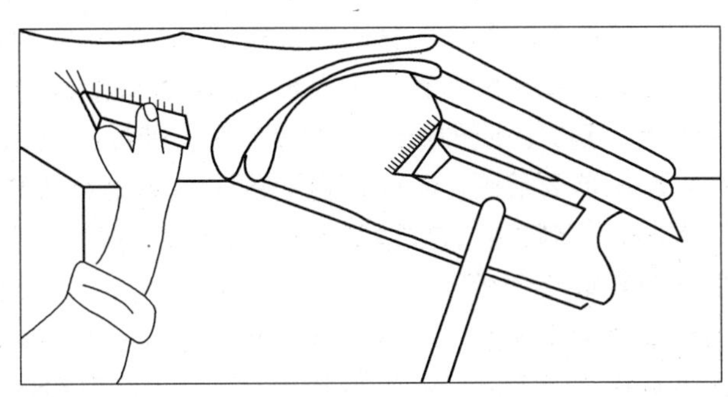

图2-21 顶棚裱贴方法示意

2）墙面裱贴。裱贴壁纸时，首先要垂直，后对花纹拼缝，再用刮板用力抹压平整。原则是先垂直面后水平面，先细部后大面。贴垂直面时先上后下，贴水平面时先高后低。裱贴时剪刀和长刷可放在围裙袋中或手边。先将上过胶的壁纸下半截向上折一半，握住顶端的两角，在四脚梯或凳上站稳后，展开上半截，凑近墙壁，使边缘靠着垂线成一直线，轻轻压平，由中间向外用刷子将上半截敷平，在壁纸顶端作出记号，然后用剪刀修齐或用壁纸刀将多余的壁纸割去。再按上述方法同样处理下半截，修齐踢脚板与墙壁间的角落。用海绵擦掉沾在踢脚板上的胶糊。壁纸贴平后，3～5h内，在其微干状态时，用小滚轮（中间微起拱）均匀用力滚压接缝处，这样做比传统的有机玻璃片抹刮能有效地减少对壁纸的损坏。

裱贴壁纸时，注意在阳角处不能拼缝，阴角边壁纸搭缝时，应先裱贴压在里面的转角壁纸，再粘贴非转角的正常壁纸。搭接面应根据阴角垂直度而定，搭接宽度一般不小于2～3cm。并且要保持垂直无毛边。

裱糊前，应尽可能卸下墙上电灯开关等，首先要切断电源，用火柴棒或细木棒插入螺钉孔内，以便在裱糊时识别，以及在裱糊后切割留位。不易拆下的配件，不能在壁纸上剪口再裱上去。操作时，将壁纸轻轻糊于电灯开关上面，并找到中心点，从中心开始切割十字，一直切到墙体边。然后用手按出开关体的轮廓位置，慢慢拉起多余的壁纸，剪去不需的部分，再用橡胶刮子刮平，并擦去刮出的胶液。

除了常规的直式裱贴外，还有斜式裱贴，若设计要求斜式裱贴，则在裱贴前的找规矩中增加找斜贴基准线这一工序。具体做法是：先在一面墙两上墙角间的中心墙顶处标明一点，由这点往下在墙上弹上一条垂直的粉笔灰线。从这条线的底部，沿着墙底，测出与墙高相等的距离。由这一点再和墙顶中心点连接，弹出另一条粉笔灰线。这条线就是一条确定的斜线。斜式裱贴壁纸比较浪费材料，在估计数量时，应预先考虑到这一点。

当墙面的墙纸完成40m^2左右或自裱贴施工开始40～60min后，需安排一人用滚轮，从第一张墙纸开始滚压或抹压，直至将已完成的墙纸面滚压一遍。工序的原理和作用是：因墙纸胶液的特性为开始润滑性好，易于墙纸的对缝裱贴，当胶液内水分被墙体和墙纸逐步吸收后但还没干时，胶性逐渐增大，时间约为40～60min，这时的胶液黏性最大，对墙纸面进行滚压，可使墙纸与基面更好贴合，使对缝处的缝口更加密合。

部分特殊裱贴面材，因其材料特征，在粘贴时有部分特殊的工艺要求，具体如下：

① 金属壁纸的裱贴。金属壁纸的收缩量很少，在裱贴时可采用对缝裱，也可用搭缝裱。金属壁纸对缝时，如有对花纹拼缝的要求，裱贴时，先从顶面开始对花纹拼缝，操作需要两个人同时配合，一个人负责对花纹拼缝，另一个人负责手托金属壁纸卷，逐渐放展。一边对缝一边用橡胶刮平金属壁纸，刮时由纸的中部往两边压刮。使胶液向两边滑动而粘贴均匀，刮平时用力要均匀适中，刮子面要放平。不可用刮子的尖端来刮金属壁纸，以防刮伤纸面。若两幅间有小缝，则应用刮子在刚粘的这幅壁纸面上，向先粘好的壁纸这边刮，直到无缝为止。裱贴操作的其他要求与普通壁纸相同。

② 锦缎的裱贴。由于锦缎柔软光滑，极易变形，难以直接裱糊在木质基面上。裱糊时，应先在锦缎背后上浆，并裱糊一层宣纸，使锦缎挺括，以便于裁剪和裱贴上墙。

上浆用的浆液由面粉、防虫涂料和水配合成，其配比为（质量比）5∶40∶20，调配成稀而薄的浆液。上浆时，把锦缎正面平铺在大而干的桌面上或平滑的大木夹板上，并在两边压紧锦缎，用排刷沾上浆液从中间开始向两边刷，使浆液均匀地涂刷在锦缎背面，浆液不要过多，以打湿背面为准。

在另一张大平面桌子（桌面一定要光滑）上平铺一张幅宽大于锦缎幅宽的宣纸，并用水将宣纸打湿，使纸平贴在桌面上。用水量要适当，以刚好打湿为好。

把上好浆液的锦缎从桌面上抬起来，将有浆液的一面向下，把锦缎粘贴在打湿的宣纸上，并用塑料刮片从锦缎的中间开始向四边刮压，以便使锦缎与宣纸粘贴均匀。待打湿的宣纸干后，便可从桌面取下，这时锦缎与宣纸就贴合在一起。

锦缎裱贴前要根据其幅宽和花纹认真裁剪，并将每个裁剪完的开片编号，裱贴时对号进行。裱贴的方法同金属纸。

③ 波音软片的裱贴。波音软片是一种自粘性饰面材料，因此当基面做到硬、干、光后，不必刷胶。裱贴时，首先要将波音软片的自粘底纸层撕开一条口。在墙壁面的裱贴中，首先对好垂直线，然后将撕开一条口的波音软片粘贴在饰面的上沿口。自上而下，一边撕开底纸层，一面用木块或有机玻璃夹片贴在基面上。如表面不平，可用吹风加热，用干净布在加热的表面处摩擦，可恢复平整。也可用电熨斗加热，但要调到中低档温度。

（6）修整　裱糊后认真检查是否有空鼓不实之处，接槎是否平顺，墙纸有无翘边翘角、气泡、褶皱及胶痕，发现问题及时处理修整。

三、质量检查与验收

1）壁纸、墙布的种类、规格、图案、颜色和燃烧性能等级必须符合设计要求及国家现行的有关规定。

2）裱糊工程基层处理质量应符合要求。

3）裱糊后各幅拼接应横平竖直，拼接处花纹、图案应吻合，不离缝，不搭接，不显拼缝。

4）壁纸、墙布应粘贴牢固，不得有漏贴、补贴、脱层、空鼓和翘边。

5）裱糊后的壁纸、墙布表面应平整，色泽应一致，不得有波纹起伏、气泡、裂缝、皱折及污斑，斜视时应无胶痕。

6）复合压花壁纸的压痕及发泡壁纸的发泡层应无损伤。

7）壁纸、墙布与各种装饰线、设备线盒应交接严密。

8）壁纸、墙布边缘应平直整齐，不得有纸毛、飞刺。

9）壁纸、墙布阴角处搭接应顺光，阳角处应无接缝。

四、成品保护

1）墙布、锦缎装修饰面已裱糊完的房间应及时清理干净，不准做临时料房或休息室，避免污染和损坏，并应设专人负责管理，如及时锁门、定期通风换气、排气等。

2）在整个墙面装饰工程裱糊施工过程中，严禁非操作人员随意触摸成品。

3）暖通、电气、上下水管工程裱糊施工过程中，操作者应注意保护墙面，严防污染和损坏成品。

4）严禁在已裱糊完墙布、锦缎的房间内剔眼打洞。若纯属设计变更所至，也应采取可靠有效措施，施工时要仔细，小心保护，施工后要及时认真修补，以保证成品完整。

5）二次补油漆、涂浆及地面磨石、花岗石清理时，要注意保护好成品，防止污染、碰撞与损坏墙面。

6）墙面裱糊时，各道工序必须严格按照规程施工，操作时要做到干净利落，边缝要切割整齐到位，胶痕迹要擦干净。

任务10　墙面软包施工

【任务描述】

某宾馆KTV小包间需要进行装修，每间宽3m、长6m、高2.6m，其中墙面采用软包，需进行现场材料验收，并考虑到安全、隔音及防火等要求，按规范操作并验收施工质量。

墙面软包施工（图片）

【能力要求】

要求学生能够针对工作任务制定完整的工作计划，包括成品进场验收、辅助材料的选取、施工机具与环境的准备及施工流程计划，能够写出较为详细的技术交底，正确操作，并能够正确进行质量检查验收。

【知识导入】

软包饰面是将以纺织物与海绵复合而成的软包布粘贴、固定在墙体基面上的装饰做法。由于可用作软包布的纺织物品种很多，所以软包饰面也绚丽多彩，或古朴典雅或高贵华丽，可以满足不同场合的装饰需求。软包布背面所复合的海绵可厚可薄，这就使软包饰面具有了不同的装饰效果，或平整挺括，或柔软蓬松，可根据装饰需要进行选择。

软包饰面具有质地柔软、能消声减震、格调高雅、使人感觉温暖舒适等特点，常用于宾馆、饭店的客房、走廊的墙面装饰，也用于录音室、电话间以及酒吧、KTV包间、会客厅、会议室等声学要求较高的房间。但软包饰面容易被污染，故使用时需保持清洁卫生。

软包饰面要根据所装饰房间墙面的尺寸进行分格设计。一般以局部木护墙划分各个分格并作为各分格软包饰面的收口。

软包的构造做法也与木护墙相似：一般应先进行墙面的防潮处理，抹20mm厚1∶3水泥砂浆，涂刷冷底子油并粘贴防水卷材或涂刷防水涂料；然后固定木龙骨架，一般木龙骨断面为(20～50)mm×(40～50)mm，龙骨间距一般为400mm×400mm；在龙骨架上钉五合板以上胶合板衬底；最后将软包布用胶粘剂粘贴在衬板上，并用木装饰线条或金属装饰线条沿木边框周遭固定。软包饰面的构造如图2-22所示。

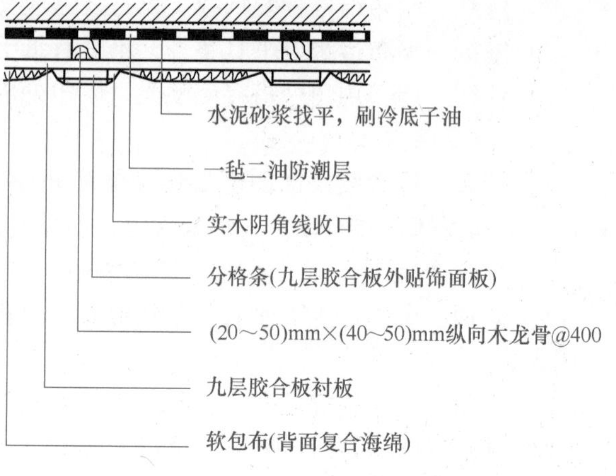

图2-22 软包饰面构造

【任务实施】

一、施工准备

1. 材料准备

1）软包墙面木框、龙骨、底板、面板等木材的树种、规格、等级、含水率和防腐处理必须符合设计要求。

2）软包面料及内衬材料及边框的材质、颜色、图案、燃烧性能等级应符合设计要求及国家现行标准的有关规定，具有防火检测报告。普通布料需进行两次防火处理，并检测合格。

3）龙骨一般用白松烘干料，含水率不大于12%，厚度应根据设计要求，不得有腐朽、节疤、劈裂、扭曲等疵病，并预先经防腐处理。龙骨、衬板、边框应安装牢固，无翘曲，拼缝应平直。

4）外饰面用的压条分格框料和木贴脸等面料，一般采用工厂经烘干加工的半成品料，含水率不大于12%。选用优质五夹板，如基层情况特殊或有特殊要求者，亦可选用九夹板。

5）胶粘剂一般采用立时得粘贴，不同部位采用不同胶粘剂。

2. 主要机具准备

电动机、电焊机、手电钻、冲击电钻、专用夹具、刮刀、钢板尺、裁刀、刮板、毛刷、排笔、长卷尺、锤子等。

3. 作业条件准备

1）混凝土和墙面抹灰完成，基层已按设计要求埋入木砖或木筋，水泥砂浆找平层已抹完并刷冷底子油。

2）水电及设备预留预埋件已完成。

3）房间的吊顶分项工程基本完成，并符合设计要求。

4）房间里的地面分项工程基本完成，并符合设计要求。

5）对施工人员进行技术交底时，应强调技术措施和质量要求。

6）调整基层并进行检查，要求基层平整、牢固，垂直度、平整度均符合细木制作验收规范。

二、施工工艺

1. 工艺流程

基层处理→吊直、套方、找规矩、弹线→计算用料、套裁面料→木龙骨及墙板安装→固定面料→安装贴脸或装饰边线、刷镶边油漆→修整软包墙面。

2. 施工要点

（1）基层处理　人造革软包要求基层牢固，构造合理。如果是将它直接装设于建筑墙体及柱体表面，为防止墙体柱体的潮气使其基面板底翘曲变形而影响装饰质量，要求基层做抹灰和防潮处理。通常的做法是，采用1∶3的水泥砂浆抹灰做至20mm厚，然后刷涂冷底子油一道并作一毡二油防潮层。

（2）吊直、套方、找规矩、弹线　根据设计要求，把该房间需要软包墙面的装饰尺寸、造型等通过吊直、套方、找规矩、弹线等工序，把实际尺寸与造型落实到墙面上。

（3）计算用料、套裁面料　按照设计要求进行用料计算、面料套裁工作，要注意同一房间、同一图案必须用同一材料。

（4）木龙骨及墙板安装　当在建筑墙、柱面做皮革或人造革装饰时，应采用墙筋木龙骨，墙筋龙骨一般为(20～50)mm×(40～50)mm截面的木方条，钉于墙、柱体的预埋木砖或预埋的木楔上，木砖或木楔的间距，与墙筋的排布尺寸一致，一般为400～600mm，按设计要求进行分格或平面造型形式进行划分。

固定好墙筋龙骨之后，即铺钉夹板作基面板；然后以人造革包填塞材料覆于基面板之上，采用钉将其固定于墙筋位置；最后以电化铝帽头钉按分格或其他形式的划分尺寸进行钉固，也可同时采用压条，压条的材料可用不锈钢、铜或木条，既方便施工，又可使其立面造型丰富。

（5）固定面料　皮革和人造革饰面的铺钉方法，主要有成卷铺装和分块固定两种形式，此外尚有压条法、平铺泡钉压角法等，具体方法由设计而定。

1）成卷铺装法。由于人造革材料可成卷供应，当较大面积施工时，可进行成卷铺装。但需注意，人造革卷材的幅面宽度应大于横向木筋中距50～80mm；并保证基面五夹板的接缝须置于墙筋上。

2）分块固定。这种做法是先将皮革或人造革与夹板按设计要求的分格，划块进行预裁，然后一并固定于木筋上。安装时，以五夹板压住皮革或人造革面层，压边20～30mm，用圆钉钉于木筋上，然后将皮革或人造革与木夹板之间填入衬垫材料进而包覆固定。须注意的操作要点是：首先必须保证五夹板的接缝位于墙筋中线；其次，五夹板的另一端不压皮革或人造革而是直接钉于木筋上；再就是皮革或人造革剪裁时必须大于装饰分格划块尺寸，并足以在下一个墙筋上剩余20～30mm的料头。如此，第二块五夹板又可包覆第二片革面压于其上进而固定，照此类推完成整个软包面。这种做法多用于酒吧台、服务台等部位的装饰。

（6）安装贴脸或装饰边线、刷镶边油漆　根据设计选定和加工好的贴脸或装饰边线，按设计要求把油漆刷好（达到交活条件），便可进行装饰板安装工作。首先经过试拼，达到设计要求的效果后，便可与基层固定和安装贴脸或装饰边线，最后涂刷镶边油漆成活。

（7）修整软包墙面　软包墙面施工完毕，进行除尘清理，钉粘保护膜，如果有胶痕要进行处理。

三、成品保护

1）施工过程中对已完成的其他成品注意保护，避免损坏。

2）施工结束后将面层清理干净，现场垃圾清理完毕，洒水清扫或用吸尘器清理干净，避免扫起灰尘，造成软包二次污染。

3）软包相邻部位需作油漆或其他喷涂时，应用纸胶带或废报纸进行遮盖，避免污染。

四、质量检查与验收

1）软包的面料、内衬材料及边框的材质、颜色、图案、燃烧性能等级和木材的含水率应符合设计要求及国家现行标准的有关规定。

2）软包工程的安装位置及构造做法应符合设计要求。

3）软包工程的龙骨、衬板、边框应安装牢固，无翘曲，拼缝应平直。

4）单块软包面料不应有接缝，四周应绷压严密。

5）软包工程表面应平整、洁净，无凹凸不平及皱折；图案应清晰、无色差，整体应协调美观。

6）软包边框应平整、顺直、接缝吻合。其表面涂饰质量应符合相关规定。

7）软包工程安装的允许偏差和检验方法应符合表2-21的规定。

表2-21 软包工程安装的允许偏差和检验方法

项次	项目	允许偏差/mm	检验方法
1	垂直度	3	用1m垂直检测尺检查
2	边框宽度、高度	0、-2	用钢尺检查
3	对角线长度差	3	用钢尺检查
4	裁口、线条接缝高低差	1	用直尺和塞尺检查

任务11 木质饰面成品护墙板施工

【任务描述】

某宾馆会议室墙面高度为3.0m，计划对墙面进行装修，装修设计方案为木质成品护墙板。

木质饰面成品护墙板施工（图片）

【能力要求】

要求学生能够针对工作任务制定完整的工作计划，包括材料的选取、施工机具与环境的准备及施工流程计划，能够写出较为详细的技术交底，并能够正确进行质量检查验收。

【知识导入】

木质饰面板是室内装饰高档次的装饰材料，其板材有两种类型，一种为薄木装饰板，此种板材主要由原木加工而成，另一种为人工合成木制品，主要由木材加工过程中下脚料或废料经过机械处理，生产出的板材。

木质饰面板主要有微薄木贴面板、装饰防火胶板、大漆装饰板、木胶合板、竹胶合板、纤维板、刨花板、细木工板、成品墙板等材料。

按施工方法主要有薄板胶粘法和厚板龙骨固定法。薄板胶粘法适用于微薄木贴面板、装饰防火胶板、大漆装饰板；厚板龙骨固定法适用于木胶合板、竹胶合板、纤维板、刨花板、细木工板、成品墙板。

木质饰面板具有良好的天然质感和纹理，导热系数低，油饰后，手感舒适、温暖。

【任务实施】

一、施工准备

1. 材料准备

1）木质护墙板一般为成品企口板。

2）龙骨料：一般采用成品木板条，规格为20mm×40mm，单面刨光。

3）特种卡、特种钉、阴阳角线、盖板条及防火涂料等。

2. 主要机具准备

手锯、刨子、手电钻、冲击钻、花色刨、夹钳、水平尺、线坠、墨斗、干尺、锤子、角尺和冲头等。

3. 作业条件准备

1）基层表面坚实、平整、干燥。

2）上部墙体涂料已涂刷一遍。

3）墙内电管已穿线。

二、施工方法

1. 工艺流程

基层处理→弹线、设置预埋块→安装龙骨→安装护墙板→钉压条。

2. 施工要点

（1）基层处理　围护墙表面抹防水砂浆或在混合砂浆抹灰表面贴油毡或刷防潮涂料。

（2）弹线、设置预埋块　护墙板底架有垂直底架和交互式底架两种，见图2-23。垂直底架用于平滑墙面装饰板简单排列的房间，交互式底架用于新建工程的潮湿墙面和高湿度区域。龙骨间距一般为400mm，如面板厚度较薄时，龙骨间距不大于500mm。根据龙骨间距尺寸，先在墙上画水平标高并弹出分档线。木砖或木楔的横竖间距与龙骨间距相符，如在墙内打入木楔，可采用16～60mm的冲击钻头在墙面钻孔，钻孔的位置应在弹线的交叉点上，钻孔深度应不小于60mm。埋入墙体的木砖或木楔应事先做防腐处理。

（3）安装龙骨　钉木龙骨时，将龙骨用圆钉固定在墙内木模上，距地面5mm处应在竖龙骨底部钉垫木，垫木宽度与龙骨一致，厚度为3mm，横龙骨上打通气孔，每档至少一个。龙骨必须与每一块木砖（或木楔）钉牢，在每块木砖上钉两枚钉子，上下斜角错开钉紧。

安装龙骨后，要检查表面平整与立面垂直，阴阳角用方尺套方。为调整龙骨表面偏差所用的木垫块，必须与龙骨钉固牢靠。

（4）安装护墙板　护墙板为企口嵌装，依靠异型板卡或带槽口压条进行连接。装饰无障碍的连续墙时，从墙角开始；装饰不规则墙时，从门或窗开始。

在靠墙的那边榫舌上置固定夹，并用小钉子固定在板条上，另外也可用圆形镀锌钉固定饰板。在暴露出来的饰板的榫槽里放置固定夹，钉入底架上的龙骨。

将下一块饰板的相应边引入固定夹和前块饰板的榫槽里。依此类推，如果饰板太短，就有必要切成合适尺寸，作出对接头。紧接着的墙板要补偿前一块板的对接头。护墙板横向和竖向剖面图见图2-24和图2-25。

（5）钉压条　木质护墙板的踢脚线、压顶、收口可采用各种装饰木线制品处理，有多种选择，可根据材料种类及装饰要求由设计而定，可采用钉子钉、胶粘、特种卡、安装槽固定等多种方法。

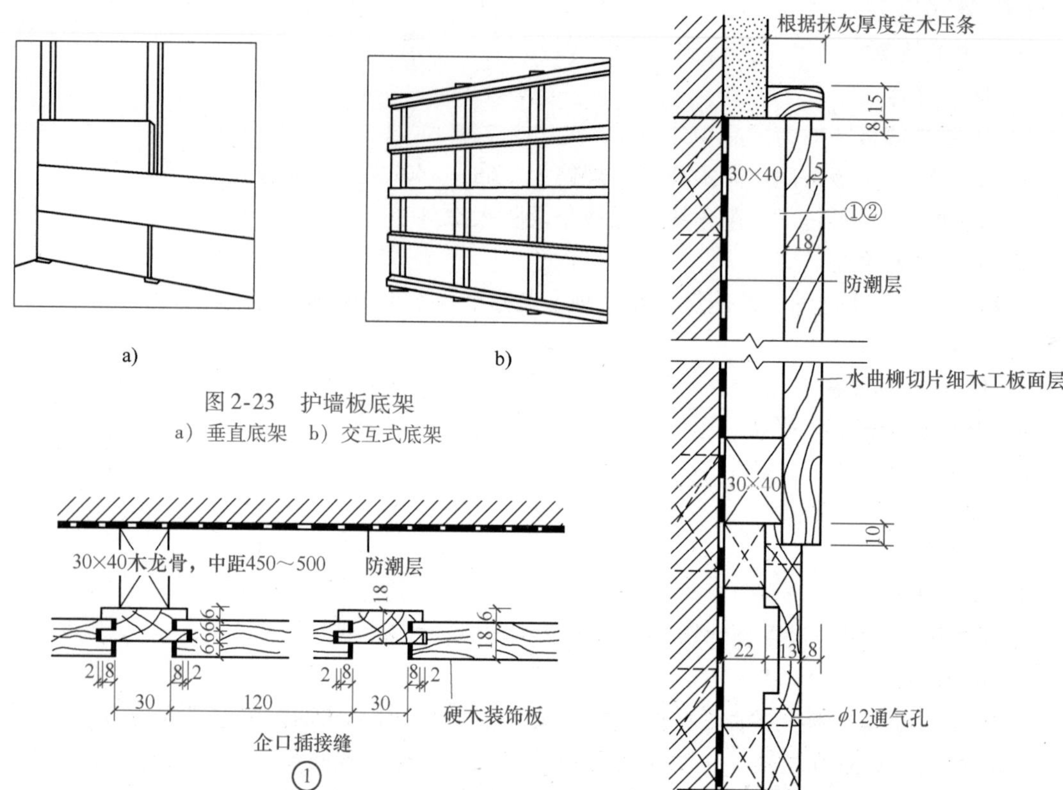

图2-23　护墙板底架
a）垂直底架　b）交互式底架

图2-24　护墙板横向剖面图

图2-25　护墙板竖向剖面图

三、质量标准及检查验收

1）木材的品种、等级、质量和骨架含水率必须符合规定，并应符合建筑内装修防火设计有关规定。木护墙板制作尺寸正确，安装必须牢固。

2）表面平整、光滑，同房间胶合板的花纹、颜色一致，无裂纹，无污染，不露钉帽，无锤印，分格缝均匀一致。

3）木板拼接位置正确，接缝平整、光滑、顺直，嵌合严密，割向整齐，拐角方正，拼花木护墙的木纹正确，纹理通顺，花纹吻合、对称，同一房间花纹、位置一致。

4）木护墙与贴脸、踢脚板、电气盒盖等交接处严密、顺直，无缝隙，电气盒盖处开洞位置大小准确，套割边缘整齐、方正。

5）木护墙的装饰线、分格缝装饰线棱角清晰、顺直、光滑，无开裂，颜色均匀，安装位置正确，拐角方正，交圈、割角整齐，拼缝严密，分格缝大小、深浅一致，出墙厚度一致，缝的边缘顺直，无毛边。

6）木护墙板安装允许偏差和检验方法应符合表2-22的规定。

表2-22　木护墙板安装允许偏差和检验方法

项次	项目	允许值差限值/mm	检验方法
1	上口平直	2	拉5m线（不足5m者拉通线），用尺量检查
2	立面垂直	2	全高吊线和尺量检查

（续）

项次	项目	允许值差限值/mm	检验方法
3	表面平整	1	用2m靠尺和楔形塞尺检查
4	接缝高低差	0.5	用直尺和塞尺检查
5	装饰线位置差	1	用尺量检查
6	装饰线阴阳角方正	2	用方尺和楔形塞尺检查

任务12　立柱不锈钢金属饰面施工

【任务描述】

立柱不锈钢金属饰面施工（图片）

某宾馆大厅内有四个立柱，立柱为圆柱，直径为800mm，柱高度为6.0m。现计划用不锈钢板装修四根立柱。

【能力要求】

要求学生能够针对工作任务制定完整的工作计划，包括材料的选取、施工机具与环境的准备及施工流程计划，能够写出较为详细的技术交底，并能够正确进行质量检查验收。

【知识导入】

金属装饰板是建筑装饰中高档装饰材料，它适用于墙面、柱面等垂直部位的装饰，在现代装饰中，金属装饰板以其独特的金属质感，丰富多变的色彩与图案，理想的造型而获得广泛的使用。金属装饰板有不锈钢板、镀锌钢板、铜板、铝合金板、镁铝曲面装饰板。常用金属饰面板有不锈钢板、铝合金条板、镁铝曲面装饰板。

不锈钢是含铬12%以上，具有耐腐蚀性能的铁基合金。用于装饰工程的不锈钢，主要是板材，以其表面特征可分为两种类型，即平面板和凹凸板。平面板又可分为光泽板与无光泽板，即镜面板和亚光板；凹凸板又可分为深浮雕板和浅浮雕花纹板。不锈钢板可作电梯厢板、车厢板、厅堂、墙板、顶棚板、建筑装潢、招牌等装饰之用，也可用作高级建筑的其他局部装饰。不锈钢除制成薄钢板和彩色不锈钢板外，还可加工成型材、管材及各种异型材。在建筑上，可用做幕墙、隔墙、门窗、内外墙饰面、楼梯的栏杆和扶手等。不锈钢饰面施工方法有焊接法和镶包法。

【任务实施】

一、施工准备

1. 材料准备

1）不锈钢板：按设计要求选用。使用比较多的是薄型高精度磨光的不锈钢板，其厚度为0.75mm、1.5mm、2.5mm和3.0mm。不锈钢薄板的厚度在0.2～2.0mm之间，宽度为500～1000mm，长度为100～200m，成品卷装供应，其中厚度小于1mm的薄板用得最多。

2）龙骨料：成品25mm×30mm带凹槽（利于纵横咬口扣接）木方（拼装为框体的规格通常是300mm×400mm或400mm×400mm），现场加工木料规格为18mm×30mm。

3）胶粉：309胶和立时得胶等快干型胶液。

4）衬板：有木板、胶合板、刨花板和细木工板。

5）钉子：乳胶、万能胶和自攻螺钉等，钉子长度规格应是面板厚度的2～2.5倍。

6）焊接材料：焊条、焊剂和焊丝。

2. 主要机具准备

圆盘锯、机刨、手电钻、冲击钻、水平尺、角尺、直尺、线坠、锤子、刨子、锯子、切割机、电焊机、气焊机、冲头卷边机、滚圆机、起子、划针和圆规等。

二、施工方法

1. 工艺流程

弹线、设置预埋块→安装龙骨→安装底层衬板→安装饰面板→柱面抛光。

2. 施工要点

（1）弹线、设置预埋块　板块饰面设计无规定时，一般横龙骨间距为400mm，竖龙骨间距为500mm。竖向龙骨一般为沿饰面周长均布八根，横向龙骨间距为300～400mm，支撑杆间距为800～1000mm。

根据龙骨间距尺寸，先在墙上画水平标高并弹出分档线。木砖或木楔的横竖间距与板块饰面龙骨间距相符，与包圆柱柱体骨架的支撑杆间距相符。如在墙柱内打入木楔，可采用16～60mm的冲击钻头在墙面钻孔，钻孔的位置应在弹线的交叉点上，钻孔深度应不小于60mm。埋入墙体的木砖或木楔应事先做防腐处理。

（2）安装龙骨

1）龙骨连接：板块饰面木条龙骨，多为25mm×30mm带凹槽（利于纵横咬口扣接）成品木方，拼装为框体的规格通常是300mm×400mm或400mm×400mm（框架中心线间距）。现场进行龙骨加工的传统做法，其龙骨排布，一般横龙骨间距为400mm，竖龙骨间距为500mm。龙骨必须与每一块木砖（或木楔）钉牢，在每块木砖上钉两枚钉子，上下斜角错开钉紧。

装饰圆柱龙骨的骨架结构平面如图2-26所示，骨架结构剖面如图2-27所示。

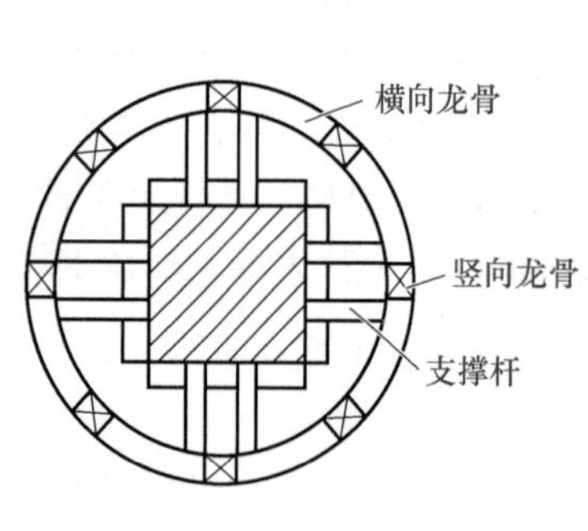

图2-26　骨架结构平面图

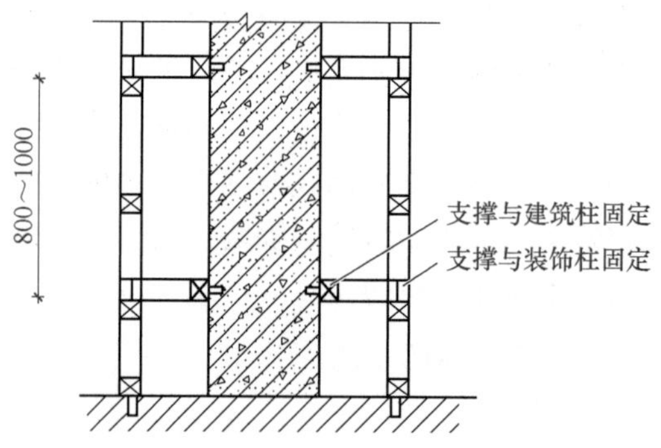

图2-27　骨架结构剖面图

竖龙骨与弧形横向龙骨可以用铁钉连接或者咬口扣接，如图2-28所示，制作弧形横向龙骨，通常方法是用15mm木夹板来加工，如图2-29所示。

2）龙骨固定：支撑杆可用木方或角铁制作，并用膨胀螺栓或射钉、木楔铁钉的方法与建筑柱体连接，其另一端与装饰柱体骨架钉接或焊接。

竖向龙骨的连接脚件先用膨胀螺栓或射钉与顶面、地面固定，再与竖向龙骨用焊点或螺钉固定，如图2-30所示。

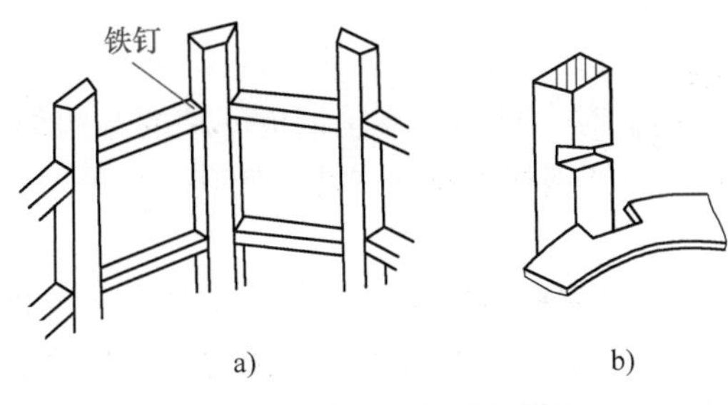

图 2-28 横、竖龙骨连接图
a）龙骨铁钉连接 b）龙骨咬口扣接

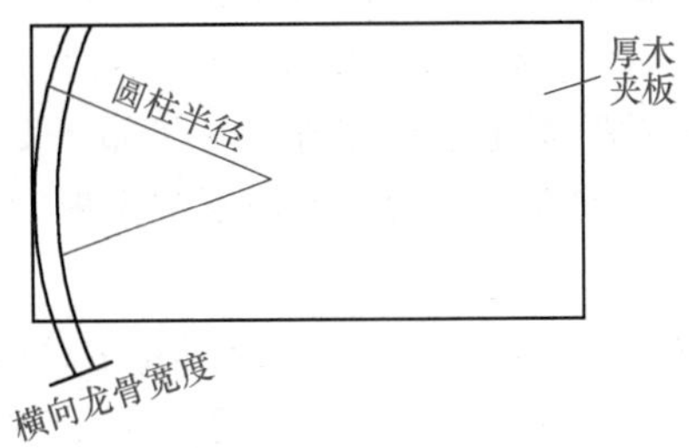

图 2-29 制作弧形横向龙骨

3）骨架形体校正：平板骨架形体直接靠墙，需检查垂直度、平整度。装饰柱骨架其检查的主要问题是柱体骨架的歪斜度、不圆度、不方度。

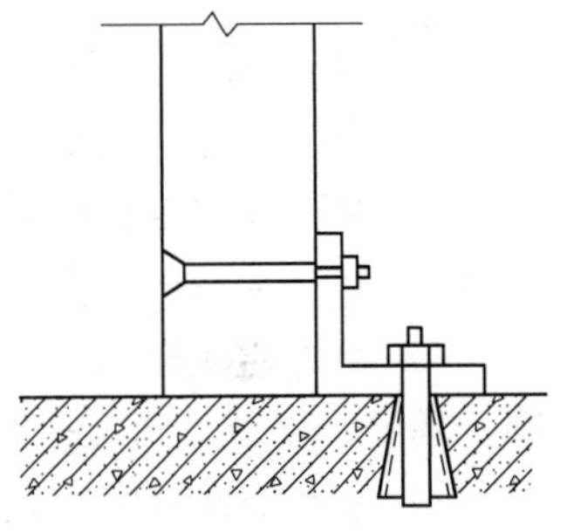
图 2-30 竖向龙骨与顶面、地面的固定

在装饰柱骨架顶端边框线处设置吊垂线检查歪斜度、不圆度，一般不少于四点位置。对于歪斜度，柱高 3.0m 以下者，可允许歪斜度误差在 3mm 以内；柱高 3.0m 以上者，其误差在 6mm 以内。不圆度误差值不得超过 3mm。

用直角铁尺在方柱的四个边角上分别测量不方度，不方度的误差值不得大于 3mm。

（3）安装底层衬板

1）在木夹板的正面四周，用细刨按 45°角刨出倒角，宽度为 2～3mm。板块平面胶合板的铺钉，一般采用圆钉与木龙骨钉固。要求布钉均匀，钉距 100mm 左右。对于 5mm 以下厚度的胶合板，可使用 25mm 圆钉。圆钉钉帽敲扁顺木纹打入板面内 0.5～1.0mm，最后用油性腻子嵌平钉孔。表面处理平整、光滑，可用刨子刨平或用砂纸磨平，凹陷处要用腻子嵌平。

2）圆柱上木饰面基层板的安装

① 圆柱上安装木夹板：圆柱上安装木夹板，应选择弯曲性能较好的薄三夹板。安装固定前，先在柱体骨架上进行试铺，如果弯曲贴合有困难，可在木夹板的背面用墙布刀切割一些紧向刀槽，两刀横向相距 10mm 左右，刀槽深 1mm。要注意，应用木夹板的长边来转柱体。在木骨架的外面刷胶液，胶液可用乳胶或各类环氧树脂胶（万能胶）等，将木夹板粘贴在木骨架上，然后用铁钉从一侧开始钉木夹板，逐步向另一侧固定。在对缝处用钉量要适当加密。钉头要埋入木夹板内。在钉接圆柱面木夹板时，最好采用钉枪钉。

② 实木条板安装：在圆柱体骨架上安装实木条板，所用的实木条板宽度一般为 50～80mm，如圆柱体直径较小（小于 ϕ350），木条板宽度可减少或将木条板做成曲面形。木条板厚度为 10～20mm。常见的实木条板的式样和安装方式如图 2-31 所示。

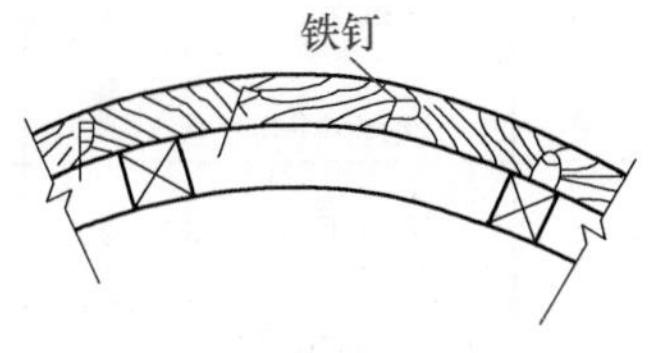

图 2-31 实木条板安装方式

（4）安装饰面板 圆柱面不锈钢板面，通常是在工厂专门加工成所需的曲面。一个圆柱面一般都由两片或三片不锈钢曲面板组装而成。片与片间的

对口方式，有直接卡口式和嵌槽压口式两种。

① 直接卡口式：直接卡口式是在两片不锈钢板对口处，安装一个不锈钢卡口槽，该卡口槽用螺钉固定于柱体骨架的凹部。安装柱面不锈钢板时，只要将不锈钢板一端的弯曲部，勾入卡口槽内，再用力推按不锈钢板的另一端，利用不锈钢板本身的弹性，使其卡入另一个卡口槽内。

② 嵌槽压口式：把不锈钢板在对口处的凹部用螺钉或铁钉固定，再把一条宽度小于凹槽的木条（木条的高度不大于不锈钢槽内深度 0.5mm）固定在凹槽中间，两边空出间隙相等，其间隙宽为 1mm 左右。在木条上涂刷环氧树脂胶（万能胶），等胶面不粘手时，向木条上嵌入不锈钢槽条。不锈钢槽条在嵌入粘结前，应用酒精或汽油清擦槽条内的油迹污物，并涂刷一层薄薄的胶液。

（5）柱面抛光　饰面板安装完毕，去除保护膜，用绒轮机对柱面抛光，直到光彩照人。

三、质量要求与检查评定

1）金属饰面板和安装辅料的品种、规格、形状、颜色、花形和线条等，必须符合设计要求。

2）金属饰面板表面质量应平整、洁净、美观，色泽一致，无划痕、麻点、凹坑、翘曲、褶皱，无波形折光，收口条割角整齐，搭接严密无缝隙。

3）金属饰面板安装必须牢固，接缝严密、平直，宽窄和深度一致，不得有透缝，板与收口条搭接严密。

4）柱面、外墙面、窗台、窗套的饰面板应剪截尺寸准确，边角、套口等突出件接缝平直整齐，嵌缝胶密实、光滑、美观、宽窄一致，直线内无接头，防水处理有效，无渗漏。

5）温度缝处搭接平整、顺直、光滑，无错台错位，外观严密，伸缩无障碍。

6）金属板与电气盒盖交接处应严密，无缝隙，套割尺寸正确，边缘整齐、方正。

7）金属饰面板安装的允许偏差和检验方法应符合表 2-23 的规定。

表 2-23　金属饰面板安装的允许偏差和检验方法

项次	项目		允许偏差/mm						检验方法
			压形板	不锈钢			铝合金板		
			墙	方柱	墙	圆柱	墙	圆柱	
1	表面垂直	室内	2	1		1	2	1	用 2m 托线板检查
		室外	3	1		1	3	1	
2	表面平整		1	1	1		2		用 2m 靠尺和楔形塞尺检查
3	阴阳角方正		2	1			3		用方尺和楔形塞尺检查
4	接缝平直		1	0.5	0.5	0.5	0.5	0.5	拉 5m 线（不足 5m 者拉通线），用尺量检查
5	接缝高低		1	0.3	0.5	0.3	0.5	0.5	用直尺和塞尺检查
6	上口平直		2				2		拉 5m 线（不足 5m 者拉通线），用尺量检查
7	弧形表面精确度					2		2	用 1/4 圆周样板和楔形塞尺检查
8	压条平直		3		1		3		拉 5m 线检查
9	压条间距		2		2		2		尺量检查

任务13　石材饰面施工

【任务描述】

石材饰面施工（图片）

某办公楼首层外墙面采用石材装饰，湿作业灌浆法施工，需进行现场材料验收，按规范操作并验收施工质量。

【能力要求】

要求学生能够针对工作任务制定完整的工作计划，包括成品进场验收、辅助材料的选取，施工机具与环境的准备及施工流程计划，能够写出较为详细的技术交底，正确操作，并能够正确进行质量检查验收。

【知识导入】

饰面石材是装饰工程中常用的高级装饰材料之一，分天然饰面石材和人造饰面石材。天然饰面石材主要有大理石、花岗石和青石板三大类。

天然大理石是一种变质岩，常呈层状结构，属于中硬石材，可制成高级装饰工程的饰面板，用于宾馆、展览馆、影剧院、商场、图书馆、机场、车站等公共建筑工程的室内墙面，柱面、栏杆、地面、窗台板、服务台的饰面等，此外还可以用于制作大理石壁画、工艺品、生活用品等。

天然花岗石是一种分布最广的火成岩，属于硬质石材，可制成高级饰面板，主要用于室外装修，也可用于室内、宾馆、饭店、纪念性建筑物等的门厅、大堂的墙面、地面、墙裙、勒脚及柱面的饰面等。

青石板系火成岩，其材性纹理构造易于劈裂成面积不大的薄板，表面保持其劈开后的自然纹理形状，再加之青石板有暗红、灰、绿、蓝、紫等不同颜色，如掺杂使用，形成色彩丰富，韵味无穷，而具有其特殊自然风格的墙面装饰效果。近年来，工程的局部装饰用了这些饰面做法，部分墙面和勒脚采用了不同色彩的青石板贴面。

用人工方法制造的具有天然石材的花纹和质感的合成石称为“人造石材”，如仿大理石、仿花岗石，仿玛瑙石等，它的花纹图案可以人为控制。人造石材按其所用材料的不同，一般分为树脂型人造石材、水泥型人造石材、复合型人造石材和烧结型人造石材四类。人造石材质量轻、强度高、耐污染、耐腐蚀、方便施工，是现代建筑理想的装饰材料。目前，以人造大理石用得最多。

饰面石材施工方法有湿作业灌浆法、干挂法、粘贴法三种，前两种方法适合于边长大于400mm 的大规格块材，粘贴法适合于厚度小于 10mm 边长小于 400mm 的薄型小规格块材。

【任务实施】

饰面工程——湿挂法（视频）

一、施工准备

1. 材料准备

（1）石材板块　按设计和图样要求规格、颜色备料，表面不得有伤、风化等缺陷。

（2）水泥　32. 5R 普通硅酸盐水泥和白水泥，有出厂证明和复试合格报告。

（3）砂子 粗砂或中砂，含泥量不大于3%，使用前过筛。

（4）其他材料 矿物颜料、熟石膏、铜丝或镀锌铅丝、铅皮、硬塑料板条、配套挂件（镀锌或不锈钢连接件等）、108胶和填塞饰面板缝隙的专用塑料软管等。

2. 主要机具准备

冲击钻、手电钻、磅秤、铁板、半截大桶、小水桶、铁簸箕、平锹、手推车、塑料软管、胶皮碗、喷壶、合金钢扁錾子、合金钢钻头（$\phi5$，打眼用）、操作支架、台钻、铁制水平尺、方尺、靠尺板、底尺、托线板、线坠、粉线包、小型台式砂轮、裁改石材用砂轮、全套裁割机、开刀、木抹子、铁抹子、细钢丝刷、笤帚、大小锤子、小白线、铅丝、擦布或棉丝、老虎钳、小铲、盒尺、钉子、红铅笔、毛刷和工具袋等。

3. 作业条件准备

1）主体结构已验收。镶贴前，基体必须经验收，无空鼓。

2）脚手架安装完毕并通过验收。

3）门窗口等已安装完毕，通过验收并有相应成品保护措施。

4）外墙雨水管卡预埋完毕。

5）根据设计图样要求，按照建筑构造各部位的具体做法和工程量，预先挑选出颜色一致、同规格的石材，分别堆放并保管好。石材施工图（排版图）应根据基体的几何表面状况确定。

6）施工环境温度应在5℃以上，风力超过5级或中雨以上天气不得施工。

二、施工工艺

1. 工艺流程

基层处理→绑扎钢筋网片→预拼编号→钻孔、固定不锈钢丝→板块安装就位→板块固定→灌浆→清理→嵌缝。

2. 施工要点

（1）基层处理

1）混凝土基体：表面应平整粗糙，光滑的表面应进行凿毛处理，凿毛深度应为5～15mm，其间距不大于3cm。基体表面残留的砂浆、尘土和油渍等应用钢丝刷刷净并用水冲洗。基层应在镶贴前一天浇水湿透。

2）砖和混凝土砌块基体：堵好脚手眼，基体表面残留的砂浆、尘土和油渍等应用钢丝刷刷净并用水冲洗。基层应在安装石材前一天浇水湿透。

3）加气混凝土块基层：用笤帚将表面粉尘、加气细末扫净，浇水湿透，紧跟着用1∶1∶6的混合砂浆对缺棱掉角的部位分层补平，每层厚度7～9mm。然后涂刷TG胶浆一遍（配比为TG胶∶水∶水泥=1∶4∶1.5），然后抹TG砂浆（配比为水泥∶砂∶TG胶∶水=1∶6∶0.25∶适量）底层，厚度为6mm。

板材背面也要用清水刷洗干净，以提高其粘结力。

（2）绑扎钢筋网片 按施工大样图要求的横竖距离焊接或绑扎安装用的钢筋骨架。其方法是：先剔凿出墙面或柱面结构施工时的预埋钢筋，使其外露于墙、柱面，然后连接绑扎（或焊接）Φ8竖向钢筋（竖向钢筋的间距，如设计无规定，可按饰面板宽度距离设置），随后绑扎Φ6横向钢筋，其间距要比饰面板竖向尺寸小2～3cm为宜，如图2-32所示。如基体未预埋钢筋，可使用电锤钻孔，孔径为$\phi6$～$\phi8$，孔深90mm，再向孔内打入Φ6～Φ8的短钢筋，外露50mm以上并弯钩，或用M10～M16膨胀螺栓固定预埋铁，然后再按前述方法进行绑扎或焊接竖筋和横筋。

(3) 预拼编号 先按图挑选品种、规格、颜色一致的石材，按设计尺寸进行试拼、调整及四角套方，凡阴阳角处相邻两块板应磨边卡角，根据设计要求进行拼接处理（图2-33）。对预拼好的大理石进行统一编号，一般由下向上进行编号，然后分类堆好。

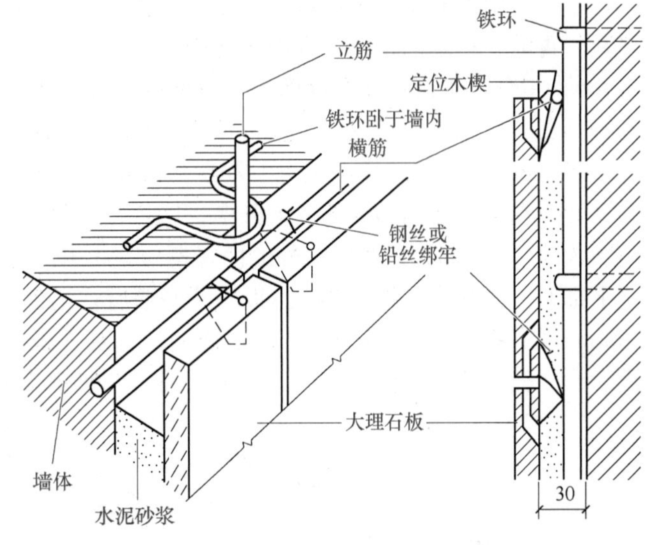

图2-32 绑扎钢筋网片

(4) 钻孔、固定不锈钢丝

1) 牛轭孔：在板材截面（侧面）上钻孔打眼，孔径5mm左右，孔深15～20mm，孔位一般距板材两端1/4～1/3。直孔应钻在板厚度中心（现场钻孔应将饰面板固定在木架上，用手电钻直对板材钻孔位置下钻，孔最好是订货时由生产厂家加工）。如板材长度不小于600mm，则应在中间加钻一孔，再在板背的直孔位置，距板边8～10mm打一横孔，使直孔与横孔连通成“牛轭孔”。钻孔后，用合金钢錾子在板材背面与直孔正面轻轻打凿，剔出深4mm的小槽，以便挂丝时绑扎丝不能露出，造成拼缝间隙。依次将板材翻转再在背面打出相应的“牛轭孔”。

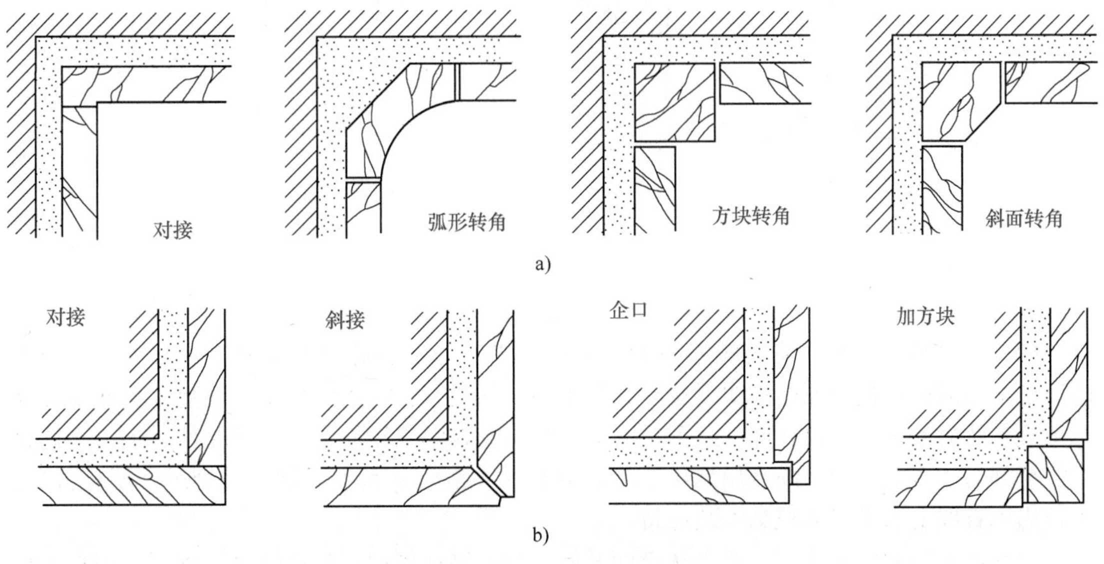

图2-33 石材饰面阴阳角做法

a) 阴角做法 b) 阳角做法

2) 打斜孔：即孔眼与板面成35°。打孔直径为5mm左右，孔位一般距板材两端1/4～1/3。用手电钻斜对板材上下面成60°，向板背面打穿。

3）打直孔：即孔眼与板侧面成90°。打孔直径为5mm左右，孔位一般距板材两端1/4～1/3。用手电钻正对板材上及侧面成90°，挂丝后孔内允填环氧树脂或用铅皮卷好挂丝挤紧，再灌入粘结剂将挂丝嵌固于孔内。

4）三角形锯口：在厚度面上与背面的边长1/4～1/3处锯三角形锯口，在锯口内挂丝。各种钻孔，如图2-34所示。挂丝宜用铜丝或不锈钢丝。

5）四道槽或三道槽：此法工效高，目前较为常用。即用电动手提式石材无齿切割机的圆锯片，在需绑扎钢丝的部位上开槽，四道槽的位置是：板块背面的边角处开两条竖槽，其间距为30～40mm，板块侧边外的两竖槽位置上开一条横槽，再在板块背面上的两条竖槽位置下部开一条横槽（图2-34）。板块开好槽后，把备好的18号或20号不锈钢丝或铜丝剪成300mm长，并弯成U形。将U形不锈钢丝先套入板背横槽内，U形的两条边从两条槽内通出后，在板块侧边横槽处交叉。然后再通过两竖槽将不锈钢丝在板块背面扎牢。

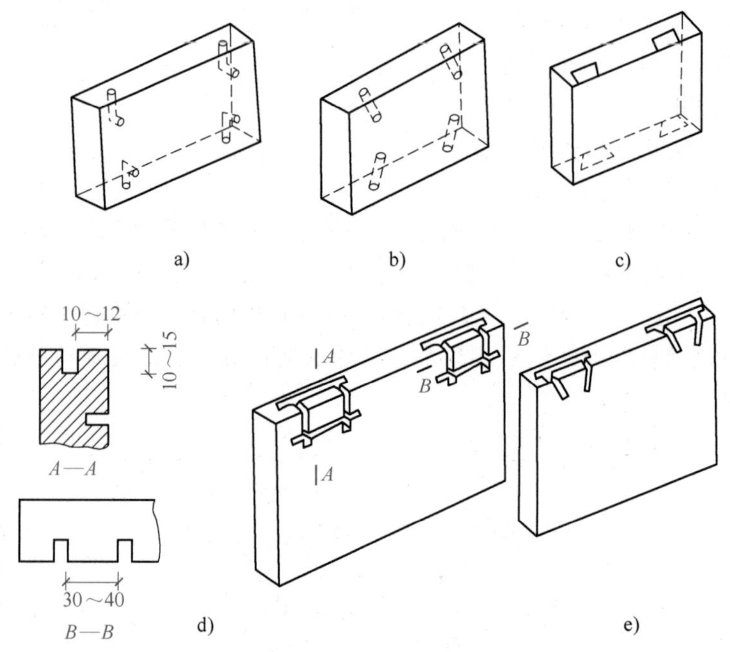

图2-34 饰面板各种钻孔
a）牛轭孔 b）斜孔 c）三角形锯口 d）四道槽 e）三道槽

（5）板块安装就位 安装顺序一般由下往上进行，每层板块由中间或一端开始。先将墙面最下层的板块按地面标高线就位，如果地面未做出，就需用垫块把板块垫高至地面标高线位置。然后使板材上口外仰，把下口不锈钢丝绑扎在水平横筋上，再绑扎板材上口不锈钢丝，绑好后用木楔垫稳。随后用靠尺板检查调整后，最后系紧不锈钢丝。最下一层定位后，再拉出垂直线和水平线来控制安装质量。

柱面可按顺时针安装，一般先从正面开始。第一层就位后，要用靠尺找垂直，用水平尺找平整，用方尺打好阴、阳角。如发现板材规格不准确或板材间隙不匀，应用铅皮加垫，使板材间缝隙均匀一致，以保持每一层板材上口平直，为上一层板材安装打下基础。

（6）板块固定 板材安装就位后，用纸或熟石膏（调制石膏时，可掺加20%水泥，以增加强度，防止石膏裂缝，但白色大理石容易污染，不要掺水泥），将两侧缝隙堵严，上、下口临时固定，较大的块材以及门窗贴脸饰面板应加支撑。为了矫正视觉误差，安装门窗贴脸时，应按1%起拱。对临时固定的板块，用角直尺检查板面是否平直，重点保证板与板的交接处四角平直度，发现问题，立即校正，待石膏硬固后方可进行灌浆。

（7）灌浆 用1∶2.5（体积比）水泥砂浆，稠度为8～12cm，分层灌注。灌注时不要碰动板材，也不要只从一处灌注，同时要检查板材是否因灌浆而外移。第一层浇灌高度为15cm，即不得超过板材高度的1/3。第一层灌浆很重要，要锚固下口铜丝及板材，应轻轻操作，防止碰撞和猛灌。一旦发生板材外移错动，应拆除重新安装。

待第一层灌浆后稍停1～2h，并经检查板材无移动后，再进行第二层灌浆，高度为20～30cm。第三层灌浆灌到低于板材上口5cm处，余量作为上层板材灌浆的接缝。

（8）清理 第一层灌浆完毕，待砂浆初凝后，即可清理板材上口余浆，并用棉丝擦干净。隔天再清理板材上口木楔和有碍安装上层板材的石膏，以后用相同方法把上层板材下口用不锈钢丝或铜丝拴在第一层板材上口，固定在不锈钢丝或铜丝处，依次进行安装。所以要防止把钢丝拧断或将大理石槽口弄断裂。

（9）嵌缝 全部石板材安装完毕后，应将表面清理干净，并按板材颜色调制水泥色浆嵌缝，边嵌边擦拭清洁，使缝隙密实干净，颜色一致。安装固定后的板材，如面层光泽受到影响，要重新打蜡上光。

三、质量要求与检查评定

1）饰面板的品种、规格、颜色、图案必须符合设计要求，并符合现行标准规定。

2）饰面板镶贴必须牢固，严禁空鼓，无歪斜、缺棱、掉角和裂缝等缺陷，表面平整、洁净、色泽协调一致。

3）接缝填嵌密实、平直、宽窄一致、颜色一致，阴阳角处的砖压向正确，非整砖的使用部位适宜。

4）套割：用整砖套割吻合、边缘整齐；墙裙、贴脸等突出墙面的厚度一致。

5）流水坡向正确，滴水线顺直。

6）允许偏差项目见表2-24。

表2-24 石材饰面板镶贴允许偏差

<table>
<tr><th rowspan="3">项次</th><th rowspan="3" colspan="2">项目</th><th colspan="4">允许偏差/mm</th><th rowspan="3">检验方法</th></tr>
<tr><th colspan="3">天然石</th><th rowspan="2">人造石</th></tr>
<tr><th>光面、镜面</th><th>粗磨面、麻面、条纹面</th><th>天然面</th></tr>
<tr><td rowspan="2">1</td><td rowspan="2">立面垂直度</td><td>室内</td><td>2</td><td>9</td><td></td><td>2</td><td rowspan="2">用2m托线板检查</td></tr>
<tr><td>室外</td><td>3</td><td>6</td><td></td><td>3</td></tr>
<tr><td>2</td><td colspan="2">表面平整度</td><td>1</td><td>3</td><td></td><td>1</td><td>用2m靠尺和楔形塞尺检查</td></tr>
<tr><td>3</td><td colspan="2">阴阳角方正</td><td>2</td><td>4</td><td></td><td>2</td><td>用20cm方尺检查</td></tr>
<tr><td>4</td><td colspan="2">接缝直线度</td><td>2</td><td>4</td><td>5</td><td>2</td><td rowspan="2">用5m线检查，不足5m拉通线检查</td></tr>
<tr><td>5</td><td colspan="2">墙裙勒脚上口直线度</td><td>2</td><td>3</td><td>3</td><td>2</td></tr>
<tr><td>6</td><td colspan="2">接缝高低差</td><td>0.5</td><td>3</td><td></td><td>0.5</td><td>用直尺和楔形塞尺检查</td></tr>
<tr><td>7</td><td colspan="2">接缝宽度</td><td>0.5</td><td>1</td><td>2</td><td>0.5</td><td>用直尺检查</td></tr>
</table>

任务14 玻璃幕墙施工

【任务描述】

某框架结构工程，外墙为加气轻质混凝土砖墙，外装饰采用明框玻璃幕墙。外墙总面积40m²，采用120系列铝合金明框，低辐射中空玻璃幕墙，中空玻璃具体性能：6高透光钢化Low-E+12氩气+6透明。

玻璃幕墙施工（图片）

【能力要求】

要求学生能够针对工作任务制定完整的工作计划，包括材料的选取、施工机具与环境的准备及施工流程计划，能够写出较为详细的技术交底，并能够正确进行质量检查验收。

【知识导入】

我国幕墙业在经济高速发展的背景下，用较短的时间完成了从起步到发展壮大的过程，这在建筑史上是史无前例的，但在玻璃幕墙业占据建筑物外立面的时候，一些材质伪劣、做工粗糙、违规施工等问题逐步暴露出来，这些问题隐患终将影响工程质量。如何规范施工工艺，提高工程质量是工程技术人员值得研究的课题。

现阶段在我国应用较广泛的玻璃幕墙有明框玻璃幕墙、全（半）隐框玻璃幕墙、无框全玻璃幕墙及特殊玻璃幕墙等。

玻璃幕墙工程必须由具有专业幕墙施工资质的公司设计、制作及安装。

【任务实施】

一、施工准备

1. 材料准备

耐候密封胶、填缝泡沫条、清洁剂、清洁布、注胶枪、刮胶纸、刮胶铲、L形转接件、横梁、竖梁、螺栓、插芯、玻璃、玻璃垫块、橡胶条等。

2. 主要机具准备

无齿锯片切割机、手电钻、冲击电钻、射钉枪、各种规格的钻花、扳手、螺钉旋具、手锤、墨线、线锤、尼龙线、钢卷尺、电焊机、氧切设备、手动吸盘、电动吊篮、注胶枪、风动拉铆枪、安全带等。

3. 作业条件准备

1）应编制幕墙施工组织设计，并严格按施工组织设计的顺序进行施工。

2）幕墙应在主体结构施工完毕后开始施工。对于高层建筑的幕墙，如因工期需要，应在保证质量与安全的前提下，可按施工组织设计沿高分段施工。在与上部主体结构进行立体交叉施工幕墙时，结构施工层下方及幕墙施工的上方，必须采取可靠的防护措施。

3）幕墙施工时，原主体结构施工搭设的外脚手架宜保留，并根据幕墙施工的要求进行必要的拆改（脚手架内层距主体结构不小于300mm）。如采用吊篮安装幕墙时，吊篮必须安全可靠。

4）幕墙施工时，应配备必要的安全可靠的起重吊装工具和设备。

5）当装修分项工程会对幕墙造成污染或损伤时，应将该项工程安排在幕墙施工之前施工，或应对幕墙采取可靠的保护措施。

6）不应在大风大雨气候下进行幕墙的施工。当气温低于－5℃时不得进行玻璃安装，不应在雨天进行密封胶施工。

7）应在主体结构施工时控制和检查固定幕墙的各层楼（屋）面的标高、边线尺寸和预埋件位置的偏差，并应在幕墙施工前对其进行检查与测量。当结构边线尺寸偏差过大时，应先对结构进行必要的修正；当预埋件位置偏差过大时，应调整框料的间距或修改连结件与主体结构的连接方式。

二、施工工艺

1. 工艺流程

测量放线→连接件安装→竖梁安装→横梁安装→避雷节点安装→层间防火安装→玻璃板安装→玻璃板缝注胶。

2. 施工要点

（1）测量放线　以建筑物轴线为准，按设计要求将竖梁位置线弹到主体结构上。竖梁立柱由于与主体结构锚固，所以位置必须准确，横梁以竖梁为依托，在竖梁布置完毕后再安装，所以对横梁的弹线可推后进行。在工作层上放出 z、y 轴线，用激光经纬仪依次向上定出轴线。再根据各层轴线定出楼板预埋件的中心线，并用经纬仪垂直逐层校核，再定各层连接件的外边线，以便与竖梁连接。如果主体结构为钢结构，由于弹性钢结构有一定挠度，故应在低风时测量定位（一般在上午8点，风力在1～2级以下时）为宜，且要多测几次，并与原结构轴线复核、调整。放线结束，必须建立自检、互检与专业人员复验制度，确保万无一失。

（2）连接件安装　根据竖梁放线标记，将L形转接角钢码采用M16的螺栓固定在预埋件上，转接角钢码中心线上下偏差应小于2mm，左右偏差应小于2mm。L形转接角钢码与竖梁接触边应垂直于幕墙横向面线，且应保持水平，不能因预埋板的倾斜而倾斜。遇到预埋板倾斜情况时，应在角钢码与预埋钢板面之间填塞钢板或圆钢条进行支垫，并应进行满焊。

L形转接角钢码连接如图2-35所示。

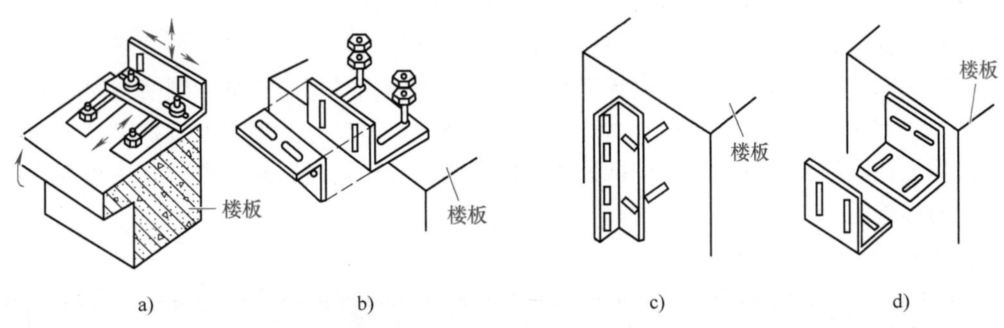

图2-35　L形转接角钢码连接

a）楼板上滑槽与转接角钢码连接　b）楼板上角钢与转接角钢码连接
c）楼板侧预埋固定螺栓与转接角钢码连接　d）楼板侧角钢与转接角钢码连接

（3）竖梁安装　工艺操作流程：检查竖梁型号、规格（常见形式见图2-36）→对号就位→套芯套，固定梁下端→穿螺栓固定梁上端→三维方向调正。

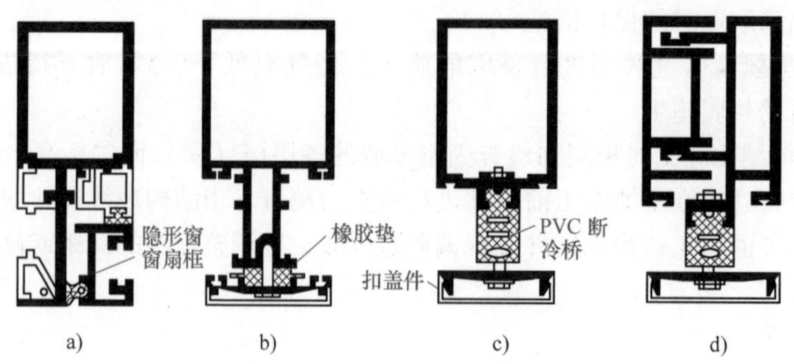

图 2-36 幕墙竖梁常见形式图
a）隐形窗幕墙竖梁安装形式 b）橡胶垫隔热幕墙竖梁安装形式
c）PVC 断冷桥隔热幕墙竖梁安装形式 d）变形缝处幕墙竖梁安装形式

竖梁安装一般由下而上进行，带芯套的一端朝上。第一根竖梁按悬垂构件先固定上端，调正后固定下端；第二根竖梁将下端对准第一根竖梁上端的芯套用力将第二根竖梁套上（插芯长度不小于 420mm，见图 2-37），并保留 15mm 的伸缩缝，再吊线或对位安装梁上端，依此往上安装。将竖向铝立柱用两颗 M12×140 不锈钢螺栓固定在转接角钢码上，角钢码与铝立柱之间用 2mm 厚尼龙垫片隔离，螺栓两端与转接角钢码接触部位各加一块 2mm 厚圆形垫片。

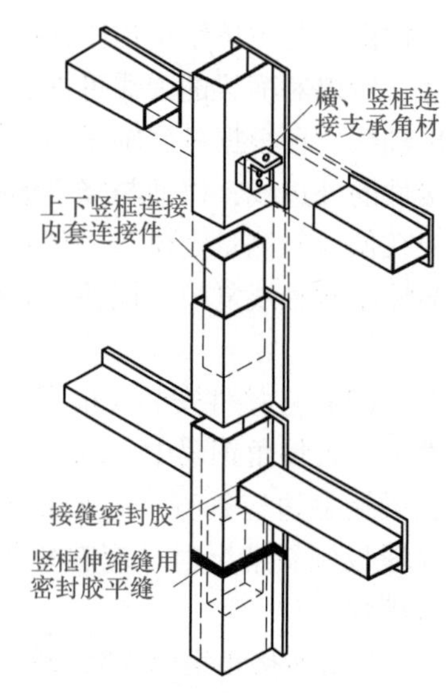

图 2-37 竖梁接长图

（4）横梁安装 横梁常见形式如图 2-38 所示。横梁就位安装先找好位置，将横梁角码置于横梁两端，再将横梁垫圈预置于横梁两端，用 M6×80 不锈钢螺栓穿过横梁角码、垫圈及竖梁，逐渐收紧不锈钢螺栓，同时注意观察横梁角码的就位情况，调整好各配件的位置以保证横梁的安装质量。横梁安装如图 2-39 所示。

横梁安装完成后要对横梁进行检查，主要检查以下几项内容：各种横梁的就位是否有错，横梁与竖梁接口是否吻合，横梁交圈是否规范整齐，横梁是否水平，横梁外侧面是否与竖梁外侧面在同一平面上等。横梁上下表面与立柱正面应成直角，严禁向下倾斜，若发生此种现象应采用自攻钉将角铝块直接固定在立柱上，以增强横梁抵抗扭矩的能力。使用耐候密封胶密封立柱间接缝和立柱与横梁的接缝间隙。

（5）避雷节点安装

1）选用材料：宜采用直径为 12mm 的镀锌圆钢和 1mm 厚的不锈钢避雷片。在各大角及垂直避雷筋交接部位，均采用直径为 12mm 的镀锌圆钢进行搭接；在铝立柱与钢立柱的交接部位及各立柱竖向接头的伸缩缝部位，均采用不锈钢避雷片连接。

2）避雷线布置：每三层应加设一圈横向闭合的避雷筋，且应与每块预埋件进行搭接；在主楼各层的女儿墙部位及塔楼顶部均设置一圈闭合的避雷筋与幕墙的竖向避雷筋进行搭接。首层的竖向避雷筋与主体结构的接地扁铁进行搭接。

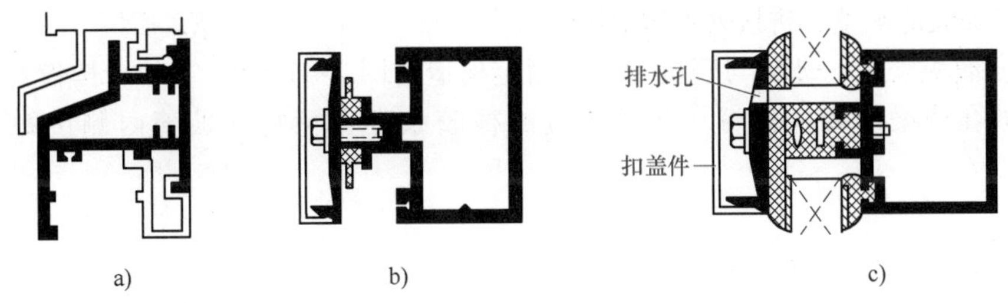

图 2-38　幕墙横梁常见形式图

a）隐形窗幕墙横梁安装形式　b）非隔热幕墙横梁安装形式　c）PVC 冷桥隔热幕墙横梁安装形式

3）连接要求：镀锌圆钢与横向、纵向主体结构预留的避雷点进行搭接，双面焊接的长度不低于 80mm。在避雷片安装时，需将铝型材、镀锌钢材表面的镀膜层使用角磨机磨除干净，以确保避雷片的全面接触，达到导电效果。接触面应平整，采用四颗 M5 ×20 自攻钉固定。

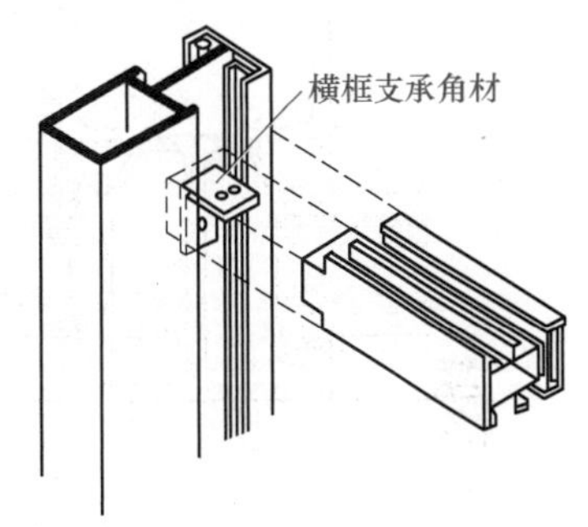

图 2-39　横梁安装图

（6）层间防火安装（图 2-40）

1）镀锌铁皮安装：根据现场结构与玻镁板背面的实际距离，进行镀锌铁皮的裁切加工；依据现场结构实际情况确定防火层的高度位置，依据横梁的上口为准弹出镀锌铁皮安装的水平线；采用射钉将镀锌铁皮固定在结构面上，射钉的间距应以 300mm 为宜；将裁切的镀锌铁皮的另一边直接采用拉铆钉固定在玻璃背面的玻镁板上。

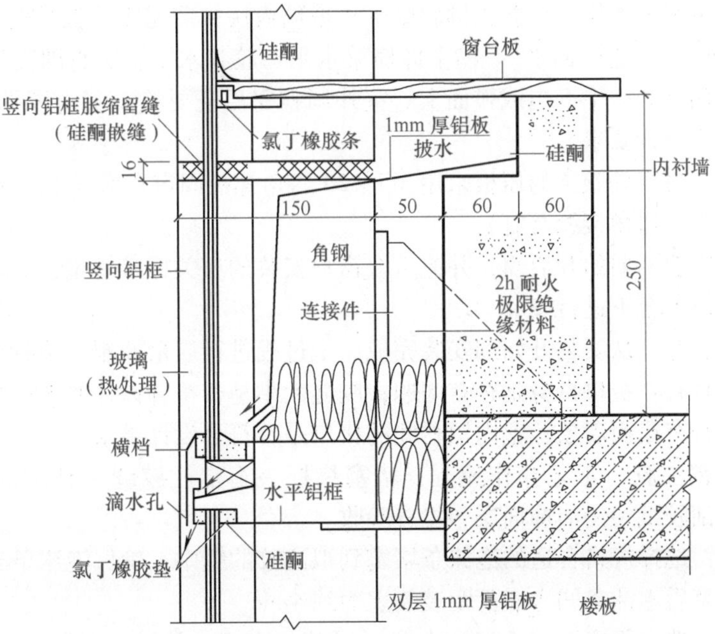

图 2-40　层间防火构造图

2）防火岩棉安装：依据现场实际间隙将防火岩棉裁剪后，平铺在镀锌铁皮上面；在防火岩棉接缝部位、结构面和玻镁板背面之间，采用防火密封胶进行封堵。

防火层安装应平整，拼接处不留缝隙。

（7）玻璃板安装　玻璃与竖梃和横梃固定构造见图2-41和图2-42，按设计要求将玻璃垫块安放在横梁的相应位置；选择相应的橡胶条穿在型材（玻璃内侧接触部位）槽口内。

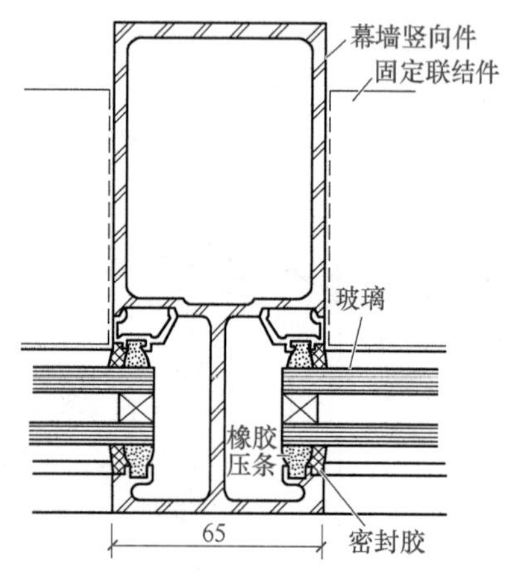

图2-41　玻璃与竖梃固定

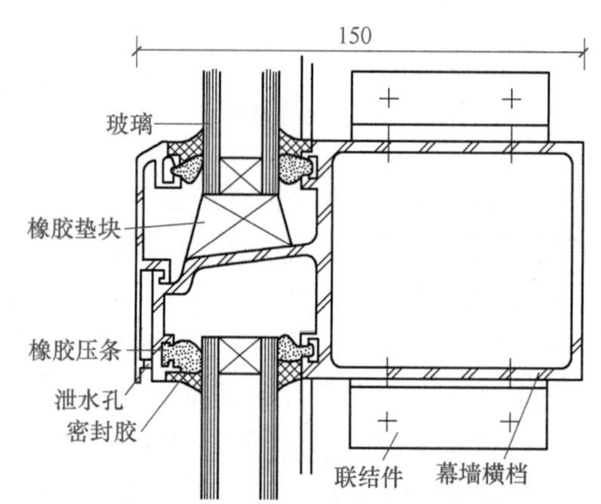

图2-42　玻璃与横梃固定

用中空吸盘将玻璃板块运到安装位置，随后将玻璃板块由上向下轻轻放在玻璃垫块上，使板块的左右中心线与分格的中心线保持一致。

采用临时压板将玻璃压住，防止倾斜坠落，玻璃板块初装完成后就对板块进行调整，调整的标准即“横平、竖直、面平”。横平即横梁水平，胶封水平；竖直即竖梁垂直、胶封垂直；面平即各玻璃在同一平面内或弧面上。室外调整完后还要检查室内该平的地方是否平，各处尺寸是否达到设计要求。

调整完成后，将穿好胶条的压板采用M5×20六角螺栓固定在横梁上（胶条的自然长度应与框边长度相等，边角接缝严密）。

按设计图样安装幕墙的开启窗，并应符合窗户安装的有关标准规定；玻璃板块由下至上安装，每个楼层由上至下进行安装。

每次玻璃安装时，从安装开始到安装完成，全过程进行质量控制。验收也是穿插于全过程中，验收的内容有：板块自身是否有问题；胶缝大小是否符合设计要求；胶缝是否横平竖直；玻璃板块是否有错面现象；室内铝材间的接口是否符合设计要求。

（8）玻璃板缝注胶　工艺操作流程：堵塞垫杆→清洁注胶缝→粘贴刮胶纸→注密封胶→刮胶→撕掉刮胶纸→清洁饰面层→检查验收。

填塞泡沫条：选择规格合适的泡沫条堵塞到拟注胶的缝中，确保泡沫条与板块侧面有足够的摩擦力，堵塞后泡沫条凹入表面距玻璃表面约4mm。

清洁注胶缝：选用干净不掉毛清洁布和二甲苯，用“二块抹布法”将注胶缝在注胶前半小时内清洁干净。

粘贴刮胶纸：将保护胶纸粘贴在胶缝两边，刮胶后即将胶纸撕掉，注意玻璃面清洁，不要沾染余胶。

注胶：胶缝在清洁后半小时内应尽快注胶，超过时间后应重新清洁。

刮胶：刮胶应沿同一方向将胶缝刮平（或凹面），同时应注意密封胶的固化时间。

三、质量要求

1）玻璃幕墙所用的玻璃、骨架、连接件、密封条（胶）、防火保温材料和封闭端面金属板材等，其品种、级别、规格、颜色必须符合设计要求和产品标准的规定，并按规范要求进行现场取样测试。

2）金属骨架：色泽一致，表面洁净，无污染、麻点、凹坑、划痕，拼接缝严密、平整，横平竖直，无错台错位。一个分格铝合金型材的表面质量和检验方法应符合表2-25的规定。

3）玻璃：玻璃安装朝向正确，表面洁净、平整、无翘曲、无污染，玻璃颜色一致，膜面层完好，反映外界影像无畸变，四边45°角倒磨光滑，线条交圈，外观晶莹美观，外观质量和性能符合国家现行有关标准和规定。每平方米玻璃的表面质量和检验方法见表2-26。

表2-25　一个分格铝合金型材的表面质量和检验方法

项次	项　目	质量要求	检验方法
1	明显划伤和长度大于100mm的轻微划伤	不允许	观察
2	长度小于或等于100mm的轻微划伤	≤2条	用钢尺检查
3	擦伤总面积	≤500mm^2	用钢尺检查

表2-26　每平方米玻璃的表面质量和检验方法

项次	项　目	质量要求	检验方法
1	明显划伤和长度大于100mm的轻微划伤	不允许	观察
2	长度小于或等于100mm的轻微划伤	≤8条	用钢尺检查
3	擦伤总面积	≤500mm^2	用钢尺检查

4）压条及玻璃胶：压条扣扳平直，对口严密，安装牢固、整齐，密封条安装嵌塞严密，使用密封膏的部位必须干净，与被密封物粘结牢固，外表顺直，无错台错位，且光滑、严密、美观，胶缝以外无污渍。

5）防火保温填充材料应符合以下要求：用料干燥，铺设厚度符合要求，均匀一致，无遗漏，铺贴牢固不下坠。

6）玻璃墙收口、压条应符合以下规定：收口严密无缝，压条顺直，无错台错位，坡度准确，排水孔畅通。

7）有关防雷接地的线路安装质量要符合电气安装规范要求。

8）明框玻璃幕墙的安装允许偏差和检验方法应符合表2-27的规定。

表2-27　明框玻璃幕墙的安装允许偏差和检验方法

项次	项　目		允许偏差/mm	检验方法
1	幕墙垂直度	幕墙高度≤30m	10	用经纬仪检查
		30m＜幕墙高度≤60m	15	
		60m＜幕墙高度≤90m	20	
		幕墙高度＞90m	25	

（续）

项次	项　　目		允许偏差 /mm	检验方法
2	幕墙水平度	幕墙幅宽≤35m	5	用水平仪检查
		幕墙幅宽＞35m	7	
3	构件直线度		2	用2m靠尺和塞尺检查
4	构件水平度	构件长度≤2m	2	用水平仪检查
		构件长度＞2m	3	
5	相邻构件错位		1	用钢直尺检查
6	分格框对角线长度差	对角线长度≤2m	3	用钢尺检查
		对角线长度＞2m	4	

9）隐框、半隐框玻璃幕墙的安装允许偏差和检验方法应符合表2-28的规定。

表2-28　隐框、半隐框玻璃幕墙的安装允许偏差和检验方法

项次	项　　目		允许偏差/mm	检验方法
1	幕墙垂直度	幕墙高度≤30m	10	用经纬仪检查
		30m＜幕墙高度≤60m	15	
		60m＜幕墙高度≤90m	20	
		幕墙高度＞90m	25	
2	幕墙水平度	层高≤3m	3	用水平仪检查
		层高＞3m	5	
3	幕墙表面平整度		2	用2m靠尺和塞尺检查
4	板材立面垂直度		2	用垂直检测尺检查
5	板材上沿水平度		2	用1m水平尺和钢直尺检查
6	相邻板材板角错位		1	用钢直尺检查
7	阳角方正		2	用直角检测尺检查
8	接缝直线度		3	拉5m线，不足5m拉通线，用钢直尺检查
9	接缝高低差		1	用钢直尺和塞尺检查
10	接缝宽度		1	用钢直尺检查

任务15　铝板幕墙施工

【任务描述】

某框架结构工程，外墙为加气轻质混凝土砖墙，外装饰采用4mm厚复合铝板。幕墙面积为40m²，其功能为建筑外装饰和外围护。板材分块面积为1.2m×2.7m，折边宽25mm，90°U形槽，板后四周为铝方管加强边框，中间平加三道短向横肋，以保证铝板刚度。将幕墙面板固定在框架龙骨上的铝角码沿铝板周边布置，间距350mm，边缘角码距离边端不大于100mm。竖龙骨每根长度根据不同层高采用6.6m、6.0m、4.5m三种规格。

铝板幕墙施工（图片）

【能力要求】

要求学生能够针对工作任务制定完整的工作计划，包括材料的选取、施工机具与环境的准备及施工流程计划，能够写出较为详细的技术交底，并能够正确进行质量检查验收。

【知识导入】

铝板幕墙质感独特，色泽丰富、持久，而且外观形状多样化，并能与玻璃幕墙材料、石材幕墙材料完美地结合。铝板幕墙的完美外观及优良品质，使其备受业主青睐。其自重轻，仅为大理石的五分之一，是玻璃幕墙的三分之一，大幅度减少了建筑结构和基础的负荷，而且维护成本低，性能的价格比高。

就目前国内使用的铝板幕墙而言，绝大部分是复合铝板和铝合金单板，见图2-43和图2-44。复合铝板是内外两层0.5mm的纯铝板（室内用为0.2~0.25mm），中间夹层为3~4mm厚的聚乙烯（PE或聚氯乙烯PVC）经辊压热合而成，商品为一定规格的平板，如1220mm×2440mm。

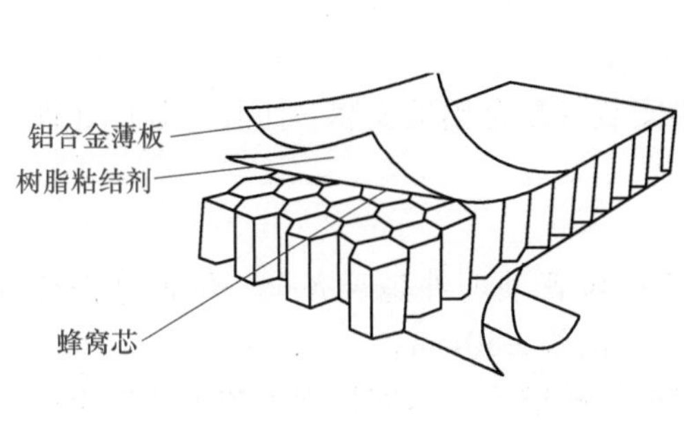

图2-43　复合铝板

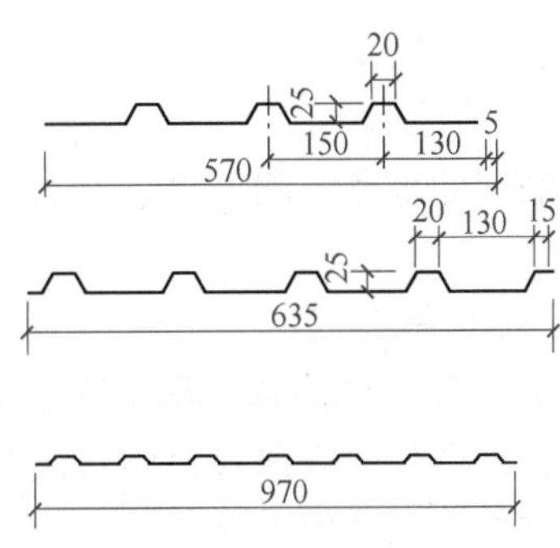

图2-44　铝合金单板

用复合铝板表面的氟碳漆也是以辊涂的方式与辊压、热合一次完成的，涂层的厚度一般为20μm左右。铝合金单板一般是2~4mm的铝合金板，在制作成墙板时，先按二次设计的要求进行钣金加工，直接折边，四角经高压焊接成密合的槽状，墙板背面用电焊植钉的方式预留加强筋的固定螺栓。钣金工作完成之后，再进行氟碳漆的喷涂，一般有二涂、三涂，漆膜厚度为30~40μm。

铝板幕墙基本构造如图2-45和图2-46所示。

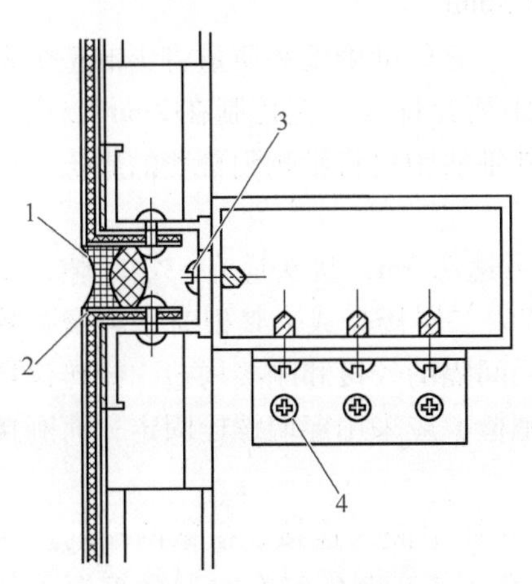

图2-45　复合铝板安装构造图

1—泡沫条 $\phi18$　2—密封胶

3、4—自攻钉 $\phi5\times16$

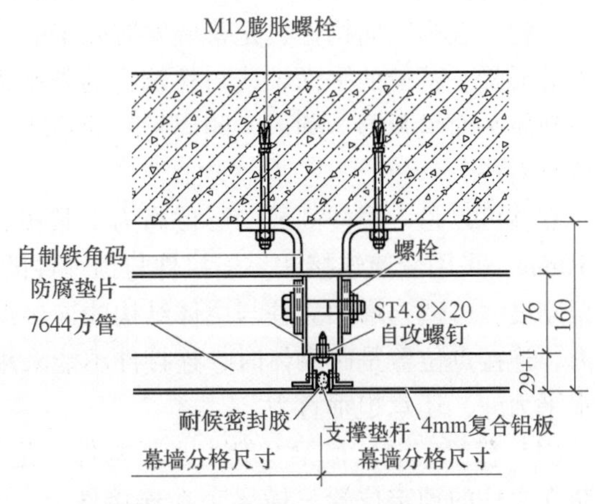

图2-46　铝合金单板安装构造图

【任务实施】

一、施工准备

1. 材料准备

连接件、竖梃、横梃、铝板板块、不锈钢机械螺栓、固定压脚、铝铆钉、铝板、装饰条、耐候密封胶、填缝泡沫条、清洁剂、清洁布、注胶枪、刮胶纸、刮胶铲。

2. 主要机具准备

小功率电锯或手锯、电钻、电锤、射钉枪、手刨、刮刀，锉刀、剪床、尖嘴钳子、美工刀、三辊校直机、电焊机、空气压缩机、镀锌自攻螺钉、铁钉和螺钉旋具等。

3. 作业条件准备

同玻璃幕墙。

二、施工方法

1. 工艺流程

安装前的准备→测量放线→立柱安装→横梁安装→复合铝板安装→注胶→收口处理→清理现场。

2. 施工要点

（1）安装前的准备　施工安装前应检查各连接位置预埋件是否齐全，位置是否符合设计要求。预埋件允许偏差：标高偏差 ±10mm；轴线偏差 ±30mm。

预埋件遗漏或位置偏差过大、倾斜时，应采取补救措施。幕墙预埋件和连接件应进行防腐处理，不同金属材料接触处应设置绝缘垫层或采取其他防腐措施进行处理。

（2）测量放线　测量放线应与主体结构测量放线相配合，水平标高要逐层从地面引上，以免误差累积。测量时风力不应大于四级，应沿楼板外檐弹出墨线或用钢琴线定出幕墙平面基准线。从基准线外返一定距离为幕墙平面，以此线为基准确定立柱的前后位置，从而决定整片幕墙的位置。

（3）立柱安装　立柱先连接好连接件，再将连接件（铁码）点焊在预埋钢板上，然后调整位置。立柱的垂直度可由吊锤控制，位置调整准确后，才能将铁码正式焊接在预埋铁件上。安装允许偏差：标高 ±3mm，前后 ±2mm，左右 ±3mm。

立柱一般为竖向构件，是幕墙安装施工的关键之一。它的准确度和质量将影响整个幕墙的安装质量。幕墙的平面轴线与建筑物的外平面轴线距离允许偏差应控制在 2mm 以内，特别是建筑平面呈弧形、圆形、四周封闭的幕墙，其内外轴线距离将影响到幕墙的周长，应特别认真对待。

立柱可以是一层楼高或二层楼高为 1 整根，长度可达 7.5m，接头应有一定间隙，不小于 10mm，采用套筒连接法。连接件与预埋件的连接若为二层楼高或 1 整根时，为增强幕墙框架刚度，可适当增加立柱与主体结构的连接点。采用间隔的铰接和刚接构造，铰接仅抗水平力，连接点位置是砖砌体时，连接件不能采用膨胀螺栓，应采用穿墙螺栓固定；而刚接除抗水平力外，还承担垂直力。

（4）横梁安装　横梁一般为水平构件，是分段在立柱中嵌入连接，横梁两端的连接件安装在立柱的预定位置。横梁套在连接件上，不要固定，并在制作时有意稍微缩短下料长度，使接头处有一定间隙。由于立柱间通过套筒连接，接头处存在间隙，横梁与立柱间同样存在间隙，从而使立柱和横梁安装后能够形成一个具有一定变形能力的框架骨架，以适应和消除建筑挠度变形和温度变形的影响，提高其承载能力。但如果横梁出现弧形、折线或折角，为防止横梁脱落，应将横梁与连接件固定。

横梁的安装精度：相邻两根横梁的水平标高偏差不大于1mm，同层标高偏差不大于4mm，与立柱表面高低偏差不大于1mm。同一层的横梁安装应由下向上进行。当安装完一层高度时，应进行检查、调整、校正、固定，使其符合质量要求。当一幅幕墙宽度小于或等于35m时，同层横梁标高差不应大于5mm；当一幅幕墙宽度大于35m时，同层横梁标高差不应大于7mm。

（5）复合铝板安装　复合铝板制作成型后，整块铝板通过四周铝角码（或铝角铁）与龙骨连接，用螺钉固定在龙骨上，安装简便，但要注意控制安装精度。铝板板块调整完成后马上要进行固定，主要是用压块固定，上压块时要注意钻孔，手电钻钻嘴不得大于$\phi4.2$，螺栓采用M5×20的不锈钢机械螺钉，压块间距不大于300mm，上压块要上正压紧，杜绝松动现象。

（6）注胶　接缝必须用耐候胶嵌缝予以密封，防止气体渗透和雨水渗漏。嵌缝耐候胶注胶时应注意：①充分清洁板间缝隙，保证粘结面清洁，并加以干燥；②为调整缝的深度，避免三边沾胶，缝内充填聚氯乙烯发泡材料（小圆棒）；③注胶后应将胶缝表面抹平，去掉多余的胶；④注意注胶后的养护，胶在未完全硬化前，不要沾染灰尘和划伤。

铝板幕墙安装后，从上到下逐层将铝板表面的保护胶纸撕掉，同时逐层同步拆架。拆架时应注意保护铝板，不要碰伤、划伤，最后完成整个幕墙工程的施工。

（7）收口处理　水平部位的压顶、端部的收口、伸缩缝的处理、两种不同材料的交接处理等不仅关系到装饰效果，而且对使用功能也有较大影响。因此，一般多用特制的铝合金成型板进行妥善处理。

构造比较简单的转角处理是用一条厚度1.5mm的直角形铝合金板，与外墙板用螺栓连接。直角形铝合金板的表面颜色与外墙板相似。

窗台、女儿墙的上部，均属于水平部位的压顶处理，即用铝合金板盖住，使之能阻挡风雨浸透（图2-47和图2-48）。水平盖板的固定，一般先在基层焊上钢骨架，然后用螺栓将盖板固定在骨架上。板的接长部位宜留5mm左右的间隙，并用胶密封。

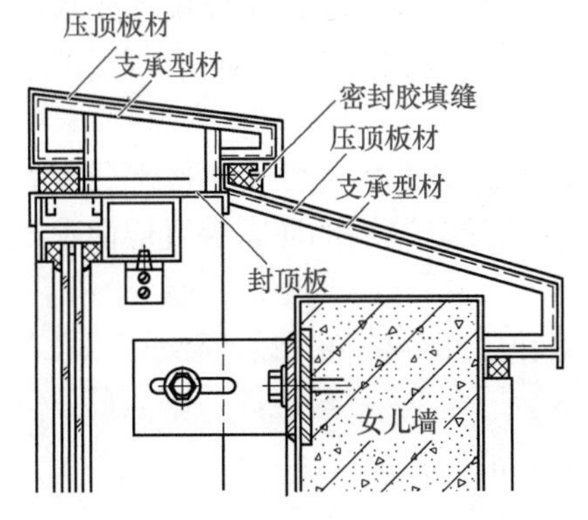

图2-47　女儿墙收口构造图

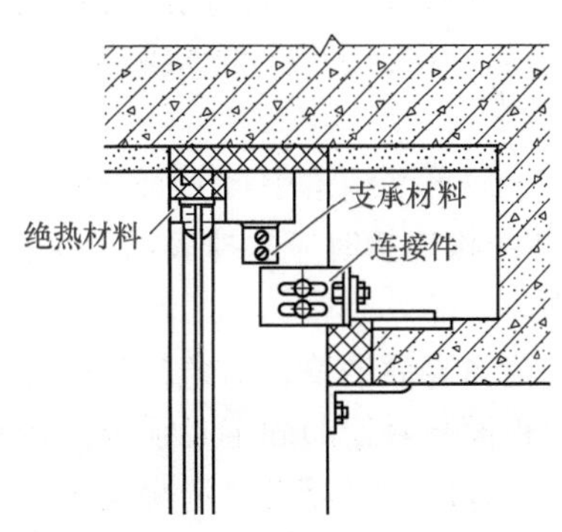

图2-48　顶部水平压顶构造图

墙面边缘部位的收口处理，是用铝合金成形板将墙板端部及龙骨部位封住（图2-49）。

墙面下端的收口处理，是用一条特制的披水板，将板的下端封住，同时将板与墙之间的间隙盖住，防止雨水渗入室内（图2-50）。

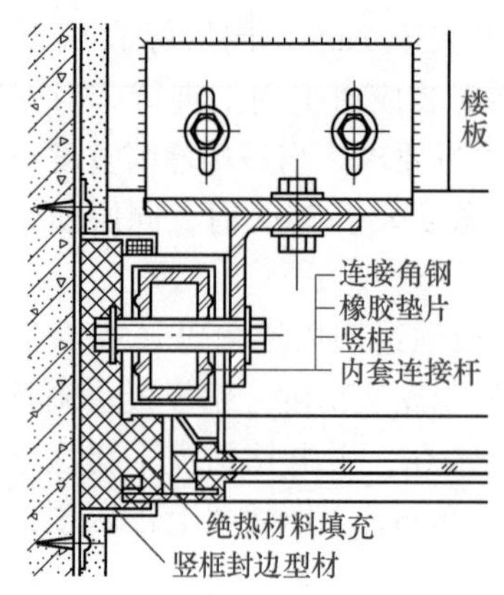

图2-49 侧端部收口构造图

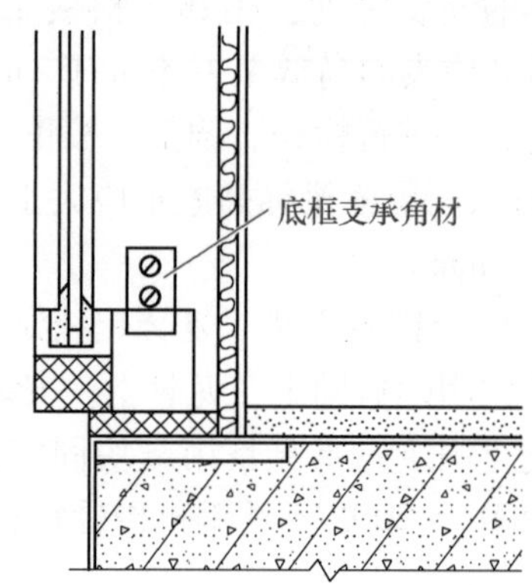

图2-50 下端收口构造图

伸缩缝、沉降缝的处理，首先要适应建筑物伸缩、沉降的需要，同时也应考虑装饰效果。另外，此部位也是防水的薄弱环节，其构造节点应周密考虑。一般可用氯丁橡胶带起连接、密封作用（图2-51）。

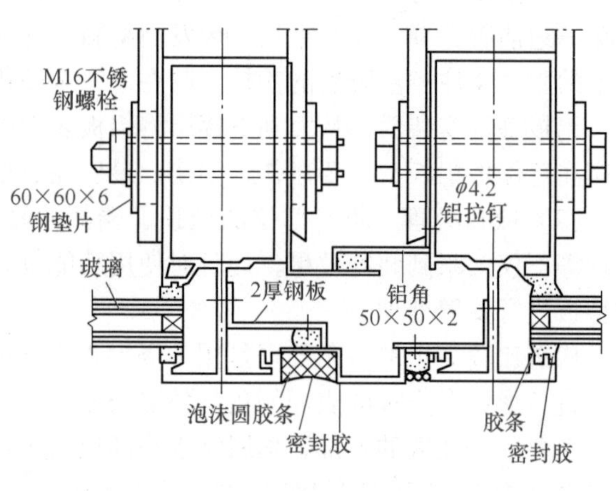

图2-51 变形缝构造图

（8）清理现场 铝板幕墙安装后，从上到下逐层将铝板表面的保护胶纸撕掉，同时逐层同步拆架。拆架时应注意保护铝板，不要碰伤、划伤，最后完成整个幕墙工程的施工。

三、质量标准及检查验收

1）金属幕墙工程所使用的各种材料、配件大部分都有国家标准，应按设计要求严格检查材料产品合格证书及性能检测报告、材料进场验收记录、复验报告。不符合规定要求的严禁使用。

2）金属幕墙结构中自上而下的防雷装置与主体结构的防雷装置可靠连接十分重要，导线与主体结构连接时应除掉表面的保护层，与金属直接连接。幕墙的防雷装置应由建筑设计单位认可。

3）金属表面平整、洁净，规格和颜色一致、造型和立面分格符合设计要求。

4）板面与骨架的固定必须牢固，不得松动。

5）接缝应横平竖直、宽窄均匀、深浅一致、嵌填光滑密实。

6）安装金属板用的铁制锚固件和连接件应作防锈处理。

7）铝合金板幕墙的防火、保温、防潮材料的设置应符合设计要求，并应密实、均匀、厚度一致。

8）每平方米金属板的表面质量和检验方法应符合表2-29的规定。

表 2-29　每平方米金属板的表面质量和检验方法

项次	项　　目	质量要求	检验方法
1	明显划伤和长度 > 100mm 的轻微划伤	不允许	观察
2	长度≤100mm 的轻微划伤	≤8 条	用钢尺检查
3	擦伤总面积	≤500mm^2	用钢尺检查

9）金属幕墙安装的允许偏差和检验方法应符合表 2-30 的规定。

表 2-30　金属幕墙安装的允许偏差和检验方法

项次	项　　目		允许偏差/mm	检 验 方 法
1	幕墙垂直度	幕墙高度≤30m	10	用经纬仪检查
		30m < 幕墙高度≤60m	15	
		60m < 幕墙高度≤90m	20	
		幕墙高度 > 90m	25	
2	幕墙水平度	层高≤3m	3	用水平仪检查
		层高 > 3m	5	
3	幕墙表面平整度		2	用 2m 靠尺和塞尺检查
4	板材立面垂直度		3	用垂直检测尺检查
5	板材上沿水平度		2	用 1m 水平尺和钢直尺检查
6	相邻板材板角错位		1	用钢直尺检查
7	阳角方正		2	用直角检测尺检查
8	接缝直线度		3	拉 5m 线，不足 5m 拉通线，用钢直尺检查
9	接缝高低差		1	用钢直尺和塞尺检查
10	接缝宽度		1	用钢直尺检查

任务 16　石材幕墙施工

【任务描述】

某框架结构工程，外墙为陶粒砌块墙，外装饰采用干挂石材幕墙。幕墙面积为 40m^2，其功能为建筑外装饰和外围护。

石材幕墙施工（图片）

【能力要求】

要求学生能够针对工作任务制定完整的工作计划，包括材料的选取、施工机具与环境的准备及施工流程计划，能够写出较为详细的技术交底，并能够正确进行质量检查验收。

【知识导入】

石材幕墙指在建筑立面上采用干挂石工艺，即干挂石板可以挂在钢型材或铝合金型材的横梁和立柱上（与玻璃幕墙的构成方式类似）；石板还可以直接通过金属件与结构墙连接，每块石板单独受力，各自工作；另外，对于大而薄的石板，也有采用胶粘剂粘贴和膨胀螺丝锚固等新的施工技术。

石材为天然材料，其力学性能离散性大，即使同一产地的石材性质也有差异；在石材中有很多裂缝，随时间推移会有所发展；石板重量大，固定困难；石材又是脆性材料，所以必须精心设计，精心施工，留有余地，以保证质量和安全。

石材与结构之间留出 40～50mm 的空腔。干挂石的面积一般在 $1m^2$ 以内，块材较小，厚度为 20～30mm，常用 25mm。其重量为玻璃的 4～5 倍，铝板的 5～8 倍。

干挂石材基本构造如图 2-52 所示。

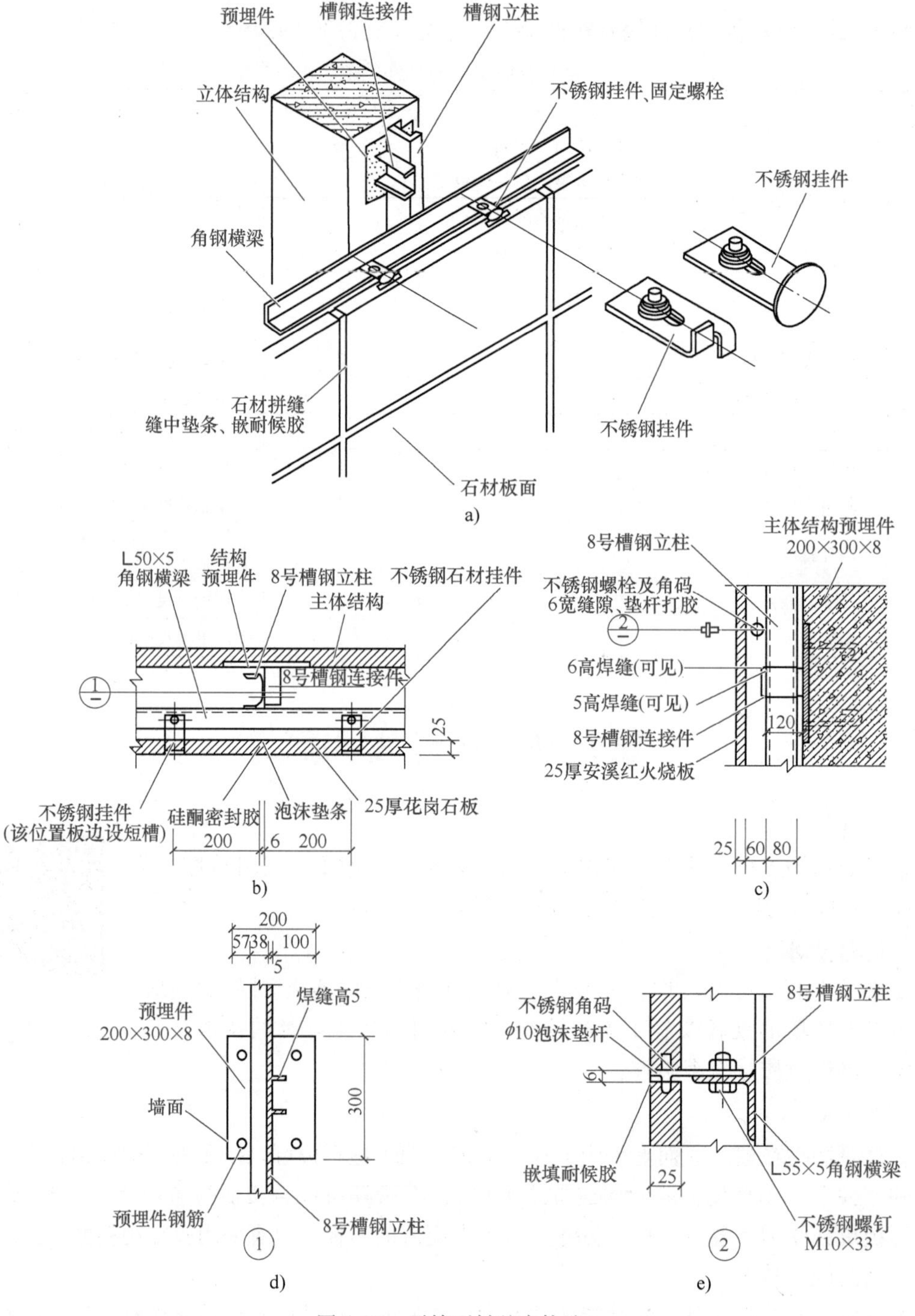

图 2-52 干挂石材基本构造

【任务实施】

一、施工准备

1. 材料准备

饰面工程——直接干挂（视频）

饰面工程——间接干挂（视频）

连接件、竖梃、横梃、薄板、膨胀螺栓、连接铁件、连接钢、胶粘剂、合成树脂、玻璃纤维网格、防水胶泥布、防污胶条、嵌缝膏、罩面涂料、清洁剂、清洁布、注胶枪、刮胶纸、刮胶铲。

2. 主要机具准备

台钻、无齿切割锯、冲击钻、手枪钻、压力扳手、开口扳手、嵌缝枪、专用手推车、锤子、凿子、靠尺、水平尺、方尺、多用刀、剪子、勾缝溜子、安全带等。

3. 作业条件准备

1）已建建筑物应具备施工条件，水、电源具备。

2）突出墙面的排水管、通风管、电气设备应安装完毕。

3）现场应搭设好双排脚手架，并应设置安全网且应满足使用及安全要求。

4）现场人员、机具及施工所需材料到位，有足够的作业时间。

5）进入施工现场的机具应经检测性能良好。

6）现场工作人员应满足自身岗位要求，具备上岗作业的能力。

二、施工方法

1. 工艺流程

测量放线→钻孔→基层处理→后置埋件安装→复测埋件位置尺寸→钢结构刷防锈漆→埋件与柱体连接件安装→立柱安装→横梁安装→防雷装置安装→防腐处理→石材板块安装→注胶→清洗、保护。

2. 施工要点

（1）测量放线

1）在施工前，应对建筑物设计施工图进行核对，并应对已建的建筑进行复测，以建筑物主体结构的基准轴和幕墙的基准轴线，测出幕墙立面外缘控制线；以建筑物主体结构的标高和幕墙原始标高控制点，根据轴线确定立柱的位置线，按照设计确定立柱锚固点的位置，即埋件位置，根据分格依次确定每根立柱及其锚固点位置，再根据基准线、等高线和设计分格确定横梁位置线，放线时应以建筑物中心基准轴线向两侧排线，按设计要求在墙上弹出施工线，幕墙分格轴线测量放线应与主体结构测量放线相配合。水平标高要逐层从地面基准线引上，其偏差应及时调整，不得累计。如误差大于规定的允许偏差其处理方案必须经设计及相关部门的同意方可进行施工。

2）以基准线为基准：用 $\phi0.5\sim\phi1.0$mm 的钢丝在石材墙体垂直、水平方向各放两根作业安装的控制线，水平钢丝应每层拉两根（宽度过宽，应每隔 20m 放一支点，以防钢丝下垂），垂直钢丝应每隔 20m 拉一根。

3）注意事项：放线时应结合土建结构偏差，将偏差分解并防止误差积累；放线时应考虑好与其他装饰面的接口；拉好的钢丝应在两端紧固点做好标记，以便钢丝断后重拉钢丝；按设计放线，控制重点为基准线。

（2）后置埋件安装

1）后置埋件镀锌钢板，钢板厚度 8mm，锚固为 4 根 M14 × 150 膨胀螺栓（混凝土梁）

及2根M14穿墙螺栓和2根膨胀螺栓（砖墙）。核实放线位置后将埋件钢板用膨胀螺栓及穿墙螺栓与主体结构固定。

2）采用穿墙螺栓，首先对墙体进行测量后，按设计放线位置在墙上用冲击钻打孔（穿墙打透孔），位置准确。

3）采用膨胀螺栓在混凝土梁处打孔，首先对混凝土梁进行测量后，按设计放线位置在混凝土梁上打孔深60mm左右，孔位没遇到钢筋时继续打孔达到设计要求。若遇到钢筋时则左右调整埋件位置。然后再打孔，达到设计要求。如偏差较大时，按设计确定方案进行施工。

4）在安装埋板前，应清理埋板位置基层，如基层不平，应抹1∶2水泥砂浆找平层。若基层不紧实，应铲除抹1∶2水泥砂浆找平层，其强度符合要求时，清孔安装螺栓，将埋板紧固，使埋板与墙面接触紧密，螺母有防松脱措施，符合设计要求。

5）后置埋件的安装应在现场做抗拉拔试验，并做好数据记录，合格后，方可大面积施工。

（3）金属骨架安装

1）施工准备：先复查主体结构的尺寸，要求结构尺寸达到干挂墙体尺寸的配合允许误差在允许偏差范围内，对偏差过大者要进行修正处理。

2）根据控制线确定骨架位置，严格控制骨架位置偏差；确定组件在立面上的水平、垂直位置，并在框格上画线，对平面度每层设控制点，根据控制点拉线，拉线调整，使组件按要求就位。

3）安装竖框：先将竖框与连接件连接（连接件采用10号槽钢），连接件与后置埋件点焊连接，然后及时进行调整和固定。每根竖框均用线坠调整垂直度。竖框采用8号镀锌槽钢。对验收合格的连接件进行固定，即正式焊接，焊接应周边满焊，焊缝高度不得小于6mm。

4）竖框安装应由下而上，先安装同立面两端的竖框，然后拉通线按顺序安装中间竖框。上下竖框间应留有不小于15mm缝隙，用标准块临时定位，上下竖框采用等强连接件，按设计要求连接，竖框固定后，取下框间定位块。

5）安装横梁：按弹线位置，将横梁两端的连接件和弹性橡胶垫安装在竖框的预定位置，安装牢固。当横梁接长时，左右横梁应留有不小于15mm缝隙，左右横梁之间采用等强连接件，按设计连接。同一层横梁安装由下而上进行。每安装完一层高度应进行检查、调整、校正和固定。横梁采用∟50×5镀锌角钢，与竖框的连接板用两颗M10×25螺栓固定。

6）防雷装置安装按设计要求自上而下进行，并应与主体结构的防雷装置可靠连接，防雷导线用Φ12镀锌圆钢与龙骨埋件连接时应除掉连接材料的防护膜后进行焊接，焊缝长度及焊缝高度符合设计要求。防雷装置安装结束后测试合格满足设计要求，方可进行下道工序施工。

7）在挂件安装前全面检查骨架位置是否准确、焊接是否牢固，检查焊缝质量，并通过监理单位对隐蔽工程验收合格后，方可进行下道工序施工。

（4）石材干挂钢架的防锈

1）槽钢主龙骨、角钢副龙骨及各类焊件、连接件均作除锈处理，涂刷两遍防锈漆，进行防腐处理并控制第一道和第二道的间隔时间不小于12h。

2）骨架焊接破坏漆层及镀锌层后均涂两遍防锈漆。

3）严格控制不得漏涂防锈漆，特别控制好因焊接而预留涂刷部位，在焊后涂刷不得少于两遍。

4）防锈处理不能在潮湿、多雾及阳光直接暴晒下进行，不能在尚未完全干燥或灰尘的表面上进行。涂漆表面均匀，勿使涂漆堆积过量。

（5）石材板块安装

1）安装石材板之前，首先应对石材幕墙骨架结构及造型尺寸，位置是否准确，焊接是够牢固，焊缝质量是否达到要求等全面检查，符合设计及相关的规定，并通过建设及监理单位验收合格后，方可进行下道工序施工。

2）石材安装应首先进行定位画线，确定结构石材组件在幕墙平面上的水平、垂直位置。用螺栓将不锈钢挂件临时固定在横梁上，螺栓应有防松脱措施，挂件间距不宜大于600mm，横梁上的挂件孔宜在横梁安装前加工。

3）将运至地面的石材面板严格按编号分类，检查尺寸是否准确和有无破损、缺棱、掉角、暗裂等缺陷，按施工要求分层次将石材面板运至施工面，并注意摆放。

4）石材板安装前必须进行石材试拼，选出有轻微色差的石材，应逐渐过渡或放置在不明显位置，对石材色差较大的禁止使用，严禁石材跳色现象出现。

5）石材开槽，每块石材板上下边应各开两个短平槽，短平槽长度不应小于100mm，在有效长度内槽内深度不宜小于15mm，开槽宽度宜为6～7mm，两短槽边距离石板两端部的距离不应小于石材厚度的3倍，且不应小于85mm，也不应大于180mm，石材开槽后不得有损坏或崩裂现象，槽口应打磨成45°倒角，槽内应光滑、洁净。

6）石材安装宜由下向上逐层安装，先按幕墙基准线仔细安装底层第一层石材板，用不锈钢挂件插住石材底边，并用不锈钢挂件固定石材上口，以避免位移，石材位置垂直、水平校验合格后，在挂件与石材短槽内注入石材干挂专用结构胶固定，完成第一排石材板安装，将第二排石材板短槽插入第一排石材上边凸起挂件上，调整好位置后用结构胶固定，如此循环贴挂。不锈钢挂件要紧托上层石材板，而与下层石材板之间留有间隙，石材面板水平分格缝宽7mm，垂直分格缝宽5mm，并用标准块控制，保证分格缝一致。垂直、平整、间隙尺寸符合要求后紧固挂件螺母加以固定。

石材面板安装到一层标高时，应及时调整误差，不得积累，在下层调整后方可安装上一层石材板，在安装窗口上下板时应留有坡度，上口石材板向下1%，下口石材板向下3%，女儿墙上造型石材盖板向内坡3%。

（6）嵌胶封缝　当石材面板安装完成后，经检验合格，进行打胶注缝。

1）为确保硅酮密封胶具有良好的粘结性，被粘接材料表面不应有水分、灰尘、油污等物存在，在施工前应对石材缝进行清洁，保持干燥。

2）清洁的溶剂可选用甲苯、二甲苯进行污渍处理，用干净的棉质或脱绒白布倒上溶剂，禁止将白布到溶剂内蘸取。

3）为保证密封胶缝周边线条美观洁净及防止污染石面，可沿缝隙两侧粘贴美文纸胶带，进行保护（胶带本身应粘贴平直）。

4）选用大于板缝2mm的泡沫棒填充板缝，置入深度距板面不小于6mm，填塞深度要均匀，平整顺直。

5）嵌缝胶选用石材专用硅酮耐候密封胶，注胶温度应在5～40℃范围内进行，注胶应连续，尽量减少接槎，应均匀、密实、饱满，胶缝表面应光滑，胶体不得产生气泡，打胶层厚度一般为缝宽的1/2，且不小于3.5mm。

6）打完胶后要在表层固化前用刮板将胶缝刮为凹缝，胶面要光滑、圆润，不能有流坠、褶皱现象。胶缝修整完毕后应立即将两侧美文纸撕掉，打胶操作应避开阴雨、大风天气。

7）施工中要注意不能有漏胶污染墙面，如墙面上沾有胶体，应立即除去，并用清洁剂及时清除余胶。

（7）清洗、保护

1）施工完毕后，必须将石材表面清理干净，用清水将石材表面污渍清洗干净，在清洗石材表面过程中严禁使用化学溶剂。

2）待石材板面完全干燥后，用喷雾器将石材养护剂均匀的涂刷在石材表面，自然晾干（要求5面或6面养护的石材可以施工前做养护），24h即可。

3）石材板面施工完毕后应对石材表面进行有效的保护，施工后及时清除表面污物，避免腐蚀性咬伤，易于污染或损坏石材的材料或其他胶粘材料不应与石材表面直接接触。

4）防止石材表面渗透污染，拆卸脚手架时应将石材遮盖，避免碰撞石材。

5）柱面阳角部位、结构转角部位的石材棱角应有保护措施。

三、质量要求及检查评定

1）干挂石材所用材料的品种、规格、性能、数量和等级，应符合设计要求，应具备产品合格证明及检验报告。

2）干挂石材主体结构上的后置埋件的位置、数量及后置埋件的拉拔力必须符合设计要求。后置埋件安装应按照设计分格，要求安装牢固、位置准确、标高偏差不得大于10mm、与幕墙垂直方向前后偏差不得大于10mm、平行方向的左右偏差不得大于10mm。埋件加工允许偏差见表2-31。

表2-31 埋件加工允许偏差表

项次	项目	尺寸范围/mm	允许偏差/mm
1	边长	≤2000	±2.0
		>2000	±2.5
2	对边尺寸	≤2000	≤2.5
		>2000	≤3.0
3	对角线长度	≤2000	2.5
		>2000	3.0
4	折弯高度		≤1.0
5	平面度		≤2/1000
6	孔的中心距		±1.5

3）干挂石材的型钢框架立柱与主体埋件连接时应按表 2-32 的要求调整立柱位置并固定。

4）每层的横梁安装应由上向下进行。安装完一层高度时，应进行检查、调整、校正、固定，使其符合表 2-33 的质量要求。

表 2-32 立柱位置偏差

项次	竖框位置	尺寸范围/m		偏差/mm
1	竖框安装标高			≤3
2	竖框前后			≤2
3	竖框左右			≤3
4	相邻两竖框安装标高			≤3
5	同层竖框的最大标高			≤5
6	相邻两竖框的距离			≤2
7	立柱垂直度	竖框总高度	≤30	≤6
			≤60	≤10
			≤90	≤18
			>90	≤20
8	立柱外表面平面度	相邻三竖框		≤2
		宽度	≤20	≤4
			≤40	≤5
			≤60	≤6
			>60	≤8

表 2-33 横梁安装质量要求

项　　目	尺寸范围/mm	偏差/mm	量具
相邻两根横梁的水平标高		≤1	钢卷尺
相邻两横梁间距尺寸	≤2000	±1.5	钢卷尺
	>2000	±2.0	钢卷尺
同高度内横梁的高度差	幕墙宽≤35	≤5	经纬仪
	幕墙宽>35	≤7	经纬仪
横梁水平度	≤2000	≤2	水平仪
	>2000	≤3	水平仪
分格对角线差	对角线长度≤2000	≤3.0	钢卷尺
	对角线长度>2000	≤3.5	钢卷尺

5）石材幕墙的造型、立面分格、颜色、光泽、花纹和图案应符合设计要求。表面应平整、洁净，无污染、缺损和裂痕。颜色和花纹应协调一致，无明显色差，无明显修痕。每平方米石材的表面质量和检验方法应符合表 2-34 的规定。石材幕墙的压条应平直、洁净、接

口严密、安装牢固。石材幕墙缝应横平竖直、深浅一致、宽窄均匀、光滑顺直。阴阳角石板压向应正确，板边合缝应顺直。石材幕墙安装的允许偏差和检验方法见表2-35。

表2-34 每平方米石材的表面质量和检验方法

项次	项　　目	质量要求	检验方法
1	裂痕、明显划伤和长度>100mm的轻微划伤	不允许	观察
2	长度≤100mm的轻微划伤	≤8条	用钢尺检查
3	擦伤总面积	≤500mm^2	用钢尺检查

表2-35 石材幕墙安装的允许偏差和检验方法

<table>
<tr><th rowspan="2">项次</th><th rowspan="2" colspan="2">项　　目</th><th colspan="2">允许偏差/mm</th><th rowspan="2">检验方法</th></tr>
<tr><th>光面</th><th>麻面</th></tr>
<tr><td rowspan="4">1</td><td rowspan="4">幕墙垂直度</td><td>幕墙高度≤30m</td><td colspan="2">10</td><td rowspan="4">用经纬仪检查</td></tr>
<tr><td>30m<幕墙高度≤60m</td><td colspan="2">15</td></tr>
<tr><td>60m<幕墙高度≤90m</td><td colspan="2">20</td></tr>
<tr><td>幕墙高度>90m</td><td colspan="2">25</td></tr>
<tr><td>2</td><td colspan="2">幕墙水平度</td><td colspan="2">3</td><td>用水平仪检查</td></tr>
<tr><td>3</td><td colspan="2">板材立面垂直度</td><td colspan="2">3</td><td>用水平仪检查</td></tr>
<tr><td>4</td><td colspan="2">板材上沿水平度</td><td colspan="2">2</td><td>用1m水平尺和钢直尺检查</td></tr>
<tr><td>5</td><td colspan="2">相邻板材板角错位</td><td colspan="2">1</td><td>用钢直尺检查</td></tr>
<tr><td>6</td><td colspan="2">表面平整度</td><td>2</td><td>3</td><td>用垂直检测尺检查</td></tr>
<tr><td>7</td><td colspan="2">阳角方正</td><td>2</td><td>4</td><td>用直角检测尺检查</td></tr>
<tr><td>8</td><td colspan="2">接缝直线度</td><td>3</td><td>4</td><td>拉5m线，不足5m拉通线，用钢直尺检查</td></tr>
<tr><td>9</td><td colspan="2">接缝高低差</td><td>1</td><td>—</td><td>用钢直尺和塞尺检查</td></tr>
<tr><td>10</td><td colspan="2">接缝宽度</td><td>1</td><td>2</td><td>用钢直尺检查</td></tr>
</table>

实训任务2　室内砌砖墙面抹灰施工

【实训教学设计】

教学目的：学完本项目后，为了检验教学效果，设计一次以学生为主体的综合实训任务。学生模拟施工班组，进行计划、指挥调度、操作技能、协同合作多方面的综合能力培养。

角色任务：教师、技师和学生的角色任务见表2-36。建议小组长按照不同层次学生进行任务分工：动手能力强的进行操作施工；学习能力强的编写技术交底；工作细致的同学进行质量验收工作；其他同学准备材料机具和安全交底。

工作内容与要求：分组编写切实可行的室内砌砖墙面抹灰施工方案，并进行施工，对所做工作进行验收和评定。查找对应的工艺标准、质量验收标准、安全规程，并找出具体对应内容、页码或者编号。

工作地点：实训基地装饰施工实训室。

表2-36 角色任务分配

角色	任务内容	备注
教师和技师	教师和技师起辅助作用，模仿项目管理层施工员、质检员、安全员角色，负责前期总体准备工作、过程中重点部分的录像或拍摄和最终总结	前期总体准备工作： 1）保证本次内墙面抹灰施工所需材料机具数量充足 2）工作场景准备，在实训基地按照分组情况划分工作片区 3）水电准备，保证水电畅通
学生	模仿施工班组，独立进行角色任务分配，在指定工作片区，完成内墙抹灰施工	各组施工员、质检员和安全员做好本职工作，注意文明施工

时间安排：4学时

工作情景设置：

在校内建筑实训基地装饰施工实训室进行室内砌砖墙面抹灰的施工，并侧重解决以下问题：

1）施工准备工作（材料、施工机具与作业条件）。

2）分小组完成一高为1800mm的室内砌砖墙面抹灰工作计划，写出技术交底。

3）进行抹灰的施工。

4）进行质量检查与验收。

5）进行自评与互评。

工作步骤：

1）明确工作，收集资料，学习室内砌砖墙面抹灰施工及验收的基本知识，确定施工过程及其关键步骤。

2）确定小组工作进度计划，填写工作进度计划表（表2-37）。

表2-37 工作进度计划表

序号	工作内容	时间安排	备注
1	编制材料及工具准备计划，进行施工现场及各种机具准备		
2	编制施工工作计划		
3	编制施工方案		
4	进行室内砌砖墙面抹灰施工		
5	质量检查与评定		

3）确定施工准备的步骤，填写材料机具使用计划表（表2-38）。

4）确定施工方法并进行室内砌砖墙面抹灰施工。

5）各小组按照有关质量验收标准进行验收、评定。

6）最后由指导教师进行评价，教师团队各角色可以分别总结，可就典型问题进行录像回放、点评，并填写综合评价表（表2-39）。

表 2-38 材料机具使用计划表

序号	材料、机具名称	规格	数量	备注
1				
2				
3				
4				
5				
6				
7				
8				
9				

表 2-39 内墙抹灰实训综合评价表

工作任务			
组别		成员姓名	
评价项目内容	分值分配	实际得分	评价人
技术交底针对性、科学性	10		教师、技师
进度计划合理性	10		施工员、教师
材料工具准备计划完整性	10		施工员
人员组织安排合理性	5		施工员
施工工序正确性	10		技师、施工员
施工操作正确性、准确性	20		技师、质检员
施工进度执行情况	10		施工员
施工安全	10		安全员
文明施工	5		安全员
小组成员协同性	10		教师
综合得分	100		
教师评语			
教师签名		评价日期	

成果描述：

通过实训，检查学生材料机具准备计划是否完备；人员组织、进度安排是否合理；操作的规范性；技术交底、安全交底的全面性、针对性、科学性。

颗粒素养小案例

某砖混结构住宅楼交工后，很多住户在装修过程中发现室内墙面抹灰有空鼓现象，通过与施工单位沟通，发现事故原因如下：按照规范的施工工艺流程要求，抹灰前基层清理后有一个施工程序是浇水湿润。该工程抹灰阶段恰逢冬季，工人担心墙面浇水湿润会受冻，所以省略掉了这一程序。干燥的砖墙吸收了底层灰中的水分，导致抹灰层和墙体无法紧密结合，形成空鼓。尽管施工方做了维修和适当的经济补偿，但这一个小环节的疏漏，还是导致几十家住户怨声载道，损害了施工单位的信誉，所以说在装修施工时还是要严格遵守施工工序，培养严谨的工作态度，提高质量意识。

课外作业　五个幕墙厂家商务资料

搜集并整理五个幕墙厂家商务资料，内容包括：资质等级、注册资本、近三年产值、主要业绩、在册员工人数、技术人员比例和人员招聘状况。

项目 3　顶棚装饰施工

顶棚是建筑内部的上部界面，是室内装修的重要部位，按与结构顶板的关系分为直接式和悬吊式两种。

直接式顶棚是在楼板底面直接喷浆和抹灰，或粘贴其他装饰材料。直接式顶棚按照施工方法和装饰材料的不同，分为以下三种：直接刷（喷）浆顶棚、直接抹灰顶棚、直接粘贴式顶棚。直接式顶棚一般用于装饰性要求不高的住宅、办公楼及其他民用建筑。直接式顶棚的施工在项目 2 有关抹灰知识中已作介绍，不再叙述。

悬吊式顶棚是由吊杆、龙骨和罩面板组成的空间顶棚体系，悬吊式顶棚按顶棚设置的位置分屋架下吊顶和混凝土板下吊顶；按结构形式分为活动式装配吊顶、隐蔽式装配吊顶、金属装饰板吊顶、开敞式吊顶和整体式吊顶（灰板条吊顶）；按使用材料分有轻钢龙骨吊顶、铝合金龙骨吊顶、木龙骨吊顶、石膏板吊顶、金属板天花吊顶、装饰板吊顶和采光板吊顶。悬吊式顶棚除要求具有优美的造型外，在功能和技术上常常要处理好声学（吸收和反射音响）、人工照明、空气调节（通风和换气）以及防火和消防等有关技术问题。由于顶棚表面的反射作用，增加了室内亮度，并且有防寒保温、隔热、隔声等功能，又为空调、灯具提供了安装条件，为人们的生活创造了舒适的环境。

木龙骨吊顶在轻钢龙骨吊顶出现前是建筑主要吊顶形式，现今主要应用于曲面弧形造型吊顶部位。轻钢龙骨石膏板吊顶是近几十年来发展快、应用量极大的吊顶形式，其装配化程度高、价格适中、应用面广。T 型龙骨吊顶是为适应浮搁矿棉吸声板装修而兴起的一种吊顶，其吊顶工序简单、速度快、易更换检修，在学校、医院类项目中应用较广。铝合金装饰板吊顶易清洗、不易变形，主要应用于中高档装修的潮湿环境中；开敞式吊顶主要应用于需求空旷视觉的空间，可有效遮挡繁多的顶棚管线，并起到美化作用。本项目将对按材质划分的上述五种吊顶分别进行讲述。

教学设计

本项目共分 5 个教学任务，每个任务均可参照以下步骤进行教学设计，以任务 1 木龙骨吊顶施工为例。

木龙骨吊顶施工教学活动的整体设计

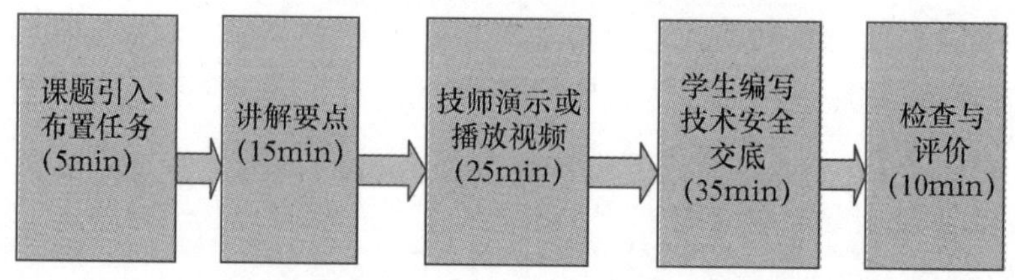

1）教师布置任务，简述任务要求，将学生分组进行角色分配，各角色相应的工作内容见表 3-1。

表3-1　各角色相应的工作内容

角色	主要工作内容	备注
教师	布置任务、讲解重点内容	全过程指导
施工员	提出材料、机具使用计划及施工准备计划	施工员和工人共同检查作业条件
技术员	编写木龙骨吊顶技术交底	
技师	简述操作要点并进行木龙骨吊顶安装演示	不具备技师操作条件，可用相关操作视频代替
质检员	确定质量检查标准及方法、检查点及检查数量，制定评价表	
安全员	编写吊顶过程中用电、脚手架、高空作业的安全交底	

2）教师讲解重点内容，并发给学生任务单和相关参考资料。

3）先由技师简述操作要点并进行木龙骨吊顶施工演示，或者观看视频。

4）各组学生按照分配的岗位角色，分别完成各自工作内容。

5）教师针对技术交底、安全交底及小组成员合作协同做总结评定（表3-2）。

表3-2　小组评价表

组别＿＿＿＿＿＿＿＿成员＿＿＿＿＿＿＿＿

评价内容	分值	实际得分	评分人
技术交底的科学性	50		
安全交底的针对性	30		
成员团结协作	20		
总分	100		

评价日期＿＿＿＿＿＿＿＿

任务1　木龙骨吊顶施工

【任务描述】

某砖混教学楼多功能厅进行装修，长宽为8m×6m，顶板为现浇板，周边墙为砖墙，四周拟安装灯槽，中间安装筒灯，吊顶采用木龙骨胶合板吊顶，清漆饰面，结构顶面高度3.6m，吊顶面板面高度3m，考虑安全防火等要求。

木龙骨吊顶施工（图片）

【能力要求】

要求学生能够针对工作任务制定完整的工作计划，包括木龙骨吊顶材料的选取、施工机具与环境的准备及施工流程计划，能够写出较为详细的技术交底，并能够正确进行质量检查验收。

【知识导入】

木龙骨吊顶是以木龙骨（木栅）为吊顶的基本骨架，配以胶合板、纤维板或其他人造板作为罩面板材组合而成的悬吊式吊顶体系。木龙骨一定要刷防火涂料，并经消防部门检验合格。

1. 基本构造

木龙骨吊顶由主龙骨、次龙骨、吊杆（吊筋）和装饰面层组成。吊杆上端与建筑结构连接，下端与主龙骨连接，次龙骨通常与主龙骨用钉子连接，胶合板装饰面层与次龙骨用圆钉钉固或直钉枪钉固。木龙骨吊顶的基本构造如图3-1所示。

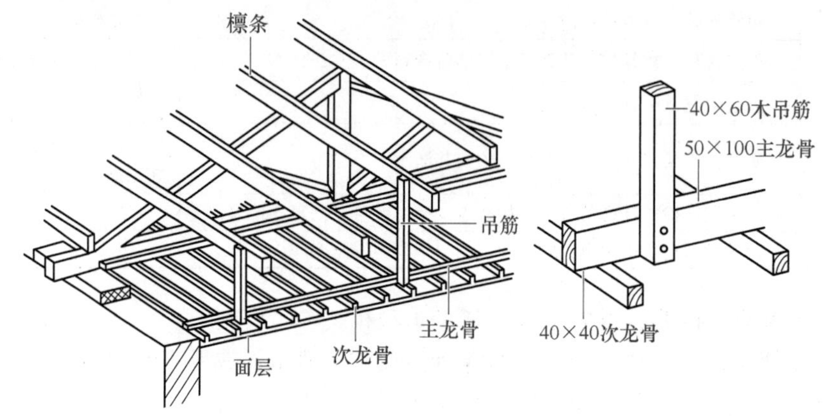

图3-1　木龙骨吊顶基本构造

2. 常用材料及性能

（1）木料　木材骨架料应为烘干、无扭曲的红白松树种；黄花松不得使用。大龙骨规格为50mm×70mm或50mm×100mm；小龙骨规格为50mm×50mm或40mm×60mm。

（2）吊杆　40×3扁钢、40×40角钢、10号钢丝、Φ6或Φ8钢筋。

（3）防火涂料　主要防火涂料性能见表3-3。

表3-3　防火涂料性能

项次	防火涂料的种类	用量不得小于/(kg/m^2)	特性	基本用途	限制和禁止的范围
1	硅酸盐涂料	0.5	无抗水性，在二氧化碳的作用下分解	用于不直接受潮湿作用的构件上	不得用于露天构件及位于二氧化碳含量高的大气中的构件
2	可赛银（酪素）涂料	0.7		用于不直接受潮湿作用的构件上	不得用于露天构件
3	掺有防火剂的油质涂料	0.6	抗水	用于露天构件上	
4	氯乙烯涂料和其他以氯化碳化氢为主的涂料	0.6	抗水	用于露天构件上	

（4）胶合板　在东北地区，生产结构胶合板应以落叶松和桦木混合材为主要原料。胶合板作为人造板产品的一个重要分支品系，因其保留了木材本身所具备的多种优良品质，如强度比重大、易于加工、纹理自然美观、隔声、隔热、富有弹性等。胶合板经机械加工（锯、铣、刨、钻）、表面涂刷，由三层或多层1mm厚的单板或薄板胶贴热压制而成，是目前手工制作家具最为常用的材料。夹板一般分为3厘板、5厘板、9厘板、12厘板、15厘板

和18厘板六种规格（1厘即为1mm），当然还有21厘和25厘。普通胶合板厚度为2.7mm、3.3mm、4.5mm、5.5mm、6mm，自6mm起按1mm递增。厚度4mm以下为薄胶合板，常用的胶合板有3mm、3.5mm、4mm厚。

【任务实施】

一、施工准备

1. 材料准备

（1）龙骨　一般可选用松木，含水率不超过20%。方木为受弯构件，选用Ⅱ等级方木，方木不得有腐朽、节疤、扭曲等疵病，并预先经防腐处理。大龙骨规格为50mm×70mm或50mm×100mm，主龙骨按间距0.9～1.2m备料；小龙骨规格为50mm×50mm或40mm×60mm，小龙骨按间距0.4～0.6m备料。

外观要求：在构件任何一面任何长度上所有木节尺寸的总和，不得大于所在面宽的2/5；斜纹斜率不大于8%；裂缝深度不大于厚度的1/3。

（2）面材　胶合板选用Ⅰ类耐火胶合板，厚度相同，同一批次，含水率在10%以下，按罩面面积1.05%备料。胶合板应木纹清晰、正面光洁平滑、纹理一致；胶合板不应有破损、碰坏、排钉孔、死节、毛刺、沟痕等疵点。

（3）紧固材料　圆钉、木螺钉、射钉和膨胀螺栓。

（4）吊件材料　小房间采用10号铅丝、Φ6或Φ8钢筋吊杆，大房间采用∟40×3扁钢、∟40×40角钢。

2. 主要机具准备

小电锯、小台刨、手电钻、木刨、扫槽刨、线刨、锯、斧、锤、螺钉旋具、摇钻、卷尺、水平尺、墨线盒等。

3. 作业条件准备

1）主体结构通过验收。

2）屋面防水工程通过验收。

3）砌筑墙体已按设计吊顶高度预埋防腐木砖。

4）门窗安装完毕，块料墙面贴砖完，涂料墙面腻子完。

5）顶棚内给排水通风管道通过验收。

6）搭好顶棚施工操作平台。

二、施工工艺

1. 工艺流程

弹线→木龙骨处理→安装吊杆→安装主龙骨→安装次龙骨→管道及灯具固定→面板安装→接缝处理。

2. 施工要点

（1）弹线　弹线包括标高线、顶棚造型位置线、吊挂点布局线、大中型灯位线。

1）确定标高线：根据室内墙上+50cm水平线，用尺量至顶棚的设计标高，在该点画出高度线，用一条塑料透明软管灌满水后，将软管的一端水平面对准墙面上的高度线，再将软管的另一端头水平面，在同侧墙面找出另一点，当软管内水平面静止时，画下该点的水平面位置，再将这两点连线，即得吊顶高度水平线。用同样方法在其他墙面做出高度水平线。操作时应注意，一个房间的基准高度点只用一个，各个墙的高度线测点共用。沿墙四周弹一道墨线，这条线便是吊顶四周的水平线，其偏差不能大于5mm。

2）确定造型位置线：对于较规则的建筑空间，其吊顶造型位置可先在一个墙面量出竖向距离，以此画出其他墙面的水平线，即得吊顶位置外框线，而后逐步找出各局部的造型框架线。对于不规则的空间画吊顶造型线，宜采用找点法，即根据施工图样测出造型边缘距墙面的距离，于墙面和顶棚基层进行实测，找出吊顶造型边框的有关基本点，将各点连线形成吊顶造型线。

3）确定吊点位置：对于平顶天花，其吊点一般是按每 m^2 布置一个，在顶棚上均匀排布。对于有叠级造型的吊顶，应注意在分层交界处布置吊点，吊点间距0.8～1.2m。较大的灯具应安排单独吊点来吊挂。

（2）木龙骨处理　对吊顶用的木龙骨进行筛选，将其中腐蚀部分、斜口开裂、虫蛀等部分剔除。对工程中所用的木龙骨均要进行防火处理，一般将防火涂料涂刷或喷于木材表面，也可把木材放在防火涂料槽内浸渍。

（3）安装吊杆　木龙骨吊杆通常有镀锌钢丝和小方木两种，吊杆如图3-2所示。

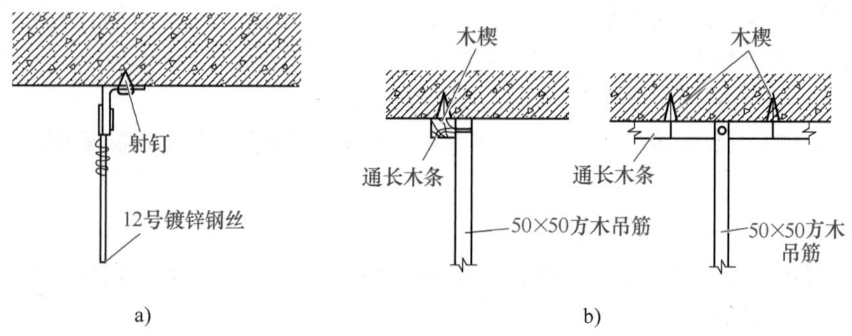

图3-2　木龙骨吊杆图
a）镀锌钢丝吊杆　b）小方木吊杆

（4）安装主龙骨　木龙骨人造板顶棚吊顶的主龙骨，多使用薄壁槽钢或6mm×60mm～7mm×70mm角钢，也有的采用5cm×7cm方木，较大房间采用6cm×10cm方木，主龙骨与墙相接处，主龙骨伸入墙面不少于110mm，入墙部分涂刷防腐剂。要按设计要求，分档划线，分档尺寸必须与面层板块尺寸相适应。

（5）安装次龙骨　次龙骨一般采用5cm×5cm或4cm×6cm的方木，底面刨光、刮平、截面厚度应一致。小龙骨间距应按设计要求，设计无要求时应按罩面板规格决定，一般为400～500mm。钉中间部分的次龙骨时，应起拱。房间跨度为7～10m时，一般按3/1000起拱；房间跨度为10～15m时，一般按5/1000起拱。

按分档线先定位安装通长的两根边龙骨，拉线后各根龙骨按起拱标高，通过短吊杆将小龙骨用圆钉固定在大龙骨上，吊杆要逐根错开，不得吊钉在龙骨的同一侧面上。

先钉次龙骨，后钉间距龙骨（或称卡挡搁栅）。间距龙骨一般为5cm×5cm或4cm×6cm的方木，其间距一般为30～40cm，用33mm长的钉子与次龙骨钉牢。次龙骨与主龙骨的连结，多是采用8～9cm长的钉子，穿过次龙骨斜向钉入主龙骨，或通过角钢与主龙骨连结。次龙骨的接头和断裂及大节疤处，均需用双面夹板夹住，并应错开使用。接头两侧最少各钉两个钉子。在墙体砌筑时，一般是按吊顶标高沿墙四周牢固地预埋木砖，间距多为1m，用以固定墙边安装龙骨的方木（或称护墙筋）。

（6）管道及灯具固定　吊顶时要结合灯具位置、风扇位置做好预留洞穴及吊钩。当平顶内有管道或电线穿过时，应安装管道及电线，然后再铺设面层，若管道有保温要求，应在完成管道保温工作后，才可封钉吊顶面层。大的厅堂宜采用高低错落形式的吊顶。常见吊顶灯具固定如图3-3所示，常见吊顶灯槽构造如图3-4所示。

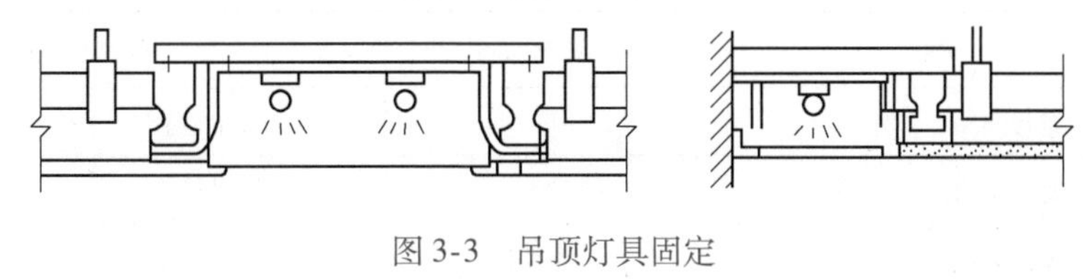

图3-3　吊顶灯具固定

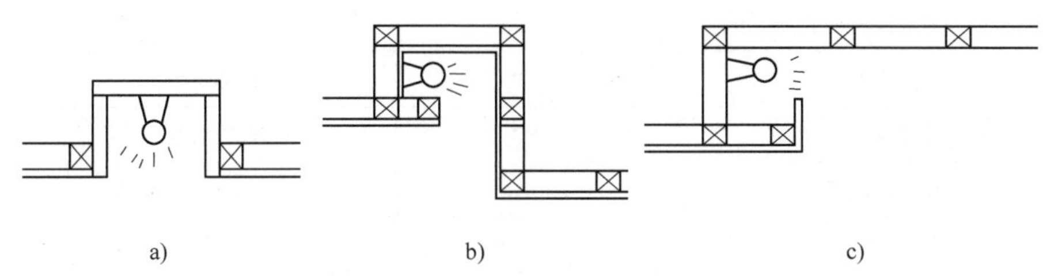

图3-4　灯槽构造

a）平面式　b）侧向反光式　c）侧向半反光式

（7）面板安装　胶合板是将三层或多层木质单板，按纤维方向互相垂直胶合而成的薄板。胶合板顶棚被广泛应用于中、高级民用建筑室内顶棚装饰。但需注意面积超过50m^{2}的顶棚不准使用胶合板饰面。

用清漆饰面的顶棚，在钉胶合板前应对板材进行挑选。板面颜色一致的夹板钉在同一个房间，相邻板面的木纹应力求和谐自然。

铺胶合板时，应沿房间的中心线或灯框的中心线顺线向四周展开，光面向下。

胶合板对缝时，应弹线对缝，可采用V形缝，亦可采用平缝，缝宽6～8mm。顶棚四周应钉压缝条，以免龙骨收缩，顶棚四周出现沿墙离缝。板块间拼缝应均匀平直，线条清晰。

钉胶合板时，钉距80～150mm。钉帽要敲扁，送进板面0.5～1mm。胶合板应钉得平整，四角方正，不应有凹陷和凸起。

胶合板顶棚以涂刷聚氨酯清漆为宜。先把胶合板表面的污渍、灰尘、木刺和浮毛等清理干净，再用油性腻子嵌钉眼，然后批嵌腻子，上色补色，砂纸打磨，刷清漆二至三道。漆膜要光亮，木纹清晰，不应有漏刷、皱皮、脱皮和起霜等缺陷。色彩调和，深浅一致，不应有咬色、显斑和露底等缺陷。最佳施工温度15～25℃，施工前将料搅拌均匀，刷涂、喷涂、辊涂均可，一般涂刷2～3遍，每遍间隔4h以上。

（8）接缝处理　吊顶与墙面、柱面、窗帘盒、设备开口之间的接缝，以及吊顶的各交接面之间的衔接处通常采用木装饰线条、不锈钢线条和铝合金线条进行压缝或包角处理。

三、质量要求与检查评定

1）骨架木材和罩面板的材质、品种、规格、式样应符合设计要求和施工规范的规定。

2）木骨架、吊杆应顺直，无弯曲、变形和劈裂。木骨架的吊杆、大小龙骨必须安装牢固，无松动，位置正确。

3）罩面板表面应平整、洁净，无污染、麻点、锤印，颜色一致。罩面板无脱层、翘曲、折裂和缺棱掉角等缺陷，安装必须牢固。

4）罩面板之间的缝隙或压条，宽窄应一致、整齐、平直，压条与板接缝严密。

5）木骨架罩面板顶棚允许偏差项目见表3-4。

表3-4 木骨架罩面板顶棚允许偏差

	项目	偏差/mm	检验方法
龙骨	龙骨间距	2	尺量检查
	龙骨平直	3	尺量检查
	起拱高度	±10	拉线尺量
	龙骨四周水平	±5	尺量或水准仪检查
罩面板	表面平整	2	用2m靠尺检查
	接缝平直	3	拉5m线检查
	接缝高低	0.5	用直尺或塞尺检查
	顶棚四周水平	±5	拉线或用水准仪检查
压条	压条平直	3	拉5m线检查
	压条间距	2	尺量检查

任务2 轻钢龙骨纸面石膏板吊顶施工

【任务描述】

某砖混教学楼会议室进行装修，长宽尺寸为8m×6m，顶板为现浇板，周边墙为砖墙，四周拟安装嵌入式筒灯，主席台上方安装嵌入式荧光灯，有烟感喷淋装置。吊顶采用不上人轻钢龙骨纸面石膏板吊顶，涂料饰面，结构顶面高度3.6m，吊顶面板面高度3m，考虑安全防火等要求。

轻钢龙骨纸面石膏板吊顶施工（图片）

【能力要求】

要求学生能够针对工作任务制定轻钢龙骨吊顶的工作计划，包括材料的选取、施工机具与环境的准备及施工流程计划，能够写出较为详细的技术交底，并能够正确进行质量检查验收。

【知识导入】

轻钢龙骨是以镀锌钢带、铝带、铝合金型材或薄壁冷轧退火黑铁皮卷带等材料，经冷弯或冲压而做成的用于顶棚吊顶的骨架支承材料。轻钢龙骨吊顶是以薄壁轻钢龙骨作为支撑框架，配以轻型装饰罩面板材组合而成的新型顶棚体系。吊顶骨架的组合有双层构造和单层构造两种，常用罩面板有纸面石膏板、石棉水泥板、矿棉吸声板、浮雕板和钙塑凹凸板，其中纸面石膏板最为常用。

轻钢龙骨吊顶设置灵活，安装拆卸方便，具有质量小、强度高、防火等多种优点，广泛用于公共建筑及商业建筑的吊顶。

1. 基本构造

吊杆间距为 0.9m × 0.9m ~ 1.2m × 1.2m，主龙骨间距为 0.9 ~ 1.2m，次龙骨间距为 0.4 ~ 0.6m。吊杆与结构预埋件焊接，吊杆通过主龙骨吊件吊挂主龙骨，次龙骨通过主次龙骨挂件挂在主龙骨下，纸面石膏板采用自攻螺钉钉固于次龙骨下。基本构造如图 3-5 所示。

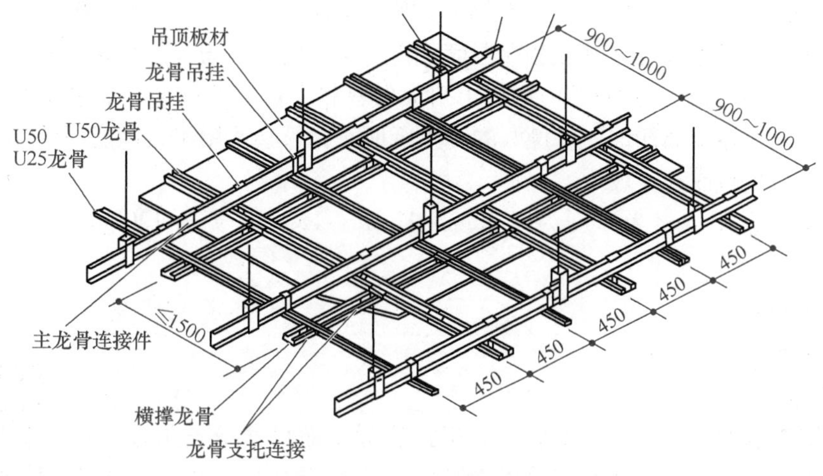

图 3-5 轻钢龙骨吊顶基本构造图

2. 材料性能

（1）龙骨 主龙骨是起主干作用的龙骨，是受均布荷载和集中荷载的连续梁，是轻钢吊顶龙骨体系中主要受力构件，整个吊顶的荷载通过主龙骨传给吊杆，因此主龙骨要满足强度和刚度要求。次龙骨（中、小龙骨）的主要作用是固定饰面板，因此中、小龙骨多数是构造龙骨，其间距由饰面板尺寸决定。按组成吊顶轻钢龙骨骨架的龙骨规格来区分，主要有重型龙骨 D60 系列、中型龙骨 D50 系列和轻型龙骨 D38 系列三种。

（2）零配件 金属膨胀螺栓、射钉（图 3-6）、吊杆（轻型用ϕ 6，中型用ϕ 8，重型用ϕ 10）、吊挂件、连接件、挂插件、花篮螺栓、自攻螺钉。

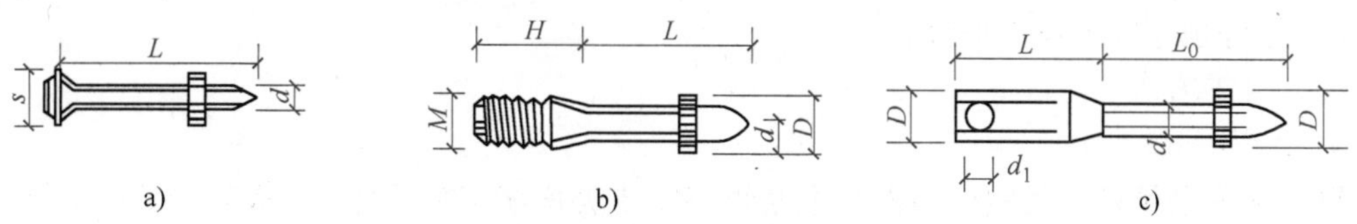

图 3-6 射钉的类型
a）一般射钉 b）螺纹射钉 c）带孔射钉

（3）罩面板 纸面石膏板是以建筑石膏为主要原料，掺入适量添加剂与纤维做板芯，以特制的板纸为护面，经加工制成的板材。纸面石膏板具有质量小、隔声、隔热、加工性能强、施工方法简便的特点。

纸面石膏板的品种很多，市面上常见的纸面石膏板有以下三类：

1）普通纸面石膏板：象牙白色板芯，灰色纸面，是最为经济与常见的品种，适用于无特殊要求的使用场所，使用场所连续相对湿度不超过 65%。因为价格的原因，很多人喜欢使用9.5mm厚的普通纸面石膏板来做吊顶或间墙，但是由于9.5mm普通纸面石膏板比较薄、强度不高，在潮湿条件下容易发生变形，因此建议选用12mm以上的石膏板。同时，使用较厚的板材也是预防接缝开裂的一种有效手段。

2）耐水纸面石膏板：其板芯和护面纸均经过了防水处理，根据有关规范的要求，耐水纸面石膏板的纸面和板芯都必须达到一定的防水要求（表面吸水量不大于160g，吸水率不超过10%）。耐水纸面石膏板适用于连续相对湿度不超过95%的使用场所，如卫生间、浴室等。

3）耐火纸面石膏板：其板芯内增加了耐火材料和大量玻璃纤维，如果切开石膏板，可以从断面处看见很多玻璃纤维。质量好的耐火纸面石膏板会选用耐火性能好的无碱玻纤，一般的产品都选用中碱或高碱玻纤。

纸面石膏板常用规格为厚度为9.5mm、12mm、15mm，宽为1200mm，长为3000mm、2400mm。

【任务实施】

一、施工准备

1. 材料准备

按设计要求选用合适的配套龙骨，并根据实际平面尺寸备齐龙骨主件和配件。按设计要求选用性能和规格符合要求的纸面石膏板，并查验产品合格证书和性能检测报告。

轻钢龙骨石膏板吊顶（视频）

2. 主要机具准备

电锯、无齿锯、射钉枪、手锯、手刨子、钳子、螺钉旋具、扳子、方尺、钢直尺、钢水平尺等。

3. 作业条件准备

1）主体结构通过验收。

2）屋面防水工程通过验收。

3）砌筑墙体已按设计吊顶高度预埋防腐木砖。

4）门窗安装完毕，块料墙面贴砖完，涂料墙面腻子完。

5）顶棚内给排水通风管道通过验收。

6）搭好顶棚施工操作平台。

二、施工方法

1. 工艺流程

弹线→安装吊杆、紧固件→安装主龙骨→安装次龙骨、横撑龙骨→板材安装→嵌缝→吊顶节点收口处理。

2. 施工要点

（1）弹线　弹线包括标高线、顶棚造型位置线、吊挂点布局线、大中型灯位线。

1）确定标高线。

2）确定造型位置线。

以上两条内容同本项目任务1施工方法相应内容。

3）确定吊点位置：双层轻钢U、C型龙骨骨架吊点间距不大于1200mm，单层吊顶吊点间距为800~1500mm。对于平顶天花，在顶棚上均匀排布。对于有叠级造型的吊顶，应注意在分层交界处布置吊点，较大的灯具也应该安排吊点来吊挂。

（2）安装吊杆、紧固件

1）用 M6～M12 的膨胀螺栓将∟25×3 角铁固定在建筑底面上，使用膨胀螺栓时打孔的直径及深度见表 3-5。

表 3-5 金属膨胀螺栓使用规定

螺栓规格	M6	M8	M10	M12
钻孔直径/mm	8.5	10.5	12	16.5
钻孔深度/mm	40	50	60	75

2）用 $\phi5$ 以上的射钉将角铁或钢板等固定在建筑底面上。

3）吊杆有Φ6 或Φ8 钢筋吊杆、伸缩式 8#铅丝吊杆（图 3-7）。

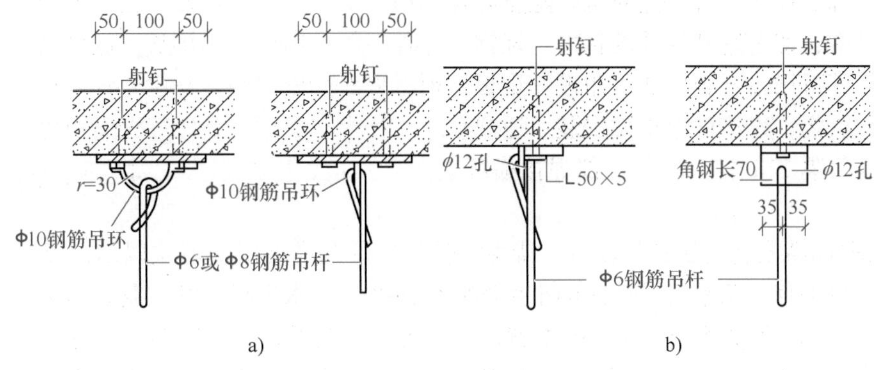

图 3-7 射钉固定吊杆安装图

a）Φ6 或Φ8 钢筋吊杆 b）8#铅丝吊杆

（3）安装主龙骨

1）吊顶荷载与轻钢吊顶主龙骨的关系见表 3-6，不同厚度的普通纸面石膏板和吊点、承载龙骨及覆面龙骨的间距关系见表 3-7。

表 3-6 吊顶荷载与轻钢吊顶主龙骨的关系

吊顶荷载	承载龙骨规格
吊顶自重＋80kg 附加荷载	U60
吊顶自重＋50kg 附加荷载	U50
吊顶自重	U38

表 3-7 不同厚度的普通纸面石膏板和吊点、承载龙骨及覆面龙骨的间距关系

板材种类	纸面石膏板的厚度/mm	间距/mm			
		吊点	承载龙骨	纸面石膏板的长边垂直于覆面龙骨安装时	纸面石膏板的长边平行于覆面龙骨安装时
普通纸面石膏板	9.5 12.5 15.0 8.0	850	1000	450 500 550 625	420

（续）

板材种类	纸面石膏板的厚度/mm	间距/mm			
		吊点	承载龙骨	纸面石膏板的长边垂直于覆面龙骨安装时	纸面石膏板的长边平行于覆面龙骨安装时
耐火纸面石膏板	9.5 12.5 11.0 18.0	750	1000	400	不允许

2）将主龙骨与吊杆通过垂直吊挂件连接。上人吊顶的悬挂，用一个吊环将龙骨箍住，用钳夹紧，既要挂住龙骨，同时也要阻止龙骨摆动。不上人吊顶悬挂，用一个特别的挂件卡在龙骨的槽中，使之达到悬挂的目的。轻钢大龙骨一般选用连接件接长，也可以焊接，但宜点焊。连接件可用铝合金，亦可用镀锌钢板，须将表面冲成倒刺，与主龙骨方孔相连，可以焊接，但宜点焊，连接件应错位安装。遇观众厅、礼堂、展厅、餐厅等大面积房间采用此类吊顶时，需每隔12m在大龙骨上部焊接横卧大龙骨一道，以加强大龙骨侧向稳定及吊顶整体性。

3）根据标高控制线使龙骨就位。待主龙骨与吊件及吊杆安装就位以后，以一个房间为单位进行调整平直。调平时按房间的十字和对角拉线，以水平线调整主龙骨的平直；对于由T型龙骨装配的轻型吊顶，主龙骨基本就位后，可暂不调平，待安装横撑龙骨后再进行调平调正。较大面积的吊顶主龙骨调平时，应注意其中间部分应略有起拱，起拱高度一般不小于房间短向跨度的1/300～1/200。

（4）安装次龙骨、横撑龙骨

1）安装次龙骨：在覆面次龙骨与承载主龙骨的交叉布置点，使用其配套的龙骨挂件（或称吊挂件、挂搭）将二者上下连接固定，龙骨挂件的下部勾挂住覆面龙骨，上端搭在承载龙骨上，将其U型或W型腿用钳子嵌入承载龙骨内（图3-8）。双层轻钢U、C型龙骨骨架中龙骨间距为500～1500mm，如果间距大于800mm时，在中龙骨之间增加小龙骨，小龙骨与中龙骨平行，与大龙骨垂直用小吊挂件固定。

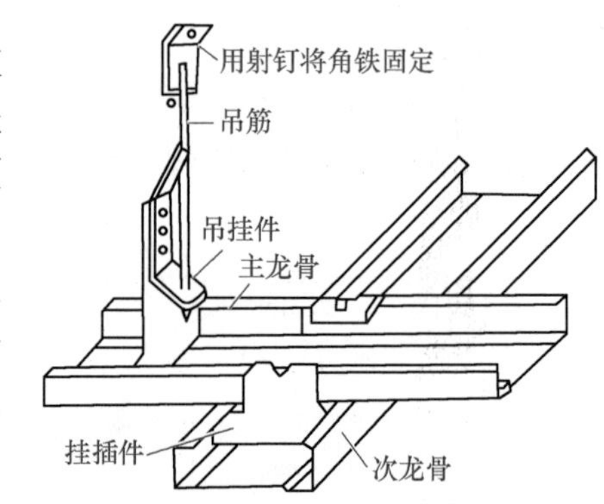

图3-8 主、次龙骨连接

2）安装横撑龙骨：横撑龙骨用中、小龙骨截取，其方向与中、小龙骨垂直，装在罩面板的拼接处，底面与中、小龙骨平齐。如装在罩面板内部或者作为边龙骨时，宜用小龙骨截取。横撑龙骨与中、小龙骨的连接，采用中、小接插体连接。

3）边龙骨固定：边龙骨宜沿墙面或柱面标高线钉牢。固定时，一般常用高强水泥钉，钉的间距不宜大于50cm。如果基层材料强度较低，紧固力不好，应采取相应的措施，改用膨胀螺栓或加大钉的长度等办法。边龙骨一般不承重，只起封口作用。

（5）板材安装

1）选板。普通纸面石膏板在上顶以前，应根据设计的规格尺寸、花色品种进行选板，凡有裂纹、破损、缺棱、掉角、受潮以及护面纸损坏者均应一律剔除不用。选好的板应平放于有垫板的木架之上，以免沾水受潮。

2）纸面石膏板安装。安装时应使纸面石膏板长边（即包封边）与主龙骨平行，从顶棚的一端向另一端开始错缝安装，逐块排列，余量放在最后安装。石膏板与墙面之间应留6mm间隙。板与板的接缝宽度不得小于板厚。每块石膏板用25～35mm自攻螺钉固定在次龙骨上，固定时应从石膏板中部开始，向两侧展开，螺钉间距150～200mm，螺钉距纸面石膏板板边（面纸包封的板边）不得小于10mm，不得大于15mm；距切割后的板边不得小于15mm，不得大于20mm。钉头应略低于板面，但不得将纸面钉破。钉头应作防锈处理，并用石膏腻子腻平。

（6）嵌缝　纸面石膏板安装质量经检查合格或修理合格后，根据纸面石膏板板边类型及嵌缝规定进行嵌缝。但要注意，无论使用什么腻子，均应保证有一定的膨胀性。施工中常用石膏腻子，一般施工做法如下：

1）直角边纸面石膏板顶棚嵌缝。直角边纸面石膏板顶棚之缝，均为平缝，嵌缝时应用刮刀将嵌缝腻子均匀饱满地嵌入板缝以内，并将腻子刮平（与石膏板面齐平）。石膏板表面如需进行装饰时，应在腻子完全干燥后施工。

2）楔形边纸面石膏板顶棚嵌缝。楔形边纸面石膏板顶棚嵌缝采用三道腻子。

① 第一道腻子：用刮刀将嵌缝腻子均匀饱满地嵌入缝内，将浸湿的穿孔纸带贴于缝处，用刮刀将纸带用力压平，使腻子从孔中挤出，然后再薄压一层腻子。用嵌缝腻子将石膏板上所有钉孔填平。

② 第二道腻子：第一道嵌缝腻子完全干燥后覆盖第二道嵌缝腻子，使之略高于石膏板表面，腻子宽200mm左右，另外在钉孔上亦应再覆盖腻子一道，宽度较钉孔大25mm左右。

③ 第三道腻子：第二道嵌缝腻子完全干燥后，再薄压300mm宽嵌缝腻子一层，用清水刷湿边缘后用抹刀拉平，使石膏板面交接平滑，钉孔第二道腻子上再覆盖嵌缝腻子一层，并用力拉平使之与石膏板面交接平滑。

上述第三道腻子完全干燥后，用2号砂纸安装在手动或电动打磨器上，将嵌缝腻子打磨光滑，打磨时不得将护纸磨破。

嵌缝后的纸面石膏板顶棚应妥善保护，不得损坏、碰撞，不得有任何污染。

如石膏板表面另有饰面时，应按具体设计进行装饰。

（7）吊顶节点收口处理

1）吊顶的边部节点构造。轻钢龙骨纸面石膏板吊顶与墙、柱立面结合部位，一般处理方法归纳为三类：一是平接式，二是留槽式，三是间隙式。吊顶的边部节点构造如图3-9所示。

2）吊顶与隔墙的连接。轻钢龙骨纸面石膏板吊顶与其本体系的轻质隔墙相连接，其节点构造如图3-10所示。其隔墙的横龙骨（沿顶龙骨）与吊顶的承载龙骨用M6螺栓紧固；吊顶的覆面龙骨依靠龙骨挂件与承载龙骨连接；覆面龙骨的纵横连接则依靠龙骨支托。吊顶与隔墙面层的纸面石膏板相交的阴角处应安装金属护角。

3）烟感器和喷淋头安装。施工中应注意水管预留必须到位，既不可伸出吊顶面，也不能留短；烟感器及喷淋头旁800mm范围内不得设置任何遮挡物。烟感器和喷淋头安装如图3-11所示。

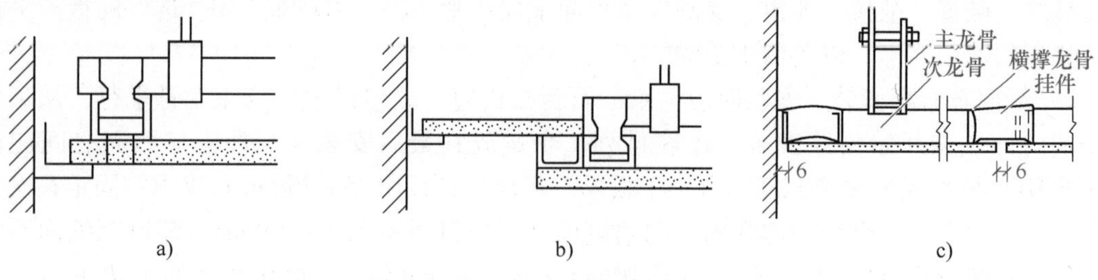

图3-9 吊顶的边部节点构造
a）平接式 b）留槽式 c）间隙式

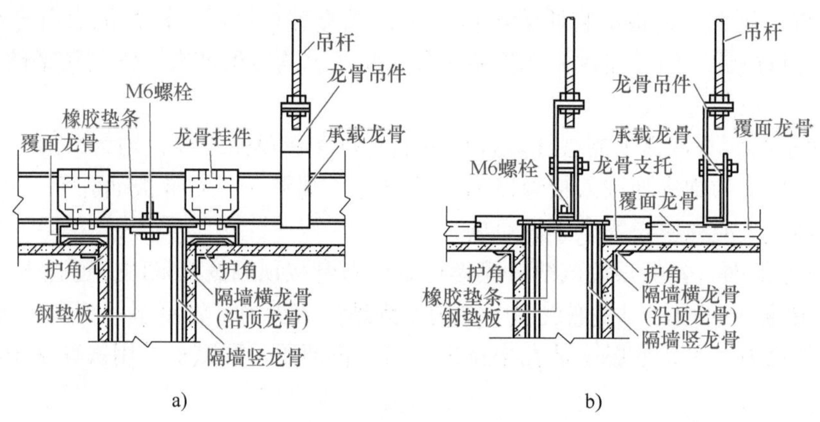

图3-10 吊顶与隔墙的连接节点构造
a）垂直交叉连接图 b）同方向对中连接图

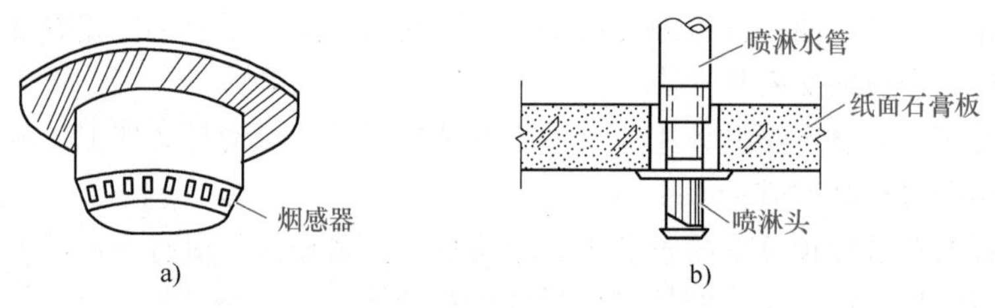

图3-11 烟感器和喷淋头的安装
a）烟感器 b）喷淋头

三、质量要求与检查评定

1）轻钢骨架、吊挂件、连接件和罩面板的材质、品种、规格、式样应符合设计要求和施工规范的规定。

2）轻钢骨架的吊杆和大、中、小龙骨必须安装牢固，无松动，位置正确；整体轻钢骨架应顺直、无弯曲、无变形。

3）罩面板表面应平整、洁净，无污染、麻点和锤印，颜色一致。罩面板无脱层、翘曲、折裂、缺棱、掉角等缺陷，安装必须牢固。

4）罩面板之间的缝隙或压条，宽窄应一致、整齐、平直，压条与板接缝严密。

5）轻钢龙骨罩面板顶棚允许偏差项目见表3-8。

表3-8　轻钢龙骨罩面板顶棚允许偏差

	项目	允许偏差/mm	检验方法
龙骨	龙骨间距	2	尺量检查
	龙骨平直	2	尺量检查
	起拱高度	±10	拉线尺量
	龙骨四周水平	±5	尺量或水准仪检查
罩面板	表面平整	3	用2m靠尺检查
	接缝平直	3	拉5m线检查
	接缝高低	1	用直尺或塞尺检查
	顶棚四周水平	±5	拉线或用水准仪检查
压条	压条平直	3	拉5m线检查
	压条间距	2	尺量检查

任务3　T型龙骨矿棉吸声板吊顶施工

【任务描述】

某写字楼办公室进行装修，长宽尺寸为6m×6m，顶板为现浇板，周边为框架梁，安装嵌入式日光灯三排，有通风孔，有烟感喷淋装置。吊顶采用T型轻钢龙骨浮搁式矿棉吸声板吊顶，结构顶面高度3.6m，吊顶面板面高度2.8m，考虑安全防火等要求。

T型龙骨矿棉吸声板吊顶施工（图片）

【能力要求】

要求学生能够针对工作任务制定T型龙骨矿棉吸声板安装的工作计划，包括材料的选取、施工机具与环境的准备及施工流程计划，能够写出较为详细的技术交底，并能够正确进行质量检查验收。

【知识导入】

T型轻钢龙骨轻质板吊顶属活动板式装配吊顶，龙骨既是吊顶骨架，又是吊顶的饰面压条。将轻质板搁置（或插接）在龙骨上，做成的吊顶平面，龙骨外露或半露（也可不露），基本上一步到位地完成顶棚饰面。其施工安装快捷，装饰效果美观，较广泛地应用于室内吊顶。

1. 基本构造

双层吊顶骨架由U、C型轻钢龙骨为大（主）龙骨，由T型轻钢中（次）、小（横撑）龙骨及其配件组成。大龙骨由吊挂件吊挂在结构（梁）板上，中、小龙骨相互垂直连接紧靠着固定在大龙骨下面。单层吊顶骨架由T型中、小龙骨组成骨架平面，轻质装饰板在T型轻钢龙骨上浮搁（图3-12）。

2. 材料

1）T型龙骨主件及配件：T型轻钢龙骨吊顶的龙骨有铝合金龙骨和薄壁型钢烤漆龙骨。无论哪种材质，只要是双层吊顶骨架，其主龙骨都是U、C型钢龙骨。

2）矿棉装饰吸声板：矿棉装饰吸声板简称矿棉板，是以矿棉为主要原料，掺入适量的胶粘剂、防潮剂、防腐剂制成的新型吊顶装饰板材。其规格有：600mm×1200mm×12mm、

596mm × 596mm ×(12、15、18)mm、496mm × 496mm ×(12、15)mm、500mm × 500mm ×(12 ~ 20)mm。

矿棉板有很好的吸声及装饰效果，并有可裁割、质量小的特点，适用于厅堂等有音响要求的建筑室内顶棚装修。

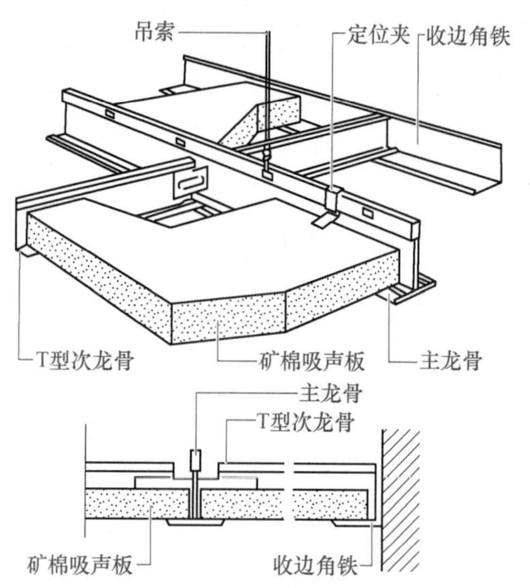

图 3-12 T 型龙骨矿棉吸声板吊顶基本构造图

【任务实施】

一、施工准备

1. 材料准备

根据设计要求确定该吊顶是上人吊顶还是不上人吊顶，从而决定大龙骨料的规格、数量，并备齐 T 型中龙骨、小龙骨及其配件。按设计选用轻质装饰板材，并验收使其符合设计要求及材质验收标准。

2. 主要机具准备

T 型轻钢龙骨轻质板吊顶机具准备同 U 型轻钢龙骨吊顶。

3. 作业条件准备

T 型轻钢龙骨轻质板吊顶作业条件同 U 型轻钢龙骨吊顶。

二、施工方法

1. 工艺流程

排板→定吊点→弹线→固定吊杆→边龙骨安装→吊杆与主龙骨连接→主龙骨安装→纵横 T 型龙骨（覆面龙骨）安装→饰面板安装→吊顶顶棚细部处理。

2. 施工要点

（1）排板　根据选用的罩面板规格尺寸、灯盘、灯罩及其他设施（如空调风口、火警烟感器、喷淋头及上人孔等）位置等情况，绘制吊顶施工平面布置图。一般应以顶棚纵横中轴线为准，将罩面板对称排列。小型设施应位于某块罩面板中间，大灯槽等设施应占据整块或相连数块板位置，均以排列整齐美观为原则。

（2）定吊点　吊点距离 0.9 ~ 1.2m，50 系列适用于吊点距离不大于 1.5m 的上人吊顶，主龙骨可承受 800N 检修荷载；60 系列适用于吊点距离不大于 1.5m 的上人吊顶，特别要注意灯盘、灯槽等大件所需预留龙骨空间是否与其规格配套。对于特殊部位如上人检查孔或放置设备等处，尚应考虑增设附加龙骨承载。一般情况下，38 系列轻钢龙骨适用于不上人吊顶。

（3）弹线　在结构基体上，按吊顶布置图弹出龙骨分格线及吊点位置线，并复查需穿出罩面板安装件的位置是否也准确合理，然后将龙骨标高水平线弹到相应墙、柱面上。

（4）固定吊杆　吊杆固定方法视结构基体情况定。当为预制板时，可在灌缝前将吊杆钢筋弯钩放入板缝，弯钩中穿一根 $\phi12 \sim \phi14$ 短钢筋条，此钢筋条横跨板缝放在板面上。当为现浇钢筋混凝土板时，可预埋铁板、吊钩，再将吊杆焊于铁板及吊钩内，也可临时用射钉或金属膨胀螺栓固定带有一钻孔的小角钢，以便穿挂吊杆（图 3-7）。

当为钢结构时，吊杆可直接焊在或钩挂在钢结构上。吊杆适用材料及规格依吊顶承载力大小而定，上人承载吊顶可用直径 $\phi6 \sim \phi10$ 圆钢，不上人吊顶可用 10 ~ 14 号镀锌钢丝。采用圆钢作吊杆，一般其下端应有螺纹，以便与专用承载龙骨吊挂件上螺母连接；采用钢丝作吊杆时，其下端直接穿入龙骨相关孔内绑紧即可。吊杆与龙骨端部距离不得超过300mm（指承载龙骨，如为其他龙骨，应更小些），否则应增设吊杆，以免龙骨因悬臂过大而端部下坠。当吊杆与设备或安装物件相碰时，应调整吊杆位置。吊杆必须通直、具有足够抗拉能力，特别是采用镀锌钢丝作吊杆时，更应拉直且必须有拉直支撑。当预埋吊杆需接长时，必须搭接焊牢。

（5）边龙骨安装　根据弹出的水平标高线，将边龙骨用钉、膨胀螺栓等固定在相应墙、柱面上。如墙、柱为砖砌体，宜预埋好经防腐处理的木砖，边龙骨可用铁钉或木螺钉固定在木砖上。需注意边龙骨应固定在墙、柱面已抹灰的面上，并能紧贴抹灰面，阴阳角方正，否则对墙柱面抹灰应进行修补处理，直至平整、阴阳角方正为止。边龙骨安装好以后，应在上面划出承载龙骨及纵横龙骨位置分格线。

（6）吊杆与主龙骨连接　吊杆与主龙骨连接，一般用专门配套的吊挂件连接，也可用焊接。上人承载龙骨既要悬吊牢固，又要能阻止龙骨摆（串）动，同时承载龙骨两端还必须与墙、柱面顶紧。

（7）主龙骨安装　主龙骨安装时，应从已安装好的边龙骨上拉线，以此为准定位和控制其平整度，或以一个房间为单位，用两根上下刨平的方木（60mm × 60mm 或 50mm × 80mm）作靠尺及卡尺，在方木下平面中心线上按龙骨间距及其宽度各钉上无帽铁钉，然后将方木放在房间两端龙骨上，将龙骨夹在两定位钉间。方木两端需顶紧在墙、柱面上以免其摆动，再在方木上放水平尺，拉房间中心线及对角线，并结合起拱度，调整吊杆螺母使龙骨升降，将龙骨调平后，再加上双螺母固定即可。

（8）纵横T型龙骨（覆面龙骨）安装　纵横T型龙骨又称中次龙骨或覆面龙骨，为直接搁放罩面板所用。安装时紧贴主龙骨下平面，用专门配套的挂件，上端挂在主龙骨上，挂件腿卧入T型龙骨相应孔内。将分段截好的横龙骨两端剪出连接耳，在连接耳上钻孔，并将连接耳朝左、朝右分别弯成90°。在纵龙骨上也钻相同直径的圆孔，然后将横龙骨上连接耳以抽芯铝铆钉或自攻螺钉固定在纵龙骨上压紧。注意横龙骨分段及连接耳加工时，用样板画线下料，以保证其尺寸准确。横龙骨用连接耳插入纵龙骨孔内压紧，此法关键是纵龙骨上打孔的位置须准确，横龙骨剪出连接耳后其净长度也须准确，否则易使罩面板安装与龙骨形成的框格尺寸不吻合，故打长方孔及剪连接耳时用样板或模具进行操作。纵龙骨不够长时，用专门连接件接长。因主龙骨已先找平，所以纵横龙骨不必再找平，但要注意检查其分格尺寸是否正确，交角是否方正，纵横龙骨交接处是否平齐，罩面板搁放时各边是否有2mm左右间隙。

（9）饰面板安装　饰面板安装方式有平放搭装、企口嵌装及搁置式安装几种。不论罩面板是何种材质，只要将板材放进龙骨格框后摆正，再按设计要求安上压卡即可。表面污染、翘曲、折裂及变形者不得使用。当设计为嵌式时，采用四边带高低台阶的板材。搬运及安装时注意保护高低台口。板材安装时用力要轻，不要硬撬硬压，以免造成台口开裂破坏。嵌装时要有少许缝隙，缝隙要均匀。

（10）吊顶顶棚细部处理

1）与墙柱边部连接处理。一般在墙柱安装L型边龙骨，将罩面板搁在L型龙骨上。

2）与隔断连接处理。顶棚与隔断连接时，隔断沿顶龙骨与吊顶主龙骨用螺栓紧固，吊顶纵横（覆面）龙骨和罩面板，隔断龙骨和罩面板按本身构造需要安装。两者罩面板相交阴角处，采用铝合金L型或轻钢L型龙骨固定在各自龙骨上，使其为整体并增加美观。

3）灯具、送风口、烟感器及喷淋头、护栏等设施的安装。灯具、检验上人孔、吊顶内走道及护栏、窗帘盒等设施的安装，一般是较大设施（指外露设施）安装在一个标准框格或数个相连框格内，如大灯槽、上人孔等；检修走道及其护栏等另设承载系统悬吊固定。窗帘盒安装设单独支承，与顶棚仅是面层连接。

送风口、烟感器及喷淋头等可在装饰板就位后安装，也可留出周围吊顶装饰板，待这些设备安装后再行安装。应按其大小尽量布置在罩面板中心，另加框边或托盘与龙骨连接固定，下加铝合金或不锈钢镶边封口。烟感器及喷淋头施工中应注意水管预留到位，既不可伸出吊顶面，也不能留短。所有部件总的安装原则是安装要牢固，与罩面板接触处要吻合。

三、质量要求与检查评定

1）轻钢骨架、吊挂件、连接件和罩面板的材质、品种、规格、式样应符合设计要求和施工规范的规定。

2）轻钢骨架的吊杆和大、中、小龙骨必须安装牢固，无松动，位置正确；整体轻钢骨架应顺直、无弯曲、无变形。

3）罩面板表面应平整、洁净，无污染、麻点和锤印，颜色一致。罩面板无脱层、翘曲、折裂、缺棱掉角等缺陷，安装必须牢固。

4）罩面板之间的缝隙或压条，宽窄应一致、整齐、平直，压条与板接缝严密。

5）T型轻钢龙骨纸面矿棉板顶棚允许偏差见表3-9。

表3-9 T型轻钢龙骨纸面矿棉板顶棚允许偏差

项目		允许偏差/mm	检验方法
龙骨	龙骨间距	2	尺量检查
	龙骨平直	3	尺量检查
	起拱高度	±10	拉线尺量
	龙骨四周水平	±5	尺量或水准仪检查
罩面板	表面平整	2	用2m靠尺检查
	接缝平直	1.5	拉5m线检查
	接缝高低	0.5	用直尺或塞尺检查
	顶棚四周水平	±5	拉线或用水准仪检查
压条	压条平直	2	拉5m线检查
	压条间距	2	尺量检查

任务4 铝合金装饰板吊顶施工

【任务描述】

某学校小餐厅进行装修，里外套间，里间小厅尺寸为3.8m×3.8m，预制顶板，周边为砖墙，方板吊顶，结构顶面高度3.0m，吊顶面板面高度2.5m，有窗帘盒；外间长宽为6m×6m，顶板为现浇板，周边为框架梁，安装嵌入式荧光灯三排，有通风孔。吊顶采用条板吊顶，结构顶面高度3.3m，吊顶面板面高度2.8m。

铝合金装饰板吊顶施工（图片）

【能力要求】

要求学生能够针对工作任务制定铝合金装饰板吊顶的工作计划，包括材料的选取、施工机具与环境的准备及施工流程计划，能够写出较为详细的技术交底，并能够正确进行质量检查验收。

【知识导入】

金属装饰板吊顶是配套组装式吊顶的一种，属于高级装修顶棚，系用铝合金龙骨做骨架，用0.5～1.0mm厚的铝合金板材罩面的吊顶体系。铝合金装饰板吊顶的形式有方板吊顶（图3-13）和条形板吊顶（图3-14）两大类。其主要特点是质量小、安装方便、施工速度快，吊顶表面光泽美观，安装完毕即可达到装修效果，集吸声、防火、装饰、色彩等功能为一体。板材有不锈钢板、防锈铝板、电化铝板、镀铝板、镀锌钢板、彩色镀锌钢板等，表面有抛光、亚光、浮雕、烤漆或喷砂等多种形式，适用于大厅、楼道、会议室、卫生间和厨房吊顶及对于吸声、隔声功能要求较高的体育馆、剧场以及某些工厂车间等。

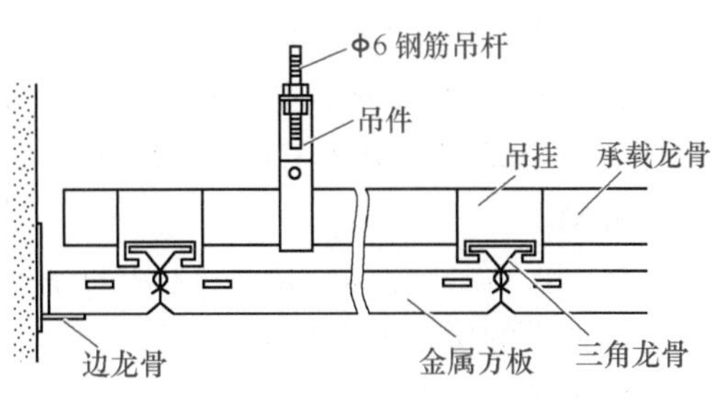

图3-13　方板吊顶基本构造

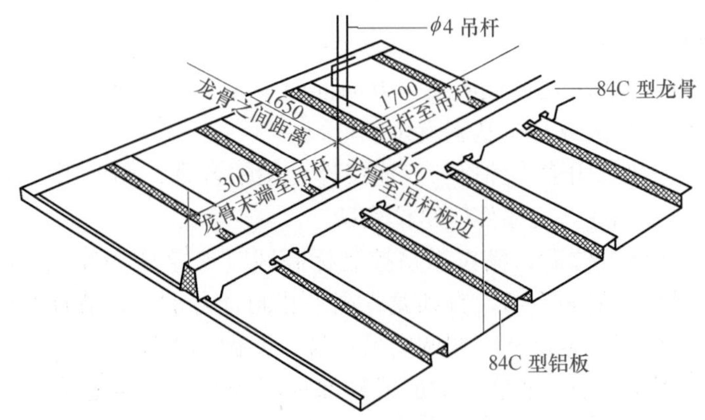

图3-14　条形板吊顶基本构造

铝合金方板为矩形或正方形，常用的尺寸为500mm×500mm，600mm×600mm，496mm×996mm，596mm×1196mm。铝合金条形板常用的宽度尺寸为86mm、106mm、136mm、186mm，厚度尺寸为0.5～0.8mm。

一、施工准备

1. 材料准备

按设计要求备齐吊顶的金属装饰板、龙骨、吊挂件、连接件，并应有产品检验合格证。

2. 主要机具准备

参照本项目任务2轻钢龙骨纸面石膏板吊顶的相关内容。

3. 作业条件准备

参照本项目任务2轻钢龙骨纸面石膏板吊顶相关内容。

二、施工方法

1. 工艺流程

弹线→固定吊杆→安装主龙骨→安装次龙骨→灯具安装→面板安装→压条安装→板缝处理。

2. 施工要点

(1) 弹线 弹线主要是弹标高和龙骨布置线。

1) 根据设计图样，结合具体情况，将龙骨及吊点位置弹到楼板底面上。主龙骨间距和吊杆间距一般都控制在1.0~1.2m以内，沿墙四周龙骨距墙不大于250mm，弹线应清晰，位置准确。

2) 确定吊顶标高：将设计标高线弹到四周墙面或柱面上；如果吊顶有不同标高，那么应将变截面的位置弹到楼板上。

(2) 固定吊杆

1) 双层龙骨吊顶时吊杆一般为Φ6或Φ8钢筋。

2) 方板单层龙骨吊顶时吊杆一般为8号铅丝，条板单层龙骨吊顶时吊杆一般为Φ4钢筋。

在主龙骨的端部或接长处，需加设吊杆或悬挂铅丝，主龙骨的端部吊杆距墙200~350mm。

(3) 安装与调平主龙骨

1) 就位。安装时主、次龙骨宜从同一方向同时安装，根据已确定的主龙骨（大龙骨）位置及确定的标高线，先大致将其基本就位。

2) 龙骨接长。一般选用连接件接长。连接件可用铝合金，亦可用镀锌钢板，在其表面冲成倒刺，与龙骨方孔相连。连接件应错位安装。

3) 调平调直。龙骨就位后，满拉纵横控制标高线（十字中心线），从一端开始，一边安装，一边调整，最后再精调一遍，直到龙骨调平和调直为止。如果面积较大，在中间还应适当起拱。调平时应注意一定要从一端调向另一端，要做到纵横平直。

4) 方板边龙骨固定。边龙骨宜沿墙面或柱面标高线钉牢。固定时，一般常用高强水泥钉，钉的间距不宜大于500mm。如果基层材料强度较低，紧固力不好，应采取相应的措施，改用膨胀螺栓或加大钉的长度等办法。边龙骨一般不承重，只起封口作用。

(4) 槽形龙骨安装 因条形金属板有褶边，本身有一定刚度，故只需在与条形板相垂直方向布置纵龙骨，纵龙骨间距不大于150mm。用带卡口的专用槽形龙骨，为使龙骨卡口在同一平面、间距准确、卡口棱边在一条直线上，用两根上下面刨平的方木，在下平面按卡口式龙骨间距钉上小钉，制成“卡规”，安装龙骨时将其卡入“卡规”的钉距内。“卡规”垂直于龙骨，在其两端经抄平后（可用胶管灌水的“水柱法”），临时固定在墙面上，并从“卡规”两端的第一个钉上斜拉对角线，使两根“卡规”本身既相互平行又方正，然后再拉线将所有龙骨卡口棱边调整至一直线上，最后再与主龙骨逐点连接固定。在龙骨安装调平的基础上，从一个方向依次安装条型金属吊顶板。将条板托起后，先将其一端压入条龙骨的卡脚，再顺势将另一端压入卡脚内，由于这种条板较薄并具弹性，压入后迅即扩张卡入龙骨卡口内固定。

(5) 三角龙骨及方板固定 按金属方形板的尺寸安装固定三角形断面中龙骨，然后精调龙骨的平整度（注意起拱调整）和间距，随后将方板的卷边卡入三角形断面龙骨的夹缝中，一块接一块卡嵌完成全部吊顶方板。

（6）板间缝隙处理　对于有闭缝要求的金属条板顶棚，可使用敞缝式金属条板，安装其配套嵌条达到封闭缝隙的效果。对于有透缝要求的金属条板顶棚，可使用敞缝式金属条板而不安装嵌条。

（7）吊顶与墙、柱的连接　金属板吊顶的端部与墙面或柱面连接处，其处理方式较多。可以作离缝平接，可以采用L型边龙骨搭接，也可以采用其边板配件如不等翼槽形龙骨进行连接。图3-15为四种靠墙板吊顶与墙柱面交接示例。

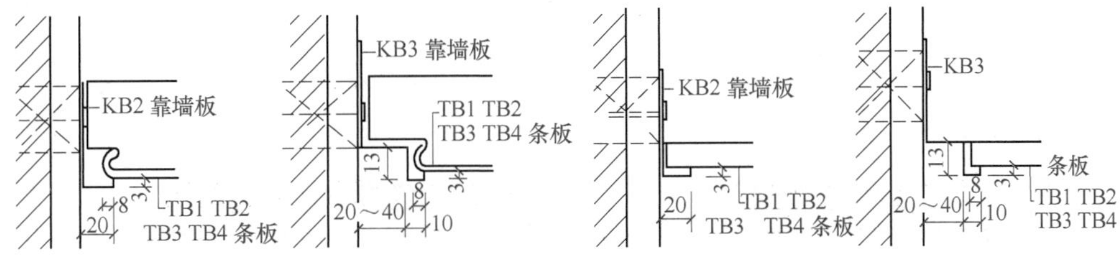

图3-15　靠墙板吊顶与墙柱面交接示例

（8）与隔断连接处理　隔断沿顶龙骨必须与其垂直的顶棚主龙骨连接牢固。当顶棚主龙骨不能与隔断沿顶龙骨相垂直布置时，必须增设短的主龙骨，此短的主龙骨再与顶棚承载龙骨连接固定。总之，隔断沿顶龙骨与顶棚骨架系统连接牢固后，再安装罩面板。

（9）变标高处连接处理　方形金属板可按图3-16所示进行处理。当为条形板时，亦可参照该图处理，关键是根据变标高的高度设置相应的竖立龙骨，此竖立龙骨须分别与不同标高主龙骨连接可靠（每节点不少于两个自攻螺钉或铝铆钉或小螺栓连接，使其不会形变。也可采用焊接方式）。在主龙骨和竖立龙骨上安装相应的覆面龙骨及条形金属板。如采用卡边式条形金属板，则应安装专用特制的带夹齿状的龙骨（卡条式龙骨）作覆面龙骨，如果用扣板式条形金属板，则可采用普通C型或U型轻钢龙骨做覆面龙骨，用自攻螺钉固定在覆面龙骨上。

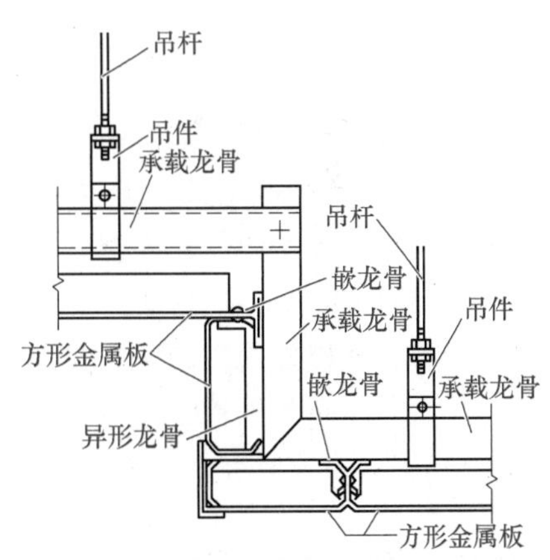

图3-16　变标高处连接处理

（10）窗帘盒及风口等构造处理　以方形金属板为例，可按图3-17所示对窗帘盒及送风口的连接进行处理。当采用长条形金属板时，换上相应的龙骨即可。

（11）吸声材料的布置　对于有吸声要求的金属吊顶板采用铺装矿棉（岩棉）或玻璃棉等做法。其铺设方式一般有两种，一种方式是将吸声材料铺放在铝合金或彩色镀锌钢板内，吸声材料紧贴金属板内侧；第二种方式是将吸声材料置于金属条形板上面，把龙骨与龙骨之间作为一个单元，将吸声毡片满铺满放（图3-18）。这两种做法的吸声效果并无多大差别。但相比之下，第一种方式存在一定弱点。由于吸声材料紧贴板面，时间较久或受某些外力影响后，其纤维绒毛容易从板孔露出于吊顶面，有损美观。因此在高度较低的重要部位的金属

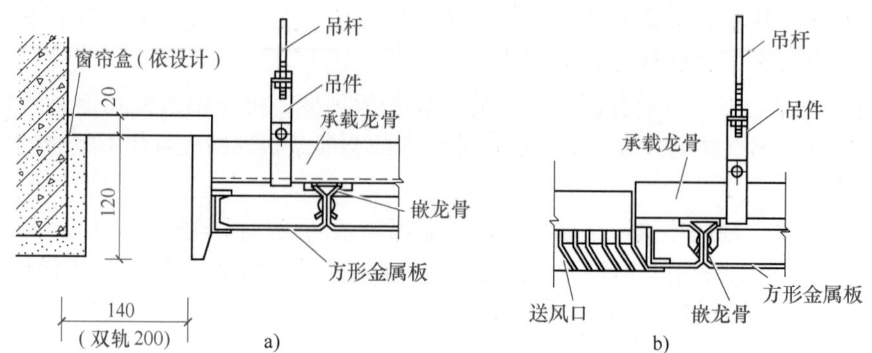

图3-17 方形金属板吊顶窗帘盒与送风口构造示意图
a）窗帘盒与吊顶连接节点 b）送风口与吊顶连接节点

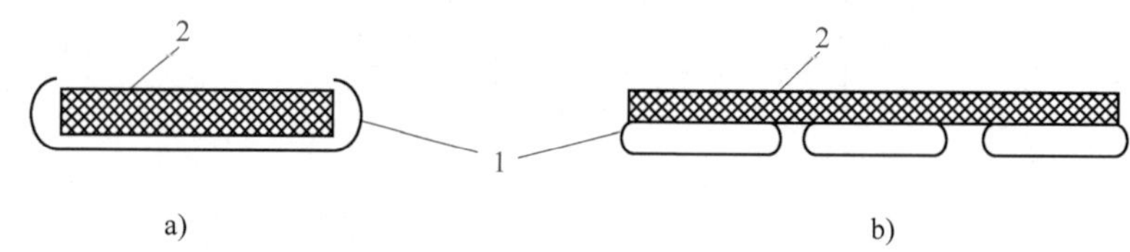

图3-18 吸声材料铺设方式
a）吸声材料铺放于金属吊顶板内 b）吸声材料铺放于金属吊顶板上
1—金属吊顶板 2—吸声材料

穿孔板顶棚上，其吸声材料的铺设做法宜采用第二种方式。

三、质量要求与检查评定

1）轻钢龙骨、铝合金龙骨、吊挂件、连接件和罩面板的材质、品种、规格、式样应符合设计要求和施工规范的规定。

2）轻钢骨架的吊杆、大（中、小）龙骨必须安装牢固，无松动，位置正确；整体轻钢骨架应顺直、无弯曲、无变形。

3）罩面板表面应平整、洁净，无污染、麻点、锤印，颜色一致。罩面板无脱层、翘曲、折裂、缺棱掉角等缺陷，安装必须牢固。罩面板之间的缝隙或压条，宽窄应一致，整齐、平直、压条与板接缝严密。

4）铝合金龙骨允许偏差项目见表3-10。

表3-10 铝合金龙骨允许偏差

项次	项　目	允许偏差/mm		检验方法
		开敞式	隐蔽式	
1	龙骨间距	2		尺量检查
2	龙骨平直	2	1	尺量检查
3	起拱高度	±10		拉线尺量
4	龙骨四周水平	±5		尺量或水准仪检查
5	表面平整	3		用2m靠尺检查
6	接缝高低	1.5	1	用直尺或塞尺检查
7	四周水平标高	±5		拉线或用水准仪检查

5）金属罩面板允许偏差项目见表3-11。

表3-11 金属罩面板允许偏差

项次	项　目	允许偏差/mm			检验方法
		铝合金板	压型钢板	不锈钢板	
1	表面平整	3	2	1	用2m靠尺和楔形尺检查
2	接缝平直	0.5	1	0.5	拉5m线检查
3	接缝高低	1	1	0.5	用直尺或塞尺检查
4	顶棚四周水平	±5	±5	±5	拉线或用水准仪检查
5	压条平直	3	3	1	拉5m线检查
6	压条间距	2	2	2	尺量检查

任务5 开敞式吊顶施工

【任务描述】

某酒店小型多功能厅进行装修，平面尺寸为7.2m×6.1m，预制顶板，周边为砖墙，金属格栅吊顶，结构顶面高度为6.6m，吊顶面板面高度为4.2m，有窗帘盒；外间长宽为6m×6m，顶板为现浇板，周边为框架梁，安装嵌入式筒灯。

开敞式吊顶施工（图片）

【能力要求】

要求学生能够针对工作任务制定开敞式吊顶施工的工作计划，包括材料的选取，施工机具与环境的准备及施工流程计划，能够写出较为详细的技术交底，并能够正确进行质量检查验收。

【知识导入】

开敞式吊顶是通过特定形状的无面层单元体与单元体巧妙地组合成既遮又透的独特吊顶，其基本构造由单元体、吊杆、紧固件组成（图3-19）。开敞式吊顶的单元体样式较多，按材料分有木质、塑料、金属三种，按单元体形状分有三角式、方格式、挂片式等（图3-20）。

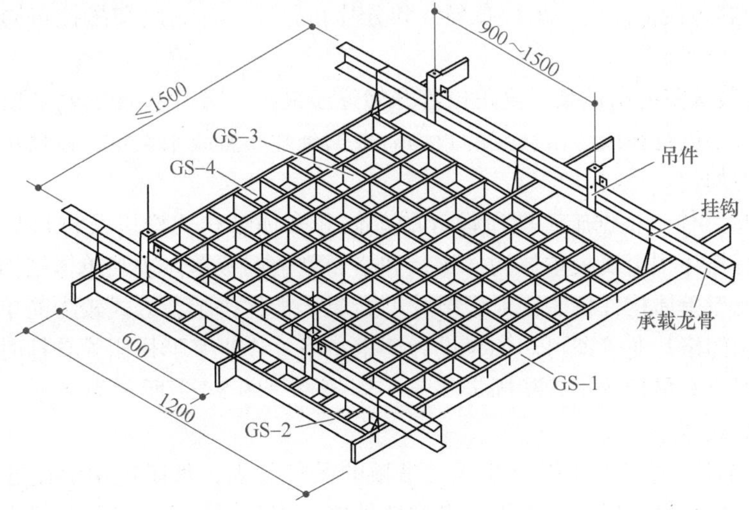

图3-19 开敞式吊顶基本构造图

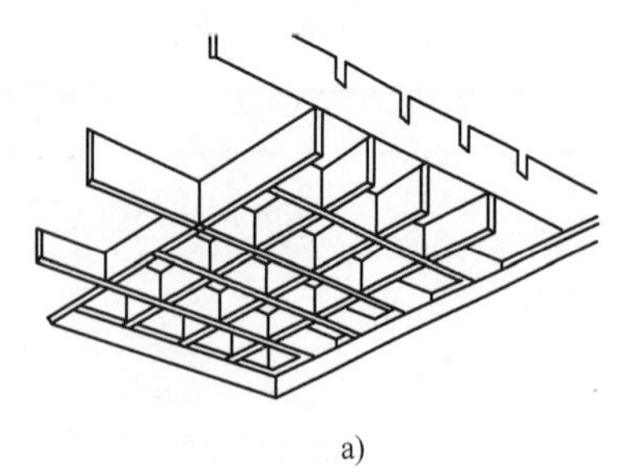

a)

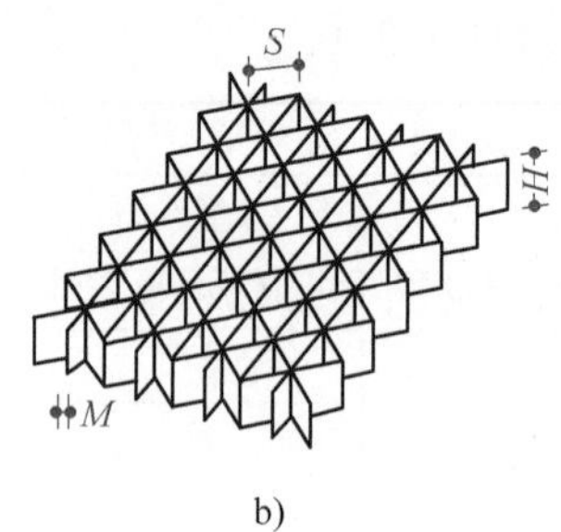

b)

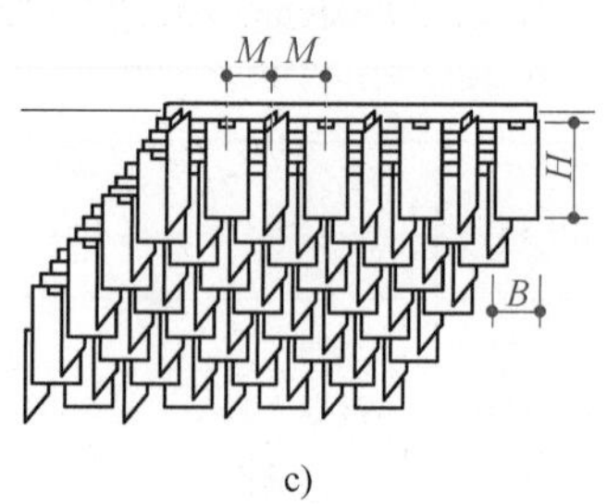

c)

图 3-20 单元体形状
a）方格式 b）三角式 c）挂片式

【任务实施】

一、施工准备

1. 材料准备

1）单元体：铝合金装饰板单体，见图 3-21。

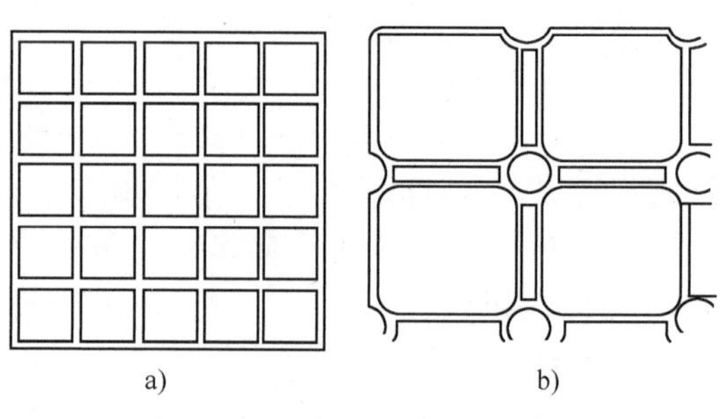

a) b)

图 3-21 铝合金装饰板单体
a）小方格单体 b）大方格单体

2）吊筋：Φ6～Φ8 钢筋。

3）紧固件：水泥钉、射钉、膨胀螺栓等固定材料。

2. 主要机具准备

电锯、射钉枪、手锯、手刨子、钳子、螺钉旋具、扳子、方尺、钢尺、钢水平尺等。

二、施工方法

1. 工艺流程

放线→拼装单元体→固定吊杆→吊装单元体→吊顶面整体调整→整体饰面处理。

2. 施工要点

（1）放线

1）放线内容包括标高线、吊挂布局线和分片布置线。标高线和吊挂布局线的方法与步骤如前 2 个任务所述。

2）吊顶安装从室内吊顶某一直角位置开始逐步展开。分片布置线就是根据吊顶的结构形式和分片的大小进行弹线。吊挂点的布局需根据分片布置线来设定，以使单体和多体吊顶的分片材料受力均匀。

（2）拼装单元体　根据施工图所设计的单体和多体结构式样以及材料品种，进行拼装工作。常见的有格片型金属板单体构件拼装和格栅型金属板单体拼装单体结构。

格片型金属板单体构件拼装：对于格片型金属挂板的拼装，方式较为简单，只需将金属格片卡入其特制的格片龙骨即可。如果设计要求将格片作十字形格栅式悬挂时，则需要采用十字连接件，但应有吊顶龙骨骨架固定其十字连接件。图 3-22 所示为十字连接件及金属格片的十字连接形式。

（3）固定吊杆　对于单体组合开敞式吊顶的吊杆紧固，可以选用上述各种方法。由于此类吊顶大多比较轻便，所以一般不需设预埋件或采用角钢块之类的吊顶吊点连接件，可以在混凝土楼底或梁底的吊点位置，用冲击电钻打孔后固定膨胀螺栓，将吊杆焊于膨胀螺栓上或用18号铅丝绑扎；也可用带孔射钉作吊点紧固件，但单个射钉的承重荷载不得超过每平方米50kg。对于网络体型金属吸声板吊顶的吊点间距，应注意控制在1000mm之内，要根据室内顶部的平面图上每个网络支架的位置来确定吊点位置；吊点与墙、柱立面的距离须小于300mm。

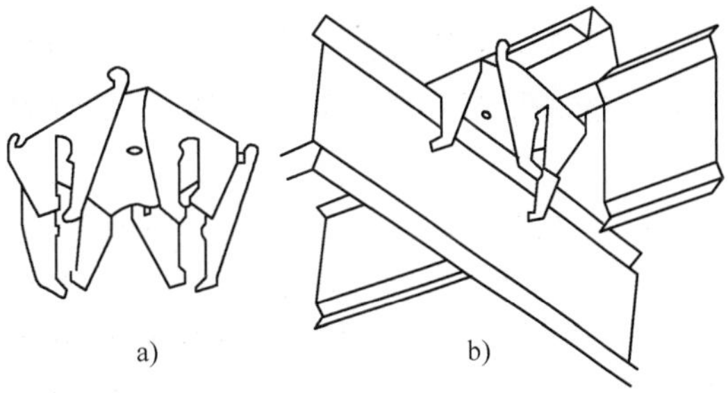

a)　　b)

图3-22　格片型金属板单体十字连接
a）十字连接件　b）十字连接

（4）吊装单元体　顶棚的吊装可分为直接固定法和间接固定法两种类型。

直接固定法将单体或多体吊顶架直接与吊杆连接，并固定在吊点处。这种吊装方式，一般需要构件自身具有承受本身质量的刚度和强度。间接固定法将单体或多体的吊顶架固定在承重杆架上，承重杆架再与吊点连接。这一种吊装方式，一般是考虑到构成自身刚度不够，如若直接吊装，一是容易变形，二是吊点太多，费工费时。

吊装步骤如下：

1）从一个墙角开始，将分片吊顶托起，高度略高于标高线，并临时固定该分片吊顶架。

2）用棉线或尼龙线沿标高线拉出交叉的吊顶平面基准线。

3）根据基准线调平该吊顶分片。如果吊顶面积大于100m^{2}时，可以使吊顶面有一定量起拱。对于构件吊顶来说，起拱量一般约3/400左右。

4）将调平的吊顶分片进行固定。直接固定法如图3-23所示。间接固定可用吊点铁丝或铁件，与固定在吊顶构成上的连接件进行固定连接。间接固定法如图3-24所示。

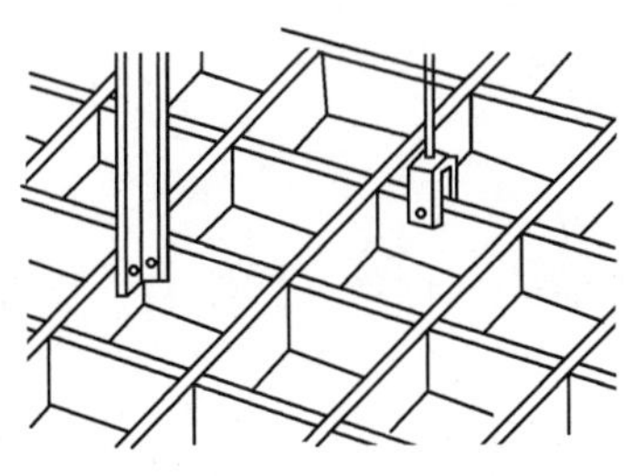

图3-23　直接固定法

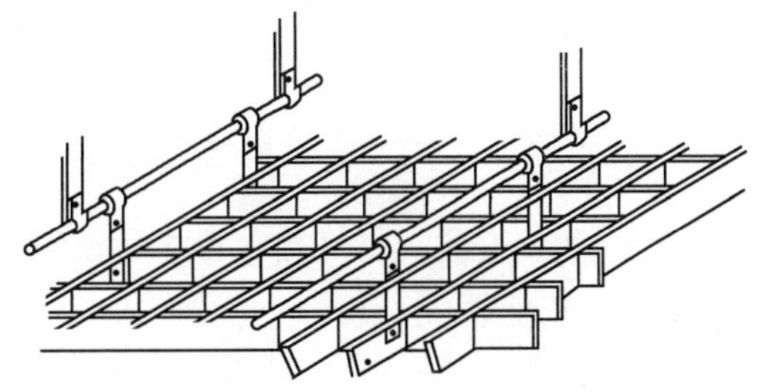

图3-24　间接固定法

悬吊构成吊顶还有其他一些方式，具体采用何种办法，关键在于材料的断面尺寸，以及材料强度、刚度等特性。

5）构成吊顶分片间相互连接时，首先将两个分片调平，使拼接处对齐，再用连接铁件进行固定。拼接的方式通常为直角拼接和顶边连接，如图3-25所示。

（5）吊顶面整体调整　沿标高线拉出多条平行或垂直的基准线，根据基准线进行吊顶面的整体调整，并检查吊顶面的起拱量是否正确；检查各单体安装情况以及布局情况，对单体本身因安装而产生的变形，要进行修正；检查各连接部位的固定件是否可靠，对一些受力集中的部位进行加固。

（6）整体饰面处理 在上述结构工序完成后，便可进行整体饰面处理工序。单体和多体构成木吊顶饰面方式主要有油漆工艺、贴壁纸工艺、喷涂喷塑工艺、镶贴不锈钢板工艺和玻璃镜面工艺等。这些工艺中除镶贴饰面外，其他饰面工艺均需处理底面层。贴壁纸饰面与喷涂饰面，可以放到与墙体饰面施工时一并进行，也可以在地面拼装时先进行饰面处理，然后再进行吊装。

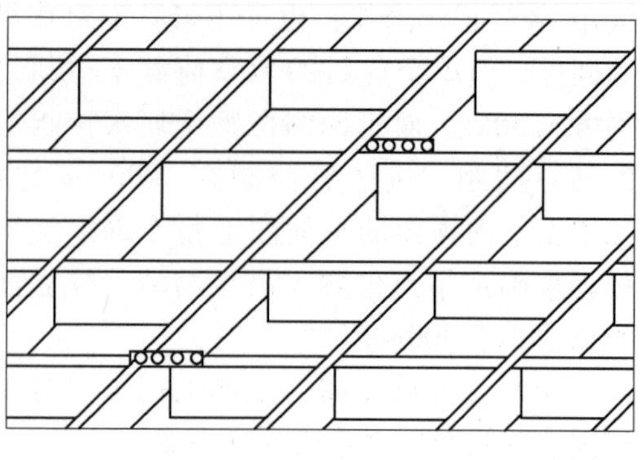

图3-25 吊顶分片连接

（7）灯具与吊顶的安装关系 各种灯具与吊顶的安装形式如图3-26所示。灯具的布置与安装常采用以下几种形式：

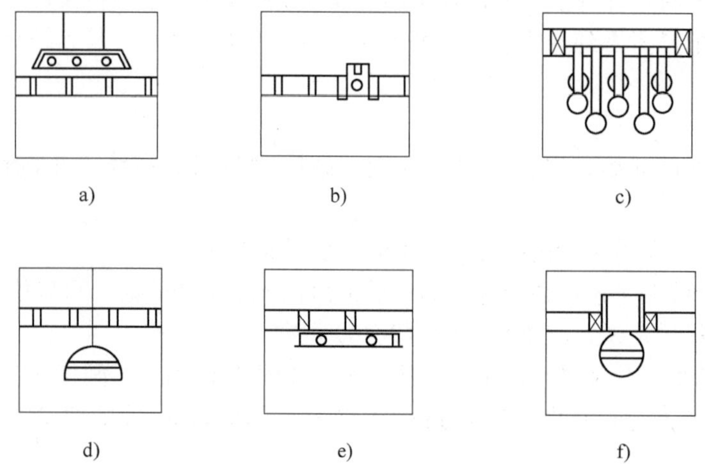

图3-26 灯具与吊顶的安装形式

a）内藏式 b）嵌入式 c）、f）嵌入外露式 d）吊挂式 e）吸顶式

1）内藏式安装：将灯具布置在吊顶的上部，并与吊装表面保持一定距离。这种作法往往在吊顶吊装前就应安装。

2）嵌入式安装：这种布置是将灯具嵌入单体构成的网格内，灯具与吊顶面保持平齐，或者灯具的照明部分伸出吊顶平面。这种形式可在吊顶完成后进行，但灯具的尺寸规格应与吊顶框格尺寸尽量一致。

3）吸顶式安装：可将灯具固定在吊顶平面上。

4）吊挂式安装：用吊件将灯具悬吊在顶棚平面以下。该灯具的吊件应在吊顶吊装前固定在建筑楼板底面。

（8）空调管道与吊顶的关系 空调管道的走向，对开敞式吊顶并无多大影响，但是空调管道口的选型及布置，则与吊顶关系密切。空调管道口可以置于开敞式吊顶的上部，与吊顶保持一定距离；也可以将风口嵌入吊顶的单体构件内，使风口箅子与单体构件保持平齐。风口的形式可采用圆形，也可选用方形。如若将风口置于吊顶上部，风口箅子的选型和材质标准要求可以降低，安装施工也较简单；如若将风口箅子嵌入单体构件内，与吊顶面保持平齐，风口箅子的造型、色泽与材质要求标准要高一些，应与吊顶的装饰效果相协调。开敞式吊顶空调管道口的一般布置方式如图3-27所示。

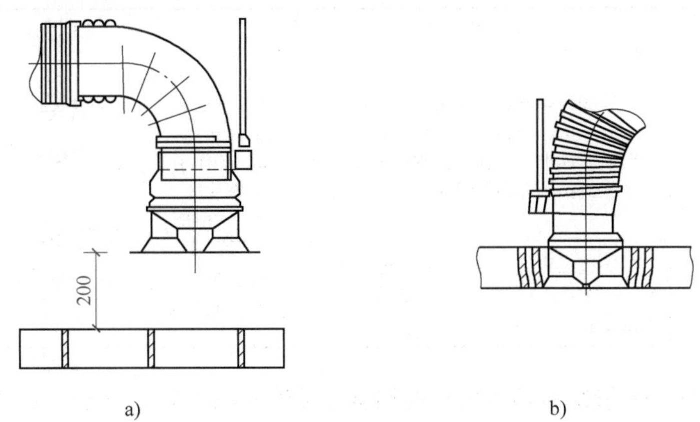

图3-27　开敞式吊顶空调管道口的一般布置方式

a）风口置于吊顶上部　b）风口箅子嵌入单体构件内，与吊顶面保持一平

三、质量要求与检查评定

1）金属格栅材料的品种、材质、规格、成型尺寸应符合设计要求。

2）格栅的防火、防潮、表面处理应符合设计要求。

3）吊杆和连接件应与格栅配套，符合产品组合要求，所用锚固件和连接件应作防锈处理。

4）金属花格栅应按设计图组装，安装牢固，接口严密，表面平整，横竖顺直，颜色均匀协调。

5）龙骨、吊筋间距布置合理，满足安全使用要求。

6）金属格栅吊顶安装质量要求见表3-12。

表3-12　金属格栅吊顶安装质量要求

序号	项目	允许偏差/mm	检验方法
1	整体平整度	2	用2m靠尺和塞尺检查
2	接缝高低	1	用2m靠尺和塞尺检查
3	格栅线型走向	<1.5	拉5m线，不足5m拉通线检查
4	边部底面对标高线平直度	3	用2m靠尺和塞尺检查

实训任务3　铝合金装饰板吊顶施工

【实训教学设计】

教学目的：学完本项目后，为了检验教学效果，设计一次以学生为主体的综合实训任务。学生模拟施工班组，进行计划、指挥调度、操作技能、协同合作多方面的综合能力培养。

角色任务：教师、技师和学生的角色任务见表3-13。建议小组长按照不同层次学生进行任务分工：动手能力强的进行操作施工；学习能力强的编写技术交底；工作细致的同学进行质量验收工作；其他同学准备材料机具和安全交底。

表 3-13 角色任务分配

角色	任务内容	备 注
教师和技师	教师和技师起辅助作用，模仿项目管理层施工员、质检员、安全员角色，负责前期总体准备工作、过程中重点部分的录像或拍摄和最终总结	前期总体准备工作： 1）保证本次铝合金装饰板吊顶施工所需材料机具数量充足 2）工作场景准备，在实训基地按照分组情况划分工作片区 3）水电准备，保证水电畅通
学生	模仿施工班组，独立进行角色任务分配，在指定工作片区，完成铝合金装饰板吊顶施工	各组施工员、质检员和安全员做好本职工作，注意文明施工

工作内容与要求：分组编写切实可行的铝合金装饰板吊顶施工方案，并进行施工，对所做工作进行验收和评定。查找对应的工艺标准、质量验收标准、安全规程，并找出具体对应内容、页码或者编号。

工作地点：实训基地装饰施工实训室。

时间安排：8学时

工作情景设置：

针对某铝合金装饰板吊顶施工图，在校内建筑实训基地装饰施工实训室进行吊顶的施工，并侧重解决以下问题：

1）施工准备工作（材料、施工机具与作业条件）。

2）分小组完成吊顶的施工工作计划，写出技术交底。

3）进行铝合金装饰板吊顶的施工。

4）进行质量检查与验收。

5）进行自评与互评。

工作步骤：

1）明确工作，收集资料，学习铝合金装饰板吊顶施工及验收的基本知识，确定施工过程及其关键步骤。

2）确定小组工作进度计划，填写工作进度计划表（表3-14）。

3）确定吊顶施工准备的步骤，填写材料机具使用计划表（表3-15）。

表 3-14 工作进度计划

序号	工作内容	时间安排	备注
1	编制材料及工具准备计划，进行施工现场及各种机具准备		
2	编制施工工作计划		
3	编制施工方案		
4	进行吊顶施工		
5	质量检查与评定		

表 3-15 材料机具使用计划

序号	材料、机具名称	规格	数量	备注
1				
2				
3				
4				
5				
6				
7				

4）确定施工方法并进行铝合金装饰板吊顶施工。

5）各小组按照有关质量验收标准进行验收、评定。

6）最后由指导教师进行评价，教师团队各角色可以分别总结，可就典型问题进行录像回放、点评，并填写综合评价表（表3-16）。

表 3-16 铝合金装饰板吊顶实训综合评价表

<table>
<tr><td>工作任务</td><td colspan="4"></td></tr>
<tr><td>组别</td><td></td><td>成员姓名</td><td colspan="2"></td></tr>
<tr><td colspan="2">评价项目内容</td><td>分值分配</td><td>实际得分</td><td>评价人</td></tr>
<tr><td colspan="2">技术交底针对性、科学性</td><td>10</td><td></td><td>教师、技师</td></tr>
<tr><td colspan="2">进度计划合理性</td><td>10</td><td></td><td>施工员、教师</td></tr>
<tr><td colspan="2">材料工具准备计划完整性</td><td>10</td><td></td><td>施工员</td></tr>
<tr><td colspan="2">人员组织安排合理性</td><td>5</td><td></td><td>施工员</td></tr>
<tr><td colspan="2">施工工序正确性</td><td>10</td><td></td><td>技师、施工员</td></tr>
<tr><td colspan="2">施工操作正确性、准确性</td><td>20</td><td></td><td>技师、质检员</td></tr>
<tr><td colspan="2">施工进度执行情况</td><td>10</td><td></td><td>施工员</td></tr>
<tr><td colspan="2">施工安全</td><td>10</td><td></td><td>安全员</td></tr>
<tr><td colspan="2">文明施工</td><td>5</td><td></td><td>安全员</td></tr>
<tr><td colspan="2">小组成员协同性</td><td>10</td><td></td><td>教师</td></tr>
<tr><td colspan="2">综合得分</td><td>100</td><td></td><td></td></tr>
<tr><td>教师评语</td><td colspan="4"></td></tr>
<tr><td>教师签名</td><td></td><td>评价日期</td><td colspan="2"></td></tr>
</table>

成果描述：

通过实训，检查学生材料机具准备计划是否完备；人员组织、进度安排是否合理；操作的规范性；技术交底、安全交底的全面性、针对性、科学性。

颗粒素养小案例

龙骨吊顶工程，如木龙骨吊顶工程、轻钢龙骨吊顶工程、T型龙骨吊顶工程，是建筑装饰工程中的一个重要且常规的工程，但吊顶工程本身施工过程却比较难以掌握，除了施工时需要工人长时间仰头操作外，放线、校对、检验、修补都比地面和墙面工程更难实施，再加之施工材料的铺设、工具的使用、工人的操作技巧都要难于其他施工操作，因而吊顶工程一直是检验施工队伍施工工艺水平的一项重要指标。我国工匠们在长期的实际操作中，总结出龙骨吊顶起拱的重要经验。我们知道生活中一条水平笔直的晾衣绳，如果中间悬挂一件衣服，中央就会明显下垂，形成一个折点。假设每个晾衣点都能固定不向中间滑落，那么多件衣服悬挂就会形成多个折点，最后这个折点就会近似形成一条下弯的弧线。我国工匠们正是受到这一生活经验的启发，在龙骨铺设时就预先起拱，这样下部再敷设面板等材料时，就会将龙骨拉平，从而达到使用时顶棚平直的效果。这正好符合建筑力学中弯矩图的受力特点和图示。我国传统龙骨吊顶的施工方法反映出我国工匠们的精神，他们对每道工序都凝神聚力、精益求精、追求极致，奉行“即使做一颗螺丝钉也要做到最好”的职业理念，在长期的装饰施工中积累了丰富且科学的操作方法。正如老子所说，“天下大事，必作于细”。

课外作业　厨卫 PVC 板吊顶施工

搜集并整理厨卫 PVC 板吊顶施工技术资料，内容包括：主要材料性能、系统组成构造、应用范围、安装工具及条件、安装工艺流程、各步骤的方法、质量评定、安全要求。

项目 4　楼地面装饰施工

楼地面是建筑物底层地面和楼层地面的总称。要求其自身具有一定的强度，具有一定的平面刚度及防火、防水、耐磨等性能，能够提高楼地板的隔声、保温性能，起到一定的装饰效果。本项目主要通过几个典型工作任务讲述几种楼地面的施工。按照楼地面装修面层主材料细分有水泥砂浆、细石混凝土、水磨石、块材（地砖、石材）、木地板（实木、复合）、塑料、地毯、涂料 8 大类，基于特种功能需要的有防静电和浮筑隔声两种常用楼地面。水泥砂浆、细石混凝土为传统工艺，在普通装修中应用较多，并常作为高级装修楼地面基层。现浇水磨石作为 20 世纪 80 年代至 90 年代较为流行的高级装修楼地面做法，21 世纪以来随着材料的进步，这种复杂工艺的做法逐步被市场淘汰。块材楼地面自 20 世纪 90 年代末开始随着地砖建材的飞速发展，市场空间巨大，地砖规格由原来的 400mm×400mm 发展为 1200mm×1200mm，厚度反而越来越薄，韧性也越来越好，比如较流行的陶瓷薄板厚度仅 4mm。复合木地板进入市场前，实木木地板常用于脚感舒适度需求高的高档场所，随着复合木地板材料的科技进步及品种多样化，实木地板因其价格高、难保养，应用越来越少，复合木地板占据了较大市场并走入寻常百姓家。塑料地板用于减少磕碰损伤的场所，比如幼儿园、医院、健身房，其性价比、花色、安全、环保、易清洗等方面有诸多优势。

教学设计

本项目共分 11 个任务，每个任务均可参照以下步骤进行教学设计，以任务 4 块材楼地面施工为例。

块材楼地面施工教学活动的整体设计

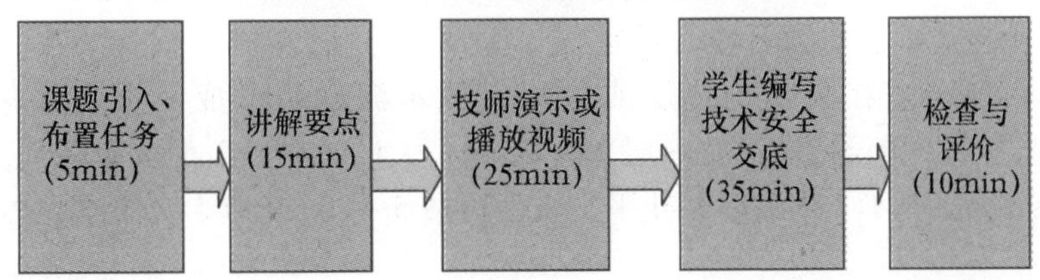

1）教师布置任务，简述任务要求，将学生分组进行角色分配，各角色相应的工作内容见表 4-1。

表 4-1　各角色相应的工作内容

角色	主要工作内容	备注
教师	布置任务、讲解重点内容	全过程指导
施工员	提出材料、机具使用计划及铺装效果图等块材地砖铺装前的施工准备计划	施工员和工人共同检查作业条件
技术员	编写块材地砖铺装的技术交底	
技师	简述操作要点并进行块材地砖铺装演示	不具备实际操作条件，可用相关操作视频代替
质检员	确定质量检查标准及方法、检查点及检查数量，制定评价表	
安全员	编写铺装施工过程中用电、防止砸伤等安全交底	

2）教师讲解重点内容，并发给学生任务单和相关参考资料。

3）先由技师简述操作要点并进行地砖铺贴施工演示，或者观看视频。

4）各组学生按照分配的岗位角色，分别完成各自工作内容。

5）教师针对技术交底、安全交底及小组成员合作协同做总结评定（表4-2）。

表4-2 小组评价表

组别________成员________

评价内容	分值	实际得分	评分人
技术交底的科学性	50		
安全交底的针对性	30		
成员团结协作	20		
总分	100		

评价日期________

任务1 水泥砂浆楼地面施工

【任务描述】

某新建教学楼房间进行地面装修施工，采用水泥砂浆地面，装修过程中考虑安全、强度、防水、隔声等要求。

水泥砂浆楼地面施工（图片）

【能力要求】

要求学生能够针对工作任务制定完整的工作计划，包括材料的选取、施工机具与环境的准备及施工流程计划，能够写出较为详细的技术交底，并能够正确进行质量检查验收。

【知识导入】

楼地面构造基本上可以分为两部分，即基层与面层。整体楼地面是指由水泥、砂浆等脆性材料拌合物形成的楼地面层，一般也称为刚性地面。常见的整体楼地面有水泥砂浆楼地面、细石混凝土楼地面、水磨石楼地面等。

水泥砂浆楼地面是在混凝土垫层或楼板上抹水泥砂浆形成面层。它有单层和双层（图4-1）构造之分，单层做法只抹一层20～25mm厚1∶2或1∶2.5水泥砂浆，双层做法是增加一层10～20mm厚1∶3水泥砂浆找平，表面再抹5～10mm厚1∶2.5水泥砂浆抹平压光。

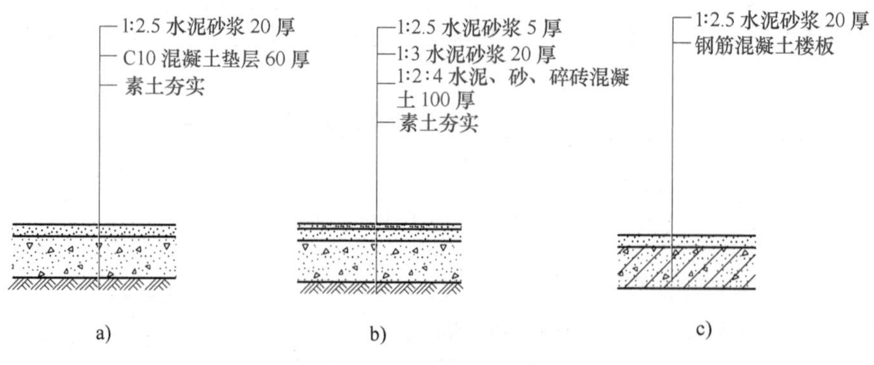

图4-1 水泥砂浆楼地面面层

a）底层地面单层做法 b）底层地面双层做法 c）楼层地面

这种楼地面的优点是构造简单、造价低廉、坚固、耐磨、施工简便，但是该地面施工如果操作不当，易产生起灰、起砂、脱皮等现象，是应用较多的一种传统低档楼地面。

【任务实施】

一、施工准备

1. 材料准备

水泥砂浆地面面层的厚度为20mm，用强度等级不低于32.5MPa的水泥和中砂或粗砂拌和配制，砂要过8mm孔径筛子，含泥量不大于3%，配合比为1∶2或1∶2.5。

2. 主要机具准备

搅拌机、手推车、木刮杠、木抹子、铁抹子、喷壶、铁锹、扫帚、钢丝刷、粉线包、锤子、小水桶等。

3. 作业条件准备

水泥砂浆楼地面施工前，应做好以下工作：

1）地面（或楼面）的垫层以及预埋在地面内各种管线已做完，穿过楼面的竖管也应安装完毕，管洞已堵塞密实，有地漏房间应找好泛水。

2）墙面+0.5m水平控制线已弹在四周墙上。

3）门框已立好，并在框内侧做好保护，防止手推车碰坏。

4）墙、顶抹灰已做完，屋面防水做完。

二、施工工艺

1. 工艺流程

基层处理→找标高、弹线→洒水润湿→抹灰饼和标筋→搅拌砂浆→刷水泥浆结合层→铺水泥砂浆面层→木抹子搓平→铁抹子压第一遍→第二遍压光→第三遍压光→养护。

2. 施工要点

（1）基层处理　先将基层上的灰尘扫掉，用錾子剔掉灰浆皮和灰渣层，用钢丝刷刷净，用10%的火碱水溶液刷净基层上的油污，并用清水及时将碱液冲净。

（2）找标高、弹线　根据墙上的+0.5m水平控制线，往下量测出面层标高，并弹在墙上。

（3）洒水润湿　用喷壶将地面基层均匀洒水一遍。

（4）抹灰饼和标筋　根据房间内四周墙上弹的面层标高水平线，确定面层抹灰厚度（不应小于20mm），然后拉水平线开始抹出5cm×5cm灰饼，灰饼横竖间距为1.5～2.0m，灰饼上平面即为地面面层标高。如果房间比较大，还需抹标筋。铺抹灰饼和标筋的砂浆材料配合比均与抹地面的砂浆相同。

（5）搅拌砂浆　用搅拌机搅拌砂浆，使搅拌后砂浆颜色一致。

（6）刷水泥浆结合层　在铺设水泥砂浆之前，应涂刷水泥浆一层，不要涂刷面积过大，随刷随铺面层砂浆。

（7）铺水泥砂浆面层　涂刷水泥浆之后紧跟着铺水泥砂浆，在灰饼之间将砂浆铺均匀。

（8）木抹子搓平　木刮杠刮平后，立即用木抹子搓平，并随时用2m靠尺检查其平整度。

（9）铁抹子压光　木抹子刮平后，立即用铁抹子压第一遍，直到出浆为止。面层砂浆初凝后，用铁抹子压第二遍，表面压平压光。在水泥砂浆终凝前进行第三遍压光，必须在终凝前完成。

（10）养护　地面压光完工后24h，铺锯末或其他材料覆盖，洒水养护，保持湿润，养护时间不少于7d，抗压强度达5MPa时才能上人。

三、成品保护

1）施工操作时应保护已做完的工程项目，门框要加防护，避免推车损坏门框及墙面口角。

2）施工时应保护管线、设备等，不得碰撞移动位置。

3）施工时保护地漏、出水口等部位的临时堵口，以免灌入砂浆等造成堵塞。

4）施工后的地面注意养护，禁止剔凿孔洞。

四、质量要求与检查评定

1）水泥、砂的材质必须符合设计要求和施工及验收规范的规定。

2）砂浆配合比要准确。

3）地面面层与基层的结合必须牢固无空鼓、裂纹。

4）面层表面的坡度应符合设计要求，不得有倒泛水和积水现象。

5）表面洁净，无裂纹、脱皮、麻面和起砂等现象。

6）踢脚板高度一致，出墙厚度均匀且与墙面结合牢固。局部有空鼓长度不大于300mm，且在一个检查范围内不多于两处。

7）水泥砂浆楼地面施工允许偏差及检验方法见表4-3。

表4-3 水泥砂浆楼地面施工允许偏差及检验方法

项目	允许偏差/mm	检验方法
表面平整度	4	用2m靠尺和楔形塞尺检查
踢脚板上口平直	4	拉5m线，不足5m拉通线，尺量检查
分格缝平直	3	—

任务2 细石混凝土楼地面施工

【任务描述】

某新建办公楼房间地面进行装修，施工采用细石混凝土地面装修，装修过程中考虑安全、强度、防水、隔声等要求。

细石混凝土楼地面施工（图片）

【能力要求】

要求学生能够针对工作任务制定完整的工作计划，包括材料的选取、施工机具与环境的准备及施工流程计划，能够写出较为详细的技术交底，并能够正确进行质量检查验收。

【知识导入】

细石混凝土又称豆石混凝土，它是由1:2:4的水泥、砂和小石子配制而成的C20混凝土，采用30~40mm厚细石混凝土在初凝时用铁滚滚压出浆水抹平，终凝前用铁板压光（图4-2）。这种地面表面光洁，不起尘，易清洁，强度高，目前广泛应用于

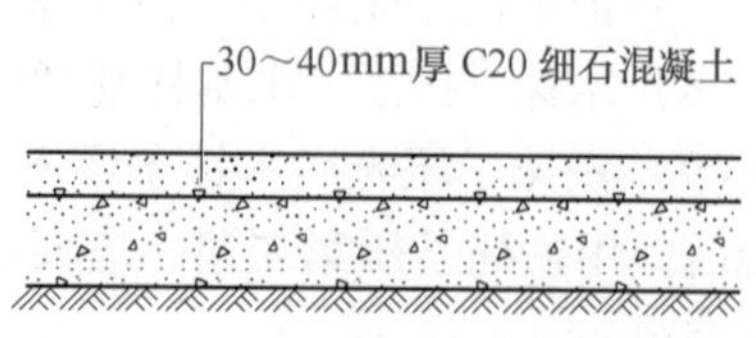

图4-2 细石混凝土楼地面面层

一般建筑楼地面。

【任务实施】

一、施工准备

1. 材料准备

1）水泥：常温施工宜用32.5级以上普通硅酸盐水泥或矿渣硅酸盐水泥，冬期施工宜用普通硅酸盐水泥。水泥要采用同一水泥厂生产同期出厂的同品种、同强度等级、同一出厂编号的水泥，以保障楼地面颜色一致。

豆石混凝土楼地面施工（视频）

2）砂：粗砂，含泥量不大于3%。要防止砂子过细，否则易出现空鼓、开裂。

3）豆石：粒径为5～15mm，含泥量不大于2%。混凝土面层所用的石子粒径不应大于15mm和面层厚度的2/3。

2. 主要机具准备

混凝土搅拌机、磅秤、手推车、小翻斗车、铁锹、刮杠、木抹子、铁抹子、水桶等。

3. 作业条件准备

细石混凝土地面施工前，施工完的结构已办完验收手续，墙面弹好+0.5m水平控制线，门框已立完，并钉好保护铁皮和木板，水暖立管安好并堵牢管洞，水泥、砂、石已随机取样送试验室试验，且试验合格。

二、施工工艺

1. 工艺流程

基层处理→洒水润湿→刷素水泥浆→抹灰饼→抹标筋→浇筑细石混凝土→撒水泥砂子干面灰→第一遍抹压→第二遍抹压→第三遍抹压→养护。

2. 施工要点

（1）基层处理　基层表面的浮土、砂浆块等杂物应清理干净。墙面和顶棚抹灰时的落地灰，在楼板上拌制砂浆留下的沉积块，要用剁斧清理干净；墙角、管根、门槛等部位被埋住的杂质要剔凿干净；楼板表面的油污，应用5%～10%浓度的火碱溶液清洗干净。清理完后要根据标高线检查细石混凝土的厚度，防止地面过薄而产生空鼓开裂。基层清理是防止地面空鼓的重要工序，一定要认真做好。

（2）洒水润湿　提前一天对楼板进行洒水润湿，洒水量要足，第二天施工时要保证地面湿润，但无积水。

（3）刷素水泥浆　浇灌细石混凝土前应先在已湿润的基层表面刷一遍1∶(0.4～0.45)(水∶水泥)的素水泥浆，要随铺随刷，防止出现风干现象，如基层表面为光滑面还应在刷浆前先将表面凿毛。

（4）抹灰饼　根据已弹出的面层水平标高线，横竖拉线，用与细石混凝土相同配合比的拌合料抹灰饼，横竖间距1.5m，灰饼上标高就是面层标高。

（5）抹标筋　面积较大的房间为保证房间地面平整度，还要做标筋（或冲筋），以做好的灰饼为标准抹条形标筋，用刮尺刮平作为浇筑细石混凝土面层厚度的标准。

（6）浇筑细石混凝土　细石混凝土的强度等级应按设计要求做试配，如设计无要求时，一般为1∶2∶3（体积比），坍落度应不大于20mm；并应每500m^2制作一组试块，不足500m^2时，也制作一组试块。铺细石混凝土后用长刮杠刮平，振捣密实，表面塌陷处应用细石混凝土填补，再用长刮杠刮一次，用木抹子搓平。

（7）撒水泥砂子干面灰　砂子先过3mm筛子后，用铁锹拌干面灰（水泥: 砂子 =1∶1），均匀地撒在细石混凝土面层上，待灰面吸水后用长刮杠刮平，随即用木抹子搓平。

（8）第一遍抹压　用铁抹子轻轻抹压面层，把脚印压平。

（9）第二遍抹压　当面层开始凝结，地面面层上有脚印但不下陷时，用铁抹子进行第二遍抹压，将面层的凹坑砂眼和脚印压平。要求不漏压，平面出光。地面的边角和水暖立管四周容易漏压或不平，施工时要认真操作。

（10）第三遍抹压　当地面面层上人稍有脚印，而抹压无抹子纹时，用铁抹子进行第三遍抹压，第三遍抹压要用力稍大，将抹子纹抹平压光，压光的时间应控制在终凝前完成。

（11）养护　面层抹压完24h后，及时洒水进行养护，每天浇水2次，至少连续养护7d后方准上人。养护要及时、认真，严格按工艺要求进行养护。若为分隔缝地面，在撒水泥、砂子，干灰面过杠和木抹子搓平后，应在地面弹线，用铁抹子在弹线两侧各200mm宽范围内抹压一遍，再用溜缝抹子划缝；以后随大面压光时沿分隔缝用溜缝抹子抹压两遍。

混凝土面层在施工间歇后，继续浇筑前应按规定对已凝结的混凝土垂直边缘进行处理。施工缝处的混凝土应捣实压平。

三、成品保护

1）细石混凝土施工时运料小车不得碰撞门口及墙面等处。

2）地面上铺设的电线管，暖、卫、电气等立管应设保护措施。

3）地漏、出水口等部位安放的临时堵头要保护好，以防灌入杂物，造成堵塞。

4）不得在已做好的地面上拌和砂浆。

5）地面养护期间不准上人，其他工种不得进入操作，养护期过后也要注意成品保护。

6）油漆工刷门、窗口扇时，不得污染地面与墙面及露明的各种管线。

四、质量要求与检查评定

1）细石混凝土面层的材质、强度（配合比）必须符合设计要求和施工规范规定。

2）面层与基层的结合，必须牢固、无空鼓。

3）表面密实光洁，无裂纹、脱皮、麻面和起砂等缺陷。

4）地漏和带有坡度的面层，坡度应符合设计要求，不倒泛水，无渗漏，无积水，地漏与管道口结合处应严密平顺。

5）楼地面各种面层邻接处的镶边用料及尺寸符合设计要求及施工规范规定。

6）细石混凝土楼地面施工允许偏差及检验方法见表4-4。

表4-4　细石混凝土楼地面施工允许偏差及检验方法

项次	项目	允许偏差/mm	检验方法
1	表面平整度	5	用2m靠尺和楔形塞尺检查
2	分格缝平直	3	拉5m线，不足5m拉通线，尺量检查

任务3　现浇水磨石楼地面施工

【任务描述】

现浇水磨石楼地面施工（图片）

某新建办公楼卫生间房间进行地面装修，采用现浇水磨石地面装修，装修过程中考虑安全、强度、防水、隔声等要求。

【能力要求】

要求学生能够针对工作任务制定完整的工作计划，包括材料的选取、施工机具与环境的准备及施工流程计划，能够写出较为详细的技术交底，并能够正确进行质量检查验收。

【知识导入】

水磨石是以水泥为胶结料，掺入不同色彩、不同粒径的大理石或花岗岩碎石，经过搅拌、成型、养护、研磨等工序而制成的具有一定装饰效果的人造石材。水磨石楼地面为分层构造，底层为10～15mm厚1∶3水泥砂浆找平，面层为(1∶1.5)～(1∶2)水泥石渣10～15mm厚抹面，石渣粒径为8～10mm，分格条一般高10mm，用1∶1水泥砂浆固定，浇水养护6～7d后用磨石机磨光，最后打蜡保护（图4-3）。其优点是坚固、耐磨、易清洁、装饰效果好、防水抗渗性好，但弹性小，适用于人流量大，保洁度高以及防水性要求较高的楼地面。

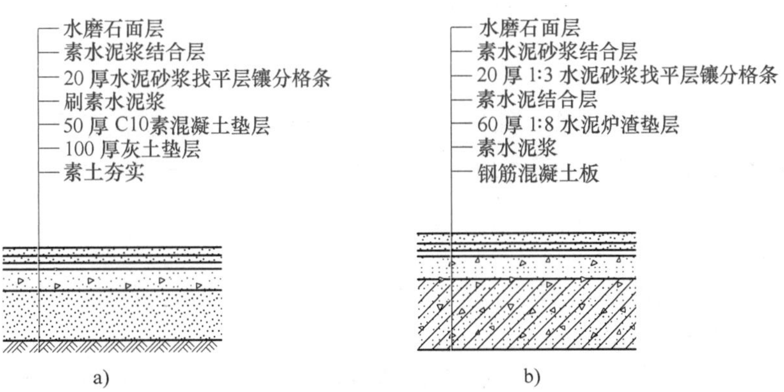

图4-3　水磨石楼地面面层
a）底层地面　b）楼层地面

【任务实施】

一、施工准备

1. 材料准备

水磨石地面施工（视频）

1）水泥：白色或浅色的水磨石面层，应采用白水泥；深色的水磨石面层，宜采用含碱量达到国家标准要求的硅酸盐水泥，普通硅酸盐水泥或矿渣硅酸盐水泥，其强度不应小于42.5MPa。对于同颜色的面层，应使用同一批水泥。

2）矿物颜料：水泥中掺入的颜料应采用耐光、耐碱的矿物颜料，其掺入量宜为水泥用量的3%～6%，或由试验确定，同一彩色面层，应使用同厂同批的颜料。

3）石粒：应采用坚硬可磨的白云石、大理石等岩石加工而成，石粒应洁净无杂物，其粒径除特殊要求外，宜为4～14mm。

4）分格条：可采用玻璃条或铜条。玻璃条用平板普通玻璃裁制而成，厚度3mm左右，宽度一般为10mm（根据面层厚度而定），长度依分块尺寸而定。铜条用1～2mm厚铜板裁成10mm宽（根据面层厚度而定），长度以分块尺寸而定，铜条在使用前必须调直调平。

5）砂：中砂，过8mm孔径的筛子，含泥量不得大于3%。

6）草酸：块状、粉状均可，用前用清水稀释。

7）根据工程量备好白蜡和22号钢丝。

2. 主要机具准备

混凝土搅拌机、磅秤、手推车、小翻斗车、铁锹、刮杠、木抹子、铁抹子、水桶等。

3. 作业条件准备

现浇水磨石楼地面施工前，应做好以下工作：

1）顶棚、墙面抹灰已完成，并已验收，屋面已做完防水层。

2）墙面已弹好+0.5m水平控制线。

3）安装好门框并加防护，与地面有关的水、电、气管线已安装就位，穿过地面的管洞已堵严、堵实。

4）做完地面垫层，按标高留出磨石层厚度（至少3mm）。

5）石粒应分别过筛，并洗净无杂物。

二、施工工艺

1. 工艺流程

基层处理→找标高弹水平线→抹找平层砂浆→铺抹底灰→底层灰养护→镶分格条→拌制水磨石拌合料→涂刷水泥浆层→铺设水磨石拌合料→滚压抹平→磨光→酸洗→打蜡→制作踢脚板。

2. 施工要点

（1）基层处理　将混凝土基层上的杂物清除，不得有油污、浮土，用钢錾子和钢丝刷将沾在基层上的水泥浆皮錾掉铲净。

（2）找标高弹水平线　根据墙面上的+0.5m水平控制线，往下量测出磨石面层的标高，弹在四周的墙上，并考虑其他房间和通道面层的标高，相邻同高程的部位注意交圈。

（3）抹找平层砂浆

1）根据墙上弹出的水平线，留出面层厚度（约10～15mm），抹1∶3水泥砂浆结合层，为了保证找平层的平整度，先抹灰饼（纵横方向间距1.5m左右），灰饼大小约8～10cm见方。

2）灰饼砂浆硬结后，以灰饼高度为标准，抹宽度为8～10cm的纵横标筋。

3）在基层上洒水润湿，刷一道水灰比为0.4～0.5的水泥浆，随刷浆随铺1∶3找平层砂浆，并用2m长刮杠以标筋为标准进行刮平，再用木抹子搓平。

4）抹好找平层砂浆养护24h，待强度达到1.2MPa，方可进行下道工序施工。

（4）铺抹底灰　在装灰前基层刷1∶0.5水泥素浆。

1）按底灰标高冲筋后，跟着装档，先用铁抹子将灰摊平拍实，用2m刮杠刮平，随即用木抹子搓平，用2m靠尺检查底灰上表面平整度。

2）踢脚板冲筋后，分两次装档，第一次将灰用铁抹子压实一薄层，第二次与筋面取平，压实用短杠刮平，用木抹子搓成麻面并划毛。

（5）底层灰养护　底层灰抹完后，于次日浇水养护，视气温情况，确定养护时间及浇水程度，常温一般要充分浇水养护2d。

（6）镶分格条

1）按设计要求进行分格弹线：在已做完的底层灰上表面分格弹线，一般间距为1m左右为宜，有镶边要求的应留出镶边量。

2）美术水磨石地面分格采用玻璃条时，在排好分格尺寸后，镶条处先抹一条50mm宽的彩色面层的水泥砂浆带，再弹线镶玻璃条。

3）玻璃条和铜条一般为10～15mm高，镶条时将分格条固定在分格线上，抹成30°八字形，高度应低于分格条顶4～6mm，分格条必须平直通顺，牢固，接头严密，不得有缝隙，作为铺设面层的标志，粘贴分格条时，在分格条十字交叉接头处，在距交点40～50mm内不抹水泥浆，为了使拌合料填塞饱满。采用铜条时，应预先在两端头下部1/3处打眼，穿入22号钢丝，锚固于下口八字水泥浆内（图4-4）。

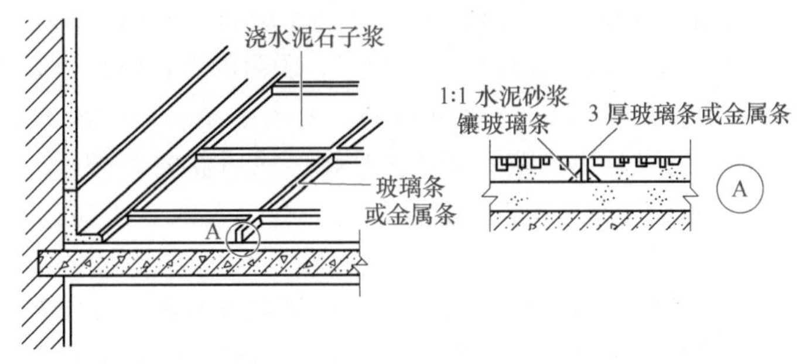

图4-4　水磨石镶分隔条做法

4）分格条应按5m拉通线检查，其偏差不得超过1mm。

5）镶条后12h开始浇水养护，最少养护2d，在此期间严加保护，应视为禁止通行区，以免碰坏。

（7）拌制水磨石拌合料

1）拌合料的体积比例采用1∶1.5～1∶2.5（水泥∶石粒），要求计量准确，拌和均匀。

2）彩色水磨石拌合料，除彩色石粒外，还加入耐碱、耐光的矿物颜料，掺入量为水泥的3%～6%。水泥与颜料比例、彩色石子与普通石子比例，在施工前必须经试验后确定。同一彩色水磨石面层应使用同厂、同批颜料。在拌制前，水泥与颜料根据整个面层的需要一次统一配制、配足，配制时不但要拌和，还要用筛子筛匀后，装袋存入干燥的室内备用，严禁受潮。彩色石粒与普通石粒拌和均匀后，集中贮存待用。

3）各种拌合料在使用时，按配比加水拌均匀，稠度约60mm。

（8）涂刷水泥浆层　先用清水将找平层洒水润湿，涂刷与面层同品种、同等级的水泥浆结合层，其水灰比宜为0.4～0.5，要刷均匀，要随刷随铺拌合料，防止结合层风干，导致空鼓。

（9）铺设水磨石拌合料

1）水磨石拌合料的面层厚度，除特殊要求外，宜为12～20mm，并按石粒粒径确定。

将搅拌均匀的拌合料，先铺抹分格条边，后铺入分格条方框中间，用铁抹子由中间向边角推进，在分格条两边及交叉处特别注意压实抹平，随抹随用直尺进行平度检查，如有局部铺设过高，应用铁抹子挖去一部分，再将周围的水泥石子拍挤抹平（不得用刮杠刮平）。

2）几种颜色的水磨石拌合料，不可同时铺抹。要先铺抹深颜色的，后铺抹浅颜色的，待前一种达到施工允许强度后，再铺后一种。

（10）滚压抹平　用滚筒滚压前，先用铁抹子或木抹子在分格条两边宽约100mm范围内轻轻拍实（避免将分格条移位）。滚压时用力均匀（要随时清除粘在滚筒上的石渣），应从横竖两个方向轮换进行，达到表面平整、密实，出浆石粒均匀为止。待石粒浆稍收水后，再用铁抹子将浆抹平压实。如发现石粒不均匀处，应补石粒浆，再用铁抹子拍平压实。24h后浇水养护，常温养护5～7d。

（11）磨光

1）试磨。正式开磨前应进行试磨，以不掉石渣为准，经检查认可后方可正式开磨。

2）磨第一遍。第一遍用60～90号粗砂轮石磨，边磨边加水（可加部分砂，加快机磨速度），并随磨随用水冲洗检查，用靠尺检查平整度，直至表面磨匀，分格条和石粒全部露出（边角处用人工磨成同样效果）检查合格晾干后，用与水磨石表面相同成分的水泥浆，将水磨石表面擦一遍，特别是面层的洞眼小孔隙要填实抹平，脱落的石粒应补齐，浇水养护2～3d。

3）磨第二遍。第二遍用90～120号金刚石磨，要求磨至表面光滑为止，然后用清水冲净，满擦第二遍水泥浆，仍注意小孔隙要细致擦严密，然后养护2～3d。

4）磨第三遍。第三遍用180～200号金刚石磨，磨至表面石子显露均匀，无缺石粒现象，平整、光滑、无孔隙为度。

在使用水磨石机时，尽量选用大号水磨石机，并要靠边多磨，减少手提式水磨石机和人工打磨工作量，这样既省工，质量相对也好。普通水磨石面层磨光次数不少于三遍，高级水磨石面层的厚度和磨光遍数及油石规格应根据效果需要确定。

（12）酸洗　为了取得打蜡后显著效果，在打蜡前磨石面层要进行一次适量限度的酸洗，一般均用草酸进行擦洗，使用时先用水加草酸化成约10%浓度的溶液，用扫帚蘸后洒在地面上，再用油石轻轻磨一遍，磨出水泥及石粒本色，再用清水冲洗，拖布擦干。此道工序必须在所有工种完工后才能进行。经酸洗后的面层不得再受污染。

（13）打蜡　用干净的布或麻丝沾稀糊状的成蜡，在面层上薄薄地涂一层，要均匀，不漏涂，待干后用钉有帆布或麻布的木块装在磨石机上研磨，用同样的方法再打第二遍蜡，直到光滑洁亮为止。

（14）制作踢脚板

1）抹底灰：与墙面抹灰厚度一致。墙面抹灰时，踢脚板根位置，抹灰高度应多留出一些。在阴阳角处套方、量尺、拉线，确定踢脚板厚度，按底层灰的厚度冲筋，间距1～1.5m。然后用短杠刮平，木抹子搓成麻面并划毛。

2）抹磨石踢脚板拌合料：先将底子灰用水润湿，在阴阳角上口，用靠尺按水平线找好规矩，贴好靠尺板，先涂刷一层薄水泥浆，紧跟着抹拌合料，抹平压实。刷水两遍，将水泥浆轻轻刷去，达到石子面上无浮浆，常温下养护24h后，开始人工磨面。

第一遍用粗砂轮石，先竖磨，后横磨，要求把石渣磨平，阴阳角倒圆，擦一遍素浆，将孔隙填抹密实，养护1～2d，再用细砂轮石磨。

用同样的方法磨完第二遍、第三遍，用油石出光擦草酸，用清水擦洗干净。

3）人工涂蜡：擦两遍出光成活。

三、成品保护

1）铺抹打底和罩面灰时，水电管线、各种设备及预埋件不得损坏。

2）运料时注意保护门口、栏杆等，不得碰损。

3）面层装料等操作应注意保护分格条，不得损坏。

4）磨面时将磨石废浆及时清除，不得流入下水口及地漏内以防堵塞。

5）磨石机应设罩板，防止溅污墙面等，重要部位、设备应苫盖。

四、质量要求与检查评定

1）选用材质、品种、强度（配合比）及颜色应符合设计要求和施工规范规定。

2）面层与基层的结合必须牢固，无空鼓、裂纹等缺陷。

3）表面光滑，无裂纹、砂眼和磨纹，石粒密实、显露均匀，图案符合设计，颜色一致，不混色，分格条牢固，清晰顺直。

4）地漏和储存液体用的带有坡度的面层应符合设计要求，不倒泛水，无渗漏，无积水，与地漏（管道）结合处严密平顺。

5）踢脚板高度一致，出墙厚度均匀，与墙面结合牢固，局部虽有空鼓但其长度不大于200mm，且在一个检查范围内不多于2处。

6）地面镶边的用料及尺寸符合设计和施工规范规定，边角整齐光滑，不同面层颜色相邻处不混色。

7）现浇水磨石楼地面施工允许偏差及检验方法见表4-5。

表4-5　现浇水磨石楼地面施工允许偏差及检验方法

项目	允许偏差/mm		检验方法
	普通水磨石	高级水磨石	
表面平整度	3	2	用2m靠尺和楔形塞尺检查
踢脚线上口平直	3	3	拉5m线，不足5m拉通线，尺量检查
缝格平直	3	2	拉5m线，不足5m拉通线，尺量检查

任务4　块材楼地面施工

【任务描述】

某办公楼进行地面装修，大厅地面采用大理石装修，客房地面采用陶瓷地砖进行装修，卫生间采用锦砖进行地面装修，装修过程中考虑安全、强度、防水、隔声等要求。

块材楼地面施工
（图片）

【能力要求】

要求学生能够针对工作任务制定完整的工作计划，包括材料的选取、施工机具与环境的准备及施工流程计划，能够写出较为详细的技术交底，并能够正确进行质量检查验收。

【知识导入】

块材楼地面是使用块材铺贴在楼层基面上形成块材面层的楼地面，属于刚性地面。常用块材有陶瓷地砖、锦砖、预制水磨石、大理石板、花岗石板等。尽管面层材料使用性能和装饰效果各异，但其基层处理和中间找平层、粘结材料要求和构造做法较为相似，其基本构造如图4-5所示。

陶瓷地砖是以优质陶土为原料，再加入其他材料配成生料，经半干压成型后于1100℃左右焙烧而成，用于地面铺贴装饰的地面块材，具有多种规格。其主要特征是工作面硬度大、耐磨、机械强度高、耐潮、耐污染，多用于公共建筑和民用建筑的地面和楼面装修。

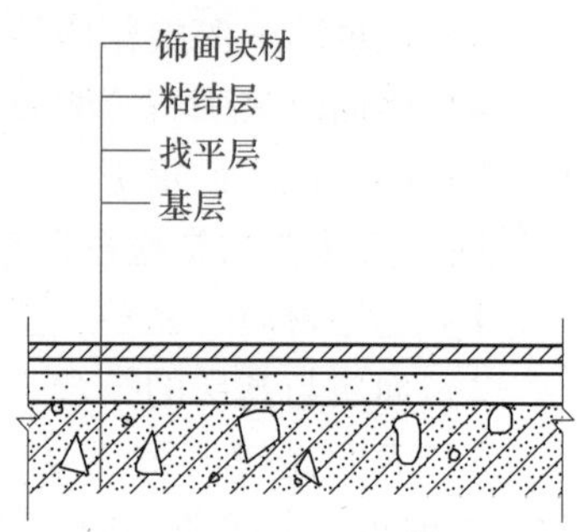

图4-5 块材楼地面基本构造

陶瓷地砖按工艺分为釉面砖和通体砖。釉面砖由瓷土经高温烧制成坯，并施釉二次烧制而成，产品表面色彩丰富、光亮晶莹。釉面砖分为亮光和亚光两种，是装修中最常见的砖种，目前的家庭装修多选此种砖作为地面装饰材料，但这种砖容易出现龟裂和背渗的现象。通体砖是将岩碎屑经过高压压制而成，表面抛光后坚硬耐磨，吸水率更低，表面不上釉，正面和反面的材质和色泽一致，市面上的抛光砖和玻化砖都是通体砖的一种。陶瓷地砖楼地面基本构造如图4-6所示。

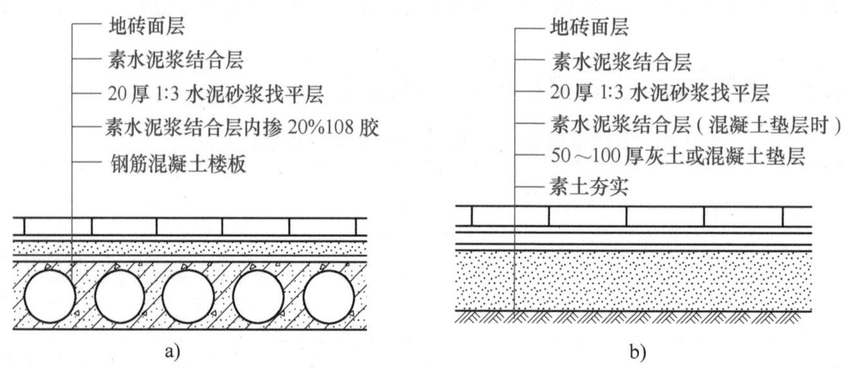

图4-6 陶瓷地砖楼地面基本构造

a）底层地面 b）楼层地面

锦砖（也称马赛克）是用优质瓷土在高温下烧成的，它的体积是各种瓷砖中最小的，一般由数十块小块的砖组成一个相对的大砖。锦砖规格多，薄而小，质地坚硬，耐酸、耐碱、耐磨、不渗水，抗压力强，不易破碎，色彩多样，用途广泛，但要注意避免与酸碱性强的化学物品接触。出厂时先拼成图案，反贴在纸上，以便使用。锦砖可用于铺砌厨房、卫生间等地面。

锦砖一般分为陶瓷锦砖和玻璃锦砖两种。陶瓷锦砖是最传统的一种马赛克，以小巧玲珑著称，但较为单调，档次较低。玻璃锦砖与陶瓷锦砖的主要区别是：玻璃质结构呈乳浊状或半乳浊状，内含少量气泡和未熔颗粒。玻璃锦砖质地坚硬，性能稳定，具有良好的耐热、耐寒、耐候、耐酸碱等性能。锦砖楼地面基本构造如图4-7所示。

大理石、花岗石及预制水磨石均是优良的天然或人造的碳酸盐类石材。大理石又称云石，是重结晶的石灰岩。无论天然大理石还是人造大理石都具有美丽的颜色和花纹，有较高的抗压强度和良好的物理化学性能，资源分布广泛，易于加工。由于相对较软，大理石主要用于室内装修。

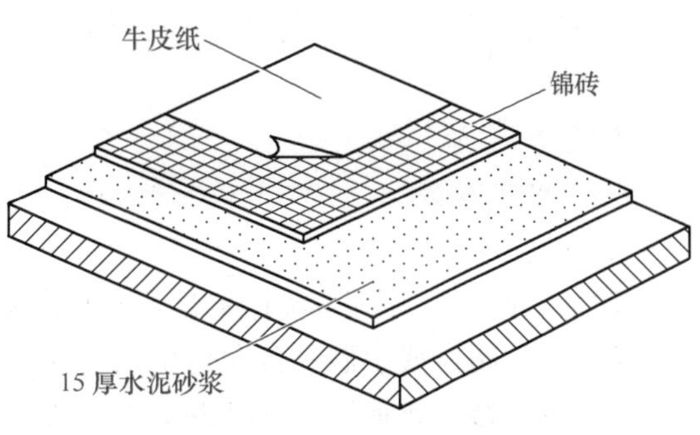

图 4-7　锦砖楼地面基本构造

天然大理石面层也可采用碎拼，即用大理石碎块拼砌。要求采用颜色协调，厚薄一致，不带尖角的大理石碎块，其结合层应用水泥砂浆，碎块之间空隙应采用水泥砂浆或水泥与石粒的拌合料填补。花岗石非常坚硬，表面颗粒较粗，主要由石英、正长石和常见的云母组成，由于其坚硬、美观，常用于室外装修。大理石、花岗石地面均由基层、垫层和面层三部分组成，基本构造如图 4-8 所示。

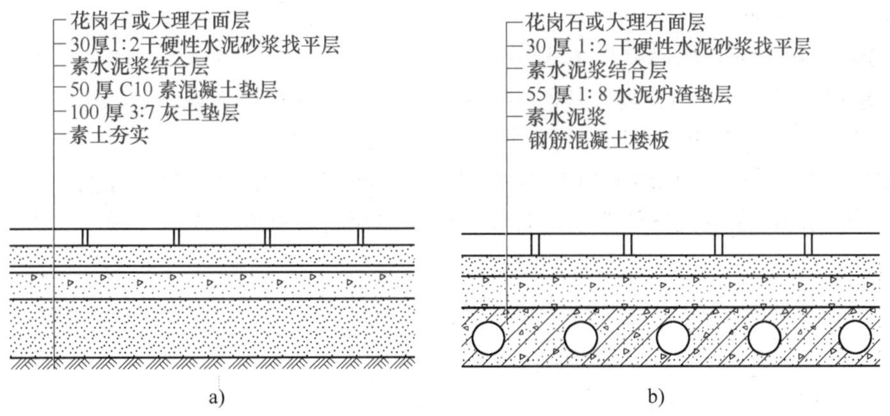

图 4-8　大理石、花岗石楼地面基本构造

a）底层地面　b）楼层地面

预制水磨石是由水泥、砂子、石渣和添加剂混合搅拌均匀，浇筑成型，经养护、研磨、抛光加工成的产品，其特点与现浇水磨石类似，其楼地面基本构造如图 4-9 所示。

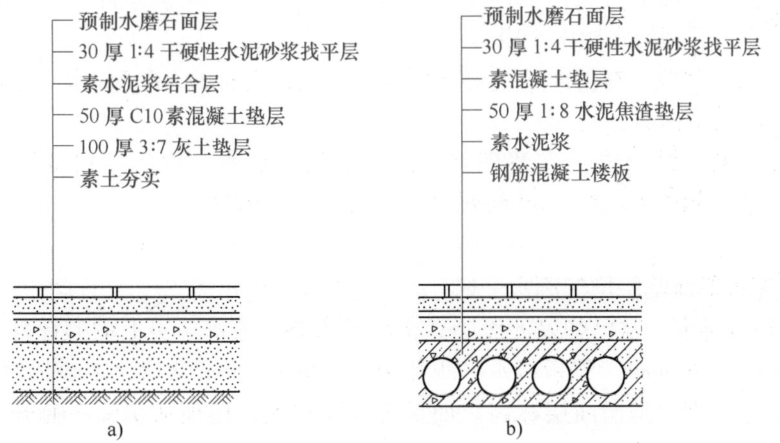

图 4-9　预制水磨石楼地面基本构造

a）底层地面　b）楼层地面

大理石、花岗石及预制水磨石均为高级饰面材料，广泛用于高级宾馆、会堂及高档住宅的楼地面装修中。

【任务实施】

一、施工准备

1. 材料准备

1）水泥：32.5 及其以上强度等级的普通硅酸盐或矿渣硅酸盐水泥。

2）砂：粗砂或中砂，含泥量不大于3%，过8mm孔径的筛子。

3）陶瓷地砖或锦砖：进场验收合格后，在施工前应进行挑选，将有质量缺陷的先剔除，并按花型、颜色挑选后分别堆放，色号不同的严禁混用。

2. 主要机具准备

水桶、平锹、笤帚、方尺、铁抹子、大杠、中杠、小杠、筛子、喷壶、窗纱筛子、钢丝刷、锤子、橡皮锤、粉线包、合金钢扁凿子、台钻、云石机、水平尺等。

3. 作业条件准备

板材楼地面施工前，应做好以下工作：

1）墙面抹灰做完，墙上四周弹好 +0.5m 水平控制线并校核无误。

2）墙面抹灰、屋面防水和门框已安装完，并用木板或铁皮保护。

3）地面垫层以及预埋在地面内的各种管线已做完。穿过楼面的竖管已安完，管洞已堵塞密实。有地漏的房间应找好泛水。设计要求做防水层时，已办完隐检手续，并完成蓄水试验，办好验收手续。

4）复杂的地面施工前应绘制施工大样图，并做出样板间，经检查合格后方可大面积施工。

二、施工工艺

1. 工艺流程

基层处理→找标高、弹线→刷水泥素浆结合层→抹找平层→弹铺砖控制线→铺贴板材地砖→板缝处理→养护→打蜡→踢脚板安装。

2. 施工要点

（1）基层处理　将基层表面的浮土或砂浆铲掉，用钢丝刷刷净浮浆层，有油污时应用10%火碱水刷净，并用清水冲洗干净。

（2）找标高、弹线　在房间的主要部位墙上弹互相垂直的 +0.5m 水平控制线，以此为依据往下量测出面层标高。

（3）刷水泥素浆结合层　在清理好的地面上均匀洒水，然后用扫帚均匀洒水泥素浆（水灰比为0.5）。此层与下道工序铺砂浆找平层必须紧密配合。

（4）抹找平层

1）用喷壶将地面基层均匀洒水一遍。

2）抹灰饼和标筋：从已弹好的面层标高水平线下量至找平层上皮的标高，确定面层抹灰厚度（不应小于20mm），然后拉水平线开始抹出5cm×5cm 灰饼，灰饼横竖间距为1.5~2.0m，灰饼上平面即为地面面层标高。如果房间比较大，还须从房间一侧开始抹标筋。铺抹灰饼和标筋的砂浆材料配合比均与抹地面的砂浆相同。有地漏的房间，应由四周向地漏方向放射形抹标筋，并找好坡度。抹灰饼和标筋应使用干硬性砂浆，厚度不宜小于2cm。

3）装档：清除干净抹标筋的剩余浆渣，涂刷一遍水泥浆（水灰比为0.4～0.5）粘结层，要随涂刷随铺砂浆。然后根据标筋的标高，用小平锹或木抹子将已拌和的水泥砂浆（配合比为1:3～1:4）铺装在标筋之间，用木抹子摊平、拍实，小木杠刮平，再用木抹子搓平，使其铺设的砂浆与标筋找平，并用大木杠横竖检查其平整度，同时检查其标高和泛水坡度是否正确，24h后浇水养护。

（5）弹铺砖控制线

1）当找平层砂浆抗压强度达到1.2MPa后，开始上人弹砖的控制线。预先根据设计要求和砖板材规格尺寸，确定板块铺砌的缝隙宽度，当设计无规定时，紧密铺贴缝隙宽度不宜大于1mm，虚缝铺贴缝隙宽度宜为5～10mm。

2）根据排砖图及缝宽在房间地面上弹纵、横控制线。注意该十字线与墙面抹灰时控制房间方正的十字线是否对应平行，同时注意开间方向的控制线是否与走廊的纵向控制线平行，不平行时应调整至平行。当房间尺寸不足整砖倍数时，将非整砖用于边角处，横向平行于门口的第一排应为整砖，将非整砖排在靠墙位置，纵向（垂直门口）应在房间内分中，非整砖对称排放在两墙边处，避免在门口位置的分色砖出现大小头。

根据业主及建筑师的效果要求，可以有多种排砖方式，如图4-10所示为常用的几种。

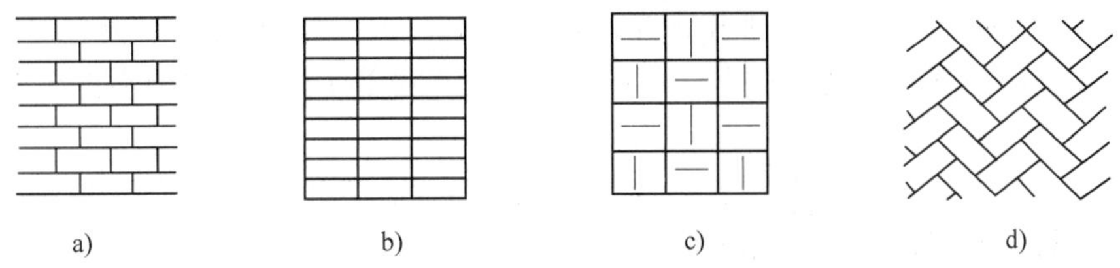

图4-10　块材楼地面排列方式

a）错缝铺排　b）通缝铺排　c）席纹铺排　d）网格铺排

（6）铺贴板材地砖　为了找好位置和标高，应从门口开始，纵向先铺2～3行砖，以此为标筋拉纵横水平标高线，铺时应从里面向外退着操作，人不得踏在刚铺好的砖面上，每块砖应跟线，操作程序如下：

1）铺砌前将板材地砖先放入水桶中浸水润湿，待晾干后表面无明水时，方可使用。

2）找平层上洒水润湿，均匀涂刷素水泥浆（水灰比为0.4～0.5），涂刷面积不要过大，铺多少刷多少。

3）结合层一般采用水泥砂浆结合层，厚度为10～25mm。铺设厚度以放上面砖时高出面层标高线3～4mm为宜，铺好后用大杠尺刮平，再用抹子拍实找平（铺设面积不得过大）。当采用沥青胶结料铺设时，结合层厚度应为2～5mm，采用胶粘剂铺设时，结合层厚度应为2～3mm。

4）结合层组合材料采用沥青胶结材料和胶粘剂时，除了按出厂说明书操作外，还应经试验室试验后确定配合比，拌和时要拌均匀，不得有灰团，一次拌和不得太多，并在规定时间内用完。如使用水泥砂浆结合层时，宜为配合比1:2.5（水泥:砂）的干硬性砂浆，亦应随拌随用，初凝前用完，防止影响粘结质量。

5）铺贴时，砖的背面朝上抹粘结砂浆（锦砖应纸面朝上），铺砌到已刷好的水泥浆找平层上，砖上棱略高出水平标高线，找正、找直、找方后，砖上面垫木板，用橡皮锤拍实，顺序从内退着往外铺贴，做到面砖砂浆饱满、相接紧密、结实，与地漏相接处，用云石机将砖加工与地漏相吻合。铺地砖时最好一次铺一间，大面积施工时，应采取分段、分部位铺贴。大理石（或花岗石）板块之间，接缝要严，一般不留缝隙。

（7）板缝处理 面层铺贴应在24h后进行勾缝、擦缝工作，并应采用同一品种、同强度等级、同颜色的水泥，或用专门的嵌缝材料。

1）勾缝：根据板材选择相同颜色矿物颜料和水泥拌和均匀调成1∶1稀水泥浆，用浆壶徐徐灌入板块之间的缝隙（分几次进行），并用长把刮板把流出的水泥浆向缝隙内喂灰，要求缝内砂浆密实、平整、光滑。随勾随将剩余水泥砂浆清走、擦净。

对于锦砖地面，铺完后紧接着在纸面上均匀地刷水。常温下过15～30min，纸便湿透，即可揭纸，并及时将纸毛清理干净。揭纸后，及时检查缝子是否均匀，缝子不顺不直时，用小靠尺比着开刀轻轻地拨顺、调直，并将其调整后的锦砖垫上木拍板，用锤子拍实，同时检查有无脱落。

2）擦缝：如设计要求缝隙很小时，则要求接缝平直，在铺实修好的面层上用浆壶往缝内浇水泥浆，然后用干水泥撒在缝上，再用棉纱团擦揉，将缝隙擦满。最后将面层上的水泥浆擦干净。

（8）养护 铺完砖24h后，洒水或铺干锯末常温养护，时间不应少于7d。冬期施工时，室内无取暖和保温措施不得施工；原材料和操作温度不得低于5℃，砂子不得有冻块，板材表面不得有结冰现象。

（9）打蜡 对于大理石、花岗石、碎拼大理石地面，当各工序完工不再上人时，还需要进行打蜡，打蜡面层达到光滑洁净即可。

（10）踢脚板安装 踢脚板用砖，一般采用与地面块材同品种、同规格、不同颜色的材料，踢脚板的立缝应与地面缝对齐，铺设时应在房间的两端头阴角处各镶贴一块砖，出墙厚度和高度应符合设计要求，以此砖上楞为标准挂线，开始铺贴，砖背面朝上抹粘结砂浆（配合比为1∶2的水泥砂浆），使砂浆粘满整块砖为宜，及时粘贴在墙上，砖上棱要跟线并立即拍实，随之将挤出的砂浆刮净，将面层清洗干净（在粘贴前，砖块要浸水晾干，墙面刷水润湿）。预制水磨石地面与预制水磨石踢脚线对缝铺贴，其铺贴后效果如图4-11所示。

图4-11 块材楼地面铺贴后效果

三、成品保护

1）铺贴板材地砖后，如果其他工序插入较多，应在板材上铺覆盖物品对面层加以保护。

2）切割板材时应用垫板，禁止在已铺地面上切割。

3）推车运料时应注意保护门框及已完面层，小车腿应包裹。

4）操作时不要碰动管线，不要把灰浆或陶瓷锦砖块掉落在已安完的地漏管口内。

5）做油漆、浆活时不得污染地面。

四、质量要求与检查评定

1）面层所用板块的品种、质量必须符合设计要求。

2）面层与基层的结合必须牢固，无空鼓。

3）石材表面洁净，图案清晰，光亮、光滑，色泽一致，接缝均匀，周边顺直，板块无裂纹、掉角和缺棱等现象。碎拼大理石颜色协调，间隙适宜，磨光一致，无裂缝、坑洼和磨纹。

4）踢脚线表面洁净，接缝平整均匀，高度一致，结合牢固，出墙厚度适宜。

5）板块面层表面质量应符合表4-6的规定。

表4-6　板块面层表面质量允许偏差及检验方法

项　　目	允许偏差/mm					检验方法
	锦砖	高级水磨石	普通水磨石	大理石	花岗石	
表面平整度	2	2	3	1	1	用2m靠尺、楔形塞尺检验
格缝平直	3	3	3	2	2	拉5m长线，不足5m拉通线，尺量检验
接缝高低差	0.5	0.5	1	0.5	0.5	用钢直尺和楔形塞尺检验
踢脚线上口平直	3	3	4	1	1	拉5m长线，不足5m拉通线，尺量检验
板块间隙宽度	2	2	2	1	1	尺量检验

任务5　实木地板施工

【任务描述】

某住宅卧室地面进行地面装修，采用实木地板装修，装修过程中考虑强度、防水、防火、隔声等要求。

实木地板施工（图片）

【能力要求】

要求学生能够针对工作任务制定完整的工作计划，包括材料的选取，施工机具与环境的准备及施工流程计划，能够写出较为详细的技术交底，并能够正确进行质量检查验收。

【知识导入】

木质楼地面是指楼地面表面由木板铺钉或硬质木块胶合而成的地面。木地板是一种传统的地面材料，具有质轻、保温性好、脚感舒适、装饰效果自然等优点，但它易受外围温、湿环境影响，产生变形、开裂现象，部分木质地面材料价格较高，施工要求高。常用于高档住宅、宾馆、体育馆、健身房、剧院舞台等建筑内，是一种高级楼地面的装修类型。

木质地板按照材料不同可分为实木地板、复合木地板、软木地板；按铺设方式分类有粘贴铺设法木地板、格栅铺设法木地板和实铺法木地板。目前由于实木地板和复合木地板较软木地板价格便宜，受关注度较高，广泛应用于宾馆、住宅、健身房等场所的地面装修中。

实木地板又称原木地板，是天然木材经烘干、加工后形成的地面装饰材料。它具有无污染、花纹自然、典雅庄重、富质感性、弹性真实等优点，在大力提倡环保的今天，实木地板则更显珍贵，使其成为卧室、客厅、书房等地面装修的理想材料。然而实木地板也存在着不耐磨、易失光泽的缺点。实木地板分 AA 级、A 级、B 级三个等级，AA 级质量最高。

木地板种类繁多，按木材形状划分可分为条形木地板和拼花形木地板。条形木地板就是一块块呈长方形单一的木板，按一定的走向、图案铺设于地面。条形木地板接缝处有平口与企口之分。平口就是上下、前后、左右六面平齐的木条；企口就是用专用设备将木条的断面加工成榫槽状，便于固定安装。拼花形木地板是事先按一定图案、规格，在设备良好的车间里，将几块带图案木地板拼装完毕，消费者购买后，可将拼花形的板块再拼铺在地面上。

按实木地板的铺设方法，可以分为木格栅铺设法、实铺法和粘贴铺设法三种。木格栅铺设法又称空铺法，是地板铺设中最传统的方法。凡是企口地板，只要有足够的抗弯强度，均可用此法铺设，其构造如图 4-12 所示。实铺法适用于企口地板、双企口地板、各种连接实木地板。一般应选择榫槽偏紧、底缝较小的地板。这种铺设方法具有铺设简单，工期短，无污染，地板不易起拱，不易发生变形等优点。地板面层一般为错位铺装。单层实铺式木楼地面基本构造如图 4-13 所示，双层实铺式木楼地面基本构造如图 4-14 所示。粘贴铺设法是在混凝土结构层上用 15mm 厚 1∶3 水泥砂浆找平，采用高分子粘结剂将木地板直接粘贴在地面上的一种施工方法，适用于小于 350mm 长的地板，并且要求地面平实。

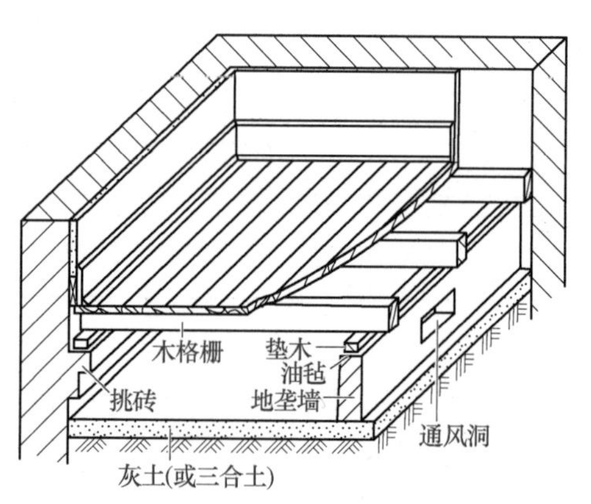

图 4-12 空铺法铺设楼地面基本构造

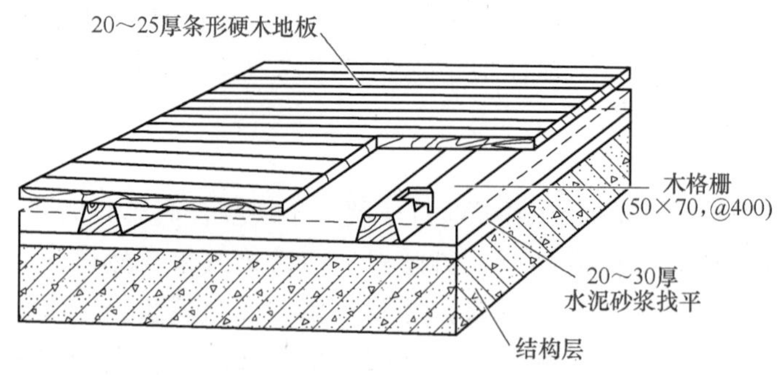

图 4-13 单层实铺式木楼地面基本构造

实木地板若按木材的树种可划分为针叶树材和阔叶树材。常见的针叶树材有柏木、竹叶松、竹柏、油杉、黄杉、铁杉、松木等。由于针叶树材普遍较软，因此耐磨性较差，美观度也不佳，因此针叶树材多做普通地板材料使用。阔叶树材中最好的有柚木、香红木、柞木及从国外引种的桃花心木、石樟等，都可作为高档地面装修材料，而制作普通地板的阔叶树材主要有桦木、山枣木、槐木等。

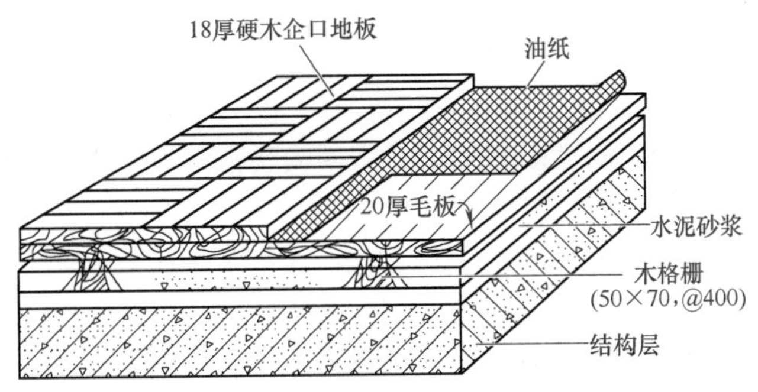

图4-14 双层实铺式木楼地面基本构造

【任务实施】

一、施工准备

1. 材料准备

1）木材：木材指木地板铺设所用木格栅（龙骨）、垫木、毛地板、面层面板等材料。木格栅要求含水率控制在20%以内，常用变形小的红白松木。毛地板采用细木工板（大芯板），规格尺寸应按设计要求，经干燥和防腐、防蛀处理后方可使用，不得有扭曲变形，含水率应小于12%。面层面板的含水率应在15%以内，加工后顶面刨光，侧面为带企口或凹槽的半成品地板，加工的成品面层图案和颜色应符合设计要求，图案清晰，颜色、尺寸一致，板面无翘曲，并采用具有商品检验合格证的产品，其技术等级及质量要求均应符合国家现行行业标准的规定。

架空实木地板施工（视频）

2）衬垫：铺设衬垫所用材质可为3mm带塑膜的泡沫垫或8～18mm厚的优质多层胶合板。

3）踢脚板：宽度、厚度应按设计要求的尺寸加工，其含水率不得超过12%，背面应满涂防腐剂，花纹和颜色应力求与面层地板相同。

4）其他材料：木楔、防潮纸、氟化钠或其他防腐材料、5～10cm长的铁钉、膨胀螺栓、粘结剂、板面处理材料等。

2. 主要机具准备

小电锯、小电刨、平刨、压刨、台钻、手提钻、刨地板机、磨地板机、手锯、气泵、单线刨、斧子、锤子、螺钉旋具、方尺、钢尺、割角尺、墨斗等。

3. 作业条件准备

实木地板施工前，应做好以下工作：

1）加工订货材料已进场，并经检验符合设计及相关规范要求。

2）楼地面基层施工已完，经检验合格达到可进行下道工序施工的标准。

3）实木地板工程应待其上下水试水及暖气试压合格后安排施工。不宜在潮湿的室内进行，防止地面潮湿导致地板变形。

4）地板条使用前应认真挑选，将有色差、劈裂、腐朽、弯曲等板材及加工尺寸不合格的挑出。预制的拼花木板规格及设计图案的形式应进行试拼、试排，做到尺寸准确、拼板妥当。挑好的捆好或装箱待用。

5）弹好 +0.5m 水平控制线。

二、施工工艺

1. 工艺流程

木格栅铺设法工艺流程为：基层清理、弹线→安装格栅、铺设毛地板→铺设木地板→安装木踢脚板→刨光、打磨→油漆、上蜡。

实铺法工艺流程为：基层处理→垫层铺设→铺设木地板→安装踢脚板→刨光、打磨→油漆、上蜡。

粘贴铺设法工艺流程为：基层清理→弹线→铺贴木地板→刨光、打磨→安装踢脚板→油漆、上蜡。

2. 施工要点

（1）木格栅铺设法

1）基层清理、弹线。实木地板基层面处理要求平整、干燥、干净，凹凸处用铲刀铲平。若遇有凹处面积较大，影响龙骨平整度的地方，必须用水泥砂浆填实刮平，待半月以上干燥。检查合格后，扫去表面浮灰和其他杂质。空铺式木格栅（其间无填料）的两端应垫实钉牢。当采用地垄墙或砖墩时，应与格栅固定牢固。木格栅与墙面应留出不小于 30mm 缝隙。木格栅（其间有填料）的截面尺寸、间距及稳固方法等均应按设计要求铺设，且作防腐处理。根据地板铺设方向和长度，算出龙骨铺设位置，弹出龙骨间距线，每块地板至少搁在 3 条龙骨上，一般间距不大于 350mm。

2）安装格栅、铺设毛地板。铺设前必须清除毛地板下空间内的刨花等杂物。毛地板铺设时，应与格栅成 30°或 45°斜向钉牢，并使其髓心向上，板间缝隙不大于 3mm。铺设后的木龙骨进行全面的平直度拉线和牢固性检查，检测合格后方可铺设。

3）铺设木地板。地板面层铺设一般是错位铺设，从墙面一侧留出 8mm 的缝隙后，铺设第一排木地板，地板凸角向外，以螺纹钉、铁钉把地板固定于木龙骨上，以后逐块排紧钉牢。每块地板凡接触木龙骨的部位，必须用气枪钉、螺纹钉或普通钉钉入，以 45°～60°斜向钉入，钉子的长度不得短于 25mm。为使地板平直均匀，应每铺 3～5 块地板，即拉一次平直线，检查地板是否平直，以便于及时调整。

4）安装木踢脚板。踢脚板用钉与墙内防腐木砖钉牢，钉帽砸扁冲入板内。踢脚板要求与墙紧贴，上口平直。踢脚板接缝处应作企口或错口相接，在 90°转角处应作 45°斜角相接。踢脚板与木地板面层交接处钉设木压条。

5）刨光、打磨。地板刨光宜采用地板刨光机，转速在 5000r/min 以上。长条地板应顺木纹刨，注意刨去厚度不应大于 1.5mm。拼花地板应与木纹成 45°斜磨。机器刨不到的地方应用手刨，直到符合要求为止。地板刨平后应使用地板磨光机磨光，所用砂布应先粗后细，砂布应绷紧绷平，磨光方向及角度与刨光方向相同。

6）油漆、上蜡。地板表面清理干净并待房间内所有装饰工程完工后再涂刷地板漆，进行上蜡处理。对于已涂油漆地板，可省去刨光、油漆、打蜡等工序。

（2）实铺法

1）基层处理。基层面除要求平整、干燥、干净外，较木格栅铺设法而言，基层平整度要求较高，每 2m 安装偏差应小于 5mm，否则地板铺设后不能达标。

若在楼房底层或平房铺设，须作防水层处理。其方法有表面涂防水涂料或铺农用薄膜。

在用农用薄膜铺底时，采用二层铺设法，即在铺第一层时，膜与膜之间相应搭接 20cm，第二层铺在第一层薄膜上时，接缝处要错开，并且墙边还要上翘 5 ~ 6cm（低于踢脚板）。

2）垫层铺设

① 泡沫垫：厚度为 3mm，带塑膜的泡沫垫，对接铺设，接口塑封。

② 铺垫宝：厚度为 6 ~ 20mm，一般选 10 ~ 12mm 厚，对接铺设，接口塑封。

③ 优质多层胶合板：厚度为 8 ~ 18mm，一般选 9 ~ 12mm 厚。每块多层胶合板应等分裁小，面积应小于 $0.7m^2$，最好用油漆防腐，然后用电锤、气钉固定在地面，四周必须钉牢固，板与板之间留 3 ~ 6mm 缝隙，用胶带封口。

3）铺设木地板。铺装地板的走向通常与房间行走方向相一致或根据用户要求，自左向右或自右向左依次铺装，凹槽向墙，地板与墙之间放入木楔，留足伸缩缝。干燥地区且地板偏湿，伸缩缝应留小些；潮湿地区且地板偏干，伸缩缝应留大些。拉线检查所铺地板的平直度，安装时随铺随检查。在试铺时应观察板面高度差与缝隙，随时进行调整，检查合格后才能施胶安装。一般铺在边上 2 ~ 3 排，施少量建筑胶固定。其余中间部位完全靠榫槽啮合，不用施胶。

最后一排地板要通过测量其宽度进行切割、施胶，用拉钩或螺旋顶使之严密。

在一些特别潮湿的地区，在安装地板时，地板与地板之间一般情况下不要排得太紧；在一些干燥地区，地板之间一般以铺紧为佳。

在房间、厅、堂之间接口连接处，地板必须切断，留足伸缩缝，用收口条、五金过桥衔接。门与地面应留有 3 ~ 5mm 间距，以便房门能开闭自如。

4）安装踢脚板。选购踢脚板的厚度应小于 15mm。安装时地板伸缩缝间隙为 5 ~ 12mm，应填实聚苯板以防地板松动。安装踢脚板，务必把伸缩缝盖住。若墙体或地基不平，出现缝隙皆属意料之中，可请装饰墙工补缝。

5）刨光、打磨、油漆、上蜡等工序，与木格栅铺设法要求相近，这里不再赘述。

（3）粘贴铺设法

1）基层清理。由于是直接粘贴铺设，因此地面基层处理比前两种铺设方式要求更高，应严格达到基层表面干净、平整、不起砂、不起皮、不起灰、不空鼓、无油渍的要求。

2）弹线。根据具体设计，在基层上用墨线弹出木地板组合造型施工控制线，即每块地板或每行地板的定位线。

3）铺贴木地板。采用符合要求的地板胶进行试铺，符合要求后再大面积施工。铺贴时要用专用刮胶板将胶均匀刮于地面及木地板表面，当胶不粘手时，将地板按定位线就位粘贴，并用小锤轻敲，使地板条与基层粘牢。涂胶时要求涂刷均匀、厚薄一致、不得漏涂。地板条应铺正、铺平、铺齐，并应逐块错缝排紧粘牢。板与板间不得松动、不平及溢胶。

4）刨光、打磨、安装踢脚板、油漆、上蜡等工序，与木格栅铺设法要求相近，这里不再赘述。

三、成品保护

1）地板材料进现场后，经检验合格，应码放在室内，分规格码放整齐，使用时轻拿轻放，不可乱扔乱堆，以免损坏棱角。

2）铺钉木板面层时，操作人员要穿软底鞋，且不得在地面上敲砸，防止损坏面层。

3）木地板铺设应注意施工环境的温度、湿度的变化，施工完应及时覆盖塑料薄膜，防止开裂及变形。

4）通水和通暖气时设专人观察管道节门、三通、弯头、风机盘管等处，防止渗漏浸泡地板，造成地板开裂及起鼓。

5）铺钉地板和踢脚板时，注意不要损坏墙面抹灰和木门框。

四、质量要求与检查评定

1）面层所用材质和铺设时的木材含水率必须符合设计要求。木格栅、垫木和毛地板等必须做防腐、防蛀处理。检查方法：观察和检查材质合格证明文件及检验报告。

2）木格栅安装应牢固、平直，其间距和稳固方法必须符合设计要求。检查方法：观察、脚踩检验。

3）面层铺设应牢固，粘结无空鼓。检查方法：观察、脚踩或用小锤轻击检查。

4）实木地板面层应刨光、磨光、无明显刨痕和毛刺等现象；图案清晰，颜色均匀一致。检查方法：观察、手摸、脚踩检验。

5）面层缝隙严密；接头位置错开，表面洁净。检查方法：观察检查。

6）拼花地板接缝对齐，粘、钉严密；缝隙宽度均匀一致；表面洁净，无溢胶。检查方法：观察检查。

7）踢脚线表面光滑，接缝严密，高度一致。检查方法：观察和钢尺检查。

8）实木地板板块面层允许偏差及检验方法应符合表4-7规定。

表4-7 实木地板板块面层允许偏差及检验方法

项次	检验项目	实木地板面层允许偏差/mm			检验方法
		松木地板	硬木地板	拼花地板	
1	板块缝隙宽度	1.0	0.5	0.2	钢尺检查
2	表面平整度	2.0	2.0	2.0	用2m靠尺和楔形塞尺检查
3	踢脚线上口平直	2.0	2.0	2.0	拉5m通线，不足5m拉通线，用钢尺检查
4	板面拼缝平直	3.0	3.0	3.0	拉5m通线，不足5m拉通线，用钢尺检查
5	相连板材高差	0.5	0.5	0.5	用钢尺和楔形塞尺检查
6	踢脚线与面层接触	1.0	1.0	1.0	楔形塞尺检查

任务6 复合木地板楼地面施工

【任务描述】

某住宅卧室地面进行装修，采用复合实木地板装修，装修过程中考虑强度、防水、防火、隔声、环保等要求。

复合木地板楼地面施工（图片）

【能力要求】

要求学生能够针对工作任务制定完整的工作计划，包括材料的选取、施工机具与环境的准备及施工流程计划，能够写出较为详细的技术交底，并能够正确进行质量检查验收。

【知识导入】

复合木地板又叫强化木地板，以硬质纤维、中密度纤维板为基材的浸渍纸胶膜贴面层复合而成，表面再涂以三聚氰胺和三氧化二铝等耐磨材料。原有的以刨花板为基材的复合木地板已经逐渐被市场淘汰。复合木地板一般由四层复合而成。第一层为透明人造金刚砂的超强耐磨层；第二层为木纹装饰纸层；第三层为高密度纤维板的基材层；第四层为防水平衡层。经高性能合成树脂浸渍后，再经高温、高压压制，四边开榫而成（图4-15）。

耐磨层(三氧化二铝)
装饰纸层
基材层(高密度板)
平衡层(平衡纸)

图4-15 复合木地板基本构造

复合木地板能较好克服实木地板的不足，板面坚硬耐磨、防腐蚀、防虫蛀、防潮湿、抗静电，安装方便，无需刨平、钉钉或上螺钉等工序，也无需安装龙骨。此外，复合木地板的维护也十分方便，只需时常用吸尘器清理或干湿布、拖把擦抹即可，无需砂纸打磨、打蜡或涂漆，但其表面层受损后难以修补，适用于办公室、会议室、商场等公共场所。

【任务实施】

一、施工准备

1. 材料准备

1）复合木地板：木地板的材质必须符合国家有关标准，具有相应的质量检测报告、出厂合格证。

2）粘结胶：地板块之间的粘结胶应具有相应的检测证明和合格证。

3）底层防潮、隔声膜：在地板的下部采用防潮、隔声膜，要求其具有一定的弹性、防潮、防腐性，并应具有相应的质量证明和合格证。

2. 主要机具准备

木帽楦、锤子、尺子、木锯、铅垂、铅笔、连系钩、8～10mm长的木楔。

3. 作业条件准备

复合木地板施工前，应做好以下工作：

1）房间最大相对湿度不大于80%。

2）地板安装前先将地面找平，并且干燥后清理干净。如地面未做防潮处理，必须在地面铺装一层防水聚乙烯薄膜。

3）使用的复合木地板的规格符合现场和设计要求。在使用前对地板进行挑选，要求地板的纹理、色泽协调。

4）在墙上弹出50cm水平线。

二、施工工艺

1. 工艺流程

基层清理→找平→防水薄垫铺设→复合木地板铺设→安装踢脚板→安装扣板→清洁、保护。

2. 施工要点

（1）基层清理　在铺贴前先对基层进行清理，特别是凹凸不平的地方，使基层平整度达到要求，将地坪表面的灰尘等污物清理干净。

（2）找平　用3.5×50的自攻螺钉将水泥压力板（5mm厚）固定在地面上，固定间距不大于400mm，主要目的是将地面找平。水泥压力板之间的拼缝两侧必须采用自攻螺钉固定，不得有松动现象。

（3）防水薄垫铺设　在木地板下铺一层防水聚乙烯薄膜，膜与膜搭接20cm，木地板接缝处应刷专用胶固定，安装第一排木地板在靠墙处要预留8～10mm空隙，以利于通风。

（4）复合木地板铺设　复合木地板依据设计的排列方向铺设，每个房间找出一个基准边统一带线，周边缝隙保留8mm左右，企口拼接时满涂特种防水胶，缝隙紧密后及时擦清余胶。当长度超过8m，宽度超过5m时，则要设伸缩缝，安装专用卡条。不同地材收口处需要装收口条，拼装时不要锤击表面、企口，必须用垫木。

（5）安装踢脚板　安装踢脚板采用专用胶粘结在墙上，保证踢脚板的上口在同一标高上，并且出墙面厚度一致。当大面积安装复合木地板时应在15～20m见方处设置伸缩缝，用专用扣板收口处理。

（6）安装扣板　在木地板与地毯接缝处安装T型过渡扣板；与楼梯踏步接缝处安装爬梯扣板，扣板与地面用螺钉固定，地板不紧靠扣板中轴，而保留5mm的空隙。

（7）清洁、保护　木地板铺贴完毕应及时进行清理，并进行修整，在铺装时应及时将胶清理干净，在24h内不得上人踩踏。

三、质量要求与检查评定

1）复合木地板的材质和强度、耐磨性必须符合国家有关标准。

2）板块之间拼接牢固，无松动现象。

3）面层光滑，无伤痕，图案清晰，颜色一致，纹理清楚。

4）板块之间缝隙严密，接头错开，表面洁净，拼接板块的纹理对齐。

5）踢脚线表面光滑，接缝严密，高度、出墙厚度一致。

6）复合木地板面层允许偏差及检验方法应符合表4-8的规定。

表4-8　复合木地板面层允许偏差及检验方法

项次	检验项目	复合木地板面层允许偏差/mm	检验方法
1	表面平整度	2.0	用2m靠尺和楔形塞尺检查
2	踢脚线上口平直	3.0	拉5m通线，不足5m拉通线，用钢尺检查
3	板面拼缝平直	0.2	拉5m通线，不足5m拉通线，用钢尺检查
4	缝隙宽度	0.2	用钢尺检查

任务7　塑料地板施工

【任务描述】

某用于存放卫生器具的房间地面采用塑料地板进行装修，装修过程中考虑外观质量、尺寸稳定性、防水、防火、耐磨、环保等性能要求。

塑料地板施工
（图片）

【能力要求】

要求学生能够针对工作任务制定完整的工作计划，包括材料的选取、施工机具与环境的准备及施工流程计划，能够写出较为详细的技术交底，并能够正确进行质量检查验收。

【知识导入】

卷材地面是用成卷的材料铺贴在水泥类或其他基层上的楼地面。常见卷材有塑料地板、地毯以及橡胶地板等。它们均具有吸声、保温、脚感舒适、防滑、施工快捷等优点，特别是地毯地面广泛适用于宾馆、会堂、家居住宅等地面装饰中。

塑料地板是指由高分子树脂及其助剂通过适当的工艺所制成的片状地面覆盖材料。按所用树脂种类分有聚氯乙烯塑料地板、氯乙烯—醋酸乙烯塑料地板、聚乙烯—聚丙烯塑料地板三种。目前，绝大部分塑料地板属于第一种。按生产工艺分有压延法塑料地板、热压法塑料地板和涂布法塑料地板等。按地板外形分有块状塑料地板和塑料卷材地板。现在多以第三种分类方式命名塑料地板，其基本构造如图4-16所示。

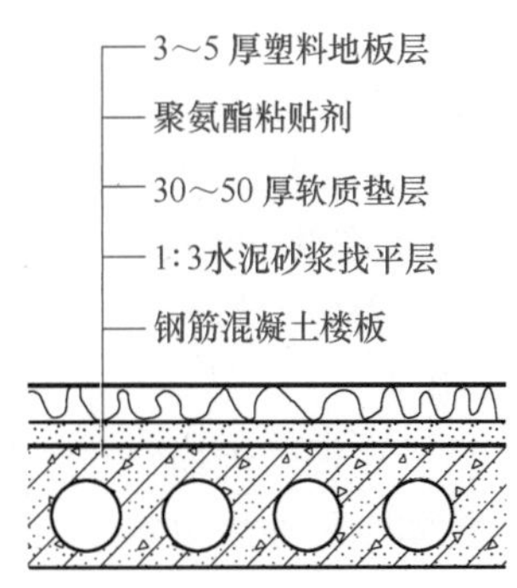

图4-16　塑料地板楼地面基本构造

块状塑料地板（又称塑料地板砖）具有色泽选择性强、轻质耐磨、地板表面光洁、平整、步行有弹性感而且不打滑、地板遇潮湿或稀酸碱不受腐蚀、遇明火后自熄、造价低、施工方便等特点。块状塑料地板属于低档产品，易于在各类场所使用，无论新旧建筑，地面平整后涂以专用粘合剂，再将块状地板砖粘贴于地面，一般不需要保护期即可使用。

塑料卷材地板（又称地板革）具有色泽选择性强、耐磨、耐污染、耐腐蚀、可自熄等特点。从低级的单层再生聚乙烯塑料地板到高级发泡印花塑料卷材地板，价格差异幅度较大，可满足不同层次的需求。

【任务实施】

一、施工准备

1. 材料准备

1）塑料地板：常用的有聚氯乙烯塑料地板块、卷材、氯化聚乙烯卷材等，厚度为1.5～6mm。

2）胶粘剂：胶粘剂一般与地板配套使用，包括水乳型和溶剂型两类，常用的有溶剂型氯丁橡胶胶粘剂、202双组份氯丁橡胶胶粘剂、聚醋酸乙烯胶粘剂、氨脂胶粘剂等。各种胶粘剂在使用前必须经过充分搅拌，方可使用。双组份胶粘剂使用前，要先将各组份分别搅拌均匀，然后按规定的配合比称量混合，再次充分搅拌均匀，方可使用。

3）焊条：宜选用等边三角形或圆形截面产品。

4）水泥乳胶：水泥乳胶的配合比为水泥∶108胶∶水=1∶(0.5～0.8)∶(6～8)，主要用于涂刷基层表面，增强整体性和胶结层的粘结力。

5）腻子：有石膏液腻子和滑石粉乳液腻子，石膏液腻子配合比（质量比）为石膏∶大白粉∶聚醋酸乙烯乳液∶水=2∶2∶1∶适量；滑石粉乳液腻子配合比（质量比）为滑石粉∶聚醋酸乙烯乳液∶水∶甲基纤维素=1∶(0.2～0.25)∶适量∶0.1。石膏乳液腻子用于基层第一道嵌补找平，滑石粉乳液腻子用于基层第二道修补找平。

6）底子胶：应用原胶配制，如采用非水溶型胶粘剂时，底子胶按原胶粘剂重量加10%的醋酸乙烯，采用水乳型胶粘剂时，适当加水稀释。

7）脱脂剂：一般采用丙酮与汽油混合液（1∶8）。

2. 主要机具准备

梳形刮、橡皮滚筒、割刀、橡皮锤、划线器、墨斗、划针、方尺、刷子、砂袋、调压变压器、空气压缩机、焊枪、刨刀等。

3. 作业条件准备

塑料地板施工前，应做好以下工作：

1）墙面和顶棚装饰工程已完，水、电、暖通等安装工程已安装调试完毕，并验收合格，基层含水率低于10%。

2）合理安排与其他工种施工在时间和空间上的矛盾，减少与其他工序的穿插，以防板面污染和损坏。

3）塑料地板已进场，并经脱脂处理，其他性能符合设计及相关规范要求。

4）墙体踢脚处预留木砖位置已标出。

二、施工工艺

1. 工艺流程

塑料地板施工时可根据铺贴方式的不同，分为胶粘铺贴法和焊接铺贴法。两类施工方法的工艺流程如下：

胶粘铺贴法：基层处理→弹线分格→试铺→刷底子胶→铺贴塑料板块→铺贴踢脚板→擦光上蜡。

焊接铺贴法：基层处理→弹线分格→试铺→刷底子胶→铺贴塑料板块→坡口下料→焊接→焊缝切割、修整。

2. 施工要点

为叙述方便，现将胶粘铺贴法与焊接铺贴法施工工艺合并一起介绍。

（1）基层处理　把沾在基层上的浮浆、落地灰等用錾子或钢丝刷清理掉，再用扫帚将浮土清扫干净。用自流平水泥将地面找平，养护至达到强度要求。清水冲洗，不允许残留白灰。将基层处理成平整、结实、有足够强度且表面干燥状态。基层表面平整度用2m直尺检查，其空隙不得超过2mm，误差较大时必须用水泥浆找平。

（2）弹线分格　将房间依照塑料板块的尺寸，排出塑料板块的放置位置，并在地面弹出十字控制线和分格线。塑料板块弹线定位一般有两种方式，一种是接缝与墙面平行，称为直角定位法，如图4-17a所示；另一种是接缝与墙面成45°，称为对角定位法，如图4-17b所示。弹线应以房间中心点为中心，弹出相互垂直的两条定位线，分格、定位时，应距墙边留出200～300mm以做镶边。

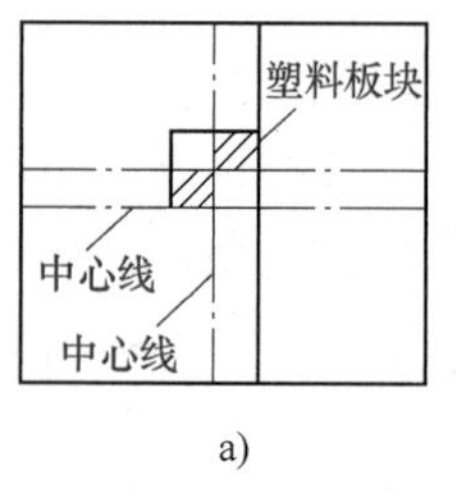

a)

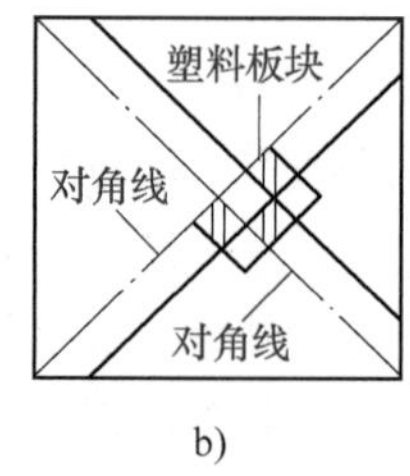

b)

图4-17　弹线分格方式
a）直角定位法　b）对角定位法

（3）试铺　铺贴塑料地板前，应按定位图和弹线位置进行试铺，试铺合格后，按顺序编号，然后将塑料地板掀起按编号放好。在进行塑料地板试铺时地板的直线或曲线裁切，如图4-18所示。

（4）刷底子胶　采用油漆刷涂刷，涂刷要薄而均匀，不得漏刷。

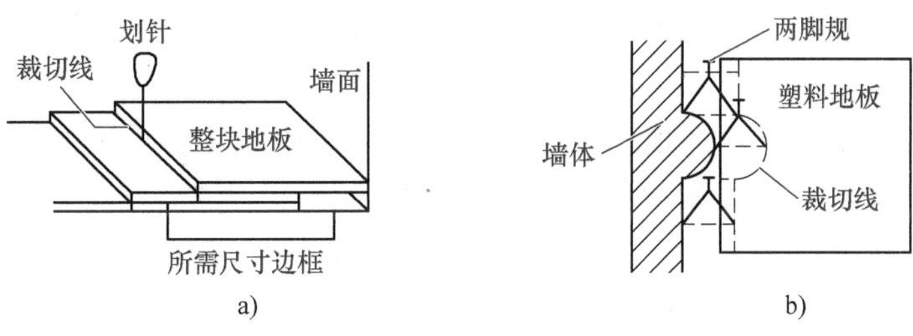

图 4-18　塑料地板的裁切
a）直线裁切示意图　b）曲线裁切示意图

（5）铺贴塑料板块

1）涂胶粘剂：底子胶干燥后，按弹线位置沿轴线由中央向四面铺贴塑料板块。将塑料板块背面用干布擦净，在铺设塑料板块的位置和塑料板块的背面各涂刷一道胶。在涂刷基层时，应超出分格线 10mm，涂刷厚度应小于 1mm。在粘贴塑料板块时，应待胶干燥至不沾手为宜，按已弹好的线铺贴，应一次就位准确，粘贴密实。基层涂刷胶粘剂时，不得面积过大，要随贴随刷。

2）粘贴顺序：铺塑料板块时应先在房间中间按照十字线铺设十字控制板块，之后按照十字控制板块向四周铺设，并随时用 2m 靠尺和水平尺检查平整度。大面积铺贴时应分段、分部位铺贴。

3）粘贴：将塑料板块背面用干布擦净，在铺设塑料板块的位置和塑料板块的背面各涂刷一道胶。在涂刷基层时，应超出分格线 10mm，涂刷厚度应小于 1mm。在粘贴塑料板块时，应待胶干燥至不粘手为宜，按已弹好的线铺贴，一次就位准确，粘贴密实。基层涂刷胶粘剂时，不得面积过大，要随贴随刷，粘贴挤出的余胶应及时擦净，如图 4-19 所示。

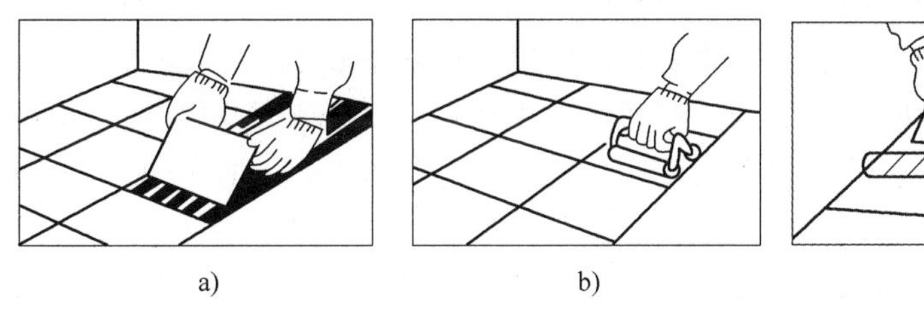

图 4-19　塑料板块的铺贴
a）板块一端对齐粘合　b）贴平赶实　c）压平边角

4）焊接塑料板块：当板块缝隙需要焊接时，宜在 48h 以后施焊，也可采用先焊后铺贴。焊条成分、性能与被焊的板材性能要相同。

塑料板块拼缝处应做 V 形坡口，并保证坡口平直，宽窄与角度一致。

施焊时，按两人一组，一人持焊枪施焊，另一人用压辊压焊缝。焊接过程中，焊嘴、焊条、焊缝应保证在同一平面，并垂直于塑料板面，焊接完成后，焊缝冷却至室温时，对焊缝进行修整，用刨刀将突出板面部分切削平。

当焊缝有烧焦或焊接不牢的现象时，应切除焊缝，重新施焊。

（6）铺贴踢脚板　地面铺贴完成后再粘贴踢脚板，踢脚板铺贴前，应在踢脚板上口标高处弹水平线，然后在踢脚板和墙面上分别涂胶，胶不粘手时即可进行铺贴。铺贴一般从门口开始，遇阴角时，应正确量取尺寸，在踢脚板下口剪去一个三角切口，以保证粘贴平整。

（7）擦光上蜡 铺贴完塑料地面及其踢脚板后，必须用软布蘸松香水或其他溶剂擦除表面残留胶液，晾干。整个地面粘贴完毕后，用大压辊压平。

擦好后的地面用已配好的软蜡上光，满涂1~2遍，还可掺1%~3%与地板同色颜料，待稍干后，用干净的软布擦拭。

对于卷材塑料的铺贴，与板块式塑料地板施工工艺基本相同，只是在铺贴时按已计划好的卷材铺贴方向及房间尺寸裁料，按铺贴的顺序编号铺贴。刷胶铺贴时，将卷材的一边对准所弹的尺寸线铺平，再用压滚从中间向两边压实，要求对线连接平顺，不卷不翘。第二层卷材铺贴时与第一层卷材采用搭接方法，搭接宽度不小于20mm，对好花纹，按以上方法完成铺贴。

三、成品保护

1）塑料地面铺贴完后，现场应设专人看管，非工作人员不得入内，必须进入室内工作时，应穿拖鞋。

2）塑料地面铺贴完后应及时覆盖塑料薄膜加以保护，以防污染。严禁在面层上放置油漆容器。

3）后续工种所用的木梯、凳腿下端，要包泡沫塑料或软布头保护，防止划伤已完工的地面。

4）严禁60℃以上的热源直接接触塑料地面，以防地板变形、变色。

5）塑料地板上的油污，宜用肥皂水擦洗，不得用热水或碱水擦洗。

四、质量要求与检查评定

1）塑料板面层所用的塑料板块和卷材的品种、规格、颜色、等级应符合设计要求和现行国家标准的规定。检验方法：观察检查和检查材质合格证明文件及检测报告。

2）面层与下一层的粘结应牢固，不翘边、不脱胶、无溢胶。塑料板面层应采用塑料板块材、塑料卷材以胶粘剂在水泥类基层上铺设。检验方法：观察检查和用敲击及钢尺检查。

注：卷材局部脱胶处面积不大于20cm^2，且相隔间距不小于50cm可不计；凡单块板块料边角局部脱胶处且每自然间（标准间）不超过总数的5%者可不计。

3）水泥类基层表面应平整、坚硬、干燥、密实、洁净、无油脂及其他杂质，不得有麻面、起砂、裂缝等缺陷。

4）塑料板面层应表面洁净，图案清晰，色泽一致，接缝严密、美观，拼缝处的图案、花纹吻合，无胶痕；与墙边交接严密，阴阳角收边方正。检验方法：观察检查。

5）板块的焊接，焊缝应平整、光洁，无焦化变色、斑点、焊瘤和起鳞等缺陷，其凹凸允许偏差为±0.6mm。焊缝的抗拉强度不得小于塑料板强度的75%。检验方法：观察检查和检查检测报告。

6）镶边用料应尺寸准确、边角整齐、拼缝严密、接缝顺直。检验方法：用钢尺和观察检查。

7）塑料地板面层的允许偏差及检验方法应符合表4-9的规定。

表 4-9 塑料地板面层的允许偏差及检验方法

项次	检验项目	面层允许偏差/mm	检验方法
1	表面平整度	2.0	用2m靠尺和楔形塞尺检查
2	缝格平直	3.0	拉5m通线，不足5m拉通线，用钢尺检查
3	接缝高低差	0.5	用钢尺和楔形塞尺检查
4	踢脚线上口平直	2.0	拉5m通线，不足5m拉通线，用钢尺检查

任务8 地毯楼地面施工

【任务描述】

某别墅房间地面采用地毯进行装修，装修过程中考虑外观装饰性、防水、防火、耐磨、环保等性能要求。

地毯楼地面施工（图片）

【能力要求】

要求学生能够针对工作任务制定完整的工作计划，包括材料的选取、施工机具与环境的准备及施工流程计划，能够写出较为详细的技术交底，并能够正确进行质量检查验收。

【知识导入】

地毯是用动物毛、植物麻、合成纤维等为原料，经过编织、裁剪等加工过程制造的一种高档地面装饰材料，具有质地柔软、脚感舒适、吸声、隔声、弹性与保温性能好、施工简便快速的特点，但由于自身材质的原因，在使用中应注意通风、防潮，以免地毯虫蛀、霉变。由于其良好的装饰效果，地毯广泛应用于宾馆、饭店、公共场所和住宅等室内的地面与楼面装修中。

地毯分类方法很多，按地毯材质分，有纯毛地毯、混纺地毯、化纤地毯、塑料地毯等。按铺设方式可分为固定式和不固定式两种。

纯毛地毯一般以羊毛为原料，具有弹性好、光泽亮的特点，是高级客房、会堂、舞台等地面的高级装修材料。

混纺地毯是以毛纤维与各种合成纤维混纺而成的地面装修材料。混纺地毯中因掺有合成纤维，所以价格较低，使用性能有所提高。由于其装饰性能不亚于纯毛地毯，且价格较纯毛地毯低，在市场上应用广泛。

化纤地毯也叫合成纤维地毯，如聚丙烯化纤地毯、丙纶化纤地毯、尼龙地毯等。化纤地毯耐磨性好并且富有弹性，价格较低，适用于一般建筑物的地面装修。

塑料地毯是采用聚氯乙烯树脂、增塑剂等多种辅助材料，经均匀混炼、塑制而成，它可以代替纯毛地毯和化纤地毯使用。其质地柔软、色彩鲜艳、舒适耐用、不易燃烧、可自熄、不怕湿。因此塑料地毯适用于宾馆、商场、舞台、住宅等地面装修，是一种非常经济的地面装修材料。

【任务实施】

一、施工准备

1. 材料准备

1）地毯：地毯的品种、规格、颜色、主要性能和技术指标必须符合设计要求，并应有出厂合格证明。

2）衬垫：衬垫的品种、规格、主要性能和技术指标必须符合设计要求，并应有出厂合格证明。

3）胶粘剂：无毒、不霉、快干，0.5h之内使用张紧器时不脱缝，对地面有足够的粘结强度，可剥离、施工方便的胶粘剂，均可用于地毯与地面、地毯与地毯连接拼缝处的粘结。一般采用天然乳胶添加增稠剂、防霉剂等制成的胶粘剂。

4）倒刺钉板条：在1200mm×24mm×6mm的三合板条上钉有两排斜钉（间距为35～40mm），还有五个高强钢钉均匀分布在全长上（钢钉间距约400mm左右，距两端各约100mm左右）。

5）铝合金倒刺条：用于地毯端头露明处，起固定和收头作用。多用在外门口或与其他材料的地面相接处。

6）铝压条：宜采用厚度为2mm左右的铝合金材料制成，用于门框下的地面处，压住地毯的边缘，使其免于被踢起或损坏。

2. 主要机具准备

裁毯刀、裁边机、地毯撑子、扁铲、墩拐、手枪钻、割刀、剪刀、尖嘴钳子、熨斗、角尺、直尺、手锤、钢钉、小钉、吸尘器、垃圾桶、盛胶容器、钢尺、盒尺、弹线粉袋、小线、扫帚、胶轮轻便运料车、铁簸箕、棉丝和工具袋、拖鞋等。

3. 作业条件准备

地毯施工前，应做好以下工作：

1）在地毯铺设之前，室内装饰必须施工完毕。室内所有重型设备均已就位并已调试，运转正常，经专业验收合格，并经核验全部达到合格标准。

2）铺设地面地毯基层的底层必须加做防潮层（如一毡二油防潮层、水乳型橡胶沥青一布二油防潮层等），并在防潮层上面做50mm厚1:2:3细石混凝土，撒1:1水泥砂压实赶光，要求表面平整、光滑、洁净，应具有一定的强度，含水率不大于8%。

3）铺设楼面地毯的基层，一般是水泥楼面，也可以是木地板或其他材质的楼面。要求表面平整、光滑、洁净，如有油污，须用丙酮或松节油擦净。

4）地毯、衬垫和胶粘剂等进场后，应检查核对数量、品种、规格、颜色、图案等是否符合设计要求。如符合，应按其品种、规格分别存放在干燥的仓库或房间内。用前要预铺、配花、编号，待铺设时按号取用。同时核查产品质量证明文件及检测报告，注意有害物质环保限量技术指标合格。

5）需要铺设地毯的房间、走道等四周的踢脚板应做好。踢脚板下口均应离开地面8mm左右，以便将地毯毛边掩入踢脚板下。

6）大面积施工前应先放出施工大样，并做样板，经质检部门鉴定合格后，方可组织按样板要求施工。

二、施工工艺

1. 工艺流程

地毯施工的工艺流程为：基层处理→弹线、套方、分格、定位→地毯剪裁→钉倒刺板挂毯条→铺设衬垫→铺设地毯→细部处理及清理。

由于地毯铺设方式包括固定式和不固定式两种，这里分别阐述两者的施工方法。

采用不固定式铺设时，无需采用胶粘剂将其粘贴在基层上，只需根据房间大小，将地毯沿墙角修齐即可。施工方法简易，一般仅适用于装饰性工艺地毯的铺设。

固定式铺设时需要将地毯与基层用胶粘剂粘在一起，施工方法较为复杂。

2. 施工要点

（1）基层处理　铺设地毯的基层要求表面平整、光滑、洁净，如有油污，须用丙酮或松节油擦净。如为水泥地面，应具有一定的强度，含水率不大于8%，表面平整偏差不大于4mm。

（2）弹线、套方、分格、定位　要严格按照设计图样对各个不同部位和房间根据具体要求进行弹线、套方、分格。如图样有规定和要求时，则严格按图施工；如图样无具体要求时，应按照房间对称找中并弹线定位铺设。

（3）地毯剪裁　地毯裁剪应在比较宽阔的地方集中统一进行。一定要精确测量房间尺寸，并按房间和所用地毯型号逐一登记编号。然后根据房间尺寸、形状用裁边机断下地毯料，每段地毯的长度要比房间长出2cm左右，宽度要以裁去地毯边缘线后的尺寸计算。弹线裁去边缘部分，然后以手推裁刀从毯背裁切，裁好后卷成卷编上号，放入对号房间里，大面积房厅应在施工地点剪裁拼缝。

（4）钉倒刺板挂毯条　沿房间或走道四周踢脚板边缘，用高强水泥钉将倒刺板钉在基层上（钉朝向墙的方向），水泥钉长度一般为4～5cm，倒刺板离踢脚板面8～10mm，其间距距离控制在300～400mm。钉倒刺板时应注意不得损伤踢脚板。目前常用的成品铝合金挂毯条构造如图4-20所示。

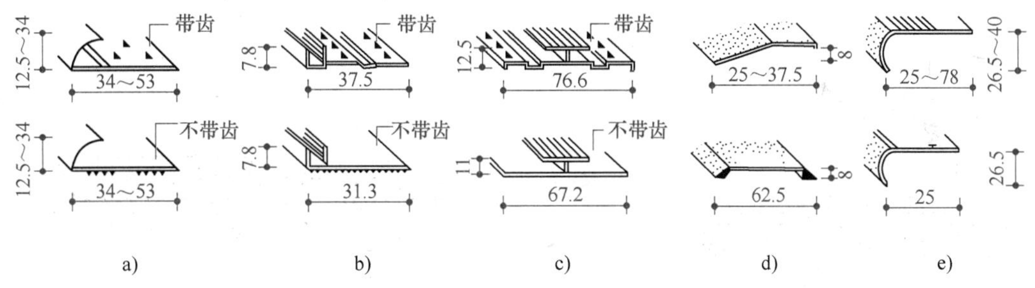

图4-20　成品铝合金挂毯条构造

a）挂毯条　b）端头挂毯条　c）接缝挂毯条　d）门槛压条　e）楼梯防滑条

（5）铺设衬垫　垫层应按照倒刺板的净距离下料，避免铺设后垫层皱褶，覆盖倒刺板或远离倒刺板。将衬垫采用点粘法刷108胶或聚醋酸乙烯乳胶，粘在地面基层上，要离开倒刺板10mm左右。

（6）铺设地毯

1）缝合地毯：将裁好的地毯虚铺在垫层上，然后将地毯卷起，在拼接处缝合。缝合完毕，用塑料胶纸贴于缝合处，保护接缝处不被划破或勾起，然后将地毯平铺，用弯钉在接缝处做绒毛密实的缝合。

2）拉伸与固定地毯：先将地毯的一条长边固定在倒刺板上，毛边掩到踢脚板下。踢脚板与地毯、地毯垫层的关系如图4-21所示。再用地毯撑子拉伸地毯，拉伸时，用手压住地毯撑，用膝撞击地毯撑，从一边一步一步推向另一边。如一遍未能拉平，应重复拉伸，直至拉平为止。然后将地毯固定在另一条倒刺板上，掩好毛边。长出的地毯用裁割刀割掉。一个方向拉伸完毕，再进行另一个方向的拉伸，直至四个边都固定在倒刺板上。

3）用胶粘剂粘结固定地毯：此法一般不放衬垫（多用于化纤地毯），先将地毯拼缝处衬一条10cm宽的麻布带，用胶粘剂粘贴，然后将胶粘剂涂刷在基层上，适时粘结、固定地毯。此法分为满粘和局部粘结两种方法。宾馆的客房和住宅的居室可采用局部粘结，公共场所宜采用满粘。

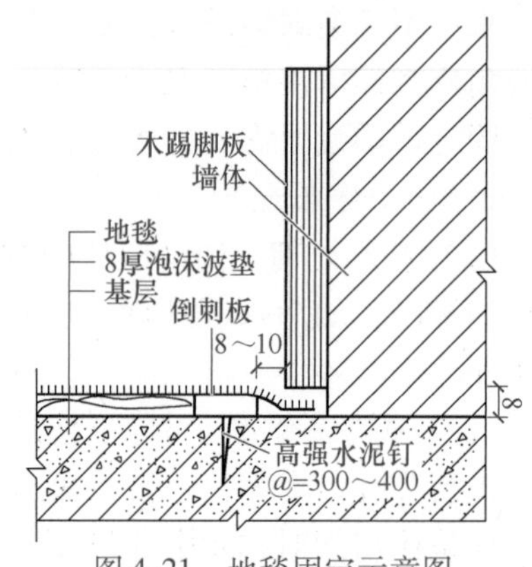

图4-21 地毯固定示意图

铺粘地毯时，先在房间一边涂刷胶粘剂后，铺放已预先裁割的地毯，然后用地毯撑子向两边撑拉，再沿墙边刷两条胶粘剂，将地毯压平掩边。地毯的铺贴方式多种多样，如图4-22所示。

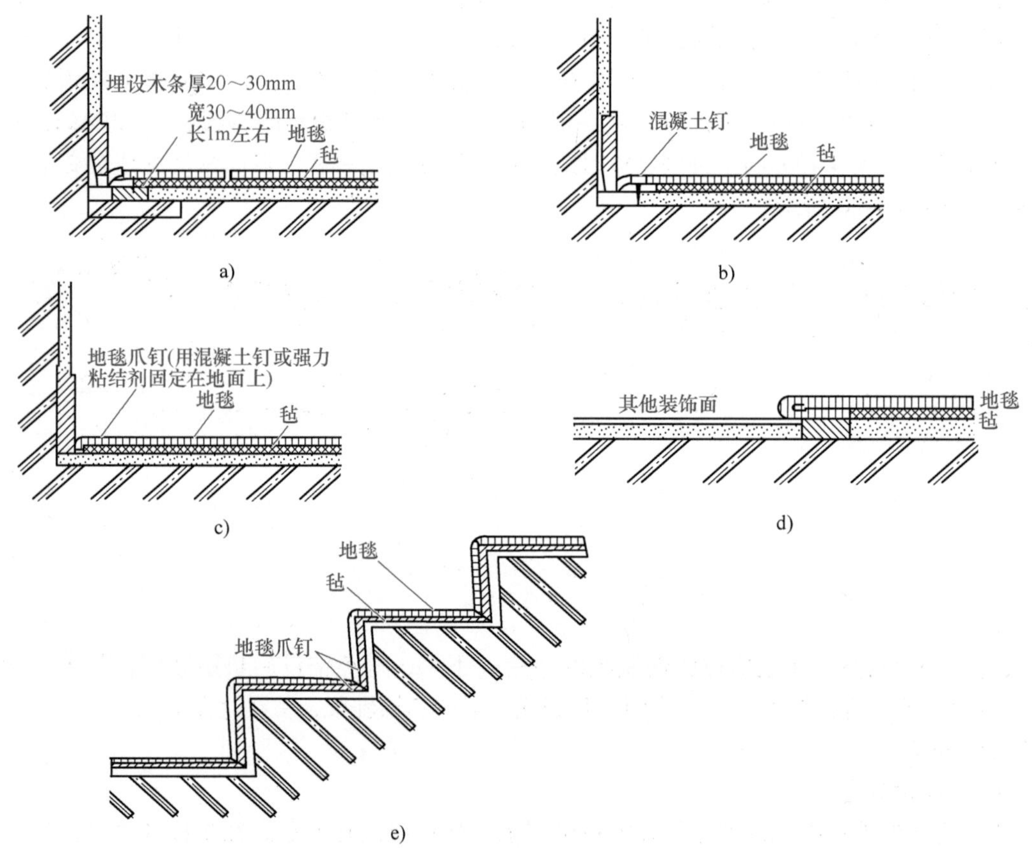

图4-22 地毯安装固定施工

a）埋设木条法固定 b）混凝土钉固定 c）爪钉固定 d）与其他装饰面接头处的处理 e）楼梯面固定

地毯铺设，拼缝处粘贴牢固、平整，图案吻合；踢脚线与地毯地面一致，上口压木线角。

（7）细部处理及清理　要注意门口压条的处理和门框、走道与门厅等不同部位、不同材料的交圈和衔接收口处理；固定、收边、掩边必须粘结牢固、不应有显露、找补等破活，特别注意拼接地毯的色调和花纹的对形，不能有错位等现象。地毯铺设完毕，因接缝、收边裁下的边料和因扒齿拉伸掉下的绒毛、纤维应用吸尘器清扫干净。

三、成品保护

1）地毯等材料进场后，要注意堆放、运输和操作过程中的保管工作。应避免风吹雨淋，要防潮、防火、防人踩、物压等，并应设专人加强管理。

2）要注意倒刺板、挂毯条和钢钉等的使用和保管工作，尤其要注意及时回收和清理截断下来的零头、倒刺板、挂毯条和散落的钢钉，避免发生钉子扎脚、划伤地毯和把散落的钢钉铺垫在地毯垫层和面层下面，否则必须返工取出重铺。

3）凡每道工序施工完毕，就应及时清理地毯上的杂物，及时清擦被操作污染的部位。并注意关闭门窗和关闭卫生间的水龙头，严防地毯被雨淋和水泡。

4）操作现场严禁吸烟，吸烟要到指定吸烟室。

四、质量要求与检查评定

1）各种地毯的材质、规格、技术指标必须符合设计要求和施工规范的规定。

2）地毯与基层固定必须牢固，无卷边、翻起现象。

3）地毯表面平整，无打皱、鼓包现象。

4）拼缝平整、密实，在视线范围内不显拼缝。

5）地毯与其他地面的收口或交接处应顺直。

6）地毯的绒毛应理顺，表面洁净，无油污、杂物等。

任务9　涂料楼地面施工

【任务描述】

某房间地面采用涂料进行地面装修，装修过程中考虑防水、耐磨、环保等性能要求。

涂料楼地面施工（图片）

【能力要求】

要求学生能够针对工作任务制定完整的工作计划，包括材料的选取、施工机具与环境的准备及施工流程计划，能够写出较为详细的技术交底，并能够正确进行质量检查验收。

【知识导入】

涂料楼地面是用涂料直接涂刷或涂刮在平整基层楼地面之上形成的地面。它是水泥砂浆地面的一种表面处理形式，用以改善水泥砂浆地面在使用和装饰方面的不足。

涂料又称油漆，由成膜物质（基料）、颜料、填料、涂料助剂、功能组分、有机溶剂或水组成，具有保护和装饰基层地面层的作用。地面涂料品种较多，常见的地面涂料有溶剂型地面涂料和合成树脂厚质地面涂料两类。一般涂料地面均具有耐磨、抗腐蚀、防水防潮、易于清洁、价格低廉、维修方便等特点。近年来，涂料地面在国内外得到了广泛的应用。

溶剂型地面涂料以合成树脂为基料，并添加辅助材料，常见的溶剂型地面涂料有过氯乙烯水泥地面涂料、苯乙烯水泥地面涂料、石油树脂地面涂料、聚酯地面涂料等。

合成树脂厚质地面涂料是以环氧树脂为主要成膜物质的双组份常温固化型涂料。常见的有环氧树脂地面厚质涂料和聚氨酯地面厚质涂料两类。

环氧树脂地面厚质涂料的双组份中甲组份为环氧树脂主剂，乙组份为固化剂和助剂；同时为了改善涂膜的柔韧性，常掺入增塑剂。这种类型的涂料固化后，涂膜坚硬、耐磨，具有一定的冲击韧性，耐化学腐蚀、耐油、耐久、耐水性好，与基层粘结强，但施工操作较复杂。

聚氨酯地面厚质涂料中根据涂料层的厚度，又分为聚氨基甲酸酯薄质地面涂料和厚质弹性地面涂料。前者用于给木地板或其他地面的罩面上光，后者用于水泥地面涂刷，具有弹性好、步感舒适、粘结性好等优良性能，但目前价格较高，适用于高级住宅地面装饰。

【任务实施】

一、施工准备

1. 材料准备

1）涂料：目前国内使用的地面涂料有溶剂型地面涂料和合成树脂厚质地面涂料两类。

2）建筑胶：密度为1.03～1.05t/m^3，固体含量为9%～10%，pH值为7～8，无悬浮、沉淀物，贮存在密封容器内备用。

3）水泥：应使用强度等级不小于32.5级的硅酸盐水泥或普通硅酸盐水泥。

4）颜料：应选用耐光、耐碱性好的氧化铁系颜料，细度通过0.28mm筛孔，颜色由设计确定，含水率不应大于2%。面层所用颜料要严格控制同一部位要使用同一厂、同一批的质量合格颜料。

配料要设专人，计量要准确，水泥和颜料的拌和要均匀，色泽一致，以防面层的颜色深浅不一，出现褪色、失光等缺陷。

5）粉料：耐酸率不应小于95%，含水率不应大于0.5%，细度要求通过0.15mm筛孔的筛余量不应大于5%。

6）蜡：使用地板蜡。

2. 主要机具准备

磨光机、搅拌机、刮板、料桶、灰勺、量筒、铁抹子、木靠尺、扫帚、砂纸、抹布、口罩等。

3. 作业条件准备

涂料楼地面施工前，应做好以下工作：

1）审查设计图样，进行书面技术交底。

2）根据设计要求，现场试配确定施工配合比。

3）水泥砂浆面层已施工完毕，经检查合格并已办理验收手续。

4）涂刷涂料的基层表面必须保持干燥，并要平整、牢固，不得有空鼓、开裂及起砂等缺陷，含水率不大于9%，平整度不大于2mm。

5）备好涂料、水泥、建筑胶、添加剂、颜料等各种材料，且保证质量符合设计要求。

6）面层施工时，室内气温应在10℃以上，以保证正常硬化。

二、施工工艺

1. 工艺流程

基层处理→基层修补→配置涂料→地面分格→刷主涂层→刷罩面层→磨光磨平→打蜡养护。

2. 施工要点

（1）基层处理　把沾在基层上的浮浆、落地灰等用錾子或钢丝刷清理掉，再用扫帚将浮土清扫干净。保证基层表面没有蜂窝、孔洞、缝隙等缺陷，晾干后施工。

（2）基层修补　对表面不平、裂缝、起砂等缺陷应在涂刷涂料2～3d前用聚合物水泥砂浆修补。待经过处理的基层干燥后，用地面涂料涂刷一遍，作为基层封闭层。隔日再用配合比为涂料∶石膏粉＝(80～100)∶100或涂料∶熟石膏粉＝1∶1的比例调配腻子，满刮2～3遍。腻子干透后，用砂纸打磨平整，清除粉尘。

（3）配置涂料　根据设计要求颜色，将涂料、颜料、填料、稀释剂等按照一定比例搅拌均匀。

（4）地面分格　按施工方案在地面弹出分格线，按分格线施工。

（5）刷主涂层　将搅拌好的涂料倒入小桶中，用小桶往擦干的地面上徐徐倾倒，一边倒一边用橡皮刮刮平，然后铁抹子抹光。施工顺序由房间的里面往外涂刷，满涂刷1～3遍，厚度宜控制在0.8～1.0mm。涂刷方向、距离长短应一致，勤粘短刷。如所用涂料干燥较快时应缩短刷距，在前一遍涂料表面干后方可刷下一遍，每遍的间隔时间一般为2～4h，或通过试验确定。

（6）刷罩面层　待主涂层干后即可满涂刷1～2遍罩面涂料。罩面涂料的品种应与主涂层的涂料相对应。

（7）磨光磨平　涂料刮完后，隔一天用0号砂纸或油石把所有涂料普磨一遍，使地面磨平磨光。

（8）打蜡养护　罩面涂料干燥后，将掺有颜料和溶剂的地板蜡用棉丝均匀涂抹在面层上，然后用抛光机进行抛光处理。面层施工完毕后，养护一周，打蜡后即可使用。

三、成品保护

1）施涂前应首先清理好周围环境，防止尘土飞扬，影响涂料质量。

2）施涂墙面涂料时，不得污染地面、踢脚线、阳台、窗台、门窗及玻璃等已完成的分部分项工程。

3）最后一遍涂料施涂完后，室内空气要流通，预防漆膜干燥后表面无光或光泽不足。

4）涂料未干前，不应打扫室内地面，严防灰尘等沾污。

5）涂料地面完工后要妥善保护，不得磕碰污染。

四、质量要求与检查评定

1）所用材料的品种、规格、配合比和质量均应符合设计要求、相关规程及环保的规定。检验方法：材料进场时查验合格证明文件和检验报告。

2）涂料颜色必须符合设计要求和施工规范的规定，花饰图案清晰。检验方法：观察检查。

3）涂层与基层结合应牢固，无脱层。检验方法：观察、手摸检查。

4）面层平整、清洁、光亮；薄厚均匀，不得有刮痕和漏磨等质量缺陷。检验方法：观察、手摸检查。

5）涂层应粘结牢固，不得有露底、起鼓、开裂等现象。检验方法：观察、手摸检查。

6）涂料应拌和均匀，不得有颜料的颗粒。接茬处理均匀，不留痕迹。检验方法：观察、手摸检查。

7）油漆涂料地面面层的允许偏差和检验方法应符合表4-10的规定。

表4-10 油漆涂料地面面层的允许偏差和检验方法

项次	检验项目	面层允许偏差/mm	检验方法
1	表面平直度	2.0	用2m靠尺和楔形塞尺检查
2	缝隙平直	3.0	拉5m通线，不足5m拉通线，用钢尺检查

任务10 防静电地板楼地面施工

【任务描述】

防静电地板楼地面施工（图片）

某教学楼机房地面采用防静电地板进行装修，装修过程中考虑防静电效果、耐腐蚀性、防尘性、防水、耐磨等性能要求。

【能力要求】

要求学生能够针对工作任务制定完整的工作计划，包括材料的选取、施工机具与环境的准备及施工流程计划，能够写出较为详细的技术交底，并能够正确进行质量检查验收。

【知识导入】

防静电楼地面是一种活动楼地面，它是通过接地或连接到任何较低电位点，使电荷得以耗散，防止静电对仪器设备的损伤，以特制的平压刨花板为基材，表面饰以装饰板，并配以龙骨、橡胶垫、橡胶条和可供调节的金属支架等组成的一种楼地面形式（图4-23）。

防静电楼地面具有强度大、平整、面层质感好等特点，此外，一些种类的活动地板还具有防火、防静电的性能。一般适用于计算机机房、通信器材房、洁净度要求较高的房间及其他防静电要求较高的房间中。

按照其面板材质的不同，防静电地板的主要类别有：

（1）三防防静电活动地板　此地板采用高强度、防火、防水材料为基材，双抗静电贴面。防水、防潮性能优良，承载力强，适用于大中型机房。

（2）全钢抗静电活动地板　此地板以优质钢板经冲压焊接后，注入高强度轻质材料制成。强度高，防水、防火、防潮性能优良，适用于承载要求很高的大型机房。

（3）复合防静电地板　此地板以木质刨花板为基材，重量轻，价格便宜，防火、防潮性能较低，适用于中小机房使用。

（4）铝合金防静电地板　此地板铝合金材料熔炼后经机械加工而成，强度高，防火、防水性能优良，板基有回收价值，在电力行业应用比较多。

（5）仿进口木质防静电地板　此地板依照进口地板制造加工而成，外形美观，性能优良，适用于各类机房。

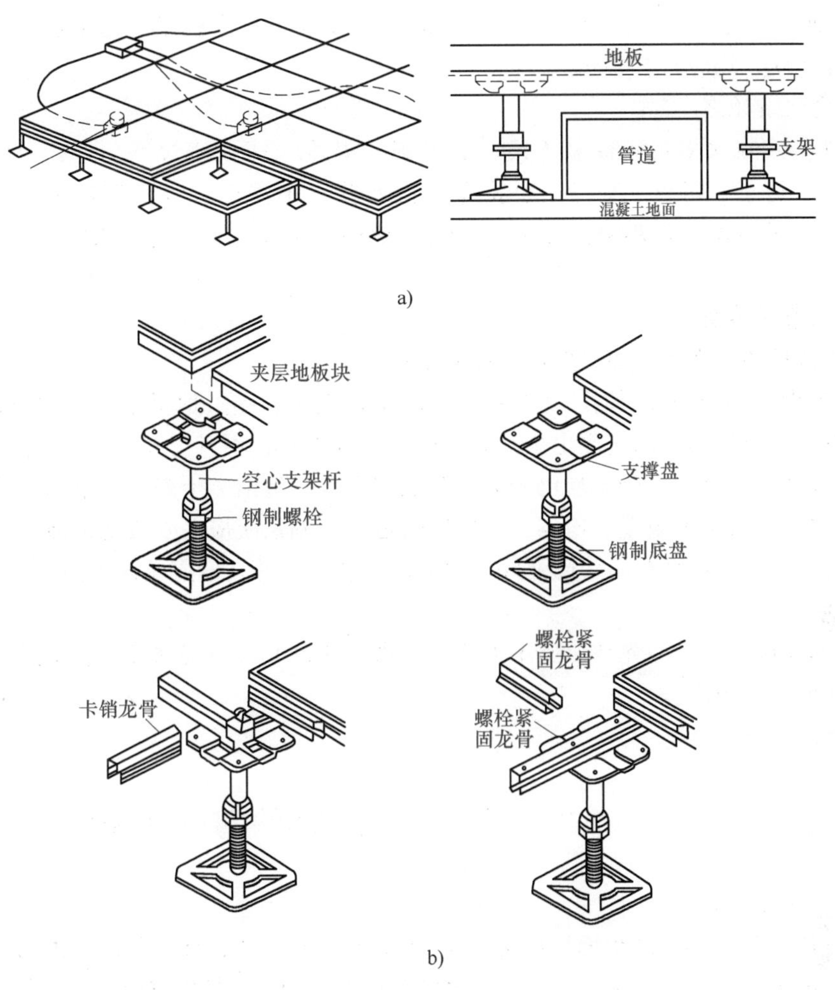

图 4-23 防静电地板固定示意图

a）防静电地板与楼板连接构造 b）防静电地板细部构造

(6) PVC 防静电地板 该产品是以 PVC 树脂为主体，经特殊加工工艺制作而成，PVC 粒子界面间形成导静电网络，具有永久性防静电功能。外观似大理石，具有较好的装饰效果，适用于电信、电子行业程控机房、计算机房、洁净厂房等要求净化及防静电场所。

【任务实施】

一、施工准备

1. 材料准备

1）活动地板面层：应包括标准地板、异形地板和地板附件（支架和横梁组件），其规格、型号应由设计确定，采购配套系列合格产品，且应具有耐磨、防潮、阻燃、耐污染、耐老化和导静电等特点。

活动地板应以特制的平压刨花板为基材，表面饰以装饰板和底层镀锌钢板经粘结胶合组成的板块，应平整、坚实，并具有耐磨、防潮、阻燃、耐污染、耐老化和导静电的特点，其技术性能与技术指标应符合现行的有关产品标准的规定。

2）其他：环氧树脂胶、滑石粉、泡沫塑料条、木条、橡胶条、铝型材和角铁。铝型材、角铁等材质，均应符合要求。

2. 主要机具准备

水平仪、铁制水平尺、铁制方尺、靠尺板、墨斗（或粉线包）、小线、线坠、笤帚、盒尺、钢尺、钉子、钢丝、吸盘、手推车、铁簸箕、小铁锤、合金钢扁錾子、裁改板面用的圆盘锯、无齿锯、切割锯、刀锯、手刨、磅秤、钢丝钳子、小水桶、棉丝、小方锹、扳手等。

3. 作业条件准备

防静电地板楼地面施工前，应做好以下工作：

1）在铺设活动地板面层时，应待室内各项工程完工和超过地板承载力的设备进入房间预定位置后，以及相邻房间内部也全部完工后，方可进行，不得交叉施工。

2）铺设活动地板面层的基层已做完，基层应平整、清洁、干燥、无杂物、无灰尘。

3）布置在地板下的电缆、电器、空气等管道及空调系统应在安装地板前施工完毕。

4）墙面 +50cm 水平标高线已弹好，门框已安装完，并在四周墙面上弹出面层标高水平控制线。

5）大面积施工前，应先放出施工大样，并做样板间，经各有关部门鉴定合格后，再继续以此为样板进行操作。

二、施工工艺

1. 工艺流程

基层处理→找中、套方、分格、弹线→安装支座和横梁组件→铺设活动地板面层→擦光、打蜡。

2. 施工要点

（1）基层处理　活动地板面层的金属支架应支承在现浇混凝土基层上或现制水磨石地面上，基层表面应平整、光洁、不起灰，含水率不大于8%。安装前应认真清擦干净，必要时根据设计要求，在基层表面上涂刷清漆。

（2）找中、套方、分格、弹线　首先量测房间的长、宽尺寸，在地面弹出中心十字控制线。当房间是矩形时，用方尺量测相邻的墙体是否垂直，如互相不垂直，应预先对墙面进行处理，避免在安装活动板块时，在靠墙处出现畸形板块。

根据房间尺寸和活动地板尺寸进行计算，并试排活动地板的放置位置，在地面弹出分格线，分格线的交叉点即为支座位置，分格线即横梁的位置。如果不符合活动板板块模数时，依据已找好的十字控制线交点，进行对称分格，考虑将非整块板放在室内靠墙处。在基层表面上按板块尺寸弹线并形成方格网，在墙面上弹出活动地板面层的横梁组件标高控制线和完成面标高控制线，并标明设备预留部位。

（3）安装支座和横梁组件　检查复核已弹在四周墙上的标高控制线，确定安装基准点，然后在基层面上已弹好的分格线交点处安放支座和横梁，并调整支座螺杆，使横梁与标高控制线同高且水平。待所有支座和横梁均安装完毕构成一体后，用水平仪再整体起平一次。支座与基层面之间的空隙应灌注环氧树脂，连接牢固，也可根据设计要求用膨胀螺栓或射钉连接。

（4）铺设活动地板面层　根据房间平面尺寸和设备等情况，按活动地板模数选择板块的铺设方向。当无设备或留洞且模数相符时，宜由里向外铺设；当无设备或留洞但模数不相符时，宜由外向里铺设；当有设备或留洞时，铺设方向和先后顺序应综合考虑选定。

铺设时先在横梁上铺设缓冲胶条，并用乳胶液与横梁粘合。铺设活动地板块时，应调整水平度，保证四角接触处平整、严密，不得采用加垫的方法。

铺设活动地板块不符合模数时，不足部分可根据实际尺寸将板面切割后镶补，并配装相应的可调支撑和横梁。切割的边应采用清漆或环氧树脂胶加滑石粉按比例调成腻子封边，或用防潮腻子封边，也可采用铝型材镶嵌。

在与墙边的接缝处，应根据接缝宽窄分别采用活动地板或木条刷高强胶镶嵌，窄缝宜用泡沫塑料镶嵌，随后立即检查调整板块水平度及缝隙。

（5）擦光、打蜡　当活动地板面层全部完成，经检查平整度及缝隙均符合质量要求后，即可进行清擦。当局部沾污时，可用清洁剂或皂水用布擦净晾干后，用棉丝抹蜡，满擦一遍，然后将门封闭。如果还有其他专业工序操作时，在打蜡前先用塑料布满铺后，再用3mm以上的橡胶板盖上，等其全部工序完成后，再擦光、打蜡完成地板安装工作。

三、质量要求与检查评定

1）活动地板的品种、规格和技术性能必须符合设计要求、施工规范和现行国家标准的规定。

2）活动地板安装完后，行走必须无声响，无摆动，牢固性好。

3）活动地板面层应洁净、图案清晰、色泽一致、接缝均匀、周边顺直、标高准确、板块无裂纹、掉角和缺棱等现象。

4）活动地板面层的允许偏差及检验方法应符合表4-11的规定。

表4-11　活动地板面层的允许偏差及检验方法

项次	检验项目	面层允许偏差/mm	检验方法
1	表面平整度	2.0	用2m靠尺和楔形塞尺检查
2	缝格平直	3.0	拉5m线检查，不足5m拉通线，尺量检查
3	接缝高低差	0.4	用钢板短尺和楔形塞尺检查
4	板块间隙宽度	0.3	用楔形塞尺检查

任务11　浮筑隔声楼地面施工

【任务描述】

某新建教学楼舞蹈室地面采用隔声地板进行装修，装修过程中考虑安全、强度、防水、隔声等要求。

浮筑隔声楼地面施工（图片）

【能力要求】

要求学生能够针对工作任务制定完整的工作计划，包括材料的选取、施工机具与环境的准备及施工流程计划，能够写出较为详细的技术交底，并能够正确进行质量检查验收。

【知识导入】

为解决楼板撞击声的干扰问题，根据我国材料施工和经济等方面的条件，宜采用浮筑楼板。浮筑楼板就是在承重楼板上铺设一层弹性垫层，再在弹性垫层上做一层刚性保护层形成的一种楼地面形式。弹性垫层可以对楼地面面层产生的撞击振动起到减振作用，达到提高楼板隔声性能的目的。由于弹性垫层的加入，浮筑楼板一般要比普通楼板厚7cm左右。浮筑隔声楼板构造如图4-24所示。

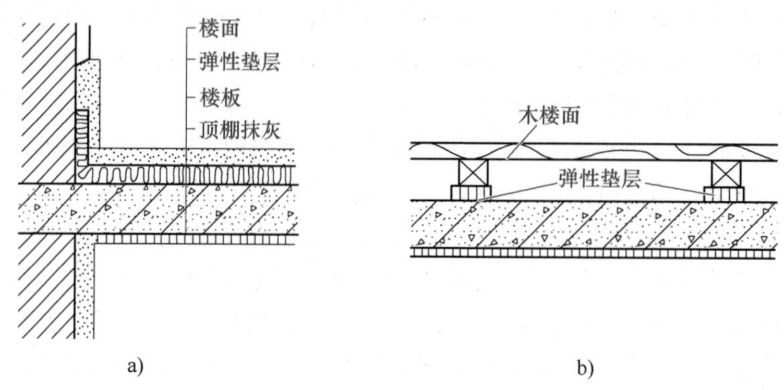

图4-24 浮筑隔声楼板构造

a）浮筑隔声楼板构造形式一 b）浮筑隔声楼板构造形式二

浮筑楼板系统中使用的弹性垫层材料是整个体系的关键。目前市场上浮筑楼板系统品种、规格繁多，如挤塑聚苯板、电子交联发泡聚乙烯减振板、玻璃棉板等。由于其施工工艺相近，而又没有国家规范标准，这里以5mm厚电子交联发泡聚乙烯浮筑楼板系统为例。

【任务实施】

一、施工准备

1. 材料准备

1）弹性垫层：主要有聚苯板、聚乙烯板、矿棉木丝板、甘蔗板、软木片等材料，且应具有良好的防水防潮、抗压强度、稳定性、蠕变性能、抗化学品等物理性能。

2）建筑胶：应具有耐水性能强、使用方便、强度高、耐老化、不污染环境等特点。

2. 主要机具准备

水平仪、水平尺、靠尺板、墨斗（或粉线包）、小线、线坠、笤帚、钢尺、手推车、铁簸箕、小水桶、壁纸刀、胶带、方锹等。

3. 作业条件准备

浮筑地板楼地面施工前，应做好以下工作：

1）楼板结构层已做完，并应平整、清洁、干燥、无杂物、无灰尘。

2）墙面+50cm水平标高线已弹好，并在四周墙面上弹出面层标高水平控制线。

3）大面积施工前，应进行试铺，经各有关部门鉴定合格后，再继续以此为样板进行操作。

二、施工工艺

1. 工艺流程

基层处理→铺电子交联发泡聚乙烯隔声减振垫板→隔声板墙面修整→浇筑面层→留面层伸缩缝→面层养护。

2. 施工要点

（1）基层处理 对楼板结构层进行机械打磨、找平，基面要求平整，无尖锐物、无突起、无明水，清扫基面。

（2）铺电子交联发泡聚乙烯隔声减振垫板 干铺5mm厚电子交联发泡聚乙烯楼面隔声减振垫板。可用壁纸刀或剪刀进行切割，相接处要整齐密封，如边角不齐，需用刀剪切齐，接缝处用胶带封严，防止上层混凝土施工时，水泥砂浆渗入减振板下面，造成传声桥，胶带纸可采用不透明的纸质或塑料质带胶纸，宽度40～50mm。

（3）隔声板墙面修整 楼面与墙交界处，用建筑胶将减振隔声板和墙面点粘，高度应大于混凝土垫层加面层的厚度，粘于墙面的减振隔声垫板也不能有空隙，接缝处要密封，防止声桥的出现，以保持良好的隔声效果。

（4）浇筑面层 铺设Φ4@200双向钢筋网，浇筑40mm厚C20细石混凝土面层，铺设钢筋时注意，不得刺破减振板，钢筋放置必须在混凝土层的中部偏上位置，如果位置偏下就起不到拉结、防止细石混凝土开裂的作用。在搅拌混凝土时必须严格控制其坍落度、水灰比及骨料的含泥量。

（5）留面层伸缩缝 合理设置面层伸缩缝，控制最大面积不得超过20m^2，并且在楼面层与墙体交接处及墙体转角延伸方向的楼面层处设置伸缩缝。及时切割伸缩缝，一般掌握在楼面层浇筑完毕后48～72h完成楼面伸缩缝的切割。

（6）面层养护 确保楼面层的浇水养护时间，一般控制至少在7d以上。

三、成品保护

1）禁止使用锋利的器具直接在地板表面上直接施工操作，防止破坏表面的防静电性能和美观程度。

2）在使用过程中禁止人员从高处直接跳落到地板上，禁止搬运设备时野蛮操作，砸伤地板。

3）在活动地板上移动设备时，禁止在板面上直接推动设备，划伤地板，正确做法是抬起设备进行搬运。

四、质量要求与检查评定

1）楼板的计权标准化撞击声压级小于或等于75dB（A）。

2）分户层楼板计权标准化撞击声压级一级是不大于65dB（A），二级不大于75dB（A），另外当确有困难时，可允许三级楼板计权标准化撞击声压级不大于85dB（A），但在楼板构造上应预留改善的可能条件。

实训任务4 多种形式楼地面综合施工

【实训教学设计】

教学目的：学完本项目后，为了检验教学效果，设计一次以学生为主体的综合实训任务。学生模拟施工班组，进行计划、指挥调度、操作技能、协同合作多方面的综合能力培养。

角色任务：教师、技师和学生的角色任务见表4-12。建议小组长按照不同层次学生进行任务分工：动手能力强的进行操作施工；学习能力强的编写技术交底；工作细致的同学进行质量验收工作；其他同学准备材料机具和安全交底。

表4-12 角色任务分配

角色	任务内容	备注
教师和技师	教师和技师起辅助作用，模仿项目管理层施工员、质检员、安全员角色，负责前期总体准备工作、过程中重点部分的录像或拍摄和最终总结	前期总体准备工作： 1）保证本次综合楼地面铺装施工所需材料、机具等数量充足且经过质量校核 2）工作场景准备，在实训基地按照分组情况划分工作片区 3）水电准备，保证水电畅通 4）劳动保护条件应完备，确保学生操作的安全条件
学生	模仿施工班组，独立进行角色任务分配，在指定工作片区，完成多种形式的楼地面铺装施工	各组施工员、质检员和安全员做好本职工作，注意文明施工

工作内容与要求：结合图4-25～图4-27，分组编写切实可行的各种形式楼地面施工方案，并进行施工，对所做工作进行验收和评定。查找对应的工艺标准、质量验收标准、安全规程，并找出具体对应内容、页码或者编号。

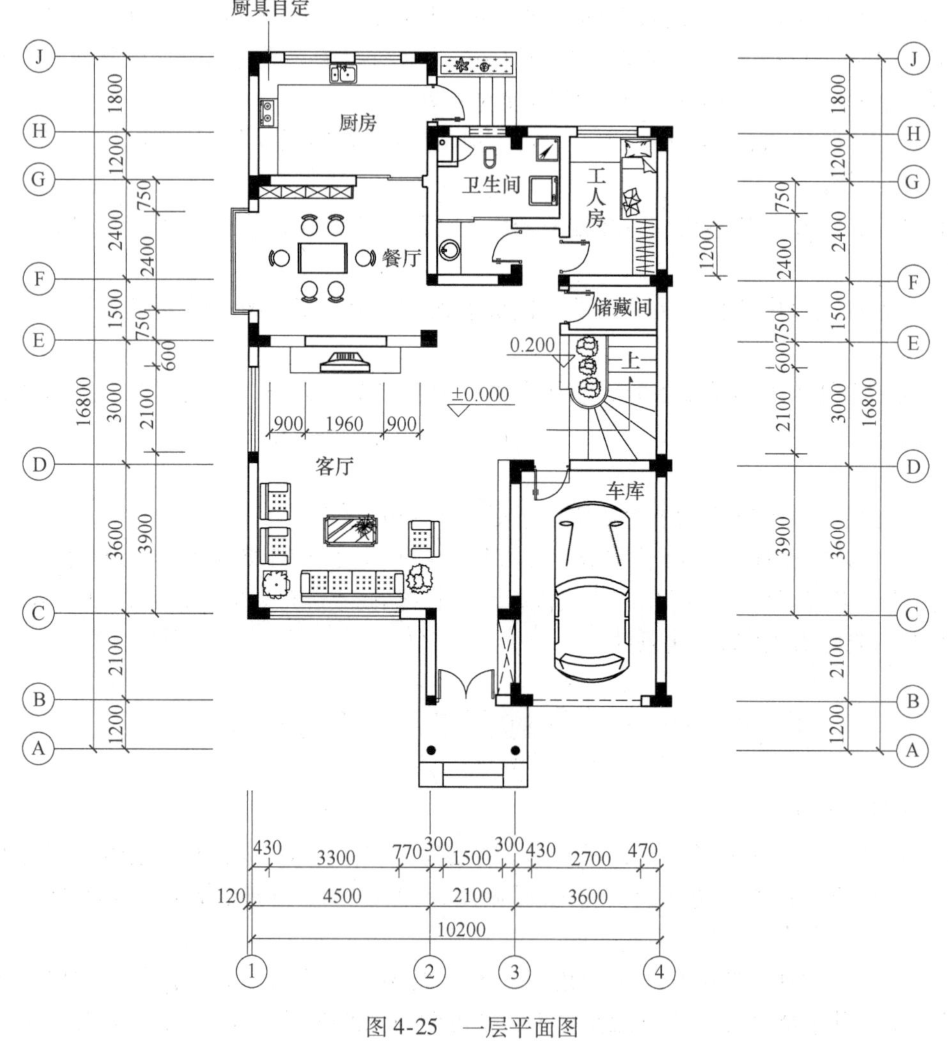

图4-25 一层平面图

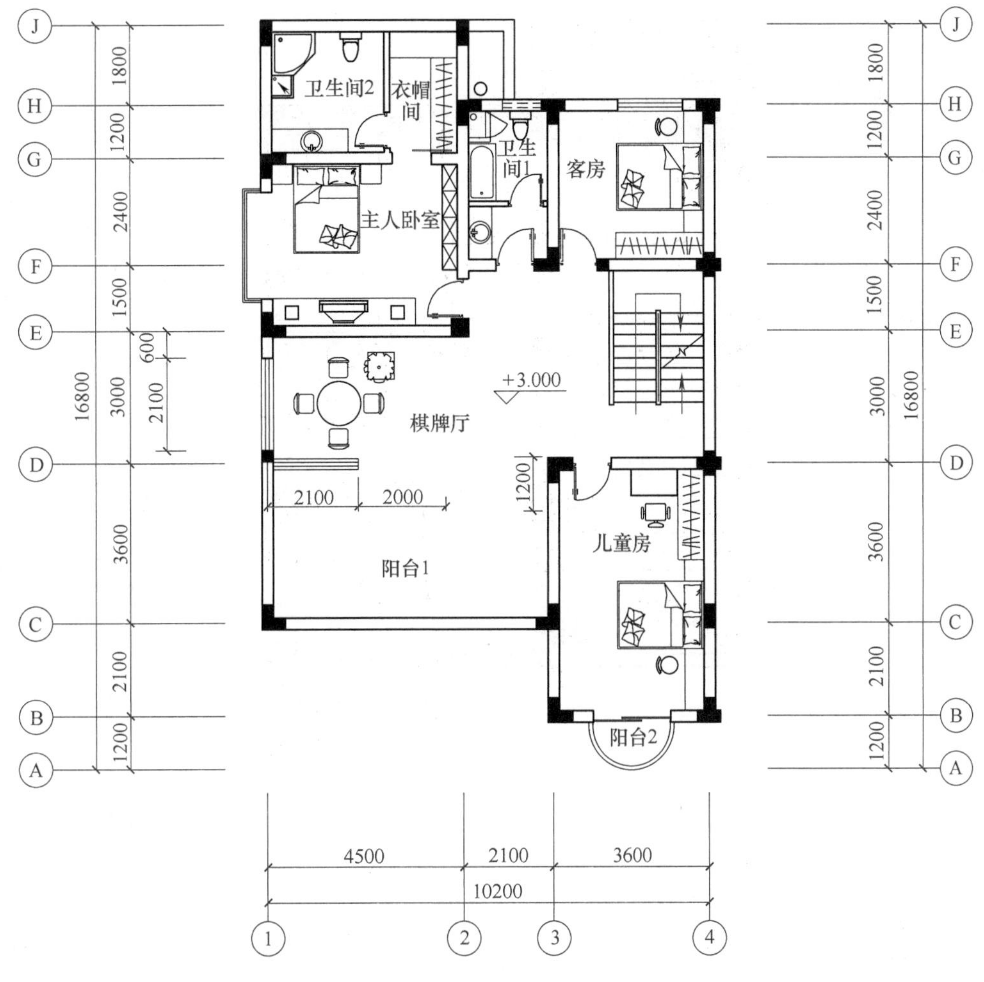

图4-26　二层平面图

工作地点：实训基地装饰施工实训室。

时间安排：12 学时。

工作情景设置：

针对某框架结构别墅建筑平面图，在校内、外建筑实训基地进行多种形式的楼地面装修施工。具体情境如下：

现有刚完工毛坯三层框架结构别墅一套，请根据业主要求进行地面装修。地面装修从设计上体现简洁明快的特点，以白色为主要基调，使人感觉其既有家的温馨，又能在局部体现主人个性，舒适性与时尚性相融合。强调材料使用合理性，在材料选择上可以不拘一格。

业主对地面装修材料基本要求见表4-13。

根据实训场地条件进行排砖设计，尽量减少切割作业，并侧重解决以下问题：

1）施工准备工作（材料、施工机具与作业条件）。

2）分小组完成地砖楼地面、实木地板楼地面、复合地板楼地面等楼地面形式的施工工作计划，写出技术交底。

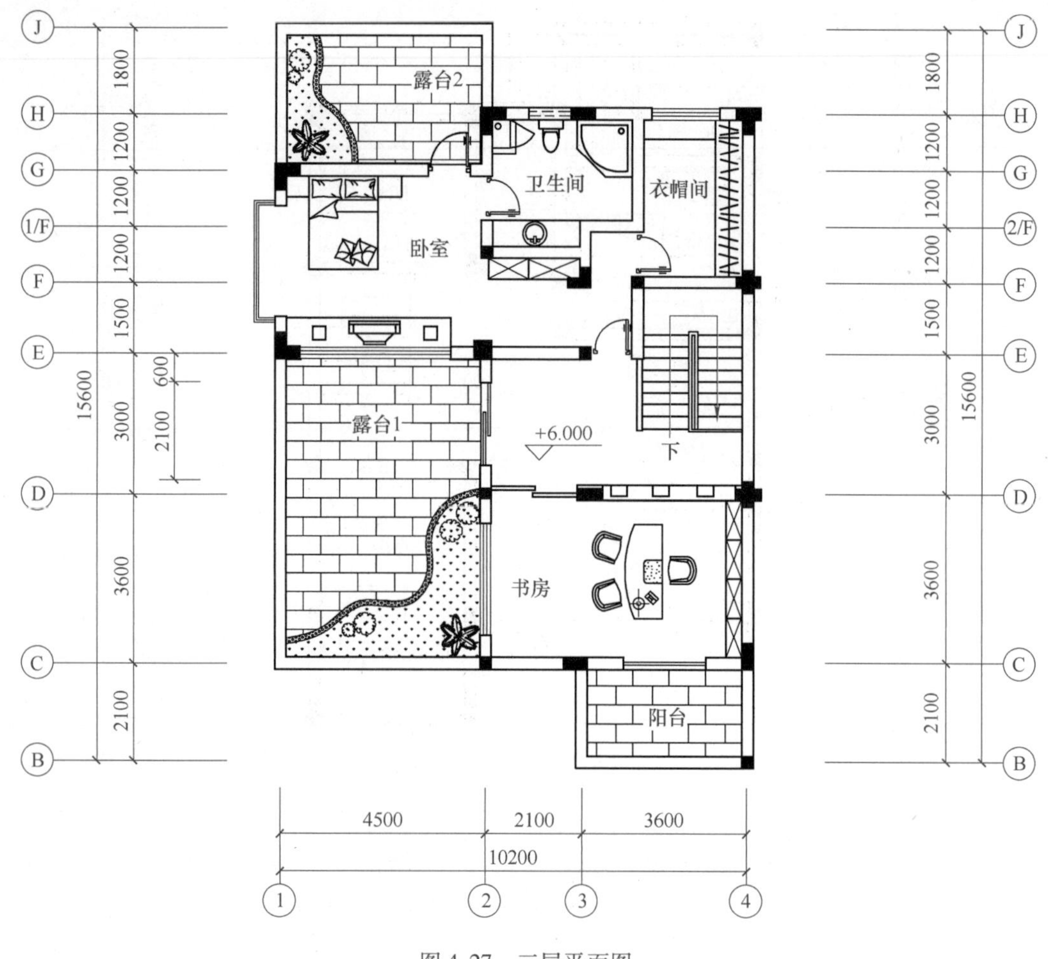

图4-27 三层平面图

表4-13 地面装修材料基本要求

层数		材料选择及要求
一层	车库	耐磨材质、不起尘土
	客厅	地砖：体现大气感（局部可有变化）
	餐厅	防滑地砖
	厨房	防滑地砖
	卫生间	防滑地砖
	工人房	防滑地砖
	储藏间	防滑地砖
二层	棋牌厅	防滑地砖
	主人卧室	木地板
	儿童房	地板或地毯
	客房	木地板
	衣帽间	木地板

（续）

层数		材料选择及要求
二层	卫生间1	防滑地砖
	卫生间2	防滑地砖
	阳台1	不限
	阳台2	不限
三层	书房	活动地板
	卧室	木地板
	卫生间	防滑地砖
	衣帽间	木地板
	露台1	不限
	露台2	不限
	阳台	地砖
其他	室外台阶	地砖
	室内楼梯	防滑地砖

3）进行楼地面的施工管理。

4）进行质量检查与验收。

5）进行自评与互评。

因实训室条件所限，可简化任务中各个房间对楼地面铺装材料的要求，在指定工作片区，根据要求完成各类型楼地面铺装施工。

工作步骤：

1）明确工作，收集资料，学习常见各类型楼地面的施工及验收基本知识，确定施工过程及其关键步骤。

2）确定小组工作进度计划，填写工作进度计划表（表4-14）。

3）确定各类型楼地面施工准备的步骤，填写材料机具使用计划表（表4-15）。

表4-14 工作进度计划表

序号	工作内容	时间安排	备注
1	编制材料及工具准备计划，进行施工现场及各种机具准备		
2	编制施工工作计划		
3	编制施工方案		
4	进行楼地面施工		
5	质量检查与评定		

表4-15 材料机具使用计划表

序号	材料、机具名称	规格	数量	备注
1				
2				
3				
4				

（续）

序号	材料、机具名称	规格	数量	备注
5				
6				
7				
8				
9				
10				
11				

4）确定施工方法并进行排砖设计，完成楼地面施工。

5）各小组按照有关质量验收标准进行验收、评定。

6）最后由指导教师进行评价，教师团队各角色可以分别总结，可就典型问题进行录像回放、点评，并填写综合评价表（表4-16）。

表4-16 楼地面施工实训综合评价表

工作任务				
组别		成员姓名		
评价项目内容		分值分配	实际得分	评价人
技术交底针对性、科学性		10		教师、技师
进度计划合理性		5		施工员、教师
材料工具准备计划完整性		5		施工员
人员组织安排合理性		5		施工员
排砖设计的合理性		10		技师、教师
施工工序正确性		10		技师、施工员
施工操作正确性、准确性		20		技师、质检员
施工进度执行情况		10		施工员
施工安全		10		安全员
文明施工		5		安全员
小组成员协同性		10		教师
综合得分		100		
教师评语				
教师签名			评价日期	

成果描述：

通过实训，检查学生材料机具准备计划是否完备；人员组织、进度安排是否合理；操作的规范性；技术交底、安全交底的全面性、针对性、科学性。

颗粒素养小案例

整体式楼地面工程，如水泥砂浆、细石混凝土、现浇水磨石整体式楼地面，是 20 世纪七八十年代的一种重要地面工程做法。其特点是施工速度慢、工序复杂、工艺要求高，但造价低廉、便于就地取材，因而在全国范围内得到了广泛推行。施工人员往往沿袭古代的师徒传承制，对材料的选用、工具的选配、技术的应用、施工的问题都仔细琢磨，积累经验，形成了一套适合我国南北方不同气候区的施工操作方法。他们敬畏并热爱着这种辛苦却传统的手工工艺，认认真真、不厌其烦、尽职尽责地对待每一道工序。早在春秋时期，孔子就主张人的一生中始终要“执事敬，事思敬，修己以敬”。所以敬业乐群、忠于职守是我国工匠们的优秀传统，在现代我们更要弘扬这种传统的工匠精神，在建筑装饰施工中将其发扬光大。

课外作业　自流平地面施工

搜集并整理自流平地面施工资料：主要材料性能、系统组成构造、应用范围、施工机具及条件、施工工艺流程、各步骤的方法、质量评定、安全要求。

项目 5　门窗工程施工

门窗是建筑物重要的组成部分，它除了起到采光、通风和交通等作用外，在严寒地区还必须能够隔热以防止热量散失。

门窗的种类、形式很多，分类方法多种多样。按开启形式，窗可分为固定窗、平开窗、推拉窗、旋转窗等，门可分为平开门、推拉门、弹簧门、立转门、折叠门、卷帘门等；按材质可分为木质门窗、彩钢门窗、塑钢门窗、铝合金门窗等；按功能，窗可分为普通窗、百叶窗、防盗窗，门可分为普通门、自动门、防盗门、隔声门、保温门等。随着科技的进步，门窗制作基本上是工厂化流水线作业，施工现场装配化施工是各类门窗安装的主要方式。

本项目遴选工程应用较广泛的塑钢窗、铝合金窗这两种主流窗，在室内门中占 90% 以上市场份额的装饰木门，安装工艺特殊的全玻璃门、金属旋转门、自动门，共六种门窗进行教学。塑钢窗兴起于 21 世纪初，其生产工厂化程度高、耐腐蚀性能好、隔热性能好，很快取代了钢窗，至今仍在民用建筑中占主导地位。铝合金窗作为高性能窗，近几年随着低能耗建筑、被动房、零能耗建筑的快速发展，断桥铝、铝包木等超高隔热性能铝合金窗得到越来越多的应用。

教学设计

本项目共分 6 个教学任务，每个任务均可参照以下步骤进行教学设计，以任务 1 装饰木门安装为例。

装饰木门安装施工教学活动的整体设计

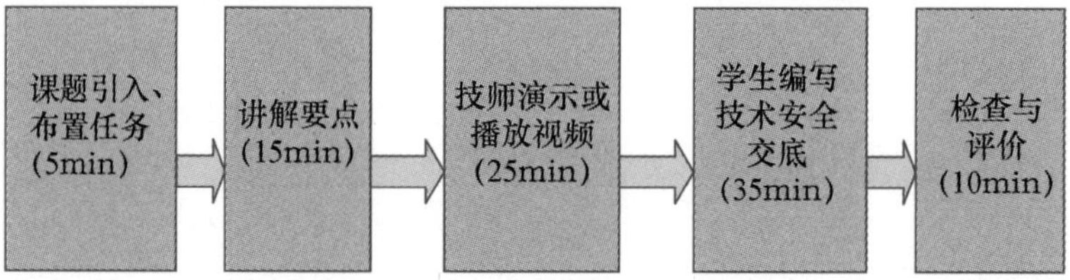

课题引入、布置任务（5min）→ 讲解要点（15min）→ 技师演示或播放视频（25min）→ 学生编写技术安全交底（35min）→ 检查与评价（10min）

1）教师布置任务，简述任务要求，将学生分组进行角色分配，各角色相应的工作内容见表 5-1。

表 5-1　各角色相应的工作内容

角色	主要工作内容	备注
教师	布置任务、讲解重点内容	全过程指导
施工员	提出材料、机具等施工准备计划	施工员和工人共同检查作业条件
技术员	编写装饰木门安装的技术交底	
技师	简述操作要点并进行装饰木门安装演示	不具备实际操作条件，可用相关操作视频代替
质检员	确定质量检查标准及方法、检查点及检查数量，制定评价表	
安全员	编写木门安装过程中用电、防止砸伤等安全交底	

2）教师讲解重点内容，并发给学生任务单和相关参考资料。
3）先由技师简述操作要点并进行木门安装施工演示，或者观看视频。
4）各组学生按照分配的岗位角色，分别完成各自工作内容。
5）教师针对技术交底、安全交底及小组成员合作协同做总结评定（表5-2）。

表5-2 小组评价表

组别________________成员________________

评价内容	分值	实际得分	评分人
技术交底的科学性	50		
安全交底的针对性	30		
成员团结协作	20		
总分	100		

评价日期________________

任务1 装饰木门安装

【任务描述】

某教学楼需要进行装修，有10樘装饰木门需进行安装，装饰木门委托外加工，需进行现场成品验收、按规范安装并验收安装质量。

装饰木门安装（图片）

【能力要求】

要求学生能够针对工作任务制定完整的工作计划，包括成品进场验收、辅助材料的选取、施工机具与环境的准备及施工流程计划，能够写出较为详细的技术交底，正确安装，并能够正确进行质量检查验收。

【知识导入】

木门是一个统称词，它包括的种类很多。常用的有模压门、夹板门和实木门三种（图5-1～图5-3）。实木门就是门的整体完全用实木加工而成。模压门是用三厘米或五厘米

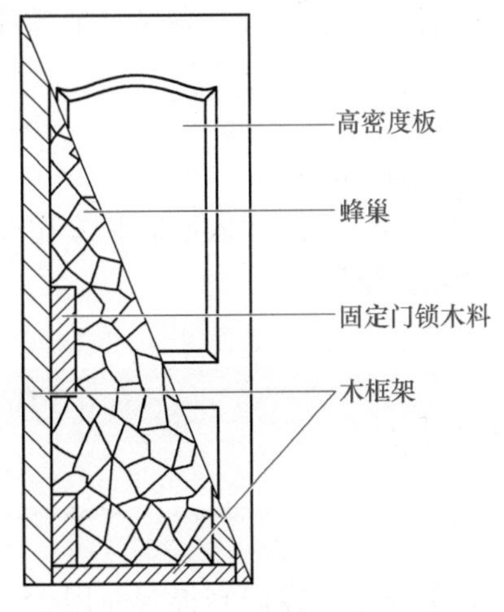

图5-1 模压门

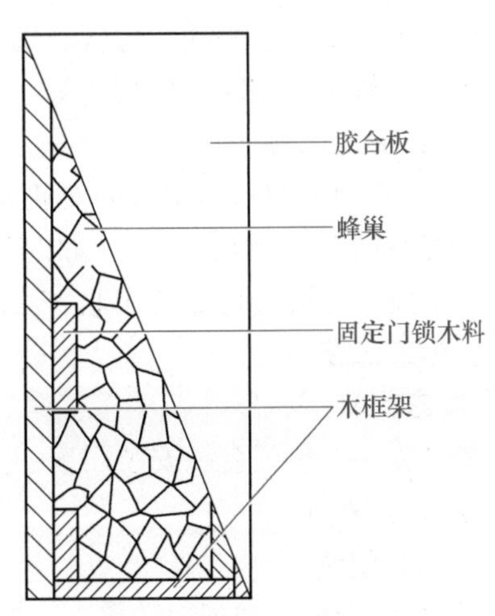

图5-2 夹板门

密度板经模具压成型后，再按照双包门的工艺加工而成。夹板门是中间为轻型骨架，两面贴胶合板、纤维板、模压板等薄板的门。木门的特点是木纹纹理清晰，有很强的整体感和立体感。不同材质门的价格不等。

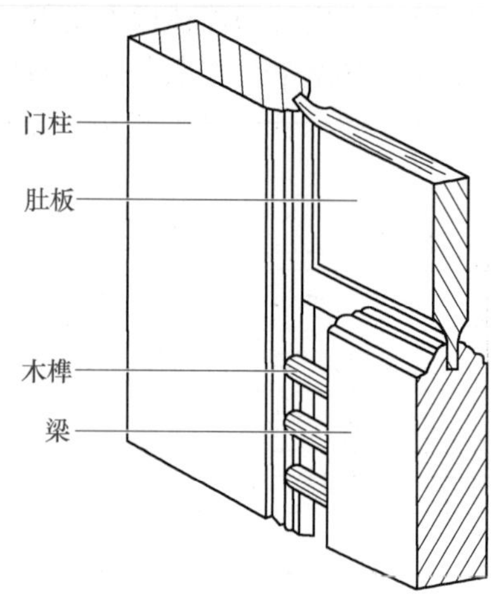

图5-3 实木门

木门常见规格有700mm×2000mm、760mm×2000mm、800mm×2000mm、900mm×2000mm、700mm×2100mm、760mm×2100mm、800mm×2100mm、900mm×2100mm、1200mm×2100mm九种尺寸。门扇的厚度分为30mm、35mm、38mm、40mm、42mm、45mm、50mm。门框（套）厚度依墙厚相应确定。

木质门的标记由开启方式、构造、饰面、开关方向和洞口尺寸顺序组合而成。

开启方式与代号：平开门——P，推拉门——T，折叠门——Z，弹簧门——H。

构造与代号：全实木榫拼门——Q，实木复合门——S，夹板模压空心门——K。

饰面与代号：木皮——M，人造板——R，高分子材料——G。

门扇开、关方向和开关面的标志符号：顺时针方向关闭——5，逆时针方向关闭——6。

门洞口的尺寸代号：宽高分别组合，如700mm×2000mm（宽×高）标志符号为0720。示例：平开实木复合门，贴皮饰面，顺时针关闭，洞口宽900mm，高2100mm，标记为“PSM5—0921”。

【任务实施】

一、施工准备

1. 材料准备

门扇、门套、60铁钉、自攻螺钉（40、25）、502胶、毛巾、木钉、小木条、发泡胶、地板胶、门锁、合页、门吸、墙体隔潮材料。

2. 主要机具准备

电锤、木工榔头、平锉、边刨、细齿锯（钢锯）、螺钉旋具、角尺、卷尺、吊线锤、电钻、开孔器、戳子、相应规格钻头。

3. 作业条件准备

1）木门必须采用预留洞口的安装方法，严禁边安装边砌口的做法。

2）木门须在门口地面工程（如地砖、石材）安装完毕后，同时在墙面乳胶漆作业最后一道工序之前，方可进行安装作业，若遇墙体潮湿应用隔潮材料隔离。

二、施工工艺

1. 工艺流程

门套组装→安装门套→安装门扇→安装门套线→安装五金。

2. 施工要点

（1）门套组装

1）组合门套板：根据墙的厚度，调整好相应的门套板宽度，在门套板背面用25mm自攻螺钉将采口板和调节板紧固，螺钉之间的间距不大于250mm，组合好后采口板与调节板间隙应小于0.2mm。

2）锯立套板顶端组装缺口：先将组装好的立套板顶端锯成同一平面，且与立套板成90°直角。在立套板的顶部锯凹口，凹口位置及尺寸应刚好符合。顶套板凸出的挡门块部分，要求切口必须平直，用平锉打磨光滑、平整、不能有毛口边。

3）门套顶板与立板组合，将顶套板盖压在立套板上，顶套板的凸出挡门块部分镶入立套板切锯的凹下部分，两端各用3~4颗40mm长的木螺钉将三块紧固，要求三块采口在同一平面，门套内侧立套板与顶套板连接处缝隙小于0.2mm，两立套板与顶套板必须是90°。门套采口部位内空尺寸：宽为门扇宽+7mm，高为门扇高+13mm。

（2）安装门套（图5-4）

1）用电锤在门洞口上打两排孔（略向内倾斜），间距约为300mm，用与之相应大小的木针敲击在里面使之填满。

2）把组装牢固的门套整体放入门洞中，门套的两面与墙体两面在同一平面上，检查门套整体是否垂直于地平。

3）先用调速电钻（4.2mm钻头）在门套上引孔，再用60mm铁钉将门套上合页面先固定在墙体上，确定采口部位尺寸后再固定门套的另一侧和顶套板，两对角线误差小于2mm，因门套与墙体间有小的间隙，此时可用小木条和发泡胶填充，使门套与墙体连接牢固密实。

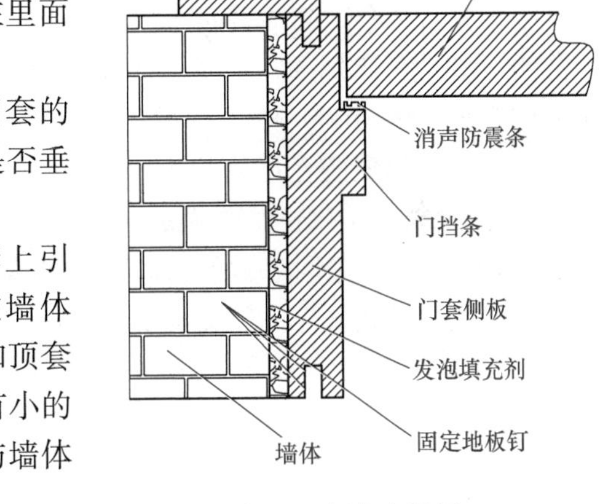

图5-4 门套安装图

4）在门套采口处粘贴隔声防撞条。

（3）安装门扇

1）将修刨好的门扇用木楔临时立于门窗框中，排好缝隙后画出合页位置。合页位置距上、下边的距离宜是门扇宽度的1/10，并避开上、下冒头，然后把门扇取下来，安装合页门扇，将合页放入，上下合页各拧一颗螺钉把门扇挂上，然后关门检查缝隙是否一致，开启是否灵活，无误后再将其他螺钉拧紧，严禁将螺钉直接打入门扇、门套内。较重的门建议每扇门安装三块合页。

2）双扇门扇安装方法与单扇的安装基本相同，只是多一道错口工序。双扇门应从开启方向看，右手门是盖口，左手门是等口。

3）门扇安装好后要试开，其标准是：以开到哪里就能停到哪里为好，不能有自开或自关的现象。如果发现门窗扇在高、宽上有短缺的情况，高度上应补钉板条于下冒头下面，宽度上在装合页一边的梃上补钉板条。

4）为了开关方便，平开扇上、下冒头最好刨成斜面。

（4）安装门套线　根据安装现场尺寸确认，将带直角边的门套线锯切成45°斜角，用平锉或木工刨打磨，直角边插入门套槽内，并用地板胶将门套线与门套板粘牢，90°碰尖处斜角一致、平整，且合缝严密，门套线合缝处用胶粘牢，在门套线两端顶碰角处钉一小直钉将其锁死。

（5）安装五金

1）小五金均应用木螺钉固定，不得用钉子代替。先用锤打入1/2深度，然后拧入，严禁打入全部深度。采用硬木时，应先钻2/3深度的孔，孔径为木螺钉直径的0.9倍。

2）安装门锁，根据提供的锁型安装到相应的位置，锁位距地高度约为900～1000mm，不宜在中冒头与立梃的结合处安装门锁。装好后检查门扇、门锁开关是否灵活，留缝是否符合规范。

3）门拉手距楼地面以900～1050mm为宜。

清洁已装好的木门（现场清洁干净），并交用户验收，给用户介绍其保养方法。

三、质量要求与检查评定

（1）整体效果　采口一致不错位。门扇、门锁开关灵活。门扇左、右、上缝隙一致，按木门材质分缝隙宽度分别为：饰面实木门、实木门为4～5mm，平板门为3～4mm，门扇距地缝为8～9mm。门套立套板应垂直于地平，无弯扭现象。门套组装缝隙严密牢固。门套线与墙体表面密合。装饰表面无损伤。

（2）五金位置标准　上下合页位置为门扇高度的1/10；中合页在门扇两侧中心；门锁锁位距地面900～1000mm。

（3）木门窗安装允许偏差

1）门窗料应采用窑法干燥的木材，含水率不应大于12%。木门窗如有允许限值以内的虫眼等缺陷时，应用同一树种的木塞加胶填补；对于清漆制品，木塞的色泽和木纹应与制品一致。在木门窗的结合处和安装小五金处，均不得有木节或已填补的木节。

2）制作的门窗表面应光洁不得有刨痕、毛刺和锤印；框、扇的线应符合设计要求，割角、拼缝应严实平整；小料和短料胶合门窗不允许脱胶；胶合板不允许刨透表层单板或戗槎。

3）装饰木门窗制作的允许偏差和检验方法见表5-3。

表5-3　装饰木门窗制作的允许偏差和检验方法

项次	项目	构件名称	允许偏差/mm		检验方法
			普通	高级	
1	翘曲	框	3	2	将框、扇平放在检查平台上，用塞尺检查
		扇	2	2	
2	对角线长度差	框、扇	3	2	用钢尺检查，框量裁口里角，扇量外角
3	表面平整度	扇	2	2	用1m靠尺和塞尺检查
4	高度、宽度	框	0；-2	0；-1	用钢尺检查，框量裁口里角，扇量外角
		扇	+2；0	+1；0	
5	裁口、线条结合处高低差	框、扇	1	0.5	用钢直尺和塞尺检查
6	相邻棂子两端间距	扇	2	1	用钢直尺检查

4）装饰木门窗安装的留缝限值、允许偏差和检验方法见表5-4。

表 5-4 装饰木门窗安装的留缝限值、允许偏差和检验方法

项次	项目		留缝限值/mm		允许偏差/mm		检验方法
			普通	高级	普通	高级	
1	门窗槽口对角线长度差		—	—	3	2	用钢尺检查
2	门窗框的正（侧）面垂直度		—	—	2	1	用 1m 垂直检测尺检查
3	框与扇、扇与扇接缝高低差		—	—	2	1	用钢直尺和塞尺检查
4	门窗扇对口缝		1~2.5	1.5~2	—	—	用塞尺检查
5	门窗扇与上框间留缝		1~2	1~1.5	—	—	
6	门窗扇与侧框间留缝		1~2.5	1~1.5	—	—	
7	窗扇与下框间留缝		2~3	2~2.5	—	—	
8	门扇与下框间留缝		3~5	3~4	—	—	
9	双层门窗内外框间距		—	—	4	3	用钢直尺检查
10	无下框时门扇与地面间留缝	外门	4~7	5~6	—	—	用塞尺检查
		内门	5~8	6~7	—	—	
		卫生间门	8~12	8~10	—	—	

任务 2 塑钢窗安装

【任务描述】

某教学楼进行装修，有 10 樘 PSC90-1518-K2.0 塑钢窗需进行安装，塑钢窗委托外加工，需进行现场成品验收、按规范安装并验收安装质量，考虑施工安全。

【能力要求】

要求学生能够针对工作任务制定完整的工作计划，包括成品进场验收、辅助材料的选取、施工机具与环境的准备及施工流程计划，能够写出较为详细的技术交底，正确安装，并能够正确进行质量检查验收。

【知识导入】

塑钢门窗是以硬质聚氯乙烯（UPVC）树脂为主要原料，加上一定比例的稳定剂、着色剂、填充剂、紫外线吸收剂等，经挤出成型材，然后通过切割、焊接或螺接的方式制成门窗框扇，配装上密封胶条、毛条、五金件等，同时为增强型材的刚性，型材空腔内填加钢衬（加强筋），这样制成的门窗，称之为塑钢门窗（图 5-5 和图 5-6）。

塑钢门窗为多腔式结构，具有良好的隔热性能，其传热性能甚小，仅为钢材的 1/357，铝材的 1/250，可见其隔热、保温效果显著。塑钢门窗以其造型美观、线条挺拔清晰、表面光洁，而且防腐、密封、隔声、绝缘、耐候、阻燃及不需进行涂漆维护等特点在门窗行业中迅速崛起，尤其用于多雨湿热的地区及有腐蚀性气体的环境之中、隔声防尘要求较高的场所。

一、塑钢窗分类

塑钢窗分为固定窗、平开窗和推拉窗，塑钢窗开启形式与代号见表 5-5。

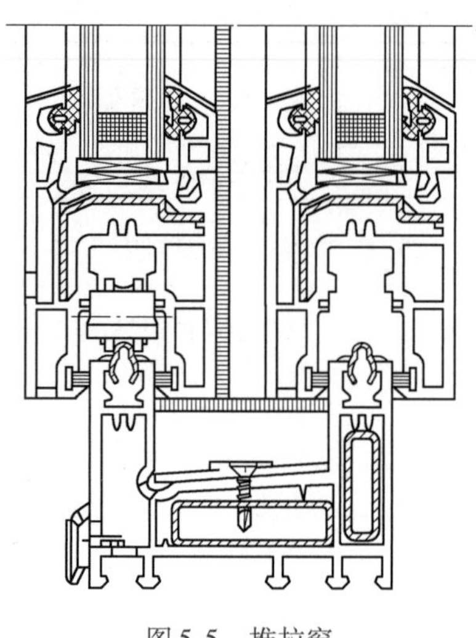
图5-5 推拉窗

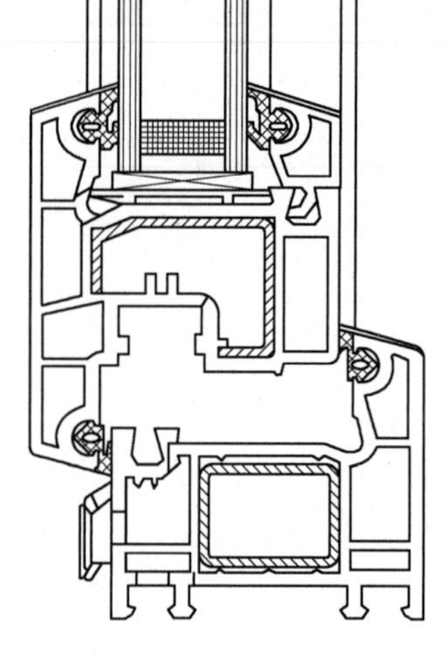
图5-6 平开窗

表5-5 塑钢窗开启形式与代号

开启形式	平开	推拉	上下推拉	平开下悬	上悬	中悬	下悬	固定
代号	P	T	ST	PX	S	C	X	G

注：1. 固定窗与上述各类窗组合时，均归入该类窗；
2. 纱扇窗代号为A。

二、窗框厚度尺寸

窗框厚度基本尺寸按窗框型材无拼接组合时的最大厚度公称尺寸确定。

三、塑钢窗的性能指标

1. 力学性能

平开窗、平开下悬窗、上悬窗、中悬窗、下悬窗的力学性能应符合表5-6的要求，推拉窗的力学性能应符合表5-7的要求。

表5-6 平开窗、平开下悬窗、上悬窗、中悬窗、下悬窗的力学性能

项目	技术要求
锁紧器（执手）的开关力	不大于80N（力矩不大于10N·m）
开关力	平合页不大于80N；摩擦铰链不小于30N，不大于80N
悬端吊重	在500N力作用下，残余变形不大于2mm，试件不损坏，仍保持使用功能
翘曲	在300N力作用下，允许有不影响使用的残余变形，试件不损坏，仍保持使用功能
开关疲劳	经不少于10000次的开关试验，试件及五金配件不损坏，其固定处及玻璃压条不松脱，仍保持使用功能
大力关闭	经模拟7级风连续开关10次，试件不损坏，仍保持开关功能
焊接角破坏力	窗框焊接角最小破坏力的计算值不应小于2000N，窗扇焊接角最小破坏力的计算值不应小于2500N，且实测值均应大于计算值
窗撑试验	在200N力作用下，不允许位移，连接处型材不破裂
开启限位装置（制动器）受力	在10N力作用下开启10次，试件不损坏

注：大力关闭只检测平开窗和上悬窗。

表 5-7 推拉窗的力学性能

项目	技术要求
开关力	水平推拉窗不大于100N，上下推拉窗不大于135N
弯曲	在300N力作用下，允许有不影响使用的残余变形，试件不得损坏，仍保持使用功能
扭曲	在200N力作用下，试件不损坏，允许有不影响使用的残余变形
开关疲劳	经不少于10000次的开关试验，试件及五金件不损坏，其固定处及玻璃压条不松脱
焊接角破坏力	窗框焊接角最小破坏力的计算值不应小于2500N，窗扇焊接角最小破坏力的计算值不应小于1400N，且实测值均应大于计算值

注：没有凸把手的推拉窗不做扭曲试验。

2. 建筑物理性能

(1) 塑钢门窗的抗风压性能　以安全检测压力值（P_3）进行分级，其分级指标值 P_3 按表5-8规定。

表 5-8 塑钢门窗的抗风压性能分级 （单位：kPa）

分级代号	1	2	3	4	5	6	7	8	9
分级指标值	$1.0 \leqslant P_3 < 1.5$	$1.5 \leqslant P_3 < 2.0$	$2.0 \leqslant P_3 < 2.5$	$2.5 \leqslant P_3 < 3.0$	$3.0 \leqslant P_3 < 3.5$	$3.5 \leqslant P_3 < 4.0$	$4.0 \leqslant P_3 < 4.5$	$4.5 \leqslant P_3 < 5.0$	$P_3 \geqslant 5.0$

注：第9级应在分级后同时注明具体检测压力差值。

(2) 塑钢门窗的空气渗透性能　塑钢门窗的空气渗透性能应符合表5-9的要求。

表 5-9 塑钢门窗的空气渗透性能分级

分级	1	2	3	4	5	6	7	8
单位缝长分级指标值 $q_1/[m^3/(m \cdot h)]$	$4.0 \geqslant q_1 > 3.5$	$3.5 \geqslant q_1 > 3.0$	$3.0 \geqslant q_1 > 2.5$	$2.5 \geqslant q_1 > 2.0$	$2.0 \geqslant q_1 > 1.5$	$1.5 \geqslant q_1 > 1.0$	$1.0 \geqslant q_1 > 0.5$	$0.5 \geqslant q_1$
单位面积分级指标值 $q_2/[m^3/(m^2 \cdot h)]$	$12 \geqslant q_2 > 10.5$	$10.5 \geqslant q_2 > 9.0$	$9.0 \geqslant q_2 > 7.5$	$7.5 \geqslant q_2 > 6.0$	$6.0 \geqslant q_2 > 4.5$	$4.5 \geqslant q_2 > 3.0$	$3.0 \geqslant q_2 > 1.5$	$1.5 \geqslant q_2$

(3) 塑钢门窗的水密性能分级　塑钢门窗水密性能分级指标值 ΔP 应符合表5-10的要求。

表 5-10 塑钢门窗的水密性能分级 （单位：Pa）

分级	1	2	3	4	5	6
ΔP	$100 \leqslant \Delta P < 150$	$150 \leqslant \Delta P < 250$	$250 \leqslant \Delta P < 350$	$350 \leqslant \Delta P < 500$	$500 \leqslant \Delta P < 700$	$\Delta P \geqslant 700$

注：第6级应在分级后同时注明具体检测压力差值。

(4) 塑钢门窗的保温性能　塑钢门窗的保温性能应符合表5-11的要求。

表 5-11 塑钢门窗的保温性能 [单位：$W/(m^2 \cdot K)$]

分级	1	2	3	4	5
指标值	$K \geqslant 5.5$	$5.5 > K \geqslant 5.0$	$5.0 > K \geqslant 4.5$	$4.5 > K \geqslant 4.0$	$4.0 > K \geqslant 3.5$
分级	6	7	8	9	10
指标值	$3.5 > K \geqslant 3.0$	$3.0 > K \geqslant 2.5$	$2.5 > K \geqslant 2.0$	$2.0 > K \geqslant 1.5$	$K < 1.5$

(5) 塑钢门窗的空气声隔声性能　塑钢门窗的空气声隔声性能应符合表5-12的要求。

表 5-12 塑钢门窗的空气声隔声性能 （单位：dB）

分级	1	2	3	4	5	6
指标值	$20 \leqslant R_w < 25$	$25 \leqslant R_w < 30$	$30 \leqslant R_w < 35$	$35 \leqslant R_w < 40$	$40 \leqslant R_w < 45$	$R_w \geqslant 45$

（6）采光性能 分级指标值 T_r 按表 5-13 规定。

表 5-13 采光性能分级

分级	1	2	3	4	5
指标值	$0.20 \leqslant T_r < 0.30$	$0.30 \leqslant T_r < 0.40$	$0.40 \leqslant T_r < 0.50$	$0.50 \leqslant T_r < 0.60$	$T_r \geqslant 0.60$

注：T_r 值大于 0.60 时，应给出具体数值。

四、标记方法、示例

1. 标记方法

产品标记由名称代号、规格、性能代号组成。

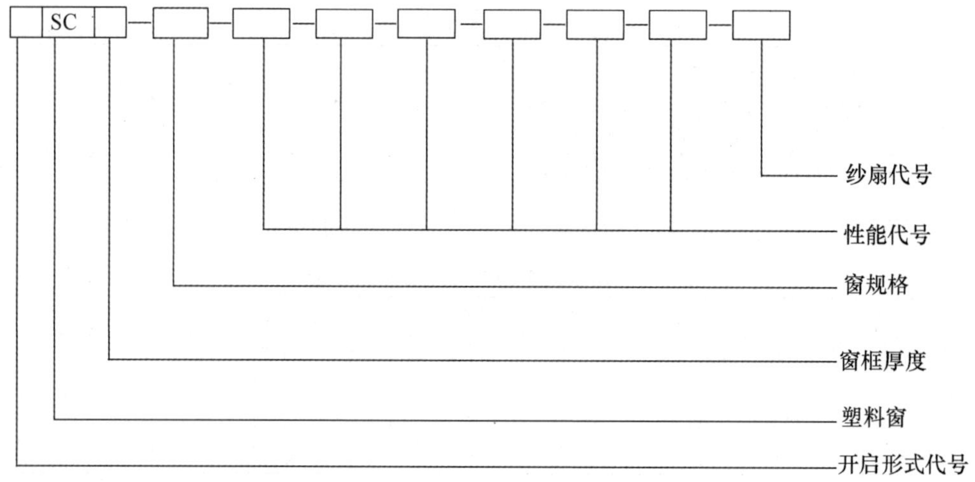

2. 示例

示例 1 平开塑钢窗，窗框厚度为 60mm，规格型号为 1518，抗风压性能为 2.5kPa，气密性能 $1.5m^3/(m \cdot h)$ 或表示为 $4.5m^3/(m^2 \cdot h)$，水密性能为 250Pa，保温性能为 $2.0W/(m^2 \cdot k)$，隔声性能为 30dB，采光性能为 0.40，带纱扇窗。其标记方法为

PSC60-1518-$P_3$2.5-$q_1$1.5（或 $q_2$4.5）-ΔP250-K2.0-Tr0.4-A

示例 2 平开塑钢窗，窗框厚度为 60mm，规格型号为 1518，保温性能 $2.0W/(m^2 \cdot K)$，抗风压、气密、水密、隔声、采光性能无指标要求和无纱扇时不填写。其标记方法为

PSC60-1518-K2.0

【任务实施】

一、施工准备

1. 材料准备

塑钢窗安装（视频）

1）塑钢门窗框，按设计图的要求检查门窗的数量、品种、规格、开启方向、外形及五金配件，塑钢门窗制品应附带产品说明书及质量检验报告和出厂合格证，塑钢门窗安装前，应检验合格后方可安装。

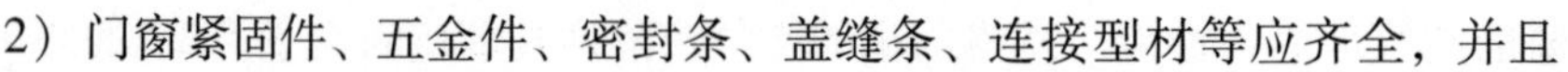

2）门窗紧固件、五金件、密封条、盖缝条、连接型材等应齐全，并且

按照规范和产品合格证书对尺寸、平整度等进行逐项复验，紧固件的尺寸、螺钉、公差、十字槽及力学性能等技术条件应符合国家标准的有关规定。

3）木螺钉、平头机螺钉，ϕ8 合金钢钻头、塑料胀管螺栓、自攻螺钉、钢钉、对拔木楔、密封条、密封膏和抹布。

4）固定片厚度应大于或等于 1.5mm，最小宽度应大于或等于 15mm，其材质应采用 Q235-A 冷轧钢板，其表面应进行镀锌处理。

5）门窗与洞口密封用嵌缝材料的品种应按设计要求选用，应具有弹性和粘结性，并应有出厂证明及产品生产合格证。

2. 主要机具准备

焊接设备、切割机、冲击钻、螺钉旋具、橡皮锤、水平尺、卷尺、吊线锤、定位器、木模、ϕ6 ~ ϕ13mm 手枪电钻、射钉枪、锤子、钢直尺、灰线包、盒尺、100N 弹簧秤、鸭嘴榔头和 3/4″ ~ 1″平铲等。

3. 作业条件准备

（1）检查墙体固定点牢固性　塑钢门窗安装的固定点必须牢固、可靠、有一定的强度，一方面墙体的预埋件要牢固、可靠，另一方面连接件和门窗框也要牢固。

（2）墙体洞口的检验与清理

1）墙体洞口允许偏差应符合表 5-14 的规定。

表 5-14　墙体洞口宽度或高度尺寸允许偏差　（单位：mm）

洞口宽度或高度	<2400	2400 ~ 4800	>4800
未粉刷墙面	±10	±15	±20
已粉刷墙面	±5.0	±10	±15

2）墙体洞口的清理和修补：对于安装门窗洞口的墙体要先清扫洞口内皮的表面灰砂、毛刺，剔除多余的灰块，填补凹凸不平的表面。

3）门窗的构造尺寸应包括预留洞口与待安装门窗框的间隙及墙体饰面材料的厚度，其间隙应符合表 5-15 的规定。

表 5-15　洞口与门窗框间隙

墙体饰面材料	洞口与门窗框间隙/mm	墙体饰面材料	洞口与门窗框间隙/mm
清水墙	10	釉面砖	20 ~ 25
砂浆或马赛克	15 ~ 20	石材	40 ~ 50

二、施工工艺

1. 工艺流程

弹线→安装点的确定→门窗框的固定→框与墙间缝隙处理→五金配件安装→清洁。

2. 施工要点

（1）弹线　从建筑物顶层找出外窗口边线位置，用大线坠垂下，在每层窗口上眉及窗台处弹短线来控制窗框的垂直方向位置。以室内 +500mm 水平线为依据，往上量出门窗框上皮标高，并作标记来控制门窗水平位置。墙厚方向安装位置根据设计在墙中、偏中或齐边放置。有窗台板的房间，以同一房间内窗台板外露20mm为准确定墙厚方向框口位置。

（2）安装点的确定　安装点的确定如图5-7所示。

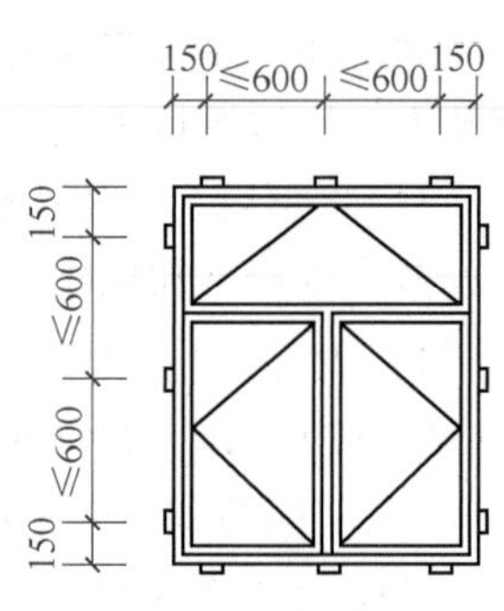

图5-7　塑钢窗框与洞口基体连接固定点的布置

确定连接点的位置时，首先应考虑能使门窗扇通过合页作用于门窗框的力，尽可能直接传递给墙体。确定连接点的数量时，必须考虑防止塑料门窗在温度应力、风压及其他静荷载作用可能产生的变形。连接点的位置和数量，还必须适应塑料门窗变形较大的特点，保证在塑料门窗与墙体之间微小的位移，不致影响门窗的使用功能及连接本身。

在窗角、横档或竖框的地方不宜设固定点，固定点应在距其150～200mm处。相邻两固定点的距离不应大于600mm。

安装组合窗时，拼樘料与洞口连接应符合下列要求：拼樘料与混凝土过梁或柱子连接时，应先在过梁或柱子上设预埋件，按门窗框与预埋件连接的规定处理；拼樘料与砖墙连接时，应先将拼樘料两端插入预留洞中，然后用C20细石混凝土浇灌固定。

（3）门窗框的固定　将窗框装入洞口，用木楔将塑钢门窗框四角塞牢临时固定，调整至位置正确，横平竖直高低一致，然后先固定上框，而后固定边框，窗框常见的固定方法有连接件固定法、直接固定法和假框法。

1）连接件固定法（图5-8）：先将塑钢门窗放入窗洞口内，找平对中后用木楔临时固定。然后，将固定在门窗框异型材靠墙一面的锚固铁件用螺钉或膨胀螺栓固定在墙上。

2）直接固定法（图5-9）：砖洞口没有木砖时，可用5～8mm的钻头垂直于窗框砖墙面打孔，钻孔深度应较胀管长度大10～12mm，用顶管将$\phi 8$塑料胀管顶入孔内，胀管端口伸出抹灰层10mm以上，再将专用配套平头机螺钉拧入胀管拧紧。砖洞口有木砖时，可用$\phi 8$的钻头在窗框上打孔，钻透塑钢窗框即可，再用木螺钉把塑钢窗框拧在木砖上。设有预埋铁件的洞口应采用焊接的方法固定，也可先在预埋件上按紧固件规格打基孔，然后用紧固件固定。

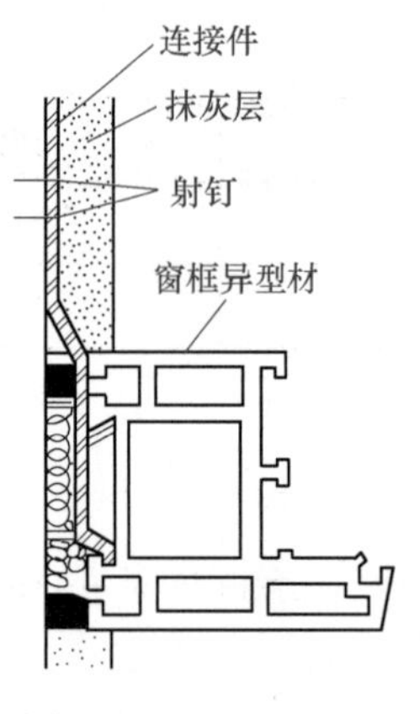

图5-8　连接件固定法

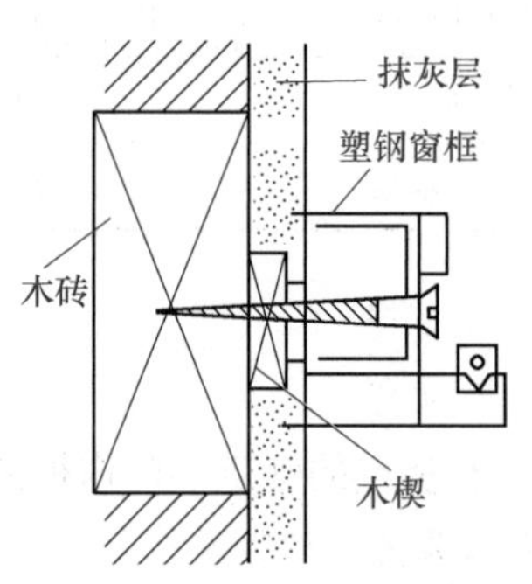

图5-9　直接固定法

3）假框法（图5-10）：先在门窗洞口内安装一个与塑钢门窗框配套的镀锌铁皮金属框，或者当木门窗换成塑钢门窗时，将原来的木门窗框保留，待抹灰装饰完成后，再将塑钢门窗框直接固定在上述框材上，最后再用盖口条对接缝及边缘部分进行装饰。

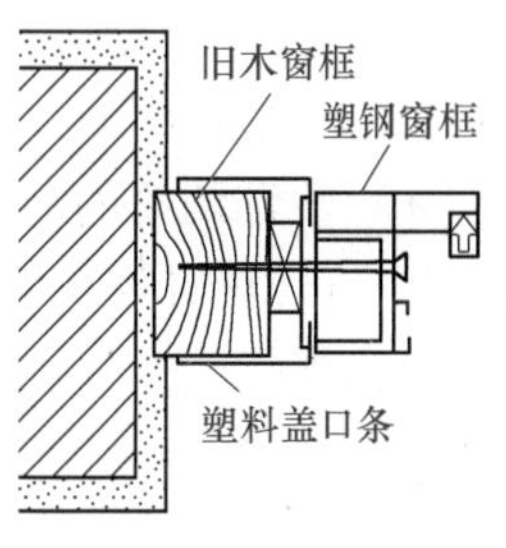

图5-10 假框法

（4）框与墙间缝隙处理 框与墙间缝隙应按设计要求的材料嵌缝，如设计无要求可以用沥青麻丝或泡沫塑料填实，表面用5～8mm的密封胶封闭。框与墙间缝隙常见处理方法如图5-11和图5-12所示。

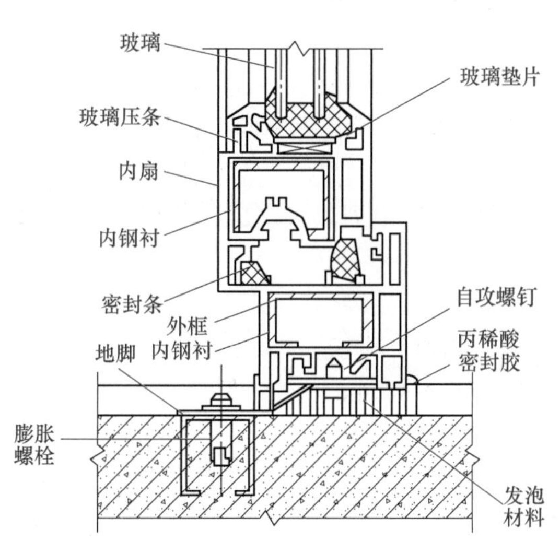

图5-11 窗下框与墙间隙密封详图

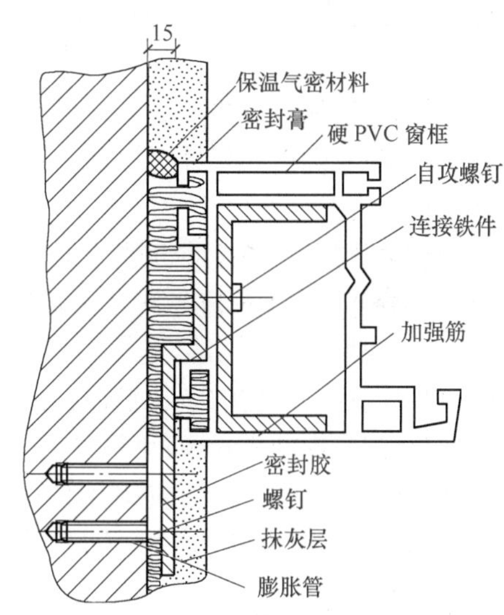

图5-12 窗边框与墙间隙密封详图

1）框与墙间的缝隙宽度，可根据总跨度、膨胀系数、年最大温差计算出最大膨胀量，再乘以要求的安全系数求出，一般取10～20mm。

2）框与墙间的缝隙，不宜采用嵌填水泥砂浆的做法。应用闭孔弹性材料填塞饱满，表面用密封胶密封。密封胶应粘结牢固，表面应光滑顺直、无裂缝。

3）不论采用何种填缝方法，均要求做到以下两点：嵌填封缝材料应能承受墙体与框间的相对运动而保持密封性能；嵌填封缝材料不应对塑料门窗框有腐蚀、软化作用，沥青类材料可能使塑料软化，故不宜使用。

4）门窗洞口内侧与窗框之间应采用水泥砂浆填实抹平，当外侧抹灰时，应采用片材将抹灰层与窗框临时隔开，其厚度宜为5mm，抹灰面应超出窗框，其厚度以不影响扇的开启为限。待外抹灰层硬化后，应撤去片材，并将嵌缝膏挤入抹灰层与窗框缝隙内。

（5）五金配件安装 塑钢门窗安装五金配件时，必须先在杆件上钻孔，然后用自攻螺钉拧入，严禁在杆件上直接锤击钉入。

（6）清洁 门框扇安装后应暂时取下门扇，编号单独保管。门窗洞口粉刷时，应将门窗表面贴纸保护。粉刷时如框扇沾上水泥浆，应立即用软料抹布擦洗干净，切勿使用金属工具擦刮。粉刷完毕，应及时清除玻璃槽口内的渣灰。

三、质量检查与验收评定

(1) 主控项目

1) 塑钢门窗的品种、类型、规格、尺寸、开启方向、安装位置、连接方式及填嵌密封处理应符合设计要求，内衬增强型钢的壁厚及设置应符合国家现行产品标准的质量要求。

2) 塑钢门窗框、副框和扇的安装必须牢固。固定片或膨胀螺栓的数量与位置应正确，连接方式应符合设计要求。固定点应距窗角、中横框、中竖框 150～200mm，固定点间距应不大于600mm。

3) 塑钢门窗拼樘料内衬增强型钢的规格、壁厚必须符合设计要求，型钢应与型材内腔紧密吻合，其两端必须与洞口固定牢固。窗框必须与拼樘料连接紧密，固定点间距应不大于600mm。

4) 塑钢门窗扇应开关灵活，关闭严密，无倒翘。推拉门窗扇必须有防脱落措施。

5) 塑钢门窗配件的型号、规格、数量应符合设计要求，安装应牢固，位置应正确，功能应满足使用要求。

6) 塑钢门窗框与墙体间缝隙应采用闭孔弹性材料填嵌饱满，表面应采用密封胶密封。密封胶应粘结牢固，表面应光滑、顺直、无裂纹。

(2) 一般项目

1) 塑钢门窗表面应洁净、平整、光滑，大面应无划痕、碰伤。

2) 塑钢门窗扇的密封条不得脱槽，旋转窗间隙应基本均匀。

3) 塑钢门窗扇的开关力应符合下列规定：

① 平开门窗扇平铰链的开关力应不大于80N；滑撑铰链的开关力应不大于80N，并不小于30N。

② 推拉门窗扇的开关力应不大于100N。

4) 玻璃密封条与玻璃及玻璃槽口的接缝应平整，不得卷边、脱槽。

5) 排水孔应畅通，位置和数量应符合设计要求。

(3) 塑钢门窗安装的允许偏差和检验方法 塑钢门窗安装的允许偏差和检验方法应符合表5-16的规定。

表5-16 塑钢门窗安装的允许偏差和检验方法

项次	项目		允许偏差/mm	检验方法
1	门窗槽口宽度、高度	≤1500mm	2	用钢尺检查
		>1500mm	3	
2	门窗槽口对角线长度差	≤2000mm	3	用钢尺检查
		>2000mm	5	
3	门窗框的正、侧面垂直度		3	用1m垂直检测尺检查
4	门窗横框的水平度		3	用1m水平尺和塞尺检查
5	门窗横框标高		5	用钢尺检查
6	门窗竖向偏离中心		5	用钢直尺检查
7	双层门窗内外框间距		4	用钢直尺检查
8	同樘平开门窗相邻扇高度差		2	用钢直尺检查

（续）

项次	项　　目	允许偏差/mm	检验方法
9	平开门窗铰链部位配合间隙	+2；－1	用塞尺检查
10	推拉门窗扇与框搭接量	+1.5；－2.5	用钢直尺检查
11	推拉门窗扇与竖框平行度	2	用1m水平尺和塞尺检查

任务3　铝合金门窗安装

【任务描述】

某教学楼进行装修，有10樘铝合金窗和2樘铝合金门需进行安装，铝合金门窗委托外加工，需进行现场成品验收，按规范安装并验收安装质量，考虑施工安全。

铝合金门窗安装
（图片）

【能力要求】

要求学生能够针对工作任务制定完整的工作计划，包括成品进场验收、辅助材料的选取。施工机具与环境的准备及施工流程计划，能够写出较为详细的技术交底，正确安装，并能够正确进行质量检查验收。

【知识导入】

20世纪90年代中后期，门窗市场出现断桥铝合金隔热门窗，是当时门窗市场上的高档门窗产品。型材设计中间采用高强度绝缘绝热合成材料，表面处理采用粉沫喷涂、氟碳喷涂及树脂热印等高新技术，可以满足千变万化的色彩搭配需求。

断桥铝合金隔热门窗的突出优点是质量小、强度高、水密和气密性好，防火性能良好，采光面大，耐大气腐蚀、使用寿命长，装饰效果好，环保性能好。

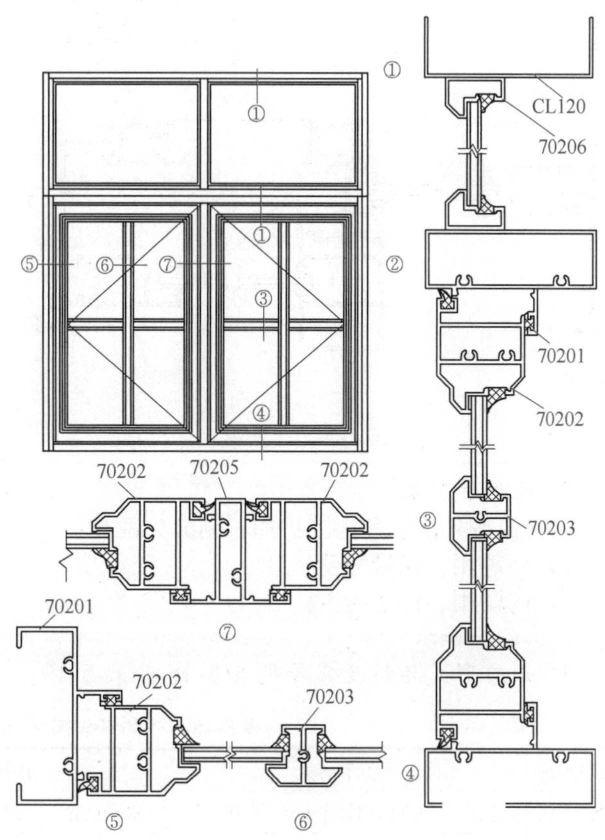

图5-13　70系列平开窗

一、产品分类

1. 按开启形式

铝合金门有平开、推拉、折叠等形式。

铝合金窗分为平开窗（图5-13）和推拉窗（图5-14）。

2. 按框料厚度分类

门窗框厚度构造尺寸符合1/10M（10mm）的建筑分模数数列值

的为基本系列，见表 5-17。基本系列中按 5mm 进级插入的数值为辅助系列。门、窗框厚度构造尺寸小于某一基本系列或辅助系列值时，按小于该系列值的前一级标示其产品系列。如门、窗框厚度构造尺寸为 72mm 时，其产品系列为 70 系列；门、窗框厚度构造尺寸为 69mm 时，其产品系列为 65 系列。

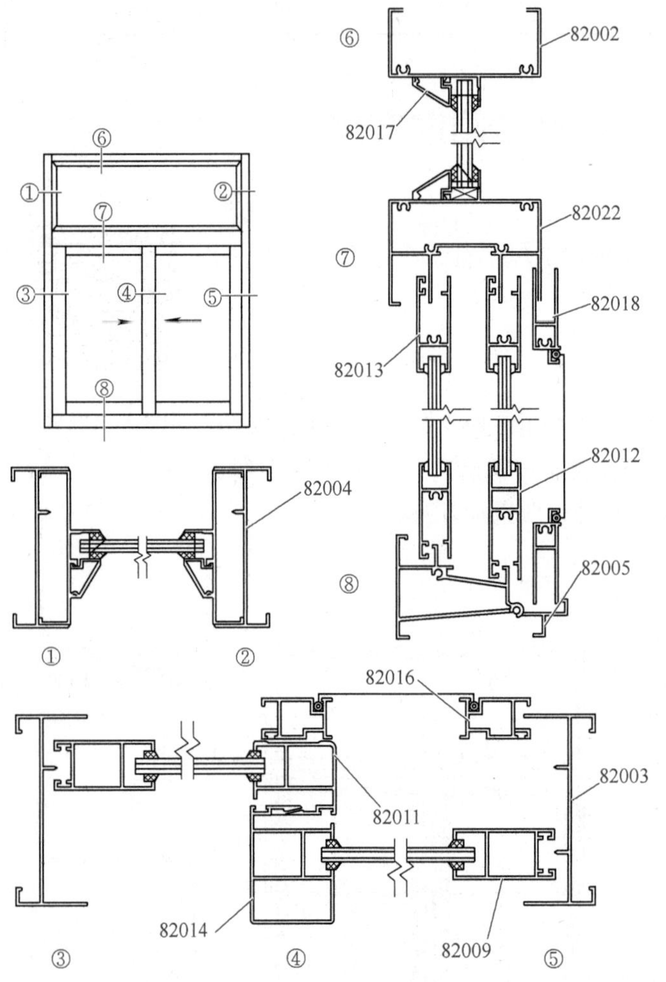

图 5-14　推拉窗

表 5-17　门窗框厚度基本系列

门窗类别	门窗框厚度基本系列					
平开门	50	55	70	—	—	—
推拉门	—	—	70	90	—	—
地弹簧门	—	—	70	—	100	—
平开窗	40	50	70	—	—	—
推拉窗	—	55	60	70	90	90－Ⅰ

3. 按用途分类

门、窗按外围护和内围护用，划分为两类：

1）外墙用，代号为 W。

2）内墙用，代号为 N。

二、门窗标示

1. 开启形式品种及代号见表 5-18 和表 5-19。

表 5-18　门的开启形式品种及代号

开启类别	平开旋转类			推拉平移类			折叠类	
开启形式	（合页）平开	地弹簧平开	平开下悬	水平推拉	提升推拉	推拉下悬	折叠平开	折叠推拉
代号	P	DHP	PX	T	ST	TX	ZP	ZT

表 5-19 窗的开启形式品种及代号

开启类别	平开旋转类							
开启形式	(合页)平开	滑轴平开	上悬	下悬	中悬	滑轴上悬	平开下悬	立转
代号	P	HZP	SX	XX	ZX	HSX	PX	LZ
开启类别	推拉平移类					折叠类		
开启形式	上平推拉	提升推拉	平开推拉	推拉下悬	提拉	折叠推拉		
代号	T	ST	PT	TX	TL	ZT		

2. 规格

以门窗宽、高的设计尺寸——门、窗的宽度构造尺寸（B_2）和高度构造尺寸（A_2）的千、百、十位数字，前后顺序排列的六位数字表示。例如，门窗的 B_2、A_2 分别为 1150mm 和 1450mm 时，其尺寸规格型号为 115145。

3. 命名和标记

（1）命名方法　按门窗用途（可省略）、功能、系列、品种、产品简称（铝合金门，代号 LM；铝合金窗，代号 LC）的顺序命名。

（2）标记方法　按产品的简称、命名代号—尺寸规格型号、物理性能符号与等级或指标值（抗风压性能 P_3，水密特性代号 ΔP，气密性能 q_1/q_2，空气声隔声性能 R_wC_{tr}/R_wC，保温性能 K，遮阳性能 SC，采光性能 T_r）标准代号的顺序进行标记。

（3）命名与标记示例

1）示例1：命名（外墙用）普通型 50 系列平开铝合金窗，该产品规格型号为 115145，抗风压性能 5 级，水密性能 3 级，气密性能 7 级，其标记为：铝合金窗 WPT50PLC-115145（$P_3$5—ΔP3—$q_1$7）。

2）示例2：命名（外墙用）保温型 65 系列平开铝合金门，该产品规格型号 085205，抗风压性能 6 级，水密性能 5 级，气密性能 8 级，其标记为：铝合金门 WBW65PLM-085205（$P_3$6—ΔP5—$q_1$8）。

3）示例3：命名（内墙用）隔声型 80 系列提升推拉铝合金门，该产品规格型号 175205，隔声性能 4 级，其标记为：铝合金门 NGS80STLM-175205（R_w+C4）。

4）示例4：命名（外墙用）遮阳型 50 系列滑轴平开铝合金窗，该产品规格型号 115145，抗风压性能 6 级，水密性能 4 级，气密性能 7 级，遮阳性能 SC 值为 0.5，其标记为：铝合金窗 WZY50HZPLC-115145（$P_3$6—ΔP4—$q_1$7—SC0.5）。

三、门窗的性能指标

1. 铝合金门窗力学性能

1）铝合金门的撞击性能：门框、门扇无变形，连接处无松动现象，插销、门锁等附件应完整无损，启闭正常，玻璃无破损，门扇下垂量应不大于 2mm。

2）铝合金平开门、地弹簧门垂直荷载强度：当施加 30kg 荷载，门扇卸荷后的下垂量应不大于 2mm。

3）启闭力：铝合金门窗的启闭力应不大于 50N。

4）反复启闭性能：铝合金门反复启闭应不少于 10 万次，铝合金窗反复启闭应不少于 1 万次，启闭无异常，使用无障碍。

2. 建筑物理性能

1）铝合金门窗的抗风压性能要求见表5-20。

表5-20 铝合金门窗的抗风压性能要求 （单位：kPa）

分级	1	2	3	4	5	6	7	8	9
分级指标值	$1.0 \leqslant P_3 < 1.5$	$1.5 \leqslant P_3 < 2.0$	$2.0 \leqslant P_3 < 2.5$	$2.5 \leqslant P_3 < 3.0$	$3.0 \leqslant P_3 < 3.5$	$3.5 \leqslant P_3 < 4.0$	$4.0 \leqslant P_3 < 4.5$	$4.5 \leqslant P_3 < 5.0$	$P_3 \geqslant 5.0$

注：第9级应在分级后同时注明具体检测压力差值。

2）铝合金外门窗的水密性能分级见表5-21。

表5-21 铝合金外门窗的水密性能分级 （单位：Pa）

分级	1	2	3	4	5	6
ΔP	$100 \leqslant \Delta P < 150$	$150 \leqslant \Delta P < 250$	$250 \leqslant \Delta P < 350$	$350 \leqslant \Delta P < 500$	$500 \leqslant \Delta P < 700$	$\Delta P \geqslant 700$

注：第6级应在分级后同时注明具体检测压力差值。

3）门窗的气密性能分级应符合表5-22的规定。

表5-22 门窗的气密性能分级

分级	1	2	3	4	5	6	7	8
单位缝长分级指标值 $q_1/[m^3/(m \cdot h)]$	$4.0 \geqslant q_1 > 3.5$	$3.5 \geqslant q_1 > 3.0$	$3.0 \geqslant q_1 > 2.5$	$2.5 \geqslant q_1 > 2.0$	$2.0 \geqslant q_1 > 1.5$	$1.5 \geqslant q_1 > 1.0$	$1.0 \geqslant q_1 > 0.5$	$0.5 \geqslant q_1$
单位面积分级指标值 $q_2/[m^3/(m^2 \cdot h)]$	$12 \geqslant q_2 > 10.5$	$10.5 \geqslant q_2 > 9.0$	$9.0 \geqslant q_2 > 7.5$	$7.5 \geqslant q_2 > 6.0$	$6.0 \geqslant q_2 > 4.5$	$4.5 \geqslant q_2 > 3.0$	$3.0 \geqslant q_2 > 1.5$	$1.5 \geqslant q_2$

4）铝合金门窗的保温性能分级应符合表5-23的规定。

表5-23 铝合金门窗的保温性能分级 ［单位：$W/(m^2 \cdot K)$］

分级	1	2	3	4	5
指标值	$K \geqslant 5.5$	$5.5 > K \geqslant 5.0$	$5.0 > K \geqslant 4.5$	$4.5 > K \geqslant 4.0$	$4.0 > K \geqslant 3.5$
分级	6	7	8	9	10
指标值	$3.5 > K \geqslant 3.0$	$3.0 > K \geqslant 2.5$	$2.5 > K \geqslant 2.0$	$2.0 > K \geqslant 1.5$	$K < 1.5$

5）外门、外窗以“计权隔声量和交通噪声频谱修正量之和（$R_w + C_{tr}$）”作为分级指标；内门、内窗以“计权隔声量和粉红噪声频谱修正量之和（$R_w + C$）”作为分级指标。铝合金门窗的空气声隔声性能要求见表5-24。

表5-24 铝合金门窗的空气声隔声性能要求 （单位：dB）

分级	1	2	3	4	5	6
外门窗分级指标值	$20 \leqslant (R_w + C_{tr}) < 25$	$25 \leqslant (R_w + C_{tr}) < 30$	$30 \leqslant (R_w + C_{tr}) < 35$	$35 \leqslant (R_w + C_{tr}) < 40$	$40 \leqslant (R_w + C_{tr}) < 45$	$(R_w + C_{tr}) \geqslant 45$
内门窗分级指标值	$20 \leqslant (R_w + C) < 25$	$25 \leqslant (R_w + C) < 30$	$30 \leqslant (R_w + C) < 35$	$35 \leqslant (R_w + C) < 40$	$40 \leqslant (R_w + C) < 45$	$(R_w + C) \geqslant 45$

注：用于对建筑内机器、设备噪声源隔声的建筑内门窗，对中低频噪声宜用外门窗的指标进行分级；对终稿频噪声仍可采用内门窗的指标值进行分级。

6）铝合金门窗的采光性能分级见表5-25。

表5-25 采光性能分级

分级	1	2	3	4	5
指标值	$0.2 \leq T_r < 0.3$	$0.3 \leq T_r < 0.4$	$0.4 \leq T_r < 0.5$	$0.5 \leq T_r < 0.6$	$T_r \geq 0.6$

【任务实施】

一、安装前的准备

1. 材料准备

1）铝合金门窗框扇、五金配件，安装前，应按设计的要求检查门窗的数量、品种、规格、开启方向、外形等；窗型材最小实测壁厚应不小于1.4mm。门窗五金件、密封条、紧固件、盖缝条、连接型材等应齐全，具有足够的强度，启闭灵活、无噪声，承受反复运动的附件、五金件应便于更换。铝合金窗制品应附带产品说明书及质量检验报告和出厂合格证，并且按照规范和产品合格证书对尺寸、平整度等进行逐项复验，合格后方可安装。

2）铝合金型材表面处理应符合表5-26的规定。

表5-26 铝合金型材表面处理要求

品种	阳极氧化 阳极氧化加电解着色 阳极氧化加有机着色	电泳涂漆		粉末喷涂	氟碳漆喷涂
表面处理层厚度	膜厚级别	膜厚级别		装饰面上涂层最小局部厚度/μm	装饰面平均膜厚/μm
	AA15	B（有光或哑光透明漆）	S（有光或哑光有色漆）	≥40	≥30（二涂） ≥40（三涂）

表面不应有铝屑、毛刺、油污或其他污渍。连接处不应有外溢的胶粘剂。表面平整，没有明显的色差、凹凸不平、划伤、擦伤、碰伤等缺陷。

3）玻璃应根据功能要求选取适当品种、颜色，宜采用安全玻璃。

4）密封材料应按功能要求、密封材料特性、型材特点选用。

5）固定片厚度应不小于1.5mm，最小宽度应不小于15mm，其材质应采用Q235-A冷轧钢板，其表面应进行镀锌处理。

6）门窗与洞口密封用嵌缝材料的品种应按设计要求选用，应具有弹性和粘结性，并应有出厂证明及产品生产合格证。

2. 主要机具准备

主要机具有：铝合金切割机、手电钻、电焊机、切割机、射钉枪、冲击钻等。工具有：螺钉旋具、橡皮锤、锉刀、半圆锉刀和平铲等。量具有：水平尺、卷尺、吊线锤、灰线包、盒尺、100N弹簧秤等。

3. 作业条件准备

（1）检查墙体固定点牢固性　铝合金门窗安装的固定点必须牢固、可靠、有一定的强度，一方面墙体的预埋件要牢固、可靠，另一方面连接件和门窗框也要牢固。

（2）墙体洞口的检验与清理

1）墙体洞口的检验：墙体预留洞口尺寸应力求准确，其洞口的高度、宽度与垂直度有详细规定。门窗安装前应按照施工验收规范，校验洞口尺寸，超出偏差的应进行补救和修理，墙体洞口允许偏差应符合表5-27的规定。

表5-27 墙体洞口宽度或高度尺寸允许偏差 （单位：mm）

洞口宽度或高度	<2400	2400~4800	>4800
未粉刷墙面	±10	±15	±20
已粉刷墙面	±5.0	±10	±15

2）墙体洞口的清理和修补：对于安装门窗洞口的墙体要先清扫洞口内皮的表面灰砂、毛刺，剔除多余的灰块，填补凹凸不平的表面。

3）门窗的构造尺寸应包括预留洞口与待安装门窗框的间隙及墙体饰面材料的厚度，其间隙应符合表5-28的规定。

表5-28 洞口与门窗框间隙

墙体饰面材料	洞口与门窗框间隙/mm	墙体饰面材料	洞口与门窗框间隙/mm
清水墙	10	釉面砖	20~25
砂浆或马赛克	15~20	石材	40~50

二、施工工艺

1. 工艺流程

弹线→防腐处理→门窗框的固定→填缝→横向及竖向组合→密封条的安装→窗扇与玻璃安装→五金安装→保护与清理。

2. 施工要点

（1）弹线 从建筑物顶层找出外窗口边线位置，用大线坠垂下，在每层窗口上眉及窗台处弹短线来控制窗框的垂直方向位置。以室内+500mm水平线为依据，往上量出门窗框上皮标高，并作标记来控制门窗水平位置。墙厚方向安装位置根据设计在墙中、偏中或齐边放置。有窗台板的房间，以同一房间内窗台板外露20mm为准确定墙厚方向框口位置。铝合金门窗的开启方向按设计要求确定开启方向，不得里外装反、左右装错，就位后大小面均应吊直、找平、规方后用木楔在框四角及中枢处临时加楔垫严固定。

（2）防腐处理 门窗框四周外表面的防腐处理当设计有要求时，按设计要求处理。如果设计没有要求，可涂刷防腐涂料或粘贴塑料薄膜进行保护，以免水泥砂浆直接与铝合金门窗表面接触，产生电化学反应，腐蚀铝合金门窗。安装铝合金门窗时，如果采用连接铁件固定，则连接铁件、固定件等安装用金属零件最好用不锈钢件，否则必须进行防腐处理，以免产生电化学反应，腐蚀铝合金门窗。

（3）门窗框的固定 根据弹好的三个方向控制线安装框口，用木楔临时固定。校正对角线长度及四角方正情况无误后，将木楔备紧。门窗框与墙体通过镀锌扁铁连接（图5-15），扁铁厚度不小于1.5mm，宽度不小于25mm，间距不大于400mm，距四角距离不大于180mm。扁铁与墙体的连接有三种方法：①与预埋筋、预埋件焊接。②与混凝土墙或混凝土预制块用射钉固定。③与实心砖墙或局部实心砖砌体用膨胀螺栓固定。

（4）填缝 框与墙体间的缝隙，要按设计要求使用软质保温材料进行填嵌，如设计无要求时，则必须选用诸如泡沫型塑料条、泡沫聚氨酯条、矿棉条或玻璃棉毡条等保温材料分层填塞均匀密实，并在外表面留出5~8mm深的槽口，再用密封膏填嵌密封，且表面平整。

（5）横向及竖向组合　横向及竖向组合时，应采取套插搭接形成曲面组合，搭接长度宜为10mm，并用密封膏密封。组合方法如图5-16所示。铝合金门窗横竖框相交处，应用硅酮密封胶封严。在拉窗的轨道根部应钻直径2mm的排水孔，使雨水能及时排出，防止雨水沿门窗渗入室内。

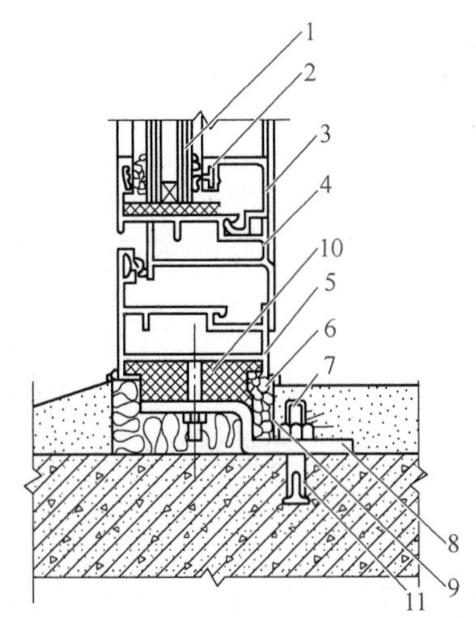

图5-15　铝合金窗安装节点及缝隙处理示意图
1—玻璃　2—橡胶条　3—压条　4—内扇　5—外框
6—密封膏　7—砂浆　8—地脚　9—软填料
10—塑料垫　11—膨胀螺栓

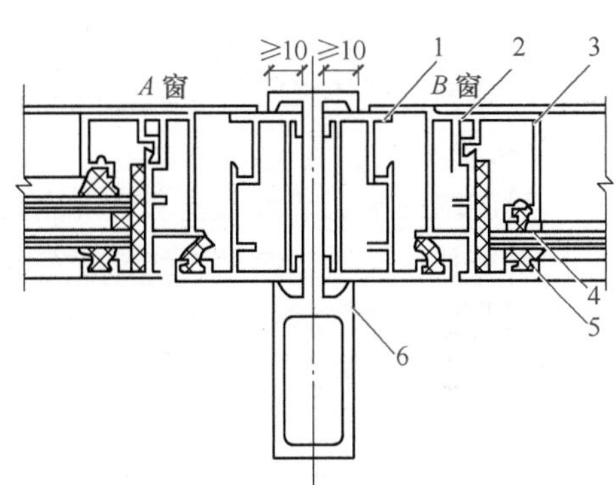

图5-16　铝合金窗组合方法示意图
1—外框　2—内扇　3—压条
4—橡胶条　5—玻璃　6—组合杆件

（6）密封条的安装　安装密封条时，应留有伸缩余量，一般比门窗的装配边长20~30mm，在转角处应斜面断开，并用胶粘剂粘贴牢固，以免产生收缩缝。

（7）窗扇与玻璃安装　铝合金窗扇应在室内外装修结束后进行。推拉门窗应将配好玻璃的门窗扇整体安入框内滑槽，然后调整缝隙。平开门窗应先将框与扇组装，安装固定好再安玻璃，即先调整好框与扇的缝隙，再装玻璃调整位置，最后镶嵌密封条填密封胶。安装完的铝合金门窗应关闭严密、开关灵活，推拉门窗扇的滑块要调整合适，且轨道平直，扇与框搭接应符合设计要求。

（8）五金安装　按设计要求选配五金件，按厂家提供的装配图进行组装，按施工图进行定位安装。五金件应待门窗面层油漆完活后再装，若需先装，安装后必须贴膜保护，防止油漆污染。

（9）保护与清理　在填嵌缝隙需要撕掉门窗保护膜时，切不可用刀等硬物刮撕，以免划伤表面。同时还要防止出现对门窗有划、撞、砸等破坏现象。铝合金门窗安装完成后，应及时清扫表面粘附物，避免排水孔堵塞并采取防护措施，不得使铝合金门窗受污损。

三、质量要求与检查评定

（1）主控项目

1）铝合金门窗的品种、类型、规格、尺寸、性能、开启方向、安装位置、连接方式及铝合金门窗的型材壁厚应符合设计要求。

2）铝合金门窗的防腐处理及填嵌、密封处理应符合设计要求。

3）铝合金门窗框和副框的安装必须牢固。预埋件的数量、位置、埋设方式、与框的连接方式必须符合设计要求。

4）铝合金门窗扇必须安装牢固，并应开关灵活、关闭严密，无倒翘。推拉门窗扇必须有防脱落措施。

5）铝合金门窗配件的型号、规格、数量应符合设计要求，安装应牢固，位置应正确，功能应满足使用要求。

（2）一般项目

1）铝合金门窗表面应洁净、平整、光滑、色泽一致、无锈蚀。大面应无划痕、碰伤。漆膜或保护层应连续。

2）铝合金门窗推拉门窗扇开关力应不大于100N。

3）门窗框与墙体之间的缝隙应嵌缝饱满，并采用密封胶密封，密封胶表面应光滑、顺直、无裂纹。

4）门窗扇的密封条与毛毡密封条应安装完好，不得脱槽。

5）排水孔应畅通，位置和数量应符合设计要求。

（3）铝合金门窗安装的允许偏差和检验方法　铝合金门窗安装的允许偏差和检验方法应符合表5-29的规定。

表5-29　铝合金门窗安装的允许偏差和检验方法

项次	项　　目		允许偏差/mm	检验方法
1	门窗槽口宽度、高度	≤1500mm	1.5	用钢尺检查
		>1500mm	2	
2	门窗槽口对角线长度差	≤2000mm	3	用钢尺检查
		>2000mm	4	
3	门窗框的正、侧面垂直度		2.5	用1m垂直检测尺检查
4	门窗横框的水平度		2	用1m水平尺和塞尺检查
5	门窗横框标高		5	用钢尺检查
6	门窗竖向偏离中心		5	用钢尺检查
7	双层门窗内外框间距		4	用钢尺检查
8	推拉门窗扇与框搭接量		1.5	用钢直尺检查

（4）铝合金门窗制作的允许偏差　铝合金门窗制作的允许偏差应符合表5-30的规定。

表5-30　铝合金门窗制作的允许偏差

项次	项　　目	尺寸范围/mm	允许偏差/mm
1	门框槽口宽度、高度	≤2000	±2.0
		>2000	±3.0
2	槽口对边尺寸之差	≤2000	≤2.0
		>2000	≤3.0
3	门框的对角线尺寸之差	≤3000	≤3.0
		>3000	≤4.0
4	门框与门扇搭接宽度		±2.0
5	同一平面高低差		≤0.3
6	装配间隙		≤0.2

任务4　全玻璃装饰门安装

【任务描述】

某教学楼进行装修，有2樘全玻璃装饰门2400mm×2100mm需进行安装，玻璃委托外加工，需进行现场成品验收，按规范安装并验收安装质量，考虑施工安全。

全玻璃装饰门安装（图片）

【能力要求】

要求学生能够针对工作任务制定完整的工作计划，包括成品进场验收、辅助材料的选取、施工机具与环境的准备及施工流程计划，能够写出较为详细的技术交底，正确安装，并能够正确进行质量检查验收。

【知识导入】

全玻璃装饰门是用厚度在12mm以上的厚质平板白玻璃、雕花玻璃、钢化玻璃及彩印图案玻璃等配以镜面不锈钢、镜面黄铜金属扇框而成的高级豪华装饰门。

全玻璃装饰门无色、透明度高、内部质量好、加工精细、耐冲击、机械强度高，适用于高级宾馆、影剧院、展览馆、酒楼、商场、银行门面，也可用于橱窗、柜台、吧台、大型玻璃展架。全玻璃装饰门大样图如图5-17所示。

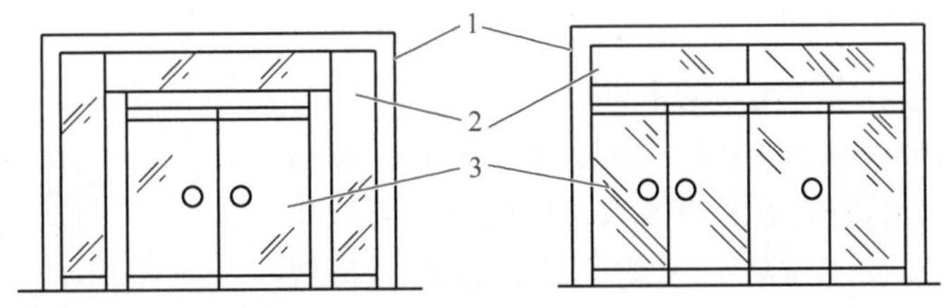

图5-17　全玻璃装饰门大样图

1—金属包框　2—固定部分　3—活动开启扇

【任务实施】

一、施工准备

1. 材料准备

玻璃、万能胶、玻璃胶、门扇上下横档、地弹簧、定位锁和门拉手等。

2. 主要机具准备

玻璃吸盘、划玻璃刀、细砂轮、水平尺、直尺、线坠、旋凿、冲击钻和手电钻。

二、施工工艺

1. 工艺流程

玻璃裁割、加工→限位槽及底托固定→安装玻璃板→注胶封口→活动玻璃门扇安装。

2. 施工要点

(1) 玻璃裁割、加工　厚玻璃的安装尺寸，应从安装位置的底部、中部和顶部进行测量，选择最小尺寸为玻璃板宽度的切割尺寸。玻璃宽度的裁割应比实测尺寸小2~3mm。玻璃板的高度方向裁割，应小于实测尺寸3~5mm。玻璃板裁割后，应将其四周作倒角处理，倒角宽度为2mm，如在现场自行倒角，应手握细砂轮块作缓慢细磨操作，防止崩角崩边。

（2）限位槽及底托固定　安装固定部分的玻璃之前门框的不锈钢板或其他饰面包覆安装应完成，地面的装饰施工也应已经完毕。门框顶部的玻璃安装限位槽已留出（图5-18），其限位槽的宽度应大于所用玻璃厚度为2～4mm，槽深10～20mm。活动玻璃门扇安装前应先将地面上的地弹簧和门扇顶面横梁上的定位销安装固定完毕，两者必须同一装轴线，安装时应吊垂线检查，做到准确无误，地弹簧转轴与定位销为同一中心线。不锈钢（或铜）饰面的木底托，可用木楔加钉的方法固定于地面，然后再用万能胶将不锈钢饰面板粘卡在木方上（图5-19）。

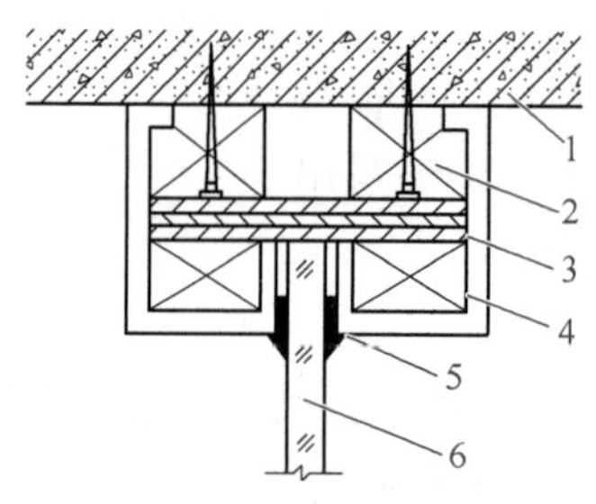

图5-18　门框顶部的限位槽构造
1—门过梁　2—定位方木　3—胶合板
4—不锈钢板　5—注玻璃胶　6—厚玻璃

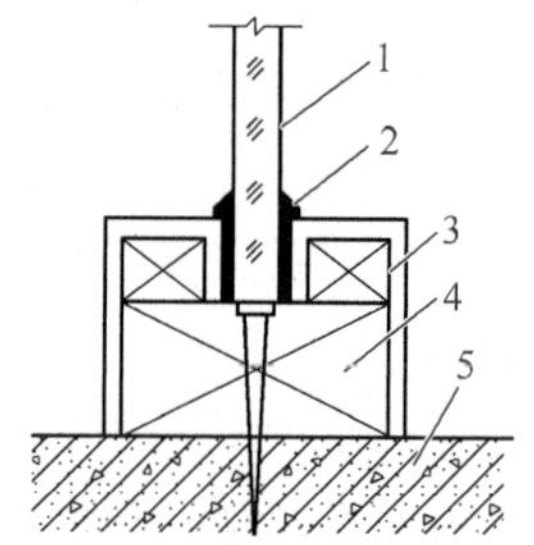

图5-19　门框底托构造
1—厚玻璃　2—注玻璃胶
3—不锈钢板　4—方木　5—地坪

如果是采用铝合金方管，可用铝角将其固定在框柱上，或用木螺钉固定于地面埋入的木楔上。

（3）安装玻璃板　用玻璃吸盘将玻璃板吸紧，然后进行玻璃就位。应先把玻璃板上边插入门框底部的限位槽内，然后将其下边安放于木底托上的不锈钢包面对口缝内。在底托上固定玻璃板的方法为：在底托木方上钉木板条，距玻璃板面4mm左右；然后在木板条上涂刷万能胶，将饰面不锈钢板片粘卡在木方上。玻璃门框柱与玻璃板安装的构造关系如图5-20所示。

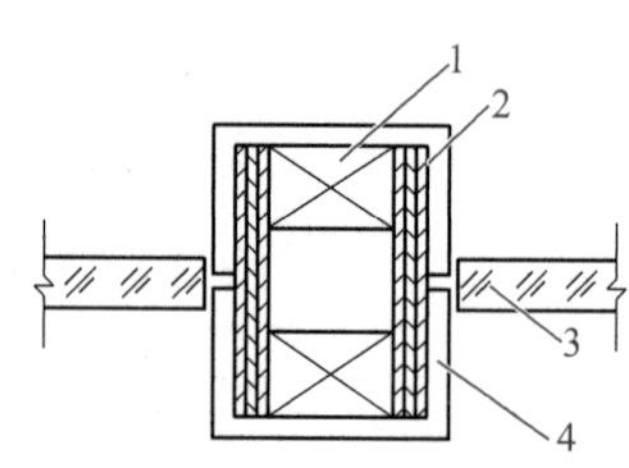

图5-20　玻璃门框柱与玻璃板安装的构造关系
1—方木　2—胶合板
3—厚玻璃　4—不锈钢板

（4）注胶封口　玻璃门固定部分的玻璃板就位以后，即在顶部限位槽处和底部的底托固定处，以及玻璃板与框柱的对缝处等各缝隙处，均注胶密封。在防水密封材料中，应用较多的是硅酮系列的密封胶，该种胶一般采用管装，使用时用特制的胶枪注入间隙内。硅酮系列密封胶有多种品种可供选择。较常用的有醋酸型硅酮密封胶和中性硅酮密封胶。在玻璃装配中，常与橡胶密封条配合使用。配套使用时，要注意使用材料的性质必须相容。

首先将玻璃胶开封后装入打胶枪内，即用胶枪的后压杆端头板顶住玻璃胶罐的底部；然后一只手托住胶枪身，另一只手握着注胶压柄不断松压，循环操作压柄，将玻璃胶注于需要封口的缝隙端。由需要注胶的缝隙端头开始，顺缝隙匀速移动，使玻璃胶在缝隙处形成一条均匀的直线。最后用塑料片刮去多余的玻璃胶，用棉布擦净胶迹。门上固定部分的玻璃板需要对接时，其对接缝应有2～3mm的宽度，玻璃板边部要进行倒角处理。当玻璃板留缝定位并安装稳固后，即将玻璃胶注入其对接的缝隙，用塑料片在玻璃板对缝的两面把胶刮平，用布擦净胶料残迹。

(5) 活动玻璃门扇安装 全玻璃活动门扇的结构没有门扇框，门扇的启闭由地弹簧实现，地弹簧与门扇的上下金属横档进行铰接如图 5-21 所示。

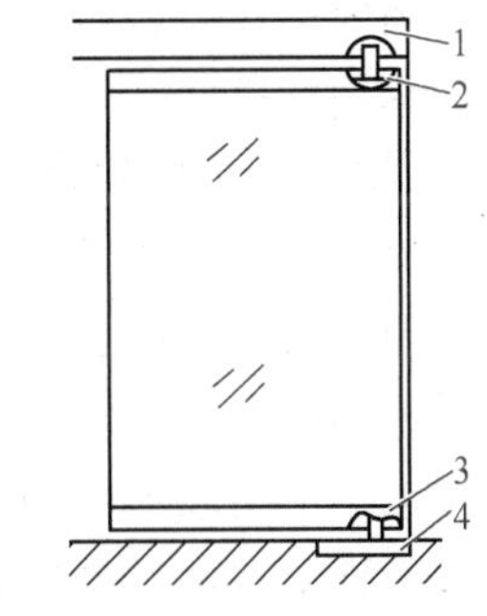

图 5-21 全玻璃活动门扇构造
1—固定门框 2—门扇上门夹
3—门扇下门夹 4—地弹簧

1) 地弹簧安装。全玻璃活动门地弹簧安装如图 5-22 所示。

① 先将顶轴套板 2 固定在门扇上部，再将回转轴杆 3 装于门扇底部，然后将调节螺钉 5 装于两侧，顶轴套板的轴孔中心必须上下对齐，保持在同一中心线上，并与门扇底成垂直，中线距门边尺寸为 69mm。

② 将顶轴 1 装于门框顶部，安装时应注意顶轴的中心距边柱的距离，以保持门扇启闭灵活。

③ 底座 4 安装时，从顶轴中心吊一垂线至地面，对准底座上地轴中心 6，同时要保持底座的水平，底座上面板和门扇底部的缝隙为 15mm，然后将外壳用混凝土浇筑填实。

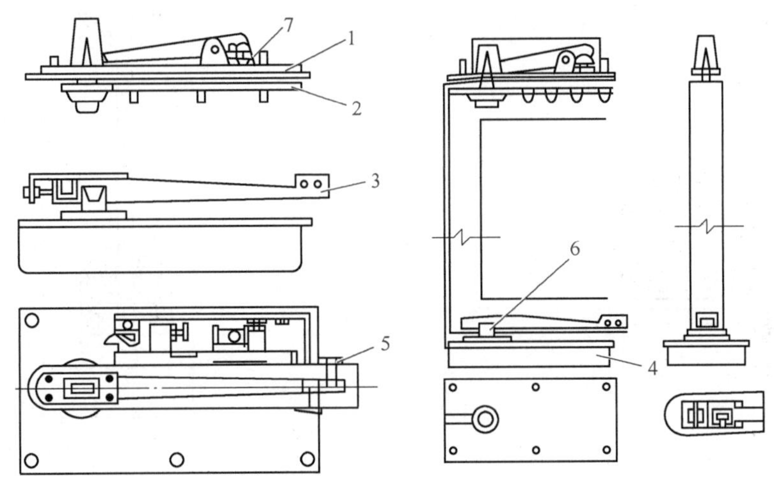

图 5-22 地弹簧安装示意图
1—顶轴 2—顶轴套板 3—回转轴杆 4—底座 5—调节螺钉 6—底座地轴中心 7—升降螺钉

④ 待混凝土养护期满后，将门扇上回转轴杆的轴孔套在底座的地轴上，然后将门扇顶部顶轴套板的轴孔和门框上的顶轴对准，拧动顶轴上的升降螺钉 7，使顶轴插入轴孔 15mm，门扇即可启闭使用。

⑤ 门扇启闭速度需要调整时，可将底座面板上的螺钉拧去，螺孔对准的是油泵调节螺丝，按逆时针方向拧动油泵调节螺钉时，门扇速度变快。

2) 销孔板和连接板的固定。在门扇的上下横挡内划线，并按线固定转动销的销孔板和地弹簧的转动轴连接板。

3) 确定门扇高度。玻璃门扇的高度尺寸，在裁割玻璃板时应注意包括插入上下横档的安装部分。一般情况下，玻璃高度尺寸应小于测量尺寸 5mm 左右，以便于安装时进行定位调节。把上、下横档（多采用镜面不锈钢成型材料）分别装在厚玻璃门扇上下两端，并进行门扇高度的测量。如果门扇高度不足，即其上下边距门横框及地面的缝隙超过规定值，可在上下横档内加垫胶合板条进行调节。如果门扇高度超过安装尺寸，只能由专业玻璃工将门扇多余部分裁去。

4）固定上下金属横档。门扇高度确定后，即可固定上下横档，在玻璃板与金属横档内的两侧空隙处，由两边同时插入小木条，轻敲稳实，然后在小木条、门扇玻璃及横档之间形成的缝隙中注入玻璃胶，如图5-23所示。

5）门扇定位。先将门框横梁上的定位销的调节螺钉调出横梁平面1～2mm，再将玻璃门扇竖起来，把门扇下横档内的转动销连接件的孔位对准地弹簧的转动销轴，并转动门扇将孔位套入销轴上。然后把门扇转动90°使之与门框横梁成直角，把门扇上横档中的转动连接件的孔对准门框横梁上的定位销，将定位销插入孔内15mm左右（调动定位销上的调节螺钉），如图5-24所示。

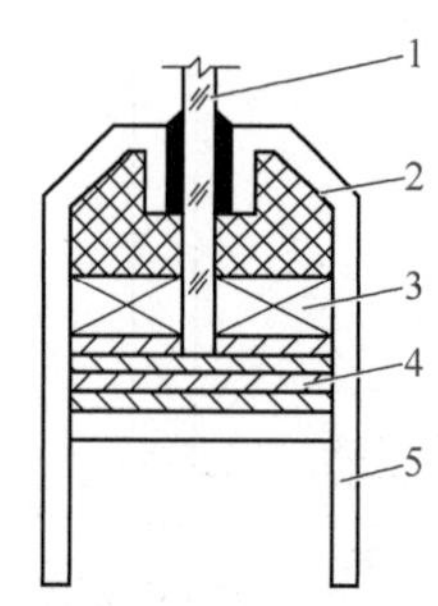

图5-23 固定上下金属横档
1—门扇厚玻璃 2—玻璃胶
3—方木条 4—胶合板条 5—上下门夹

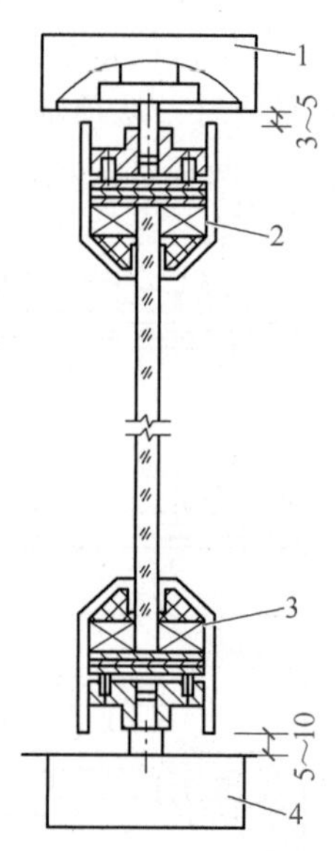

图5-24 门扇定位安装
1—门框横梁 2—门扇上门夹
3—门扇下门夹 4—地弹簧

6）安装拉手。全玻璃门扇上的拉手孔洞，一般是事先订购时就加工好的，拉手连接部分插入孔洞时不能很紧，应略有松动。安装前在拉手插入玻璃的部分涂少许玻璃胶；若插入过松，可在插入部分裹上软质胶带。拉手组装时，其根部与玻璃贴靠紧密后再拧紧固定螺钉。

三、质量要求与检查评定

全玻璃装饰门的质量要求与检验方法详见表5-31。

表5-31 全玻璃装饰门的质量要求及检验方法

项次	质量要求	检验方法
1	全玻璃装饰门的质量和各项性能应符合设计要求	检查生产许可证、产品合格证书和性能检测报告
2	全玻璃装饰门的品种、类型、规格、尺寸、开启方向、安装位置及防腐处理应符合设计要求	观察；尺量检查；检查进场验收记录和隐蔽工程验收记录

（续）

项次	质 量 要 求	检验方法
3	带有机械装置、自动装置或智能化装置的特种门，其机械装置、自动装置或智能化装置的功能应符合设计要求和有关标准的规定	启动机械装置、自动装置或智能化装置，观察
4	门的安装必须牢固，预埋件的数量、位置、埋设方式、与框的连接方式必须符合设计要求	观察；手扳检查；检查隐蔽工程验收记录
5	门的配件应齐全，位置应正确，安装应牢固，功能应满足使用要求和各项性能要求	观察；手扳检查；检查产品合格证书、性能检测报告和进场验收记录

任务5 金属旋转门安装

【任务描述】

某宾馆进行装修，有1樘电动旋转门需进行安装，玻璃委托外加工，需进行现场成品验收，按规范安装并验收安装质量，考虑施工安全。

金属旋转门安装（图片）

【能力要求】

要求学生能够针对工作任务制定完整的工作计划，包括成品进场验收、辅助材料的选取，施工机具与环境的准备及施工流程计划，能够写出较为详细的技术交底，正确安装，并能够正确进行质量检查验收。

【知识导入】

金属转门有铝质与钢质两类型材结构。铝结构是采用铝、镁、硅合金挤压型材，经阳极氧化成银白与古铜等色，外形美观并耐大气腐蚀；钢结构系采用20号碳素结构钢无缝异型管，冷拉成各种类型的转门、转壁框架，然后喷涂各种油漆而成。金属转门适用于宾馆、机场、使馆、商场等中、高级民用与公共建筑。具有控制人的流量并保持室内温度的作用。按门扇数量分四扇式（图5-25）和三扇式两种，是由互成90°角或120°角的门扇组成；按材质分有木质、铝质、钢质等多种型材结构；按驱动方式分有手动式和电动式两种。

图5-25 四扇式金属转门基本大样图

【任务实施】

一、施工准备

1. 材料准备

厂方制造的转门、机箱、玻璃、方木、玻璃胶。开箱后，应仔细检查各类零部件是否齐全、规格尺寸是否正确。

2. 主要机具准备

电焊机、冲击钻、手电钻、水平尺、直尺、扳手、旋凿和线坠。

3. 作业条件准备

1）门洞口尺寸应符合所选用转门的规格，过梁底标高符合设计要求，预留洞、预埋件能够满足安装需要。

2）安装转门部位的地面应坚实、光滑、平整，平整度宜小于3mm。

3）活动操作平台、作业面上部安全防护及机具用电均经过验收。

二、施工工艺

1. 工艺流程

洞口弹线找规矩→支架的安装→装转轴、固定底座→安装圆转门顶与转壁→转壁位置调整→门扇旋转速度调节→安装玻璃。

2. 施工要点

（1）洞口弹线找规矩　根据设计图纸中门的安装位置、尺寸和标高，先在地面上弹出转门平面位置线和转轴十字中心线（或引线），再在洞口侧壁的上部和下部弹出安装标高控制线及竖向中心控制线。

（2）支架的安装　安装支架时应根据洞口左右、前后位置尺寸与预埋件固定，并使其保持水平。转门与其他门组合时，可先安装其他组合部分。

（3）装转轴、固定底座　门扇一般逆时针旋转，临时点焊上轴承座，使转轴垂直于地平面。注意底座下要垫实，不允许下沉。

（4）安装圆转门顶与转壁　转壁分双层铝合金装饰板和单层弧形玻璃，转壁预先不固定，便于调整活扇之间隙；装门扇，要保持90°夹角，旋转转门，亦应保证上下间隙。

（5）转壁位置调整　保持门扇与转壁之间有一定间隙。间隙大小以活扇与转壁之间采用的聚丙烯毛刷条尺寸为准，门扇高度与旋转松紧调节转门需关闭时，将门扇插销插入预埋的插壳内即可。

（6）门扇旋转速度调节　主轴下部设有可调节阻尼装置，以控制门扇因惯性产生偏快的转速，保持旋转平稳状态，如图5-26所示。门扇旋转速度调节好以后，埋插销下壳，固定转壁。

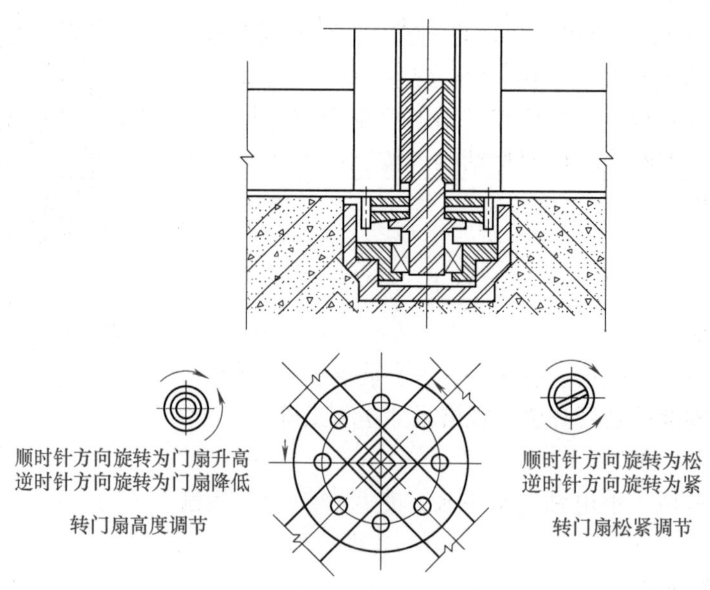

图5-26　转门门轴固定及调节图

（7）安装玻璃　用吸盘将玻璃放入框内，四边用橡胶条固定玻璃。玻璃尺寸根据实体使用进行装配。

三、成品保护

1）对于铝制转门结构及铝合金装饰板转壁安装前必须检查其表面保护胶纸和塑料薄膜封贴包扎是否完好，在施工过程中，发现保护胶纸或裹缠的薄膜有损坏现象时应及时用胶纸或塑膜裹缠严实，以防止水泥砂浆、喷涂材料等污染损坏铝合金转门或转壁表面。在室内外湿作业未完成前，不能破坏转门或转壁表面的保护材料。

2）应采取措施，防止焊接作业时电焊火花损坏周围铝型材、玻璃等材料。

3）在转门搬运、堆放、安装、调试过程中应特别注意对门洞附近墙面、地面、台阶、吊顶及预留、预埋管线的保护，以免成活受损。

4）交工前撕去保护胶纸时，用手指轻轻剥离，禁止用刀具等锐器划割剥开。

四、质量要求与检查评定

1）金属转门的质量和各种性能应符合设计要求。

2）金属转门的品种、类型、规格、尺寸、开启方向、安装位置及防腐处理应符合设计要求。

3）金属转门的安装必须牢固、预埋件的数量、位置、埋设方法、与框的连接方式必须符合设计要求。

4）金属转门的配件齐全、位置正确、安装牢固。

5）金属转门安装的允许偏差和检验方法见表5-32。

表5-32　金属转门安装的允许偏差和检验方法

项次	项　　目	允许偏差/mm	检验方法
1	门扇正、侧面垂直度	1.5	用1m垂直检测尺检查
2	门扇对角线长度差	1.5	用钢尺检查
3	相邻扇高度差	1	用钢尺检查
4	门扇与圆弧边留缝	1.5	用塞尺检查
5	门扇与上顶间留缝	2	用塞尺检查
6	门扇与地面间留缝	2	用塞尺检查

任务6　自动门安装

【任务描述】

某宾馆进行装修，有1樘自动门需进行安装，玻璃委托外加工，需进行现场成品验收，按规范安装并验收安装质量，考虑施工安全。

自动门安装（图片）

【能力要求】

要求学生能够针对工作任务制定完整的工作计划，包括成品进场验收、辅助材料的选取，施工机具与环境的准备及施工流程计划，能够写出较为详细的技术交底，正确安装，并能够正确进行质量检查验收。

【知识导入】

当人或其他活动目标进入传感器的感应范围时，门扇便自动开启；当活动目标离开感应范围时，门扇又会自动关闭的一种自动开闭门称为自动门。自动门具有外观新颖、结构灵巧、运行噪声小、功耗低、启动灵活、可靠等特点，适用于宾馆、大厦、贸易楼、办公大楼、机场、医院手术间、高级净化车间、计算机房等建筑。

自动门分类如下：

（1）按门扇构造分

1）全玻璃无框自动门：代号为W，由12mm以上厚度的钢化玻璃门扇、上下门扇包框、地弹簧、门顶弹簧组成。

2）全玻璃有框自动门：代号为Y，由铝合金外框、12mm以上厚度整块钢化玻璃组成。可分为二扇型、四扇型、六扇型等（图5-27）。

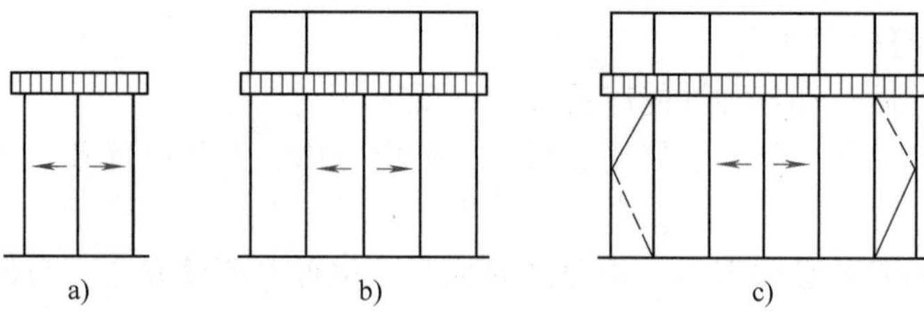

图5-27 自动门标准立面示意
a）二扇型 b）四扇型 c）六扇型

（2）按探测装置区分

1）微波探测器，代号为B。

2）红外线探测器，代号为H。

3）超声波探测器，代号为C。

4）电磁感应探测器，代号为D。

5）特殊探测器，代号为T。

（3）按门扇高度分 按门扇高度基本尺寸分为2100mm、2400mm两个系列。

（4）按单扇质量分

1）推拉式自动门的单扇质量分为45kg、75kg、125kg三个等级。

2）平开式自动门的单扇质量分为30kg、50kg、70kg三个等级。

【任务实施】

一、施工准备

1. 材料准备

厂方制造的自动门、机箱、18号槽钢横梁轨道，做地坪时在地坪的下轨道位置预埋50~75mm方木条一根。

2. 主要机具准备

电焊机、冲击钻、手电钻、水平尺、直尺、扳手、螺钉旋具和线坠等。

二、施工工艺

1. 工艺流程

地面导轨安装→安装横梁→固定机箱→安装门扇→调试。

2. 施工要点

(1) 地面导轨安装 铝合金自动门和全玻璃自动门地面上装有导向性下轨道。异型钢管自动门无下轨道。自动门安装时，撬出预埋方木条便可埋设下轨道，下轨道长度为开启门宽的2倍。埋轨道时注意与地坪的面层材料的标高保持一致。轨道安装如图5-28所示。

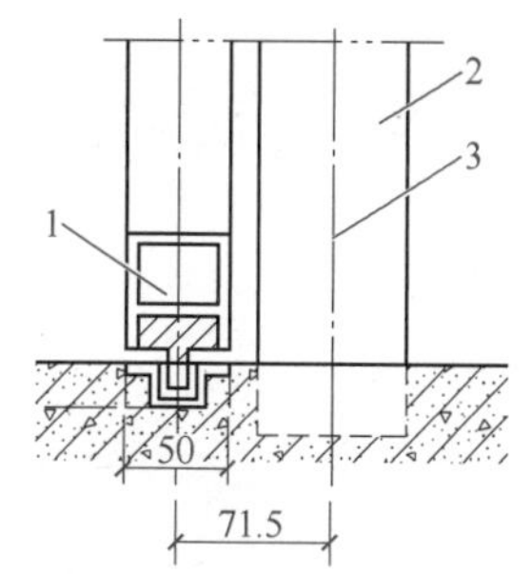

图5-28 地面轨道安装示意图
1—自动门扇下帽
2—门柱 3—门柱中心线

(2) 安装横梁 将18号槽钢放置在已预埋铁的门柱处，校平、吊直，注意与下面轨道的位置关系，然后电焊固定。自动门上部机箱层主梁是安装中的重要环节。由于机箱内装有机械及电控装置，因此对支承横梁的土建支承结构有一定的强度及稳定性要求。常用的有两种支承节点，如图5-29所示，一般砖结构宜采用图5-29a形式，混凝土结构宜采用图5-29b形式。

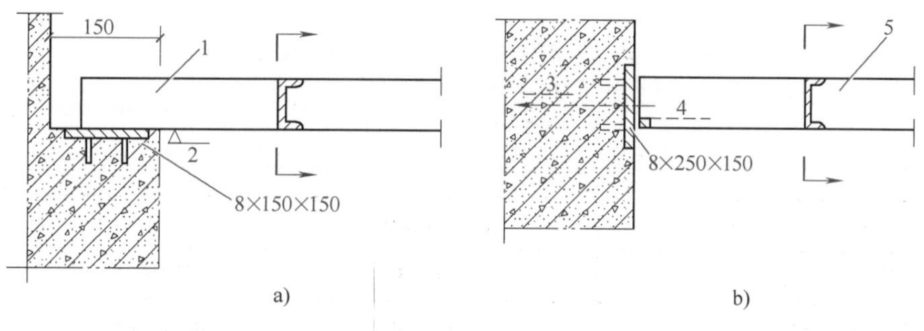

图5-29 机箱横梁支承节点
a) 一般砖结构形式 b) 混凝土结构形式
1—机箱层横梁（18号槽钢） 2—门扇高度
3—门扇高度+90mm 4—门扇高度 5—机箱层横梁（18号槽钢）

(3) 固定机箱 将厂方生产的机箱仔细固定在横梁上，如图5-30所示。

(4) 安装门扇 先检查轨道顺直、平滑，不顺滑处用磨光机打磨平滑后安装滑动门扇。滑动门扇尽头应装弹性限位材料。要求门扇滑动平稳、顺畅。

(5) 调试 接通电源，调整微波传感器和控制箱，使其达到最佳工作状态，一旦调整正常后，不得任意变动各种旋钮位置，以免出现故障。

三、质量要求与检查评定

1) 自动门的质量和各种性能应符合设计要求。

2) 自动门的品种、类型、规格、尺寸、开启方向、安装位置及防腐处理应符合设计要求。

3) 自动门的安装必须牢固、预埋件的数量、位置、埋设方法、与框的连接方式必须符合设计要求。

4) 自动门的自动装置或智能化装置功能应符合设计要求和有关标准的规定。

5) 自动门的配件齐全、位置正确、安装牢固。

6) 推拉自动门的感应时间限值和检验方法应符合表5-33规定。

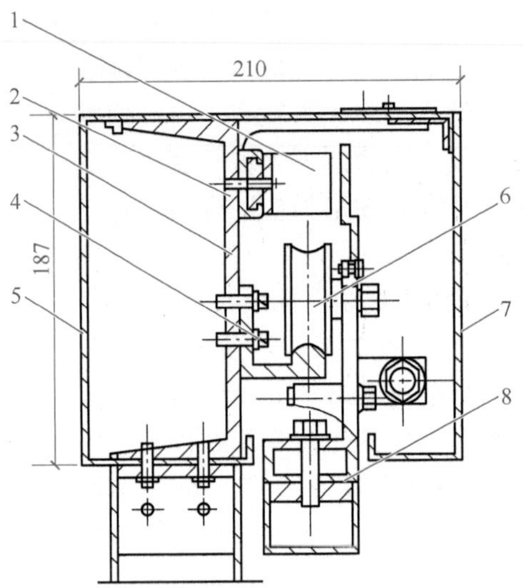

图5-30 机箱与横梁连接安装的剖面图

1—限位接近开关 2—接近开关滑槽 3—机箱横梁18#槽钢
4—自动门扇上轨道 5—机箱前罩板 6—自动门扇上滑轮
7—机箱后罩板 8—自动门扇上横条

表5-33 推拉自动门的感应时间限值和检验方法

项次	项 目	感应时间限值/s	检验方法
1	开门响应时间	≤0.5	用秒表检查
2	堵门保护延时	16～20	用秒表检查
3	门扇全开启后保持时间	13～17	用秒表检查

7）推拉自动门安装的留缝限值、允许偏差和检验方法见表5-34。

表5-34 推拉自动门安装的留缝限值、允许偏差和检验方法

项次	项目		留缝限值/mm	允许偏差/mm	检验方法
1	门槽口宽度、高度	≤1500mm	—	1.5	用钢尺检查
		>1500mm	—	2	
2	门槽口对角线长度差	≤2000mm	—	2	用钢尺检查
		>2000mm	—	2.5	
3	门框的正、侧面垂直度		—	1	用1m垂直检测尺检查
4	门构件装配间隙		—	0.3	用塞尺检查
5	门梁导轨水平度		—	1	用1m水平尺和塞尺检查
6	下导轨与门梁导轨平行度		—	1.5	用钢尺检查
7	门扇与侧框间留缝		1.2～1.8	—	用塞尺检查
8	门扇对口缝		1.2～1.8	—	用塞尺检查

实训任务5 家庭装修门窗安装

【实训教学设计】

教学目的：学完本项目后，为了检验教学效果，设计一次以学生为主体的综合实训任务。学生模拟施工班组，进行计划、指挥调度、操作技能、协同合作多方面的综合能力培养。

角色任务：教师、技师和学生的角色任务见表5-35。建议小组长按照不同层次学生进行任务分工：动手能力强的进行操作施工；学习能力强的编写技术交底；工作细致的同学进行质量验收工作；其他同学准备材料机具和安全交底。

表5-35 角色任务分配

角色	任务内容	备注
教师和技师	教师和技师起辅助作用，模仿项目管理层施工员、质检员、安全员角色，负责前期总体准备工作、过程中重点部分的录像或拍摄和最终总结	前期总体准备工作： 1. 保证本次门窗安装所需材料机具数量充足 2. 工作场景准备，在实训基地按照分组情况划分工作片区 3. 水电准备，保证水电畅通
学生	模仿施工班组，独立进行角色任务分配，在指定工作片区，完成门窗安装施工	各组施工员、质检员和安全员做好本职工作，注意文明施工

工作内容与要求：根据任务书要求，分组编写切实可行的门窗材料选材方案，并做出一份粗略的装修预算，并进行小组演讲与互评。

工作地点：实训基地装饰施工实训室。

时间安排：8学时

工作情景设置：

现有一套毛坯住宅用房，其平面图如图5-31所示，需要进行门窗安装。内容包括模压成品木门（含门套）、双玻带纱扇塑钢平开窗的安装。侧重解决以下问题：

1）施工准备工作（材料、施工机具与作业条件）。

2）分小组完成门窗的施工工作计划，写出技术交底。

3）进行门窗的安装。

4）进行质量检查与验收。

5）进行自评与互评。

工作步骤：

1）明确工作，收集资料，学习门窗性能及安装方法的基本知识，确定施工过程及其关键步骤。

2）确定小组工作进度计划，填写工作进度计划表（表5-36）。

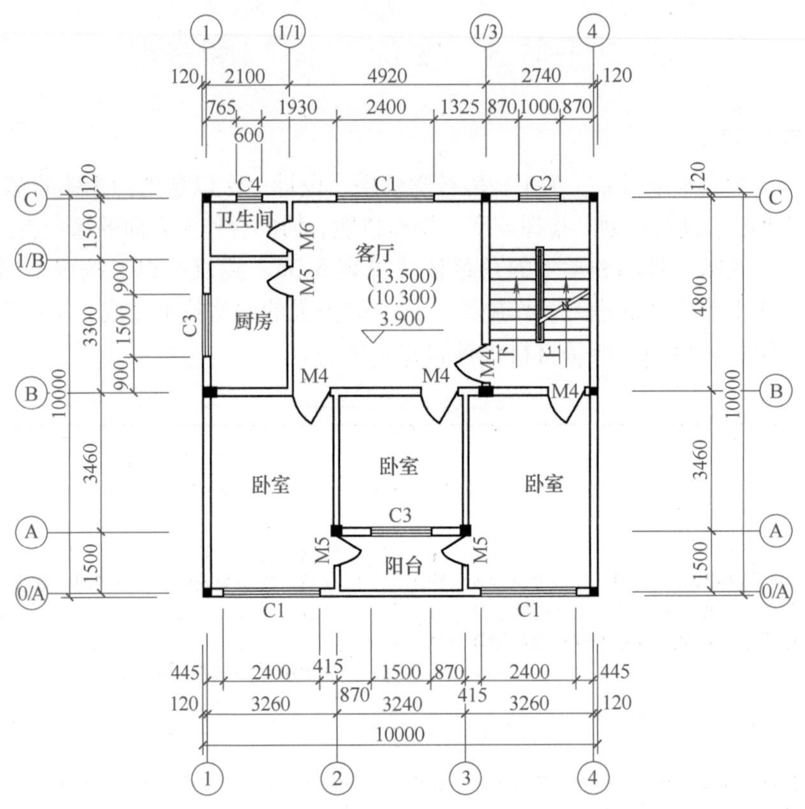

图 5-31　某单元房平面图

表 5-36　工作进度计划表

序号	工作内容	时间安排	备注
1	编制材料及工具准备计划，进行施工现场及各种机具准备		
2	编制施工工作计划		
3	编制施工方案		
4	进行门窗施工		
5	质量检查与评定		

3）确定门窗安装施工准备的步骤，填写材料机具使用计划表（表 5-37）。

4）确定施工方法，并进行门窗施工。

5）各小组按照有关质量验收标准进行验收、评定。

6）最后由指导教师进行评价，教师团队各角色可以分别总结，可就典型问题进行录像回放、点评，并填写综合评价表（表 5-38）。

表 5-37 材料机具使用计划表

序号	材料、机具名称	规格	数量	备注
1				
2				
3				
4				
5				
6				
7				

表 5-38 门窗安装实训综合评价表

工作任务				
组别		成员姓名		
评价项目内容		分值分配	实际得分	评价人
技术交底针对性、科学性		10		教师、技师
进度计划合理性		10		施工员、教师
材料工具准备计划完整性		10		施工员
人员组织安排合理性		5		施工员
施工工序正确性		10		技师、施工员
施工操作正确性、准确性		20		技师、质检员
施工进度执行情况		10		施工员
施工安全		10		安全员
文明施工		5		安全员
小组成员协同性		10		教师
综合得分		100		
教师评语				
教师签名			评价日期	

成果描述：

通过实训，检查学生材料机具准备计划是否完备；人员组织、进度安排是否合理；操作的规范性；技术交底、安全交底的全面性、针对性、科学性。

颗粒素养小案例

建筑能耗包括建材生产、建筑施工、建筑日常运转及建筑拆除等项目的能耗。其中比重最大（约占 80% 以上）的是建筑日常运转能耗（主要为采暖、空调、热水、照明、电器等用能）。

建筑外墙门窗的能耗约为墙体的4倍、屋面的5倍、地面的20多倍，约占建筑围护部件总能耗的40%～50%。门窗节能是建筑节能的关键，门窗既是能源得失的敏感部位，又关系到采光、通风、隔声、立面造型。这就对门窗的节能提出了更高的要求，其节能处理主要是改善材料的保温隔热性能和提高门窗的密闭性能。随着建筑科技的进步，科研工作者们在门窗材料上发明了断桥铝，改造了窗框腔体结构，研发出了抗老化能力强的密封条，将普通玻璃加工成中空玻璃、镀膜玻璃、高强度Low-E防火玻璃、采用磁控真空溅射放射方法镀制含金属层的玻璃，这一系列措施大大提高了门窗的节能效果。在门窗选材环节，从框材、玻璃到密封条都要严把质量关，堵住门窗耗能漏洞。因此，我们在今后的从业生涯中要时刻保持职业敏感度，多走进施工现场，多调研、多思考，多进行工艺及设备的改进和翻新，才能使得我国早日成为制造强国。

课外作业　搜集六种型材窗造价

搜集并整理六种型材窗价格情况资料：各种窗综合平米单价、各部件单价、同种部件不同质量等级的价格情况。

项目 6　楼梯及扶栏装饰施工

楼梯的装饰内容有栏杆、栏板、扶手及踏步。楼梯栏杆或栏板顶部的扶手要求光滑、手感好、坚固耐久，栏杆及扶手通常采用木材、金属管材、塑料制品等，扶手也可用石材装饰；栏板常采用玻璃栏板；楼梯踏步板是楼梯各个部位中最受考验的部位，频繁走动、踩踏要求踏步板在选择材质时务必结实、耐磨并且具有良好的承重性。目前市面上的踏步板主要分为木质、石材和钢化玻璃三种。木质防滑但耐磨性差，石材耐磨、美观但材质较滑，钢化玻璃承重性好但给人冷冰冰的感觉。本部分主要通过 2 个典型工作任务讲述常用楼梯及扶栏的施工。

教学设计

本项目共分 2 个教学任务，每个任务均可参照以下步骤进行教学设计，以任务 1 木楼梯装饰施工为例。

木楼梯装饰施工教学活动的整体设计

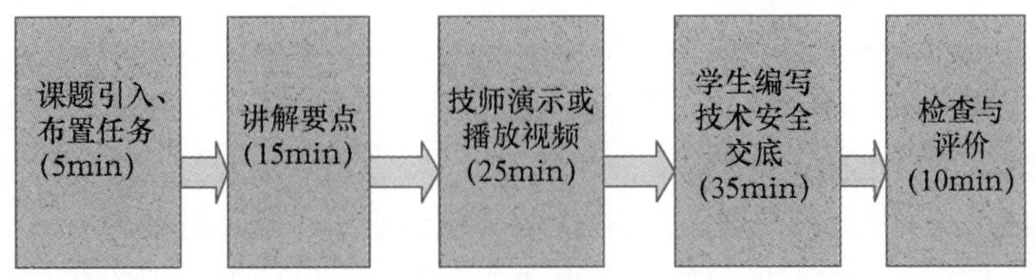

1）教师布置任务，简述任务要求，将学生分组进行角色分配，各角色相应的工作内容见表 6-1。

表 6-1　各角色相应的工作内容

角色	主要工作内容	备注
教师	布置任务、讲解重点内容	全过程指导
施工员	提出木楼梯施工所需人员、材料、机具等使用计划	施工员和工人共同检查作业条件
技术员	编写装饰木楼梯安装的技术交底	
技师	简述操作要点并进行楼梯安装演示	不具备实际操作条件，可用相关操作视频代替
质检员	确定质量检查标准及方法、检查点及检查数量，制定评价表	
安全员	编写木楼梯安装过程中用电、防止砸伤等安全交底	

2）教师讲解重点内容，并发给学生任务单和相关参考资料。

3）先由技师简述操作要点并进行木楼梯安装施工演示，或者观看视频。

4）各组学生按照分配的岗位角色，分别完成各自工作内容。

5）教师针对技术交底、安全交底及小组成员合作协同做总结评定（表6-2）。

表6-2 小组评价表

组别＿＿＿＿＿＿＿＿成员＿＿＿＿＿＿＿＿

评价内容	分值	实际得分	评分人
技术交底的科学性	50		
安全交底的针对性	30		
成员团结协作	20		
总分	100		

评价日期＿＿＿＿＿＿＿＿

任务1 木楼梯施工

【任务描述】

某别墅进行室内装修，要将室内原钢楼梯用木踏步、木栏杆和木扶手进行装修，并考虑安全、隔声及防火等要求。

木楼梯施工
（图片）

【能力要求】

要求学生能够针对工作任务制定完整的楼梯装饰工作计划，包括材料的选取，施工机具与环境的准备及施工流程计划，能够写出较为详细的技术交底，并能够正确进行质量检查验收。

【知识导入】

木楼梯装修指以木踏步、木栏杆和木扶手进行楼梯装饰。图6-1所示为某实木楼梯。

1. 木扶手

高级装饰采用水曲柳、榉木等高档硬木，普通装饰采用松木、衫木等。要求粗细一致、通长顺直、不变形、无疤痕。断面形式可根据楼梯的大小、位置及栏杆的材料与形式而定，清漆饰面（图6-2）。

2. 木栏杆

木栏杆由扶手、车木立柱、梯帮组成。车木立柱上端与扶手、下端与梯帮采用榫接。木栏杆采用整片或单件拼接（图6-3和图6-4）。

3. 木踏步

木踏步板是与钢木楼梯搭配的最佳选择，木踏步板的制作材料主要有法国榉木，泰国橡胶木，国产水曲柳、柞木、楸木等品种。目前木踏步板已经工厂化生产。

图6-1　某实木楼梯

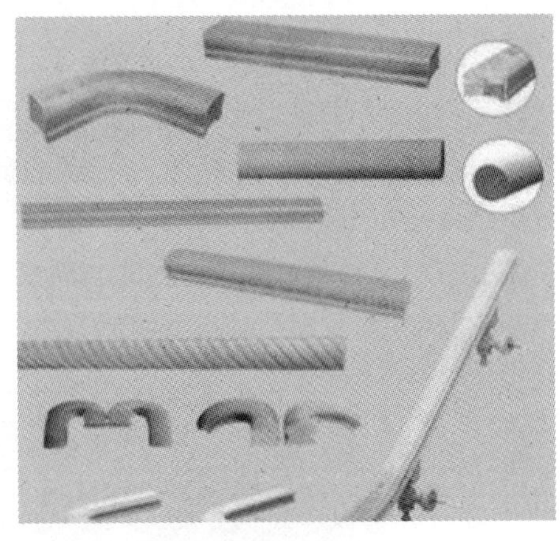

图6-2　木扶手

图6-3　整片木栏杆

【任务实施】

一、施工准备

1. 材料准备

1）木踏步、木栏杆和木扶手的断面尺寸应符合设计要求。实木材质不得有腐朽、节疤、扭曲等疵病，安装前应进行防火、防蛀、防腐处理。

2）紧固材料（图6-5）：沉头螺母、牙杆、木盖、圆钉、木螺丝、射钉和膨胀螺丝等。

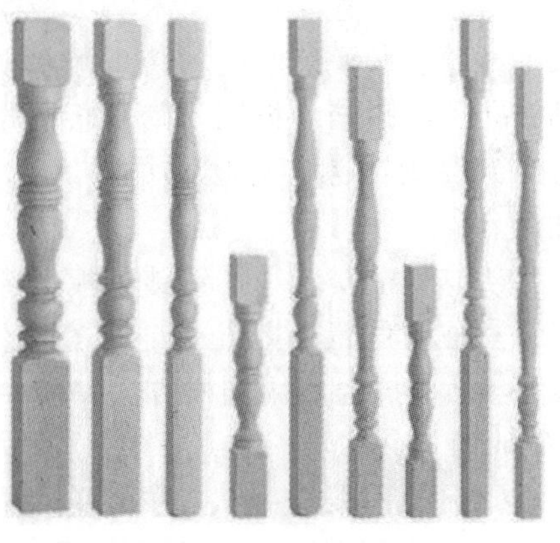

图6-4　单件木栏杆

2. 主要机具准备

电锯、电刨、木工斧、角磨机、冲击钻、手电钻及钻头、手锯、螺丝刀、线坠、水平尺、三角尺、内六角扳手、美工刀、橡皮锤、吊垂、线绳等。

3. 作业条件准备

1）熟悉图纸，做施工工艺技术交底。

2）施工前检查每级踏板平整度、步长、步宽、步高。

3）现场供电应符合用电要求。

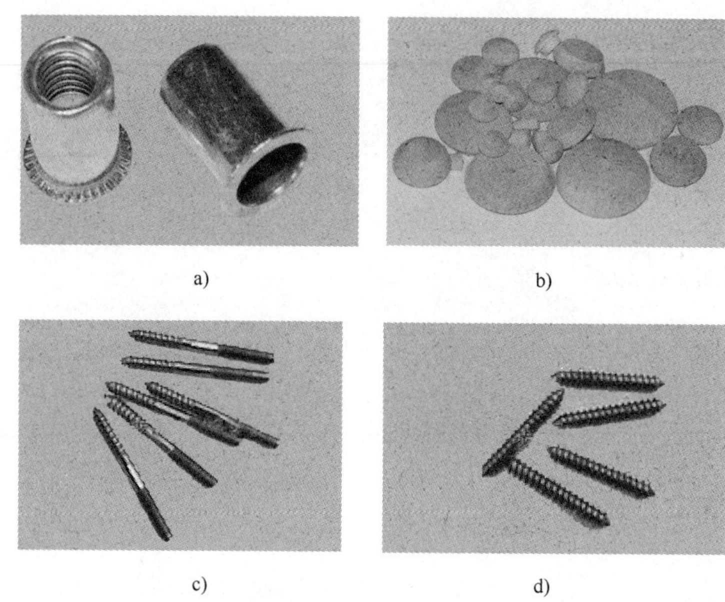

图 6-5 紧固材料
a）沉头螺母 b）木盖 c）单尖牙杆 d）双尖牙杆

4）施工环境满足施工的需要，楼梯间墙面、顶棚等抹灰全部完成。

二、施工工艺

1. 工艺流程

踏步板安装→立柱安装→扶手安装→弯头安装→整修。

2. 施工要点

（1）踏步板安装 将木踏步板摆放在钢踏步板上，通过水平仪保证木踏步板水平放置。冲击钻钻孔后将钢踏步板同木踏步板固定（图 6-6）。考虑到受力因素，对楼梯的转角木踏步板特别加固。

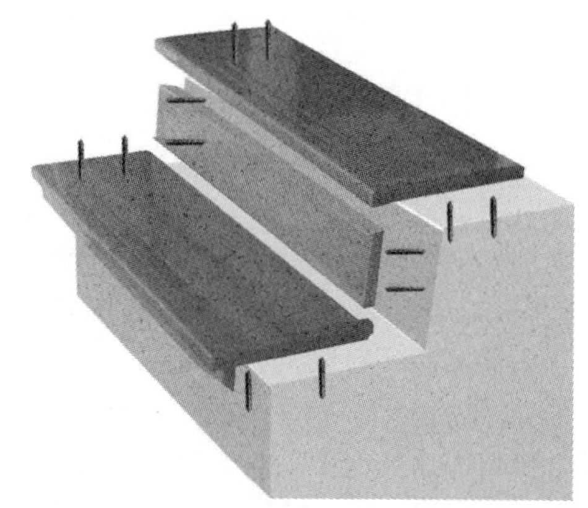

图 6-6 踏步板安装

（2）立柱安装 在钢踏步板上部先确定所需安装立柱的位置，打眼、安装立柱，两端立柱安装完毕后，拉通线用同样方法安装中间部位立柱（图 6-7）。

（3）扶手安装 安装扶手的固定件，位置、标高、坡度找位校正后，弹出扶手纵向中心线。

预装木扶手由下往上进行，先预装起步弯头及连接第一跑扶手的折弯弯头，再配上下折弯之间的直线扶手料，进行分段预装粘结。

分段预装检查无误，进行扶手与栏杆（栏板）固定，用木螺丝拧紧固定，固定间距控制在 400mm 以内，操作时应在固定点处，先将扶手料钻孔，再将木螺丝拧入，不得用锤子直接打入，螺帽达到平正。

（4）弯头安装 按栏板或栏杆顶面的斜度，配好起步弯头，一般木扶手可用扶手料割配弯头，采用割角对缝粘接，在断块割配区段内最少要考虑三个螺钉与支承固定件连接固定。大于70mm断面的扶手接头配制时，除粘结外，还应在下面作暗榫或用铁件铆固。

（5）整修　扶手折弯处如有不平顺，应用细木锉锉平，找顺磨光，使其折角线清晰，坡角合适，弯曲自然，断面一致，最后用木砂纸打光。

图6-7　立柱安装

三、质量要求与检查评定

1）木扶手及弯头木料的材质、等级、含水率和防腐、防虫、防火处理必须符合设计要求和木结构施工规范的规定。

2）扶手选型应与支承件相符，材质、形状、尺寸应符合设计要求。

3）安装固定扶手的预埋件（木砖或铁件）必须牢固，无松动现象，木扶手入墙处应做防腐处理。

4）规格、尺寸正确，表面光滑，线条顺直，曲线面弧顺，楞角方正，无戗槎、刨痕、锤印等缺陷。

5）安装位置正确，割角线准确、整齐，接缝严密，坡度一致，粘结牢固、通顺，螺帽平正，出墙尺寸一致。

6）护栏和扶手安装允许偏差及检验方法见表6-3。

表6-3　护栏和扶手安装允许偏差及检验方法

项次	项目	允许偏差/mm	检验方法
1	护栏垂直度	3	用1m垂直检测尺检查
2	栏杆间距	3	用钢尺检查
3	扶手直线度	4	拉通线，用钢直尺检查
4	扶手高度	3	用钢尺检查

任务2　不锈钢楼梯扶手栏杆和玻璃栏板施工

【任务描述】

某别墅进行室内装修，要将主体完工的原钢筋混凝土楼梯用不锈钢扶手栏杆和玻璃栏板进行装修，并考虑安全、美观等要求。

不锈钢楼梯扶手栏杆和玻璃栏板施工（图片）

【能力要求】

要求学生能够针对工作任务制定完整的不锈钢楼梯装饰工作计划，包括材料的选取，施工机具与环境的准备及施工流程计划，能够写出较为详细的技术交底，并能够正确进行质量检查验收。

【知识导入】

金属管扶手可采用普通焊管、无缝钢管、铝合金管、铜管、不锈钢管等。配套件有转角弯头、装饰件、法兰等。在现场焊接安装，表面涂漆或抛光处理。楼梯栏杆与栏板的作用是安全围护和美观装饰，要求美观大方、坚固耐久，垂直杆件的净距不大于110mm。栏杆与踏步的连接方式有预埋铁件焊接、预留孔洞插入固定及膨胀螺栓固定。不锈钢扶手栏杆玻璃栏板楼梯如图6-8所示。

图6-8 不锈钢扶手栏杆玻璃栏板楼梯

玻璃栏板采用不小于10mm厚的钢化玻璃、夹丝玻璃、夹层钢化玻璃等，有两种类型：

1）采用玻璃整片拼接，又称玻璃栏河，玻璃起承力、围护和装饰作用。

2）分段设置金属管立柱，玻璃嵌在立柱之间，玻璃仅起围护和装饰作用。

【任务实施】

一、施工准备

1. 材料准备

不锈钢栏杆的规格按设计图纸验收，并应分类存放。A10膨胀螺栓、进场钢管堆放时应有垫木，防止表面损坏或变形。

2. 机具准备

电焊机、焊丝、抛光机、电锤、切割机、云石机、手提电钻、钢锉、方尺等。

3. 作业条件准备

1）熟悉图纸，做楼梯施工工艺技术交底。

2）施工前应检查电焊工合格证有效期限，应证明焊工所能承担的焊接工作。

3）现场供电应符合焊接用电要求。

4）施工环境能满足施工的需要，楼梯间墙面、顶棚等抹灰全部完成。

二、施工工艺

1. 工艺流程

测量放线→埋件制作和安装→清理埋件→安装不锈钢支柱→焊接不锈钢扶手→打磨抛光→焊缝检查→安装玻璃栏板。

2. 施工要点

（1）测量放线　由于楼梯预埋件施工时有可能产生误差，因此施工过程中必须根据现场放线实测的数据，根据设计的要求绘制施工放样详图。对楼梯栏杆扶手的拐点位置和立柱定位尺寸要格外注意，经过现场放线核实后放样详图，以确定埋板位置与焊接立杆的准确性，如有偏差及时修正。应保证不锈钢内衬管全部落在钢板上，并且四周能够焊接，后补埋件安装完毕后，必须进行防腐处理，涂刷防锈漆两遍。

（2）埋件制作和安装　包括埋件钢板、膨胀螺栓、氧气、乙炔、冲击电钻及其他构件。楼梯间装饰工程中楼梯栏杆先种好预埋件，其做法是采用膨胀螺栓与钢板来制作后置连接件，先在结构踏步和休息平台基层上放线，确定立柱固定点的位置，然后在楼梯地面上用冲击电钻钻孔，再安装膨胀螺栓，螺栓保持足够的长度（膨胀螺栓不高于垫层，高出部分割除），在螺栓定位以后，将螺栓拧紧同时将螺母与螺杆间焊死，防止螺母与钢板松动（图6-9），扶手与墙体面的连接同样采取上述方法。

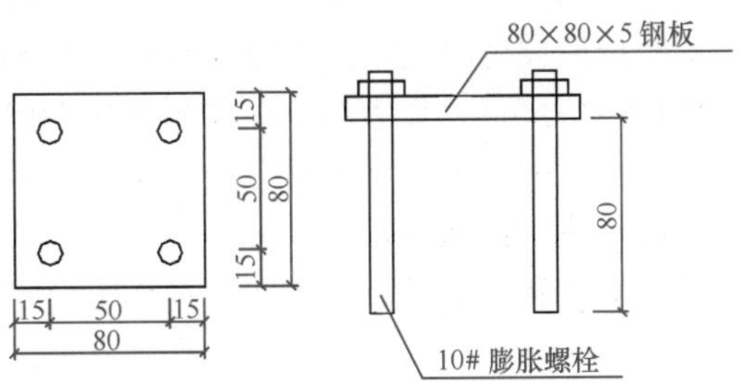

图6-9　固定件详图

（3）清理埋件　清理预埋件，对漏埋及偏差较大的埋件及时进行处理。

（4）安装不锈钢支柱　加工立柱，先将立柱连接件焊上，然后将立柱连接件焊接在预埋件上。焊接过程中，需双人配合，一个人扶住钢管使其保持垂直，在焊接时不能晃动，另一人施焊，先点焊直线段两端的不锈钢连接件，拉通线焊接中间不锈钢连接件，待整个梯段不锈钢连接件焊接完毕，再次拉通线检查螺栓孔是否与梯斜面相平行，并控制好不锈钢立柱垂直度以及与梯踏步棱角的水平度，方可进行焊接牢固工作，要求焊缝规格及焊缝高度符合设计要求。在焊接牢固前，调正、调直后，焊接牢固（图6-10）。

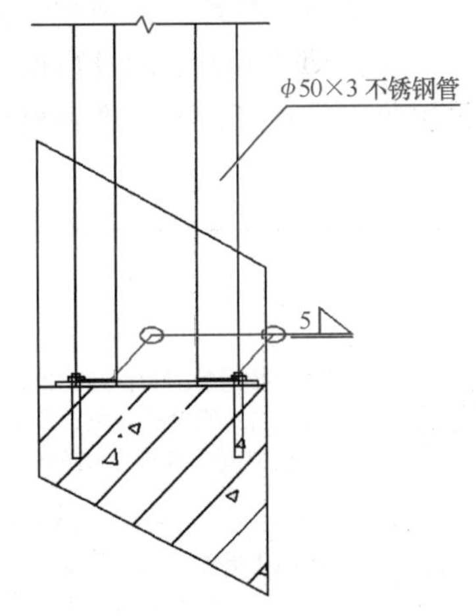

图6-10　立柱与固定件连接详图

（5）焊接不锈钢扶手　通长不锈钢扶手先点焊于立柱端头并控制好扶手水平度，调正、调直后，焊接牢固。焊接宜使用氩弧焊机焊接，焊接时应先点焊，检查位置间距、垂直度、直线度是否符合要求，再两侧同时焊满。焊缝一次不宜过长，防止不锈钢管受热变形。

（6）打磨抛光　全部焊接好后，用手提砂轮打磨机将焊缝打平砂光，直到不显焊缝。抛光时采用绒布砂轮或毛毡进行抛光，同时采用相应的抛光膏，直到与相邻的母材基本一致，不显焊缝为止。

（7）焊缝检查　焊点应牢固，焊缝应饱满，焊缝金属表面的焊波应均匀，不得有裂纹、夹渣、焊瘤、烧穿、弧坑和针状气孔等缺陷，焊接区不得有飞溅物。

（8）安装玻璃栏板　按设计要求制作和安装玻璃栏板。玻璃栏板的固定方式多用金属卡槽将玻璃栏板固定于不锈钢支柱之间，或者在不锈钢支柱上开出槽位，将玻璃栏板嵌装在立柱上并用玻璃胶固定。

三、成品保护

1）不锈钢管型材出厂前做保护膜，避免运输、下料过程中的产品污染，产品保护膜在焊接安装前拆除。

2）在已经施工的玻璃上覆盖纤维板，防止物体打击损伤玻璃。

四、质量要求与检查评定

1）护栏和扶手制作与安装所使用材料的材质、规格、数量等应符合设计要求。

2）护栏和扶手的造型、尺寸及安装位置应符合设计要求。

3）护栏和扶手安装预埋件的数量、规格、位置以及护栏与预埋件的连接节点应符合设计要求。

4）护栏高度、栏杆间距、安装位置必须符合设计要求，护栏安装必须牢固。

5）护栏玻璃应使用公称厚度不小于12mm的钢化玻璃或钢化夹层玻璃。当护栏一侧距楼地面高度为5m及以上时，应使用钢化夹层玻璃。

6）护栏和扶手转角弧度应符合设计要求，接缝应严密，表面应光滑，色泽应一致，不得有裂缝、翘曲及损坏。

7）护栏和扶手安装的允许偏差及检验方法应符合表6-3的规定。

实训任务6　不锈钢楼梯扶手栏杆安装

【实训教学设计】

教学目的：学完本项目后，为了检验教学效果，设计一次以学生为主体的综合实训任务。学生模拟施工班组，进行计划、指挥调度、操作技能、协同合作多方面的综合能力培养。

角色任务：教师、技师和学生的角色任务见表6-4。建议小组长按照不同层次学生进行任务分工：动手能力强的进行操作施工；学习能力强的编写技术交底；工作细致的同学进行质量验收工作；其他同学准备材料机具和安全交底。

表6-4　角色任务分配

角色	任务内容	备注
教师和技师	教师和技师起辅助作用，模仿项目管理层施工员、质检员、安全员角色，负责前期总体准备工作、过程中重点部分的录像或拍摄和最终总结	前期总体准备工作： 1）保证本次不锈钢楼梯扶手栏杆安装所需材料机具数量充足 2）工作场景准备，在实训基地按照分组情况划分工作片区 3）水电准备，保证水电畅通
学生	模仿施工班组，独立进行角色任务分配，在指定工作片区，完成不锈钢楼梯扶手栏杆安装施工	各组施工员、质检员和安全员做好本职工作，注意文明施工

工作内容与要求：分组编写切实可行的楼梯装饰施工方案，并进行施工，对所做工作进行验收和评定。查找对应的工艺标准、质量验收标准、安全规程，并找出具体对应内容、页码或者编号。

工作地点：实训基地装饰施工实训室。

时间安排：4学时

工作情景设置：某框架结构别墅主体已完工，设计图纸规定钢筋混凝土楼梯要安装不锈钢楼梯扶手栏杆。侧重解决以下问题：

1）施工准备工作：材料、施工机具与作业条件。

2）分小组完成不锈钢楼梯扶手栏杆的施工工作计划，写出技术交底。

3）进行质量检查与验收。

工作步骤：

1）明确工作，收集资料，学习常见各类型楼梯装饰的施工及验收基本知识，确定施工过程及其关键步骤。

2）确定小组工作进度计划，填写工作进度计划表（表6-5）。

3）确定楼梯装饰施工准备的步骤，填写材料机具使用计划表（表6-6）。

4）确定不锈钢楼梯扶手栏杆安装的施工方法并进行施工。

5）各小组按照有关质量验收标准进行验收、评定。

6）最后由指导教师进行评价，教师团队各角色可以分别总结，可就典型问题进行录像回放、点评，并填写综合评价表（表6-7）。

表6-5　工作进度计划表

序号	工 作 内 容	时间安排	备注
1	编制材料及工具准备计划，进行施工现场及各种机具准备		
2	编制施工工作计划		
3	编制施工方案		
4	进行楼梯装饰施工		
5	质量检查与评定		

表6-6　材料机具使用计划表

序号	材料、机具名称	规格	数量	备注
1				
2				
3				
4				
5				
6				
7				

表 6-7 不锈钢楼梯扶手栏杆安装实训综合评价表

工作任务				
组别		成员姓名		
评价项目内容	分值分配	实际得分	评价人	
技术交底针对性、科学性	10		教师、技师	
进度计划合理性	10		施工员、教师	
材料工具准备计划完整性	10		施工员	
人员组织安排合理性	5		施工员	
施工工序正确性	10		技师、施工员	
施工操作正确性、准确性	20		技师、质检员	
施工进度执行情况	10		施工员	
施工安全	10		安全员	
文明施工	5		安全员	
小组成员协同性	10		教师	
综合得分	100			
教师评语				
教师签名		评价日期		

成果描述：

通过实训，检查学生材料机具准备计划是否完备；人员组织、进度安排是否合理；操作的规范性；技术交底、安全交底的全面性、针对性、科学性。

颗粒素养小案例

每个人一天之中至少有一半以上的时间是在室内度过的，如果室内存在污染物，其释放的有害气体将会对我们人体造成巨大的危害。据数据统计，室内装修释放的空气污染是导致白血病的一个重要原因。

容易产生污染物的装修材料一般集中在油漆、人工合成板、合成树脂涂料、胶水、内墙涂料、劣质木家具、墙纸、石膏、劣质万能胶、发泡塑料等材料中，有的会释放甲醛、甲苯、氡、氨、醋酸、三氯乙烯、二甲苯等室内装修污染物。

甲醛污染是室内装修中产生的一种最普遍污染。甲醛是一种无色、有刺激性气味，具有潜伏性的有害气体。需要注意的是，甲醛是全球第二高毒性气体，长期吸入会导致癌症、胎儿发育畸形等严重后果，对老人、小孩及孕妇等身体抵抗较弱的人群危害最为明显。而且甲醛有较强的潜伏性，不易短时间内挥发散尽，而是需要十几个月乃至几年时间去释放挥发，因此其危害强度高、时间长。

室内装修第二个主要污染物就是苯。油漆、涂料、防水材料，以及一些添加剂、稀释剂中含有苯。苯系物是一种无色透明的致癌物，不仅没有刺鼻的气味，浓度高时还略带芳香，因此不易被人察觉。

最容易忽略的污染源还有大理石、石膏、瓷砖等石材类装修材料，它们当中含有有害物质氡。长期处于氡的放射环境下，呼吸系统会受到辐射损伤，还可能诱发白血病、不孕不育等。

室内装修时，如果使用含有甲醛、苯、氡等化学元素超标的装修材料，将会给使用者埋下不可忽视的健康隐患。因此在选材上，我们首先选用国家正规机构鉴定的绿色环保产品，千万不要贪图便宜，使用劣质材料；其次在设计上贯彻环保理念，采用环保设计预评估等措施，合理搭配装饰材料，因为任何装饰材料都不能无限量使用（环保装饰材料也有一定的释放量，只是其稀释量在国家规定的允许释放量之内，如果过量使用同样会造成室内空气污染）。再就是采用先进的施工工艺，装修必须选择有资质、正规的装饰公司，减少因施工不当带来的室内环境污染。“君子爱财，取之有道”，作为建筑装修行业的从业者，要讲职业道德，树立正确的价值观，做“良心”工程，杜绝使用假冒伪劣装修材料，在装修施工过程中严格遵守工艺流程和技术要求，为业主创造绿色环保健康的家居环境。

课外作业　实木楼梯施工方案编制

编写一份实木楼梯装饰施工方案，要求图文并茂，内容齐全，针对性强。

附　　录

附录 A　建筑装饰工程的基本规定

根据国家标准《建筑装饰装修工程质量验收标准》（GB 50210—2018），建筑装饰装修工程应遵循以下几个方面的基本规定。

一、对承担建筑装饰装修工程施工单位的规定

1）承担建筑装饰装修工程施工的单位应具备相应的资质，并应建立质量管理体系。施工单位应编制施工组织设计并应经过审查批准。施工单位应按有关的施工工艺标准或经审定的施工技术方案进行施工，并应对施工全过程实行质量控制。

2）承担建筑装饰装修工程施工的人员应有相应岗位资格证书。

3）建筑装饰装修工程的施工质量应符合设计要求和规范规定，由于违反设计文件和规范的规定施工造成的质量问题应由施工单位负责。

4）建筑装饰装修工程施工中，严禁违反设计文件擅自改动建筑主体、承重结构或主要使用功能；严禁未经设计确认和有关部门批准擅自拆改水、暖、电、燃气、通信等配套设施。

5）施工单位应遵守有关环境保护的法律法规，并应采取有效措施控制施工现场的各种粉尘、废气、废弃物、噪声、震动等对周围环境造成的污染和危害。

6）施工单位应遵守有关施工安全、劳动保护、防火和防毒的法律法规，应建立相应的管理制度，并应配备必要的设备、器具和标识。

二、对施工基本条件的规定

1）建筑装饰装修工程应在基体或基层的质量验收合格后施工。对既有建筑进行装饰装修前，应对基层进行处理并达到规范的要求。

2）建筑装饰装修工程施工前，应有主要材料的样板或做样板间（件），并应经有关各方确认。

3）墙面采用保温材料的建筑装饰装修工程，所用保温材料的类型、品种、规格及施工工艺应符合设计要求。

4）管道、设备等的安装及调试，应在建筑装饰装修工程施工前完成，当必须同步进行时，应在饰面层施工前完成。建筑装饰装修工程不得影响管道、设备等的使用和维修。涉及燃气管道的建筑装饰装修工程必须符合有关安全管理的规定。

5）建筑装饰装修工程的电器安装应符合设计要求和国家现行标准的规定。严禁不经穿管直接埋设电线。

6）室内外建筑装饰装修工程施工的环境条件应满足施工工艺的要求。施工环境温度应大于或等于5℃。当必须在小于5℃气温下施工时，应采取保证、工程质量的有效措施。

7）在施工过程中，应做好半成品、成品的保护，防止污染和损坏。

8）建筑装饰装修工程验收前，应将施工现场清扫干净。

三、对装饰施工材料的规定

1）建筑装饰装修工程所用材料的品种、规格和质量，应符合设计要求和国家现行标准的规定。当设计无要求时，应符合国家现行标准的规定。严禁使用国家明令淘汰的材料。

2）建筑装饰装修工程所用材料的燃烧性能应符合现行国家标准《建筑内部装修设计防火规范》（GB 50222—2017）、《建筑设计防火规范》（GB 50016—2014）（2018 年版）的规定。

3）建筑装饰装修工程所用材料应符合国家有关建筑装饰装修材料有害物质限量标准的规定。

4）所有材料进场时应对品种、规格、外观和尺寸进行验收。材料包装应完好，应有产品合格证书、中文说明及相关性能的检测报告；进口产品应按规定进行商品检验。

5）进场后需要进行复验的材料种类及项目，应符合国家标准的规定。同一厂家生产的同一品种、同一类型的进场材料，应至少抽取一组样品进行复验，当合同另有约定时应按合同执行。

6）当国家规定或合同约定对材料进行见证检测时，或对材料的质量发生争议时，应进行见证检测。

7）承担建筑装饰装修材料检测的单位应具备相应的资质，并应建立质量管理体系。

8）建筑装饰装修工程所使用的材料，在运输、储存和施工过程中，必须采取有效措施防止损坏、变质和污染环境。

9）建筑装饰装修工程所使用的材料应按设计要求进行防火、防腐和防虫处理。

四、室内环境污染控制

国家标准《民用建筑工程室内环境污染控制标准》（GB 50325—2020）于2020 年 8 月 1 日开始实施，该国家标准为控制建筑材料和装修材料产生的室内环境污染，对建筑材料和装修材料选择以及工程勘察、设计、施工、验收等工作任务及工程检测提出了具体的技术要求。

附录 B　课 程 标 准

一、课程性质

本课程是建筑工程技术专业和建筑装饰工程技术专业的一门核心课程。随着经济和社会的发展，建筑装饰业已成为需求旺盛、蓬勃发展的行业。“建筑装饰工程施工”课程旨在让学生了解建筑装饰施工项目中的规范、标准，学会建筑装饰施工中的实用操作技术，并能够应用装饰施工中的新技术，为后续学习其他课程打好基础。

二、课程设计思路

本课程总体设计思路从“学岗直通”的工学结合人才培养模式出发，课程内容的选择是以装饰施工现场为背景，以施工技术人员、施工管理人员的直接需要为依据。按照施工部位，以装饰施工任务或项目为载体，基于工作过程进行课程开发，并以行动导向进行教学设计；以实训为手段，以学生为主体，设计出知识、理论、实践一体化的课程内容，目的是培养学生独立决策、计划、实施、检查和评估的能力，同时聘请企业专家参与课程建设全过程。

三、课程目标

通过本课程的学习，了解建筑装饰施工项目中的法规、规范、标准和技术要求，熟悉建筑装饰施工中各项目的施工工艺流程，掌握各项目的施工工艺和操作技术，具备建筑装饰施工项目的施工操作能力和施工管理的能力，为发展各专门化方向的职业能力奠定基础，达到施工技术指导与施工管理岗位职业标准的相关要求。培养学生养成不怕苦、不怕累，吃苦耐劳的敬业精神和认真、负责、善于沟通和协作的思想品质。在此基础上形成以下职业能力。

<table>
<tr><td rowspan="2">能力目标</td><td>职业关键能力</td><td>学习能力：
1. 提取信息能力；获取新知识能力；掌握新技术、新设备能力等
工作能力：
2. 提出工作方案，完成工作任务能力；工作中发现问题、分析问题、解决问题能力
3. 安全意识、质量意识、团队合作能力
4. 提出多种解决问题思路的能力</td></tr>
<tr><td>职业专门能力</td><td>1. 具有装饰材料、施工设备与机具选择鉴别能力
2. 具备装饰施工中各项目的施工操作和技术指导能力
3. 具备装饰施工中各项目的质量检查、验收和分析、解决实际问题的能力
4. 具备装饰施工项目的综合管理能力</td></tr>
</table>

四、课程内容和要求

<table>
<tr><td>课程名称：建筑装饰工程施工</td><td>教学时间安排</td><td>第3学期72课时</td></tr>
<tr><td colspan="3">对典型工作任务的描述
建筑装饰工程施工主要是通过合理的装修构造、装饰造型以及配套设施等具体施工操作工艺达到完善建筑及空间环境的使用功能的工程目标。按照施工部位主要分为内外墙装饰施工、隔墙工程施工、楼地面装饰施工、顶棚装饰施工、门窗工程施工五部分，涉及材料与机具准备、施工工艺与方法、工程质量验收标准、常见质量问题与防治方法多项内容。各分项工作要严格按照《建筑装饰装修工程质量验收规范》、《建筑装饰工程施工操作规程》执行。在工作过程中及时填写各种资料，并记录存档</td></tr>
<tr><td colspan="3">学习目标
了解建筑装饰施工中各部位施工项目的工艺操作流程，掌握建筑装饰施工基本操作工艺，掌握各施工项目的质量验收标准与方法，能够分析出常见施工质量问题的原因并提出解决的措施
学生在教师指导下，借助教学资料，熟悉项目施工的工艺操作流程、基本操作工艺、质量验收标准、常见质量问题的处理方法
校内实训过程中，学生按照教师给出的工作任务，首先做好施工前的各项准备工作，然后在实训教师指导下完成工作任务，各组之间交替进行质量验收，找出存在问题并提出解决方案，最后由教师总结并给出分数。在实训过程中注意要符合劳动安全和环境保护规定。在规定时间内完成工作任务。对已完成的施工任务进行记录、存档和质量验收，自觉保持安全和健康的工作环境
学习完本课程后，学生应当能够进行建筑装饰各施工项目的材料选择、施工操作、质量验收等工作，能够编制装饰施工方案、技术交底</td></tr>
<tr><td colspan="3">工作与学习内容</td></tr>
<tr><td>工作对象/题材
1）需完成的装饰施工项目的材料与机具选择
2）需完成的装饰施工项目的工艺流程与操作工艺
3）装饰施工的经济性、安全性和生产效率
4）装饰施工项目的质量验收、问题处理
5）装饰施工的组织与管理工作
6）项目实施过程的总体把握能力、团体协作能力和全局意识。</td><td>工具与教辅材料
1）装饰施工材料、机具
2）《建筑施工手册》
3）《建筑装饰装修工程质量验收规范》
工作方法
1）与任课老师就每个教学项目的内容进行沟通，做好各项准备工作与记录
2）确定所需耗材、施工机具及数量；编写施工方案与技术交底
3）在教师指导下，按照项目任务进行材料选择、工艺操作、质量验收、问题处理等工作
劳动组织
1）学生分组完成任课老师或实训指导教师安排的施工任务
2）各组检查后向材料及备件仓库领取施工材料、劳保用品及施工机具
3）实训项目完工后，小组自检自评、互检互评，然后交任课老师或实训指导教师检验并给定成绩</td><td>工作要求
1）组内成员之间、各小组成员之间、员工与完成任务涉及的其他部门相关人员之间进行熟练的专业沟通
2）从经济、安全、环保的需求来确定施工作业计划并实施
3）小组成员工作中要注重培养成本意识、质量和安全意识
4）施工过程中及时编写和整理技术资料，进行评价和反馈</td></tr>
</table>

（续）

课程名称：建筑装饰工程施工	教学时间安排	第3学期72课时
学习组织形式与方法 大部分课业的“学习准备”阶段采用正面课堂教学，部分采用独立学习；多数计划实施阶段采用小组学习，明确小组负责人并定期更换。小组负责人的职责是领取工作任务并传达给组员，负责组内管理、分工、工具设备管理、协调等工作。实训场地设有工具设备及材料间，在学习过程中设置与实际工作过程一致的工作步骤及要求		
学业评价 1）在理论知识考评方面，采取参考学生日常出勤率、课堂参与度、作业完成情况等指标进行积分的给定，重点考核学生理论知识掌握的程度 2）在实训技能考评方面，校内实训技能考评采取实训指导教师、同一团队同学互评的方式评定积分，重点考核学生实训技能的熟练程度和团结协作的能力；校外实训考评采取实训指导教师和校外实习单位相关人员联合评定积分，重点考核学生的职业技能的掌握情况 3）在综合素质考评方面，主要考评学生的管理能力、沟通能力、创新能力和劳动素质		

附录C　装饰施工机具

装饰施工机具是保证装饰施工质量的重要手段，是提高工效的基本保证。在建筑装饰工程中，小型装饰机具须完整齐备，才能保证装饰施工的正常进行。装饰工程的各个部分都离不开小型装饰机具。市场上销售的装饰机具品种繁多，性能各异，装饰行业的从业者应在了解其使用功能和产品特征后合理使用。

选用装饰机具的原则：

1）实用性原则。重点配置可以减轻劳动强度、提高工效和装饰质量的机具，一机多用，对于日常应用较少的专用机具，可以采用租借方式予以解决。

2）先进性原则。对老、旧、残等影响工效和安全的设备，要及时淘汰，更换新品种，这对提高装饰企业整体形象也是有利的。

3）环保原则。装饰机具对材料的加工一般都会产生噪声、粉末及污水排放，影响环境，要选用适于作业的环保型设备，减少污染及对左邻右舍的干扰。

4）安全原则。所有选购和使用的机具要以安全为重，使用符合国家相应标准的合格产品，不能购置无安全保证的产品。

一、切割机具

装饰工程中常用的切割机具有电动曲线锯、小型钢材切割机、石材切割机、木材切割机等。

1. 电动曲线锯

电动曲线锯可以用来对金属、木材、塑料、橡胶条、复合板材等进行直线或曲线切割，但多用于复杂形状和曲率半径小的几何形状的锯割。在装饰工程中常用于铝合金门窗工程、吊顶工程及广告招牌的安装。电动曲线锯的特点是体积小、质量轻、操作方便、安全性高、适用范围广。根据锯条的不同可以分为粗齿锯、中齿锯和细齿锯，其中粗齿锯条适用于锯割木材，中齿锯条适用于层压板及有色金属板的锯割，细齿锯条适用于锯割钢板。电动曲线锯的规格用最大锯割厚度表示，外形如附图C-1所示。

电动曲线锯由电动机、风扇、机壳、开关、手柄、锯条、往复机构等部件组成。

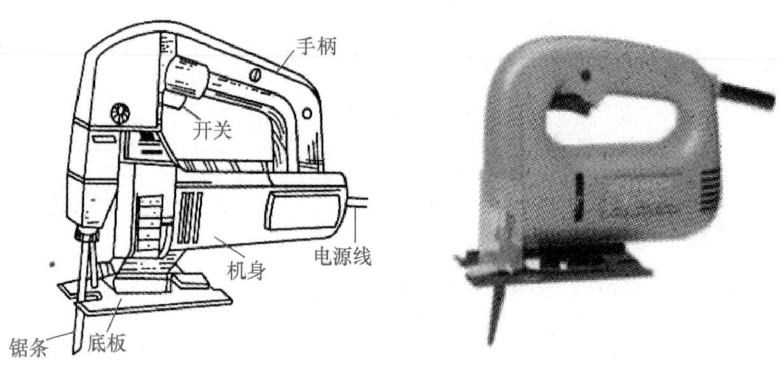

附图 C-1 电动曲线锯

操作注意事项：

1）锯割前应根据加工件的材料，选择合适的锯条。若在锯割薄板时发现工件有反跳现象，表明锯齿太大，应更换细齿锯条。锯割金属可用3mm、6mm、10mm等规格的电动曲线锯，如锯割木材其规格可增大10倍左右。

2）锯割时向前推力不能过猛，若卡住应立刻切断电源，退出锯条，再进行锯割。

3）在锯割时不能将曲线锯任意提起，以防损坏锯条。使用过程中，发现不正常响声、外壳过热、不运转或运转过慢时，应立即停锯，检查修复后再用。

2. 小型钢材切割机

小型钢材切割机常用于切割角铁、钢筋、水管、轻钢龙骨等。切割刀具为砂轮片，最大切割厚度为100mm。常见规格有12in、14in、16in等几种。使用底板上的夹具夹紧工件，然后按下手柄使砂轮片轻轻接触工件，平稳均匀地用力下压进行切割。调整底板夹具的夹紧板角度，还可以对工件进行有角度切割。砂轮磨损后应及时更换。由于切割时会产生大量火星，所以施工时要注意远离木器、油漆等易燃品。型材切割机外形如附图C-2所示。

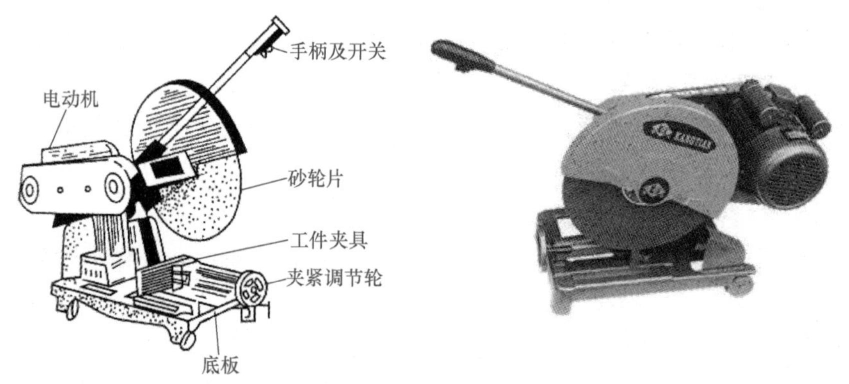

附图 C-2 型材切割机

3. 石材切割机

石材切割机主要用于石材、瓷砖、混凝土等的切割，在装饰工程中广泛用于地面工程、墙面工程，尤其在石材幕墙工程中应用较多。

石材切割机分干、湿两种切割片。使用湿型切割片时，需用水作冷却液。在切割石材之前，先将小塑料软管接在切割机的给水口上，双手握住机柄，通水后再按下开关，并匀速推进切割。石材切割机外形如附图 C-3 所示。

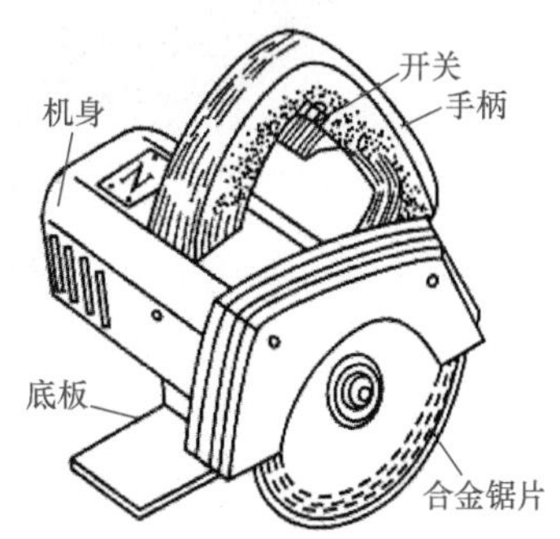

附图 C-3　石材切割机

4. 木材切割机

木材切割机用于切割各种木板、木方条及装饰板。常见规格有 7in、8in、9in、10in、12in、14in 等（in 为非法定单位，1in = 0.0254m），外形如附图 C-4 所示。

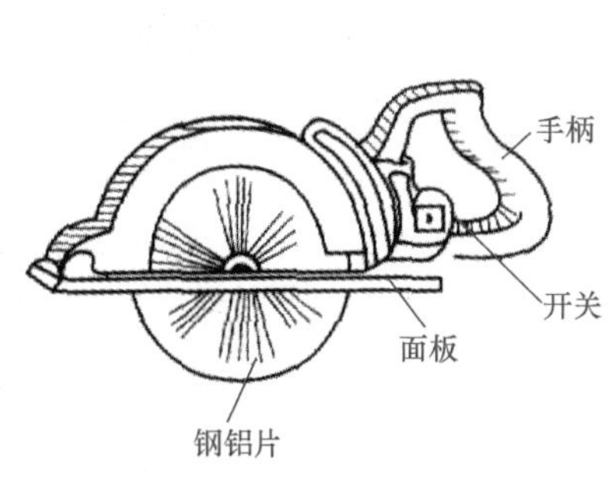

附图 C-4　木材切割机

木材切割机在使用时双手握紧手柄，开动手柄上的开关，待其空转至正常速度再进行锯切。操作者应戴防护眼镜，以免木屑飞溅击伤眼睛。在施工时，常把木材切割机反装在工作台面下，并使锯片从工作台面的开槽处伸出台面，以便切割木板和木方条。

二、钻（拧）孔机具

常见的钻（拧）孔机具有轻型电钻、电动冲击钻、电锤、电动自攻螺钉钻等。

1. 轻型电钻

轻型电钻是用来对金属材料或其他类似材料或工件进行小孔径钻孔的电动工具，是装饰工程中最常用的电动工具之一。具有体积小、重量轻、操作便捷、工效高等特点。轻型电钻有单数、双数、四数、无级调速、电子控制、可逆转等类型。轻型电钻的规格以钻孔直径表示，有 10mm、13mm、25mm 等几种。轻型电钻的外形如附图 C-5 所示。

轻型电钻使用时要注意：钻头要平稳，防止跳动或摇晃，在使用过程中经常提出钻头去掉木渣，以免扭断钻头。

2. 电动冲击钻

电动冲击钻亦称冲击电钻，广泛应用于装饰工程及水暖电工程，是可调节式旋转带冲击

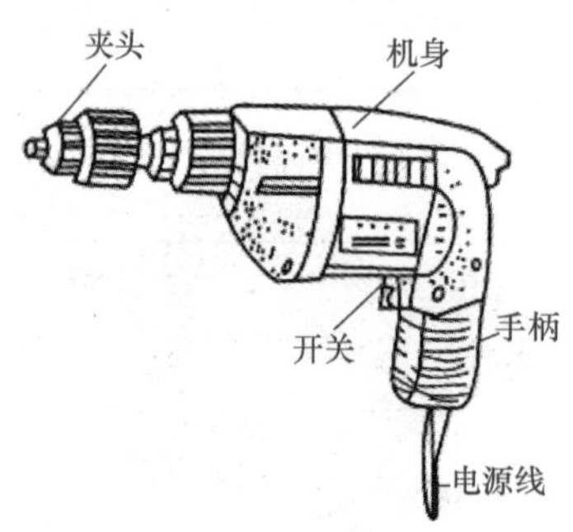

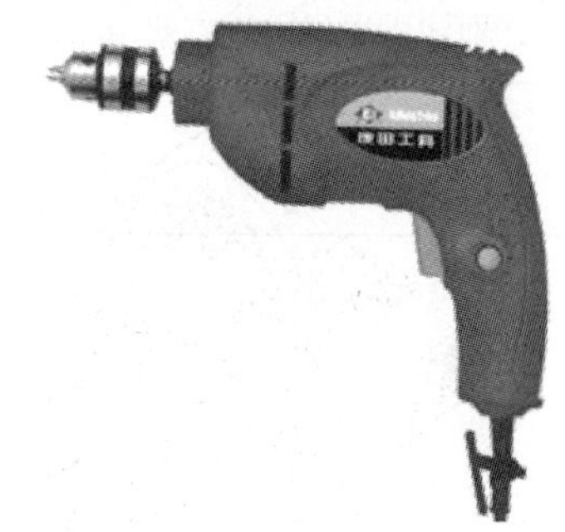

附图 C-5 轻型电钻

的特种电钻。当把旋钮调节到旋转位置时，就像普通电钻一样，装上钻头即可对钢制品进行钻孔。当把旋钮调节到冲击位置时，装上镶硬质合金的冲击钻头，即可对混凝土进行钻孔。现在工程中常用的一些冲击电钻配有无匙夹头，使装卸钻头更为方便，同时还配有电子控制、转速预选、可逆转、同步双速拉键传动及深度尺等，从而使操作和控制都有了很大改进。冲击电钻的规格以最大钻孔直径表示，常见的有 8mm、10mm、13mm、20mm、25mm、40mm 等几种。使用时根据所钻的材料不同来选择不同规格的电钻，如附图 C-6 所示。

附图 C-6 电动冲击钻

电动冲击钻在使用前应注意检查工具是否完好，电源线是否完好及电源线与机体接触处有无橡胶护套，并按额定电压接好电源；根据所钻的材料及钻孔的孔径大小不同选择合适的钻头，调节好按钮，并将刀具垂直于墙面钻孔；在钻孔过程中有不正常的杂音应立即停止使用，如发现转速突然下降应立即放松压力，如果钻孔时突然刹停应立即切断电源。

3. 电锤

电锤的工作原理与电动冲击钻相同，兼具冲击和旋转两种功能，但电锤的冲击力更大，主要用于建筑工程中各种设备的安装。在装饰工程中可用于在混凝土结构上钻孔、开槽、表面打毛，还可以用来进行钉钉子、铆接、捣固、去毛刺及铝合金门窗的安装、铝合金吊顶、石材安装等。电锤按冲击旋转的形式可分为动能冲击钻、弹簧冲击钻、弹簧气电钻、冲击旋转锤、曲柄连杆气垫锤、电磁锤等。一般都配有无匙夹头，故操作上不需要任何工具，可快速装卸钻头，提高了工效。电锤的规格按孔径分有 16mm、18mm、22mm、24mm、30mm 等几种，其外形如附图 C-7 所示。

使用时应保证电源电压与铭牌中规定相符，使用前检查电锤各部分紧固，螺钉必须牢固，根据钻孔开凿情况选择合适的钻头，并安装牢固。电锤多为断续工作制，且无长期连续使用，钻头磨损后应及时更换，以免烧坏电动机。使用电锤打孔时，工具必须垂直于工作面，钻孔过程中不允许钻头在钻孔内左右摆动，以免扭坏。

4. 电动自攻螺钉钻

电动自攻螺钉钻是装卸自攻螺钉的专用机具，用于轻钢龙骨或铝合金龙骨上安装装饰板面，以及各种龙骨本身的安装。可以直接安装自攻螺钉，在安装面板时不需要预先钻孔，而是

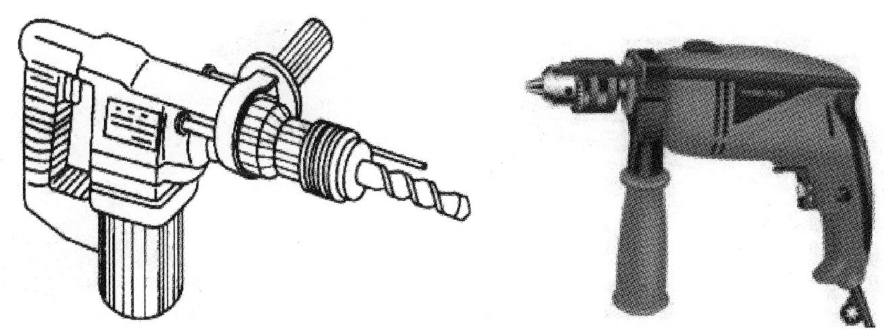

附图 C-7　电锤

利用自身高速旋转直接将螺钉固定在基层上。由于配有极度精确的截止离合器，故当螺钉达到紧度时会自动停止，提高了安装速度，并且松紧统一。另外，利用逆转功能也可快速卸下螺钉。电动自攻螺钉钻按自攻螺钉直径可分为 4mm、6mm 等几种，其外形如附图 C-8 所示。

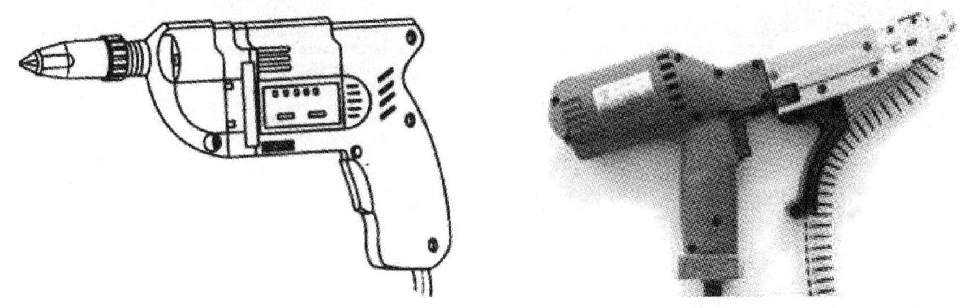

附图 C-8　电动自攻螺钉钻

三、磨光机具

1. 电动角向磨光机

电动角向磨光机是供磨削用的电动工具。由于其砂轮轴线与电动机轴线呈直角，所以特别适用于位置受限制不便用普通磨光机的场合（如墙角、地面边缘、构件边角等）。其可配用多种工作头，如粗磨砂轮、细磨砂轮、抛光轮、橡胶轮、切割砂轮、钢丝轮等。电动角向磨光机就是利用高速旋转的薄片砂轮以及橡胶砂轮、钢丝轮等对金属构件进行磨削、切削、除锈、磨光加工。

在建筑装饰工程中，常用该工具对金属型材进行磨光、除锈、去毛刺等作业，使用范围比较广泛。电动角向磨光机按照磨片直径分为 100mm、125mm、180mm、230mm、300mm 等几种，其外形如附图 C-9 所示。

操作时用双手平握住机身，再按下开关，以砂轮片的侧片轻触工件，并平稳地向前移动，磨到尽头时，应提起机身，不可在工件上来回推磨，以免损坏砂轮片。电动角向磨光机转速很快，振动大，操作时应注意安全。

2. 抛光机

抛光机主要用于各类装饰表面抛光作业和砖石干式精细加工作业。常见的规格，按抛光海绵直径可分为 125mm、160mm 等，额定转速为 4500 ~ 20000r/min，额定功率为 400 ~ 1200W，其外形如附图 C-10 所示。

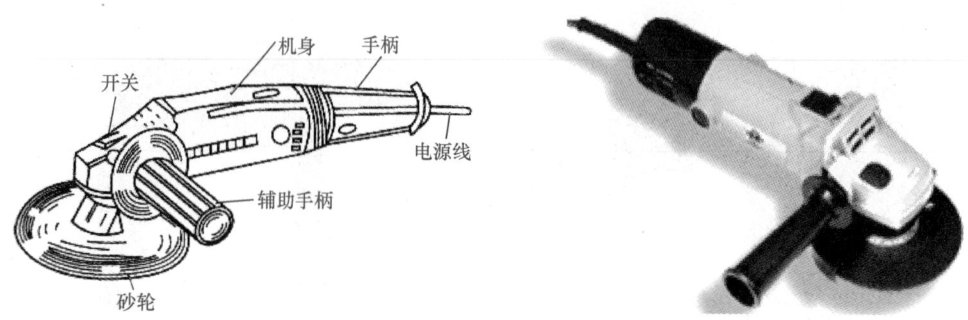

附图 C-9　电动角向磨光机

附图 C-10　抛光机

3. 水磨石机

水磨石机是一种对水磨石地面进行护理翻新的翻新机，是一种被广泛应用的石材养护设备。根据不同作业对象和要求，有多种型式，其中盘式机主要用于大面积水磨石地面的磨平、磨光，手提式用于较难施工的角落处。盘式磨石机由驱动电机、减速机构、转盘和机架组成。转盘转动时，磨石随转盘旋转，给水管喷注清水进行助磨和冷却，完成地面磨光作业。水磨石机如附图 C-11 所示。

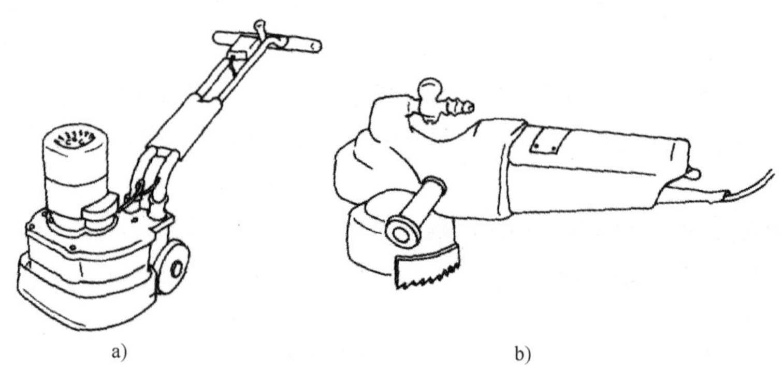

附图 C-11　水磨石机

a）双盘式　b）手提式

（1）使用要点

1）当混凝土强度达到设计强度的 70%～80% 时，为水磨石机最适宜的磨削时机；强度达到 100% 时，虽能正常有效工作，但磨盘寿命会有所降低。

2）使用前，要检查各紧固件是否牢固，并用木槌轻击砂轮，发出清脆声音表明砂轮无裂纹，方能使用。

3）接通电源、水源，检查磨盘旋转方向应与箭头所示方向相同。

4）手压扶把，使磨盘离开地面后起动电机，待运转正常后，缓慢地放下磨盘进行作业。

5）作业时必须有冷却水并经常通水，用水量可调至工作面不发干为宜。

6）更换新磨石后应先在废水磨石地坪上或废水泥制品表面先磨 1 ~ 2h，待金钢石切削刃磨出后再投入工作面作业，否则会产生打掉石子的现象。

（2）维护、保养

1）每班作业后关掉电源开关，清洗各部位的泥浆，调整部位的螺栓涂上润滑脂。

2）及时检查并调整三角皮带的松紧度。

4. 电刨

手提式电刨是用于刨削木材表面的专用工具，其体积小、效率高，比手工刨削提高工效 10 倍以上，同时刨削质量也容易保证，携带方便，广泛应用于木装饰作业。手提式电刨由电机、刨刀、刨刀调整装置和护板等组成，如附图 C-12 所示。

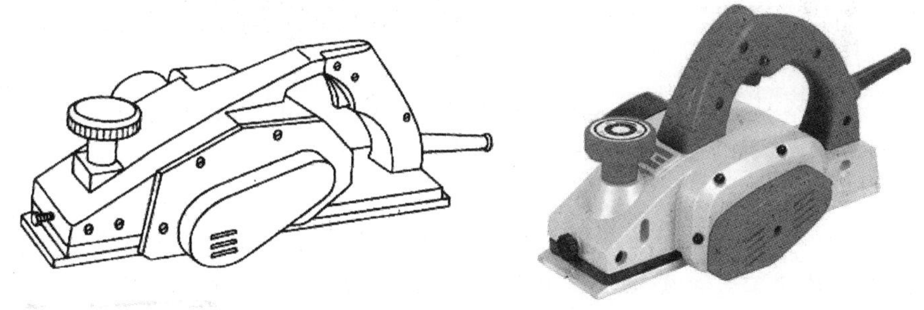

附图 C-12　手提式电刨

使用要点：

1）使用前，要检查电刨的各部件完好和电绝缘情况，确认没有问题后，方可投入使用。

2）根据电刨性能，调节刨削深度，提高效率和质量。

3）双手前后握刨，推刨时，平稳均匀地向前移动，刨到端头时，应将刨身提起，以免损坏刨好的工作面。

4）刨刀片用钝后即卸下重磨或更换。

5）按使用说明书及时进行保养与维修，延长电刨使用寿命。

四、钉固与锚固机具

1. 射钉枪

射钉枪是一种直接完成型材安装紧固技术的工具。它是利用射钉器（枪）击发射钉弹，使火药燃烧，释放出能量，把射钉钉在混凝土、砖砌体、钢铁、岩石上，将需要固定的构件，如管道、电缆、钢铁件、龙骨、吊顶、门窗、保温板、隔音层、装饰物等永久性或临时固定上去，这种技术具有其他一些固定方法所没有的优越性：自带能源、操作快速、工期短、作用可靠、安全、节约资金、施工成本低、大大减轻劳动强度等。轻型射钉枪有半自动活塞回位，半自动退壳，半自动射钉枪有半自动供弹机构。射钉枪如附图 C-13 所示。

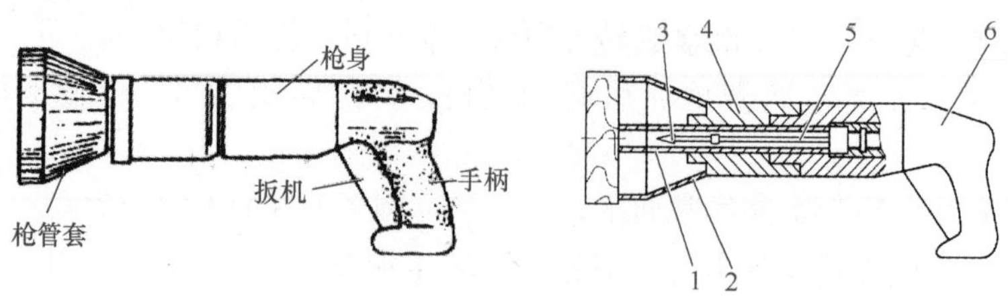

附图 C-13 射钉枪
1—钉管 2—护罩 3—射钉 4—机头外壳 5—击针 6—枪尾体

射钉枪主要由活塞、弹膛组件、击针、击针弹簧、钉管及枪体外套等部分组成。

使用要点：

1）装钉子。把选用的钉子装入钉管，并用通条将钉子推到底部。

2）退弹壳。把射钉枪的前半部转动到位，向前拉；断开枪身，弹壳便自动退出。

3）装射钉弹。把射钉弹装入弹膛，关上射钉枪，拉回前半部，顺时针方向旋转到位。

4）击发。将射钉枪垂直地紧压于工作面上，扣动扳机击发，如有弹不发火，重新把射击枪垂直压紧于工作面上，扣动扳机击发。如两次均不发出子弹时，应保持原射击位置数秒钟，然后将射钉弹退出。

5）在使用结束时或更换零件之前，以及断开射钉枪之前，射钉枪不准装射钉弹。

6）射钉枪要专人保管、使用，并注意保养。

2. 电动、气动钉钉枪

电动、气动钉钉枪用于木龙骨上钉木夹板、纤维板、刨花板、石膏板等板材和各种装饰木线条，配有专用枪钉，常见规格有 10mm、15mm、20mm、25mm 四种。电动钉钉枪插入 220V 电源就可以直接使用。气动钉钉枪需与气泵连接，使用要求的最低压力为 0.3MPa。气钉枪有两种，一种是直钉枪，一种是码钉枪。直钉是单支，码钉是双支。操作时用钉钉枪嘴压在需钉接处，按下开关。电动、气动钉钉枪外形如附图 C-14 所示。

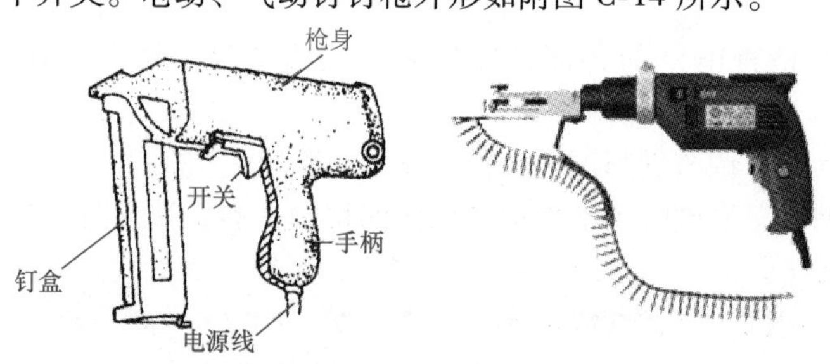

附图 C-14 电动、气动钉钉枪

3. 风动、手动拉铆枪

风动、手动拉铆枪是适用于铆接抽芯铝铆钉的风动、手动工具。风动、手动拉铆枪的特点是质量轻、操作简便、没有噪声，同时拉铆速度快，生产效率高，广泛用于车辆、船舶、纺织、航空、建筑装饰等行业，如附图 C-15 所示。

4. 打钉机

打钉机用于木龙骨上钉各种木夹板、纤维板、石膏板、刨花板及线条的作业。所用钉子有直型和 U 型（钉书针式）等几种，打钉机动力有电动和气动。用打钉机安全可靠，生产效率高，劳动强度低，可以使高级装饰板材充分利用，是建筑装饰的常用机具。气动打钉机由气缸和控制元件等组成。使用时，利用压缩空气（>0.3MPa）冲击缸中的活塞，实现往复运动，推动活塞杆上的冲击片，冲击落入钉槽中的钉子钉入工件中。电动打钉机，接上电源直接就可使用，如附图 C-16 所示。

附图 C-15　拉铆枪

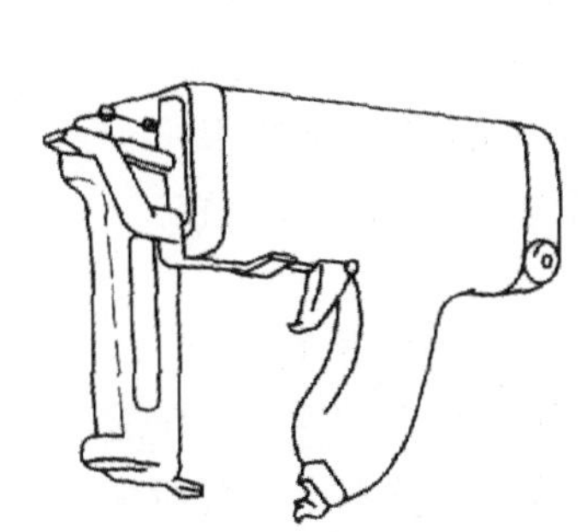

附图 C-16　打钉机

五、涂料喷涂机具

1. 高压无气喷涂机

高压无气喷涂机是利用高压泵直接向喷嘴供应高压涂料，特殊喷嘴把涂料雾化，实现高压无气喷涂工艺的新型设备。其动力分为气动、电动等，高压泵有活塞式、柱塞式和隔膜式三种。隔膜式泵使用寿命长，适合于喷涂油性和水性涂料。PWD8 型高压无气喷涂机由高压涂料泵、输料管、喷枪、压力表、单向阀及电动机等部分组成。吸料管插入涂料桶内，开动电动机，高压泵工作，吸入涂料，达到预定压力时，就可以开始喷涂作业，如附图 C-17 所示。

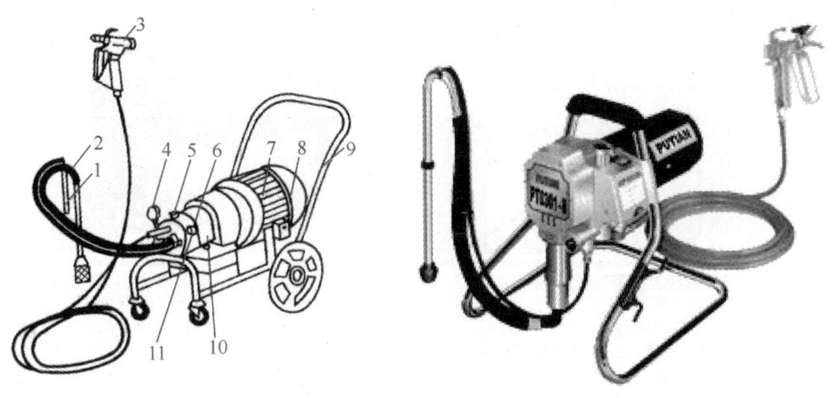

附图 C-17　PWD8 型高压无气喷涂机

1—输料管　2—吸料管　3—喷枪　4—压力表　5—单向阀　6—卸压阀
7—电动机　8—开关　9—小车　10—柱塞油泵　11—涂料泵（隔膜泵）

高压无气喷涂机操作要点：

1）机器启动前要使调压阀、卸压阀处于开启状态。首次使用的，待冷却后，按对角线方向，将涂料泵的每个内六角螺栓拧紧，以防连接松动。

2）喷涂燃点在21℃以下的易燃涂料时，必须接好地线，地线一头接电机零线位置，另一头接铁涂料桶或被喷的金属物体。

2. 喷漆枪

喷漆枪是油漆作业的常用工具，根据结构不同有小型和大型两种，如附图C-18所示。

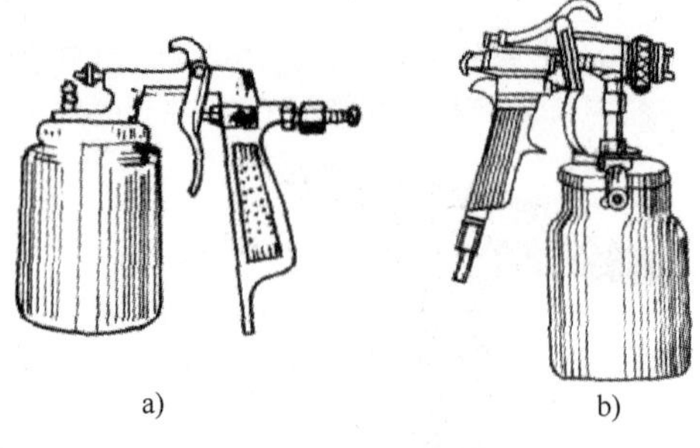

附图C-18 喷漆枪
a）小型喷漆枪 b）大型喷漆枪

小型喷漆枪在使用时一般以人工充气，也可以用机械充气，人工充气是把空气压入贮气筒内，供喷涂面积不大、数量较小的喷漆时使用。它包括贮气筒与喷漆舱两个部分，中间用输气胶管连接。

大型喷漆枪的内部构造比小型喷漆枪复杂得多，不能用手工打气来进行工作，它必须用空气压缩机的空气作为喷射的动力。大型喷漆枪由贮漆罐、握手柄、喷射器、罐盖与漆料上升管所组成。盖上面有弓形扣一只及三翼形的紧定螺母一只。三翼形紧定螺母左转，将弓形扣顶向上方，于是弓形扣的缺口部分将贮漆罐两侧的铜桩头拉紧，使喷漆枪盖在贮漆罐上盖紧。使用时，用中指和食指扣紧扳手，压缩空气就可从进气管经由进气阀进入喷射器头部的气室中。控制喷漆输出量的顶针也随着扳手后退，气室的压缩空气流经喷嘴，使喷嘴部分形成负压。贮漆罐内的漆料就被大气压力压进漆料上升管而涌向喷嘴，在喷嘴出口处遇压缩空气，就被吹散成雾状。漆雾一出喷嘴又遇到喷嘴两侧另一气室中喷出的空气，使漆雾的粒度变得更细。

六、装饰抹灰机具

1. 纸筋灰拌合机

纸筋灰（或麻刀灰）拌合机是将纸筋、麻刀等纤维与灰膏搅拌在一起的专用设备，是装修抹灰的常用机具，如附图C-19所示。

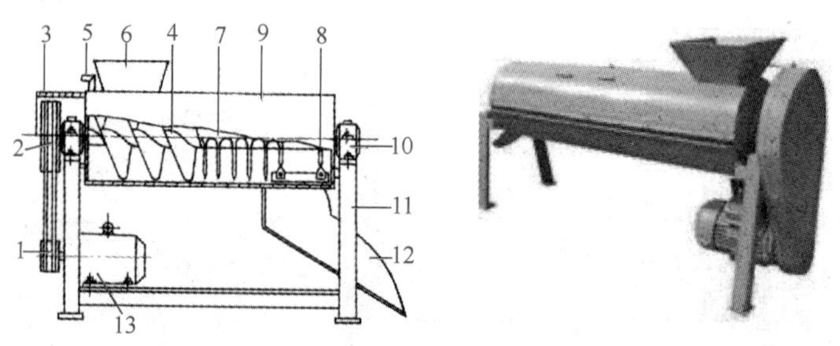

附图C-19 纸筋灰拌合机
1、2—皮带轮 3—防护罩 4—螺旋搅刀 5—水管 6—进料斗 7—打灰板
8—刮灰板 9—机壳 10—轴架 11—机架 12—出料斗 13—电动机

纸筋灰拌合机结构简单，主要由螺旋搅刀、打灰板、刮灰板、电动机及传动部分等组成。使用时，纸筋或麻刀与灰膏由料斗加入，同时打开水管加入适量清水，经搅拌粉碎后，拌成糊状灰膏，刮灰板将灰膏刮进出料斗排出，拌合机可连续搅拌出料。

2. 砂浆搅拌机

砂浆搅拌机是建筑装饰抹灰的常用机具。现场使用的砂浆搅拌机一般为强制式，也有的利用小型鼓筒混凝土搅拌机拌合砂浆。砂浆搅拌机还可拌合罩面的灰浆、纸筋灰等，实现一机多用。强制式砂浆搅拌机主要由搅拌系统、装料系统、给水系统和进出料控制系统组成。它的拌合筒不动，通过主轴带动搅拌叶旋转，实现筒内的砂浆拌合。出料时，摇动手柄，有的出料活门开启，有的则是拌合筒整体倾斜一定角度，砂浆便从料口流出，砂浆搅拌机如附图 C-20 所示。

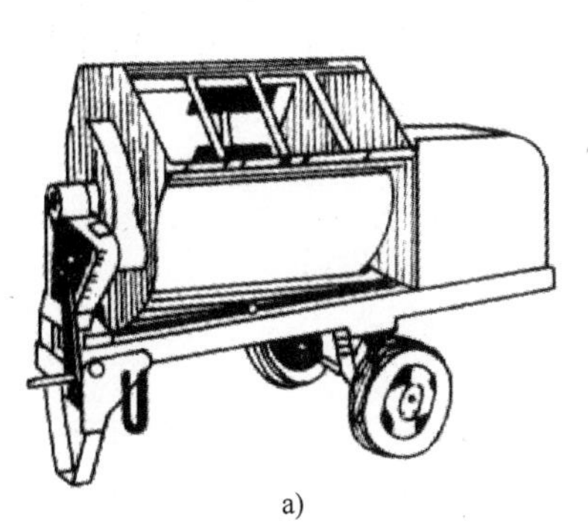
a)

b)

附图 C-20　砂浆搅拌机
a）倾翻出料式　b）底侧活门式

七、装饰机具安全操作规程

装饰机具多为中小型电动机具，使用分散，专业管理较弱，因此要加强对机具的使用和维护管理，教育操作人员严格按规程操作，杜绝机械事故发生。

1）施工现场中一切电动建筑机械和手持电动工具的选购、使用、检查和维修必须遵守以下规定：

① 选购的建筑机械、手持电动工具和用电装置，符合相应的现行国家标准、专业标准和安全技术规程，并且有产品合格证和使用说明书。

② 建立专机专人负责制，定期检查和维修保养。

2）电动机具的负荷线，必须按其容量选用无接头的多股铜芯橡皮软电缆，其性能符合《通用橡套软电缆》的要求。

3）一般场所应选用Ⅱ类手持电动工具，并应装设额定动作电流不大于 15mA、额定漏电动作时间小于 0.1s 的漏电保护器。若采用Ⅰ类手持式电动工具，还必须作保护接零。

4）露天、潮湿场所或在金属构架上操作时，必须选用Ⅱ类手持电动工具，并装设防溅的漏电保护器，严禁使用Ⅰ类手持式电动工具。

5）电动机具的外壳、手柄、负荷线、插头、开关等必须完好无损，使用前要做空载检查，运转正常方可使用。

6）长期停用或新购置的电动机具，在使用前应进行检查，并测绝缘。

7）电动机具应加装单独电源开关和保护，禁止 1 台开关接 2 台以上电动设备。

8）使用电动机具因故离开操作现场或忽然停电时，应拉开电源开关。工作完毕后，断开电源。

9）移动使用机具时，不得用手拉电源线拖动机具。

10）使用手持式电动工具应戴绝缘手套或站在绝缘台上。

11）使用专用机具时，应按机具操作规程和注意事项进行使用，不得超载、违章作业。

参考文献

［1］吴之昕. 建筑装饰工长手册［M］. 2版. 北京：中国建筑工业出版社，2016.
［2］马有占. 建筑装饰施工技术［M］. 北京：机械工业出版社，2013.